宠物食品科学与技术系列丛书

宠物食品概论

CHONGWU SHIPIN GAILUN

马海乐 ◎ 主编

中国农业出版社
农村读物出版社
北　京

本书编写人员

主　　编　马海乐［江苏大学、卫仕宠物营养科学研究院（江苏）有限公司］

副 主 编　段玉清（江苏大学）

吕少骏（上海宠幸宠物用品有限公司）

编　　者（按姓氏笔画排序）

丁青芝（江苏大学，第七章）

马晓珂（江苏大学，第四章）

马海乐（江苏大学，第一章）

王　蓓（江苏大学，第三章）

代春华（江苏大学，第二章）

吕少骏（上海宠幸宠物用品有限公司，第一章）

伍　娟（江苏大学，第六章）

任晓锋（江苏大学，第一章）

阮思煜（江苏农林职业技术学院，第五章）

李云亮（江苏大学，第五章）

何荣海（江苏大学，第二章）

陈　曦［卫仕宠物营养研究院（芜湖）有限公司，第四章］

赵一鸣（江苏大学，第七章）

段玉清（江苏大学，第四章）

骆　琳（江苏大学，第七章）

黄六容（江苏大学，第三章）

程　宇（江苏大学，第六章）

丛书序

PREFACE

随着国民经济的高速发展和社会老龄化进程的加快，空巢老人增多、年轻人生活压力大、孩子需要成长伙伴等社会因素促使养宠从赏玩逐渐变成了一种精神寄托，宠物已成为人类生活中很多家庭不可或缺的成员，宠物犬猫已被称为伴侣动物。据不完全统计，目前中国宠物数量已超过1亿只，很多宠物饲养者像对待家庭成员一样关注着宠物的健康与营养状况。但由于过去的动物营养研究专注于饲料转化，即如何为人类提供更多优质的动物源食物，加之人类食品研究的已有成果又无法直接应用于宠物食品，较系统化的适用于宠物健康的食品科学研究在我国尚显缺乏。所以，急需汇聚科学家们的才智，构建多学科交叉的宠物食品研发体系，探索宠物健康的真正奥秘，开发高品质的宠物食品，更科学、高效地为宠物和养宠家庭提供优质的产品和服务。

基于宠物自身的营养与健康视角，宠物食品的分类更加接近人类食品，包括主粮、零食、保健食品、处方食品等。随着宠物食品产业的发展，宠物食品检测方法的构建和质量标准的建立变得越来越重要。与欧美、日本等发达地区相比，我国宠物食品产业规模还比较小，技术水平相对落后，研发力量也严重不足，导致基础理论研究与应用严重脱节。为了推进宠物食品产业的高质量发展，该书作者组织力量，编写“宠物食品科学与技术系列丛书”，包括《宠物食品概论》《宠物主粮》《宠物零食》《宠物保健食品》《宠物处方食品》《宠物食品加工技术与装备》《宠物食品检测技术》等。该丛书全面系统地介绍了宠物食品制造过程中涉及的原料、配方和工艺、技术与装备、产品质量与品质评价、分析与检测、管理规范与标准等。作为国内首套从食品制造的角度系统论述宠物食品科学与技术的系列著作，对从事宠物食品研究的学者、配方师、营养师，宠物食品的生产者、经营者、消费者等均具有重要的指导价值。该系列丛书提出的诸多问题或展望可能会成为未来宠物食品研究的重点领域。期望在各领域学者们的共同努力下，推动我国宠物食品学科建设，培养更多宠物食品研究的专业人才，助力我国宠物食品行业更高质量的发展。

中国工程院院士　印遇龙

2023年3月26日

前言

FOREWORD

自2004年开始，我国宠物产业以30%的发展速度稳定增长，宠物行业的建设规模也与日俱增。到2021年我国宠物猫数量达5 105万只，宠物犬数量达4 956万只，宠物食品行业市场规模达到1 337亿元，预计2025年市场规模将增长至2 417亿元。我国宠物产业快速发展与老龄化时代的到来密切相关。截至2021年底，全国60岁及以上老年人口达2.67亿人，占总人口的18.9%；2035年左右，全国60岁及以上老年人口将突破4亿人，进入重度老龄化阶段。随着老龄化社会的到来，老人生活的陪伴就成为一个突出问题。宠物作为一种伴侣动物，可以消除老人的孤独感，受到老年人的普遍欢迎。除此之外，宠物也是年轻人缓解紧张工作情绪的重要伴侣。

宠物食品的生产更加接近人类食品的生产方法，种类包括宠物主粮、宠物零食、宠物保健食品、宠物处方食品。随着宠物食品产业的发展，宠物食品检测方法的构建和质量标准的建立等变得越来越重要。与日本、美国等发达国家相比，我国宠物食品产业规模还比较小，技术水平还比较落后，研发力量还不足。为了推进宠物食品产业的高质量发展，我们组织力量编写了本书，全书包含绪论、宠物主粮、宠物零食、宠物保健食品、宠物处方食品、宠物食品质量管理、宠物食品分析与检测等七章。

本书由江苏大学教授、卫仕宠物营养科学研究院（江苏）院长马海乐担任主编，江苏大学段玉清、上海宠幸宠物用品有限公司吕少骏担任副主编，江苏大学丁青芝、马海乐、马晓珂、王蓓、代春华、任晓锋、伍娟、李云亮、何荣海、赵一鸣、段玉清、骆琳、黄六容、程宇，江苏农林职业技术学院阮思煜，上海宠幸宠物用品有限公司吕少骏，卫仕宠物营养研究院（芜湖）有限公司陈曦执笔撰写。由于水平有限，本书在内容选择和文字表达上均有可能存在错误和缺点，敬请读者批评指正。

马海乐

2022年10月1日

目录

CONTENTS

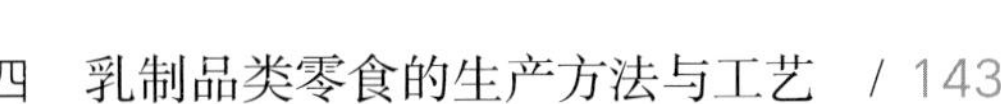

第四章 宠物保健食品

第一章

绪　论

宠物是人类出于非经济目的而饲养的动物，通常指的是人类为了精神目的而饲养的犬和猫等伴侣动物，是家庭中的重要成员。饲养宠物是现代社会人类追求精神寄托、丰富生活内容、缓解生活压力、提高生活质量的重要方式，在现代社会生活中占有不可忽视的地位。目前，围绕宠物生产、消费、服务的宠物经济已成为我国城市经济的重要组成部分，为我国经济产业结构的优化与完善提供了可靠保障。iiMedia Research（艾媒咨询）的数据显示，2015—2020年中国宠物市场规模呈持续增长态势。2020年市场规模为2 953亿元，预计到2023年，中国宠物行业市场规模将达到5 928亿元，但相较于世界发达国家，我国宠物消费市场还明显薄弱，据美国宠物产品协会（APPA）统计，2020年美国宠物市场规模达1 036亿美元（约合人民币6 682亿元）。因此，我国宠物行业应充分考虑社会公众的宠物饲养需求，在契合市场经济发展情况的前提下开发全新的产业结构链，适当加大新型宠物产业的开发力度。

宠物食品是宠物经济中最早兴起的市场，也是宠物消费中的最大支出。据《2020年中国宠物行业白皮书》数据显示，食品在宠物消费中占比达54.7%。其中，主粮和零食分别占35.9%和17.8%。宠物食品，指经工业化加工、制作的供宠物直接食用的产品，可为各种宠物提供基础的生命保障和生长发育的营养，是介于人类食品与传统畜牧饲料之间的高档动物食品（图1-1）。尽管宠物食品仍属于动物饲料，但其与传统饲料又有区别，而宠物食品的购买者是宠物主人，他们并不追求利润，而是更关注于宠物食品的质量和品牌。随着我国经济的发展和居民生活水平的提高，犬猫等宠物的饲养量越来越大，对宠物食品的需求量也逐年增加。据中国农业科学院统计，我国宠物饲料犬猫粮行业从2014年开始进入快速增长阶段，每年保持2位数的增长速度。2021年，宠物饲料犬猫粮市场规模突破707亿元，但增速从最初的40%下降到10.3%，因此开展相关宠物食品科技创新研究是保证我国宠物行业长期、稳定、繁荣发展的基础和前提。

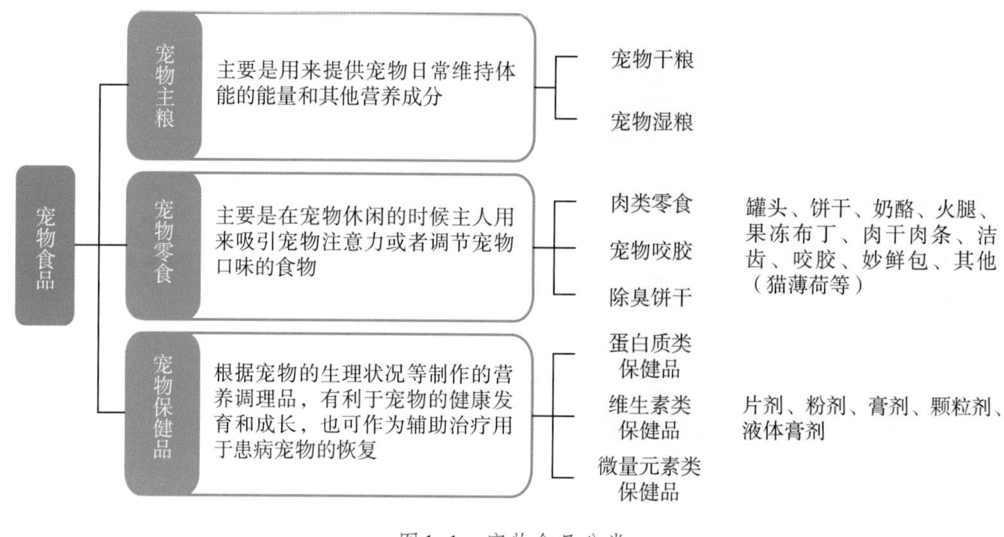

图1-1　宠物食品分类

一 世界宠物食品行业发展概况

国外宠物食品行业起步较早，19世纪60年代，第一份商业犬粮在美国诞生，经过长期发展，2020年全球宠物食品市场规模为980.7亿美元，其中美国和欧盟市场规模约占总量的68.2%，远高于世界其他国家。160多年的发展中，宠物食品类型不断增多，如饼干、罐头、干制膨化食品等，有关原料要求、制作工艺、卫生要求等方面的标准也逐渐建立，经营多样化成为市场的显著特征。

发达国家宠物食品产业已有百年的历史，并且由于人们生活水平的提高、消费观念的改变，人们逐渐用购买来的加工型食品喂养宠物，更加注重宠物食品中的营养搭配。为满足消费者的消费需求，宠物食品产业也已逐渐成熟，并形成规模。2020年全球宠物饲料产量为2 930万t，较2019年的2 770万t同比增长5.8%，同时受益于南非等一些新兴市场的快速发展，2020年全球宠物食品市场规模为980.7亿美元，较2019年的946.8亿美元同比增长3.6%。但经过多年的竞争和发展，全球宠物行业已经呈现出了越来越集中的态势，玛氏和雀巢两家公司体系比较完善并几乎垄断了全球宠物食品市场近50%的份额。2018年，世界排名前五位的宠物食品生产企业分别为玛氏、雀巢普瑞纳、斯味可、希尔斯和钻石宠物食品，这5家企业的合计市场销售额为379.77亿美元，占前十企业总收入的89.84%。这些企业在长期市场竞争中，获得了丰富的市场开拓经验，拥有较高的品牌知名度、美誉度及忠诚度，并且具有雄厚的产品研发及资金优势，是全球宠物食品行业的风向标（表1-1）。由于市场发展比较成熟，宠物食品作为宠物行业的一个重要分支，是宠物市场最大的销售点，全球宠物食品市场占整个宠物行业的比重逐年增加。

表1-1 全球十大宠物食品企业

企业	中文译名	国家	主要产品
Mars Petcare Inc	玛氏	美国	猫、犬零食，湿犬粮，湿猫粮，干犬粮，干猫粮
Nestlé Purina Pet Care	雀巢普瑞纳	美国	半湿猫粮，半湿犬粮，猫零食，犬零食，湿猫粮，干猫粮，湿犬粮，干犬粮
J.M.Smucker	斯味可	美国	猫零食，湿猫粮，犬零食，湿犬粮，干猫粮，干犬粮
Hill’s Pet Nutrition	希尔斯	美国	猫零食，湿猫粮，湿犬粮，犬零食，干猫粮，干犬粮
Diamond Pet Foods	钻石宠物食品	美国	湿猫粮，湿犬粮，犬零食，干猫粮，干犬粮
General Mills	通用磨坊	美国	干犬粮，猫零食，湿犬粮，湿猫粮，犬零食，干猫粮
Simmons Pet Food	西蒙斯宠物食品	美国	猫零食，湿猫粮，湿犬粮，犬零食，干猫粮，干犬粮
Spectrum Brands / United Pet Group	联合宠物食品	美国	爬行动物食物，宠物鸟食物，小哺乳动物食物，猫零食，犬零食，干猫粮，干犬粮
Agrolimen SA（Affinity Petcare）	阿菲利蒂	西班牙	生冷冻/冷藏猫食品，生冷冻/冷藏犬食品，半湿猫粮，半湿犬粮，小哺乳动物食品，猫零食，湿猫粮，湿犬粮，犬零食，干猫粮，干犬粮
Unicharm Corp	尤妮佳	日本	半湿猫粮，猫零食，半湿犬粮，湿猫粮，湿犬粮，犬零食，干犬粮，干猫粮

（一）欧洲宠物食品行业发展概况

宠物产业在发达国家已有100多年的历史，形成了食品、用品、繁育、训练、医疗等产品与服务组成的全面产业体系。整个产业管理严格、责任明确，政府和宠物组织相互配合，产业运行系统化、规范化，已成为国民经济的重要组成部分。

如今国外的宠物食品行业发展已经非常成熟，欧盟针对宠物食品的管理法规包括法令、指令、决定和建议，以《非人类食用动物副产品的卫生规则》及其修订指令（EC）NO.829/2007为核心。《非人类食用动物副产品的卫生规则》是目前欧盟针对动物源性宠物食品最完整的一个指令。

作为全球宠物食品消费的重要市场，在经历了多年的发展之后，欧洲宠物数量与消费规模均处于较高水平。近年来，欧洲宠物食品销量较为稳定，2020年欧洲宠物食品销量为850万t，较上年持平；销售收入为218亿欧元，较上年增加了8亿欧元，增长了3.8%，年增长率（过去3年的平均值）为2.8%。整体来看，欧洲宠物食品市场业已进入成熟期，2020年欧洲共有150家宠物食品公司，较上年增加了18家；共有200家宠物食品生产工厂，较2019年持平。由统计结果可看出，俄罗斯的宠物饲养量最多，但是宠物食品市场主要集中在英国、德国、法国等国家，英国占据主导地位；就宠物食品市场份额来看，猫粮市场超过了其他宠物食品的市场。

（二）美国宠物食品行业发展概况

美国是全球第一宠物大国。饲养宠物已经成为美国人生活的重要组成部分，其中犬、猫为美国人主要饲养宠物。从宠物供给侧来看，美国在全球宠物食品行业中具有压倒性优势。宠物食品在近几年始终为美国宠物行业消费的第一大支出，近年来，美国宠物食品产业进入平稳增长期，截至2020年末，美国整个宠物市场包括宠物食品和零食在内的销售额首次超过1 000亿美元，其中宠物食品和零食的销售额超过420亿美元，占整个宠物行业销售额的40.5%。APPA报告称，2020年，美国70%的家庭饲养超过一只宠物，随着年轻人不断走入社会，宠物市场仍有较大的发展空间。这些正面数据让制造商和投资者都在关注宠物食品和零食的未来增长。为了突出宠物食品和零食配方的多样性，一些较大的供应商已在冷冻干燥设施、鱼粉加工、昆虫蛋白和培养蛋白技术方面投资。在配料方面，美国宠物食品公司不断推陈出新，将芒草、昆虫蛋白和发酵酵母培养蛋白等成分引入宠物食品和零食配方中，甚至推出了100%纯素食犬粮，宠物食品品类多且全，整个行业体系发展非常成熟。

（三）日本宠物食品行业发展概况

日本是亚洲宠物饲养和消费的大国，受人口老龄化加深、单身人群数量增长等因素影响，日本宠物数量处于较高水平。日本在宠物方面的花费主要在宠物食品、宠物用品和宠物养护方面。近年来，日本受经济下行的不利因素影响，宠物食品市场规模增长相对较缓，处于稳定但低速增长阶段。截至2020年，日本宠物食品市场规模为4 346亿日元，较2019年增长仅为2.3%。值得注意的是，由于供需不平衡，日本也是宠物食品主要进口国，从宠物食品进口来看，2019年，日本进口宠物食品达26万t，占日本国内宠物食品消费总量的44.4%。其中，泰国在日本宠物食品进口总额中占比33%，为日本宠物食品的最大进口国；美国次之，占比16.4%；法国排名第三，占比16%。这三个进口国加起来约占2019年日本宠物食品进口总额的65.4%。在日本宠物市场品牌方面，2019年日本宠物食品行业前五大巨头为玛氏、尤妮佳、高露洁、雀巢和稻叶，市场占有率分别为20.1%、13%、9%、7.2%和4.9%。2016—2021年，日本本土品牌尤妮佳和稻叶的市场占有率逐年提升，分别提高1.2%和2.1%。

二 中国宠物食品行业发展概况

本部分所引用数据和分析来自艾瑞咨询研究院，中国宠物食品行业研究报告（https://www.iresearch.com.cn/Detail/report?id=3883&isfree=0）。

随着中国宠物经济的崛起，宠物食品行业也受到了越来越多的关注。近年来，中国宠物食品行业产量不断增加，主要集中在河北、山东、上海等地。据统计，2021年我国宠物食品行业市场规模达到1 337亿元，其中宠物猫食品规模达到527亿元，宠物犬食品规模达到667亿元（图1-2）。

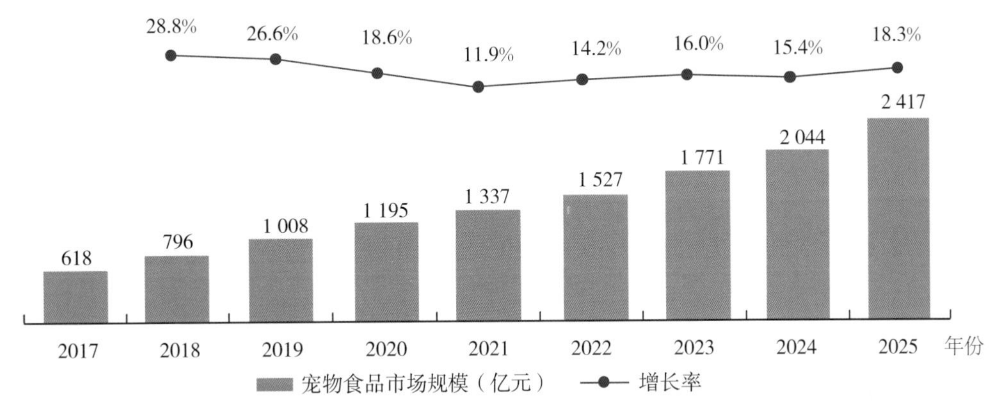

图1-2 2017—2025年中国宠物食品行业市场规模

相比于其他较为发达的西方国家，我国宠物行业的发展起步较晚，但整体发展速度较为稳定（图1-3）。自2004年开始，我国宠物经济以30%的发展速度稳定增长，宠物行业的建设规模也与日俱增。尽管目前我国宠物行业发展势头较为迅猛，但受发展起步较晚的影响，我国大部分宠物产品仍无法在激烈的市场竞争中占据有利地位，宠物产品

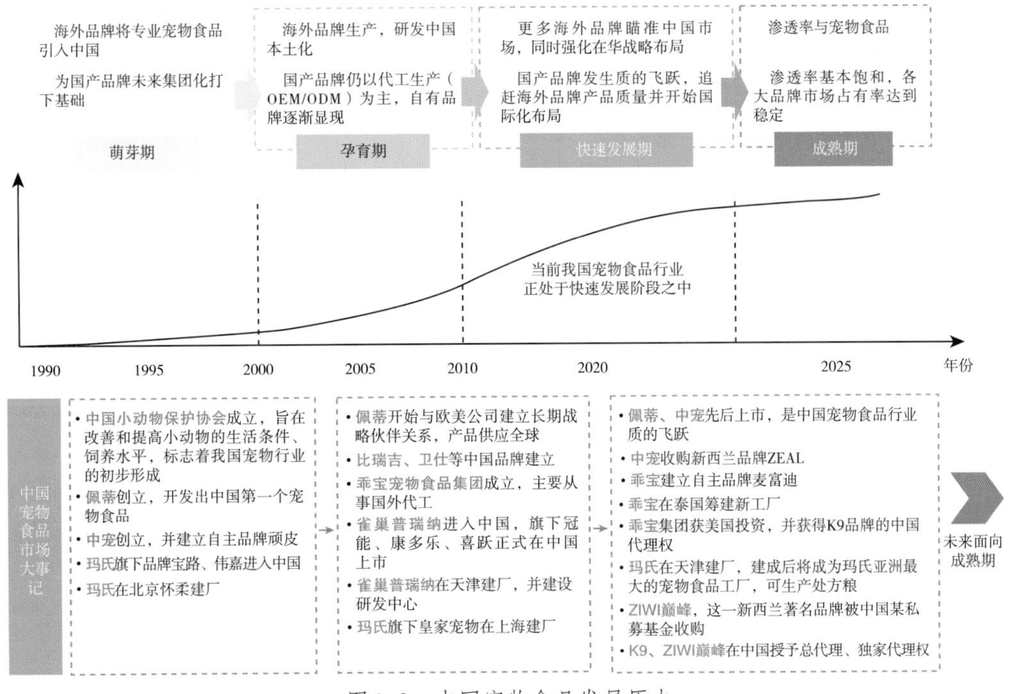

图1-3 中国宠物食品发展历史

的整体质量也有待提高（表1-2、表1-3）。与此同时，我国较为高级的宠物食物仍依赖于进口，而自主生产的宠物食品又普遍处于中低端品牌市场，无形中拉开了国内与国外之间的差距，不利于国内宠物行业实现可持续发展战略目标。

表1-2　中国、日本、美国宠物食品行业对比分析

项目	中国	日本	美国
宠物种类	犬数量大于猫，猫增速快，犬数量下降	犬数量小于猫，且增速慢于猫	犬数量大于猫，两者增速相当
	人口密度大，人均占地面积小，居室类型多为公寓楼，宠物活动空间小。老年人口占比增加，人口年龄结构趋于老龄化。因此，出于饲养的便利性、经济性，多养猫和小型犬	人口密度大，人均占地面积小，居室类型多为公寓楼，宠物活动空间小。老年人口占比增加，人口年龄结构趋于老龄化。因此，出于饲养的便利性、经济性，多养猫和小型犬	人口密度低，宠物主人多居住于独栋平房，宠物活动空间大，以犬类为主
市场增长空间	快速成长期	稳定期	饱和期
	行业发展早期，养宠渗透率、养宠支出、宠物食品优质化程度都有很大发展空间	行业发展历史久，市场生态、产品形态成熟，整体市场空间趋于稳定，增长有限	行业发展历史久，市场生态、产品形态成熟，整体市场空间趋于稳定，增长有限
行业格局	行业集中度低	行业相对集中	行业集中度高
	市场分散，缺少行业龙头，2020年行业第一的外资品牌玛氏市场占有率仅为11.4%	2020年行业第一的外资品牌玛氏市场占有率高达20.1%，本土品牌尤妮佳位居第二	各类细分市场都存在优势明显的龙头品牌，小企业突围难度大。雀巢、玛氏、高露洁等食品生产巨头入场时间早，实力强劲。2020年行业内份额集中度指标CR4为58.6%
行业发展历程	后发型，行业起步晚	后发型，行业起步晚	先发型
	早期市场被外资品牌占领，本土企业崛起的契机分别是营销渠道的变化和关税壁垒的增加	早期市场被外资品牌占领，本土企业崛起的契机分别是营销渠道的变化和关税壁垒的增加	宠物食品行业随工业化、现代化发展而发展
历史文化背景	小农经济，历来对犬猫不重视	小农经济，历来对犬猫不重视	渔猎经济、大牧场放牧业，犬猫地位高
	农耕经济更强调鸡、鸭等家禽的作用，犬猫历来作为辅助性生产生物	农耕经济更强调鸡、鸭等家禽的作用，犬猫历来作为辅助性生产生物	猎犬对于农场主而言具有重要生产意义，是战斗伙伴

（续）

项目	中国	日本	美国
营销渠道	线上渠道日益超过传统渠道 2013年前后，以淘宝、京东等为代表的电商崛起带来了中国线上营销渠道的迅速拓宽，行业营销渠道变革	线上渠道日益超过传统渠道 传统渠道具有垂直型信息传递优势，年轻宠物主人的增加也使得其线上渠道繁荣发展	传统渠道为主，线上渠道日渐兴盛 传统渠道具有垂直型信息传递优势，年轻宠物主人的增加也使得其线上渠道繁荣发展

表1-3　2020年中国、日本、美国宠物食品渗透率与消费水平比较

指标	美国	日本	中国
总人口	3.29亿	1.26亿	14.43亿
家庭户均人数	2.62	2.33	2.62
家庭户数	1.26亿	5 401万	5.5亿
养宠渗透率	约67%	约21.5%	一、二线城市约39.1%
养宠户数	8 426万	1 161万	2.2亿
宠物食品渗透率	约90%	约88.5%	约19%
购买宠物食品的养宠户	7 583万	1 028万	4 093万
宠物食品市场规模	约382亿美元	约44.3亿美元	约1 195亿元
宠物食品的户均消费	504美元	431美元	2 920元（约458美元）
宠物食品的人均消费	192美元	185美元	1 114元（约175美元）
人均GDP	63 544美元	39 539美元	一线城市约15.3万元
宠物食品消费与人均GDP比例	0.3%	0.47%	0.73%

随着我国宠物食品安全行业受到越来越多的关注，我国农业农村部于2018年出台《宠物饲料管理办法》《宠物饲料标签规定》《宠物饲料卫生规定》《宠物饲料生产企业许可条件》《宠物配合饲料生产许可申报材料要求》《宠物添加剂预混合饲料生产许可申报材料要求》等一系列规范性文件和农业农村部公告。但是，该系列文件在具体实施过程中部分职能的发挥缺乏具体的依据，落地实施中可操作性有待提高，并且在生产管理部分标准缺失，现有的法规体系和标准更新速度慢，不能完全适应新形势下宠物饲料全方位快速发展的需要。针对宠物饲料的管理还存在一定的问题，大部分宠物饲料的原料未进行常规分析，并且由于大部分厂家缺乏专业设备，无法对一些不良物质进行检测。此

外，监管条例在处方粮、营养补充剂、阶段性营养标准等方面仍处于空白状态。

在宠物食品质量和品质方面，国内宠物食品缺乏核心竞争力。中国宠物食品市场起步较晚，部分人仍习惯采用传统饲养方式给宠物喂残羹剩饭，这会导致宠物体内某些营养素不均衡，从而危害宠物身体健康；而市场上比较常见的国内宠物食品品牌基础研究薄弱，如麦富迪、卫仕、凯锐思、伯纳天纯等，大多只覆盖宠物主粮，但随着宠物行业市场规模的持续扩大及消费者科学养宠意识的不断提升，宠物主粮行业在发展中迎来了品牌与品类的升级，根据产品形态及功能，宠物主粮可以划分为1.0剩饭、2.0宠物粮、3.0天然粮和4.0功能粮四个阶段。目前中国基本处于2.0宠物粮阶段，正向3.0天然粮阶段发展（图1-4）。

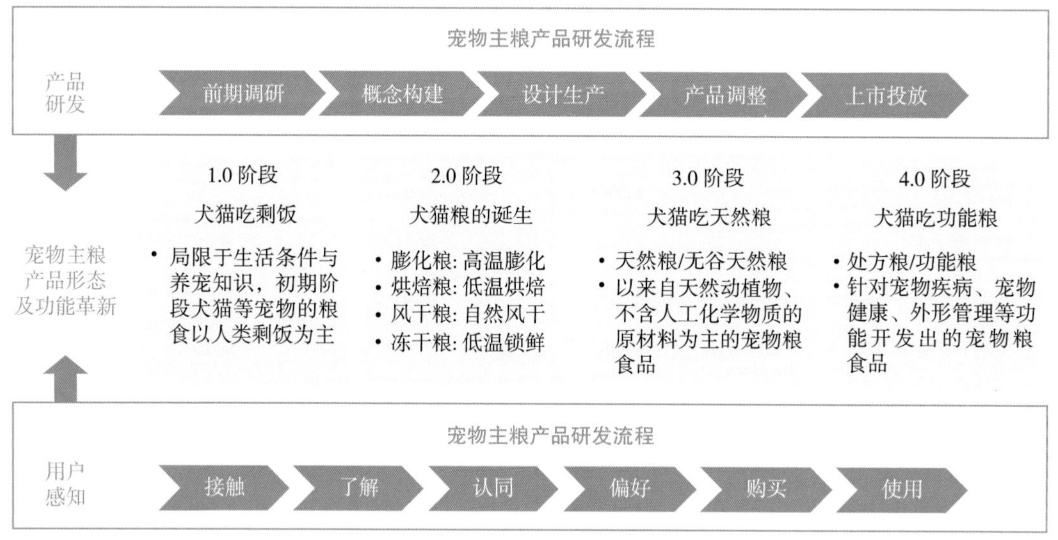

图1-4　宠物主粮行业的发展阶段

三 宠物食品现代科技前沿

科技是宠物食品产业可持续发展的核心动力，创新是宠物食品产业科技发展的永恒主题，科技创新是宠物食品产业发展的主导力量。近年来，随着经济、民生和科学技术的发展，人们对食品产业在经济转型发展中的作用寄予了更大的期望，对食品营养、安全、便捷等提出了更高诉求。这些新的变化趋势对食品产业科技创新提出了新挑战。只有创新驱动内生增长，才能引领和支撑食品产业的健康持续发展。

宠物食品一方面强调了满足宠物生存所必需的营养物质，另一方面也附加了人类对于陪伴动物的特殊情感，使得宠物食品的定位介于人类食品和传统的畜禽饲料之间，越来越多的人类食品加工技术和产品形态被应用于宠物食品的研究。

（一）替代蛋白资源的技术

一些在人类食品中具有争议性的蛋白资源（微生物蛋白和昆虫蛋白），正逐渐成为宠物食品蛋白质替代资源的研究热点。

1. 微生物蛋白　又称饲用菌体蛋白，是指通过人工大规模培养细菌、真菌、藻类等微生物（或单核生物），分离提纯培养后的细胞质团得到的复合蛋白质。微生物蛋白具有蛋白质含量丰富、生产效率高、资源消耗少、成本低廉等优点。已经有研究证实，符合安全性与食用标准的微生物蛋白可应用于动物饲料甚至人类食品。

2. 昆虫蛋白　指以昆虫为原料，经合适提取工艺生产出的一类蛋白质。昆虫蛋白具有来源广泛、氨基酸含量高、种类丰富、吸收率高等优点。研究较多的昆虫蛋白包括黄粉虫蛋白、黑水虻蛋白和蝇蛆蛋白等。各种来源的替代蛋白在一定程度上缓解了人类和动物消费之间的蛋白质竞争和需求，但宠物食品的替代蛋白应用历史较短，不同蛋白质原料在畜禽方面研究报道较多，关于犬猫等宠物方面研究较少。因此，宠物食品替代蛋白在应用过程中一方面需要评估宠物主人的接受程度和宠物适口性问题，另一方面也要综合考虑宠物对于蛋白数量和质量的需求，包括替代蛋白的蛋白含量和氨基酸组成。

（二）加工技术

国内宠物食品企业的加工技术和设备整体落后于发达国家，关键技术和设备多依赖进口，加工标准和质量控制体系尚不健全。以人类食品加工技术为参考，将人类食品成熟的加工技术应用到宠物食品工业化生产中，可有效提升宠物食品产业的加工技术水平。根据加工工艺流程，可将用于宠物食品加工的技术分为原料加工技术、生产加工技术、杀菌及保鲜技术。

1. 原料加工技术

（1）超微粉碎技术　利用机械或流体动力的方法克服固体内部凝聚力使之破碎，从而将3mm以上的物料颗粒粉碎至10～25μm的超微细粉末。超微细粉末具有良好的溶解性、分散性、吸附性、化学反应活性等，广泛应用于农产品加工、化工、医药等许多领域。应用于宠物食品原料预处理加工中，可以保证营养成分不被破坏，保持良好的口感和加工特性，也有利于宠物的消化吸收。

（2）超临界萃取技术　指以气体作溶剂，在超临界点范围提取目标产物的技术。该技术不但价格便宜，而且超临界温度低（31.1℃），对一些热敏性物质无降解变质作用，溶剂残留低，提取速度快，提取率和选择性好等，逐渐成为动、植物原料中所含微量有用或有害成分分离加工的有效手段。在宠物食品加工中，该技术可用于天然产物的分离提取，以及生产添加到宠物食品中的生产成分稳定、效果显著的宠物保健食品。

2. 生产加工技术

（1）挤压膨化技术　指利用螺杆的旋转推进作用，在机械剪切力的作用下，完成输送、混合、搅拌、流变、加热、成形等加工过程，生产出新型食品的技术。该技术具有通用性强、效率高、成本低、形式多样、品质高、能耗低等特点，可生产出营养和风味损失少、产品易消化吸收的新型质构产品。挤压膨化技术多用于生产商品化宠物干粮，大约95%的宠物干粮由挤压膨化技术生产。挤压膨化技术受多种因素影响，因此研究宠物挤压膨化食品生产工艺要素的控制，寻找合适的原料配方及加工条件，减少宠物食品中热敏性营养素的损失，是挤压膨化技术在宠物食品生产中需要解决的问题。

（2）超高压食品技术　是将食品的原料充填容皿中，密封后放入装有净水的高压容皿中，施加100～1 000MPa的压力，利用高压使蛋白质变性、酶失活，从而杀死微生物，可以避免因加热引起的食品变色变味、营养损失以及因冷冻引起的组织破坏。超高压技术生产工业化生骨肉类宠物食品仍处于研究阶段，一方面，生肉食品营养成分单一，无法满足宠物特殊营养需求，需要综合考虑添加其他物料后的适口性、原料间相互反应、营养和保藏期等问题；另一方面，生肉制品携带的耐高压病原菌和寄生虫，容易引起宠物健康问题。

（3）远红外加热技术　是一种以辐射为主的加热过程，利用加热元件所发出来的红外线，引起物质分子的激烈共振，达到加热干燥的目的。远红外加热与传统的加热方法相比，具有热效率高、加热质量好、无前处理、无污染、方便快捷、无破坏性、在线检测等优点，可保持产品的原有外观形态和营养成分，满足宠物食品加工中加热熔化、干燥、整形、固化等加工技术要求，用于生产以零食为主的肉干、肉条、肉缠绕类等产品。

（4）冷冻干燥技术　又称真空冷冻干燥，是在低压状态下将物料冻结到共晶点温度以下，通过升华除去物料中水分的一种加工技术。真空冷冻干燥技术对食品的色泽、风味、营养成分及生物活性成分影响较小，可以很好地保持食品原有组织结构和骨架，并赋予食品酥脆的口感，满足长期保存、方便即时和营养健康的需求。近年来，冷冻干燥技术已开始应用于宠物食品的生产。宠物食品冻干鱼、冻干鸡肉和冻干鹌鹑是市面上常见的冷冻干燥宠物食品。因冷冻干燥产品重量轻，携带方便，多数以奖励作用的宠物零食形式存在。

3. 杀菌及保鲜技术

（1）超高温杀菌技术　指将物料在2.8s内加热到135～150℃，再迅速冷却到30～40℃的杀菌技术。能在极短时间内有效杀死微生物，几乎可完全保持食品原有的营养成分。超高温瞬时杀菌的细菌致死时间短，食品成分保存率高。利用高温杀菌工艺的宠物食品主要是软包装罐头、马口铁罐头、铝盒罐头和包装肠类制品。随着杀菌工艺的不断进步，利用超高温工艺生产安全健康的宠物食品是未来罐装宠物食品的重点研究方向。

（2）气调包装保鲜技术　是向产品包装内充入一定成分的气体，以破坏或改变微生物赖以生存繁殖的气体条件，从而减缓包装食品的生物化学质变，达到保鲜目的。气调包装用的气体通常为CO_2、O_2、N_2或它们的组合气体。该技术可用于宠物鲜粮的生产，保持鲜肉、水产等产品的原始营养成分和风味。气调包装保鲜效果取决于包装前鲜肉卫生指标、包装材料阻隔性、封口质量和所用气体配比，以及包装肉贮存环境温度。因此，气调包装保鲜技术在宠物鲜粮的生产中需要严格控制加工环境。

四 宠物食品技术态势分析

（一）宠物食品基础研究分析

为检索出与宠物食品相关的研究与综述论文，根据专家提供的检索词，以数据为支撑，运用定量分析与定性分析的深度融合方法，收集数据，建立分析框架，探究与解读中外研究主题与特征。

选择中国知网和WOS论文作为中外文信息源，其中中文检索式为：SU%='宠物'*('食品'+'饲料'+'营养'+'犬食品'+'猫食品'+'添加剂'+'功能食品'+'功能粮'+'功能性食品'+'保健食品'+'补充剂'+'主粮'+'主食'+'零食'+'膳食平衡'+'休闲食品'+'处方食品'+'处方粮'+'天性粮'+'天然粮'+'干粮'+'湿粮')；时间跨度为2012—2021年，共找到598条结果，经清理得到密切相关文献485篇。

在WOS核心合集中选择3个库Science Citation Index Expanded（SCI，SSCI，CPCI-S）进行检索，英文检索式为：TS=((“pet” or “pets” or “domestic cats” or “domestic dogs”) near (“food” or “feed” or “diet” or “nutrition” or “nourishment” or “Pet dog food” or “pet cat food” or “dog-food” or “cat-food” or “additive” or “supplements” or “functional food” or “functional grain” or “health* food” or “staple food” or “staple food grain” or “dietary balance” or “balanced meal” or “staple food” or “snack*” or “snack foods” or “prescription food” or “natural food” or “natural grain” or “solid food” or “dry food” or “wet food” or “wet grain” or “pet treats” or “supplementary feeding” or “protein” or “nutrient” or “carbohydrate” or “fat” or “obesity” or “fiber” or “canine nutrition” or “feline nutrition” or “digestibility” or “digestible”))；时间跨度为2012—2021年。共找到4 785条结果，经清理得到密切相关文献512篇。

1. 宠物食品研究总体趋势

（1）国际论文逐年发文量分布　2012—2021年10年，国际论文中有关宠物食品的文献共计512篇，从图1-5可以看出，发表数量呈现逐年递增的趋势。2012年的发文量为31篇，在2021年达到105篇，相关研究发表数量涨幅较大，增长了2.4倍。

（2）国内论文逐年发文量分布　2012—2021年10年，国内共发表论文485篇，根据图1-6分析，我国关于宠物食品研究呈现波浪形发展趋势。在2013年、2019年分别出现发文量小高峰。2021年的相关研究有74篇，出现新高，是最低点2016年的2倍多，表明国内宠物食品研究有趋热的迹象。

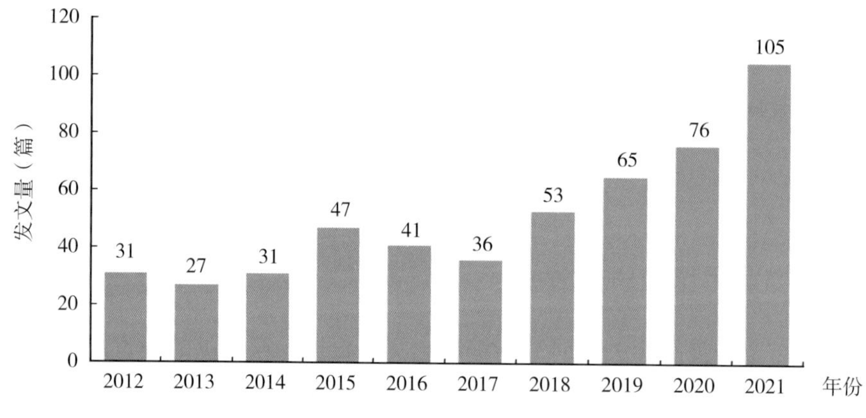

图1-5　WOS论文发文量年代分布

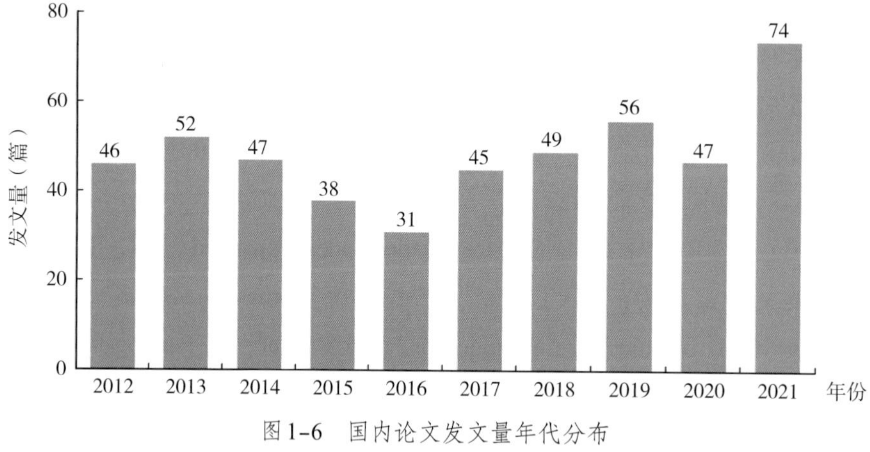

图1-6　国内论文发文量年代分布

2. 国际论文计量分析

（1）国际论文来源　全球共有41个国家开展了关于宠物食品的研究，其前20位的国家见图1-7。其中，美国的发文量最多，达到183篇，大幅领先于其他国家。发文量前10位的国家分别是美国、巴西、意大利、英国、德国、中国、加拿大、法国、西班牙和波兰，上述10个国家在这一技术主题中的发文量占总量的72%。

分析发文量前6位国家发文变化发现（图1-8），2012—2021年10年，美国在宠物食品研究的发文量一直处于领先，并在2021年有爆发式增长。此外，中国也愈加关注此类研究，发文量也呈现波动上升趋势。

（2）国际机构发文分布　全球发表的关于宠物食品研究论文前24位机构见表1-4，其中美国有11家，荷兰有2家，加拿大、巴西、澳大利亚、芬兰、比利时、南非、德国、西班牙、苏格兰、意大利和葡萄牙分别有1家。发文量排名前10位的机构依次是美国堪萨斯州立大学、美国伊利诺伊大学、加拿大圭尔夫大学、巴西圣保罗大学、美国爱荷华州立大学、澳大利亚悉尼大学、美国食品药品监督管理局、美国康奈尔大学、芬兰赫尔辛基大学、美国北卡罗来纳州立大学、美国俄勒冈州立大学、比利时根特大学。

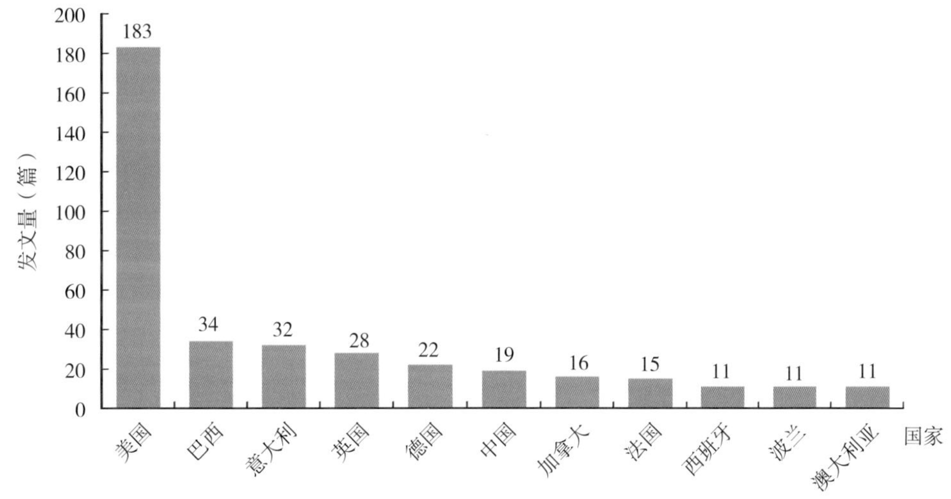

图1-7　发文国家分布

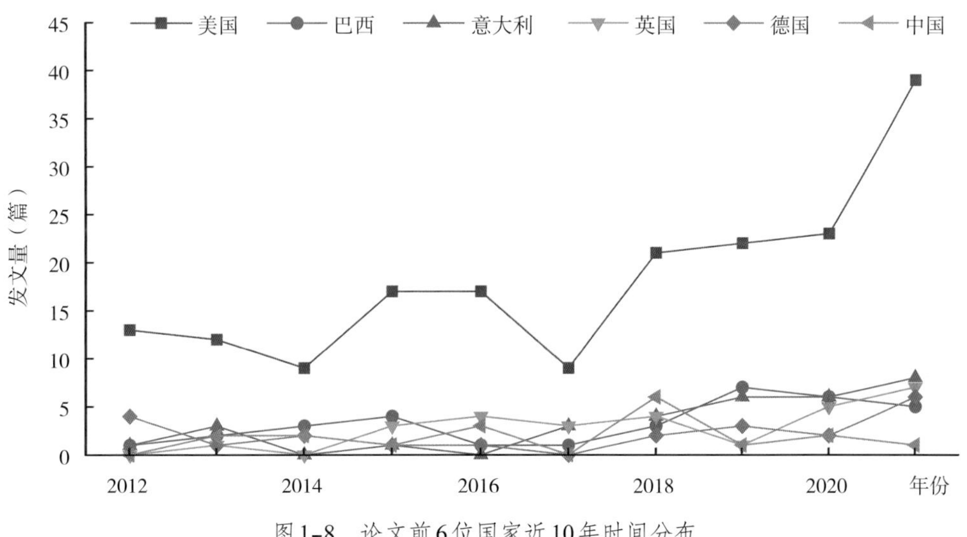

图1-8　论文前6位国家近10年时间分布

表1-4　宠物食品研究机构前24位

排序	作者机构	发文量（篇）	国家
1	堪萨斯州立大学	24	美国
2	伊利诺伊大学	23	美国
3	圭尔夫大学	10	加拿大
4	圣保罗大学	9	巴西
5	爱荷华州立大学	8	美国
5	悉尼大学	8	澳大利亚
5	美国食品药品监督管理局	8	美国
8	康奈尔大学	7	美国
9	赫尔辛基大学	7	芬兰
10	北卡罗来纳州立大学	6	美国
10	俄勒冈州立大学	6	美国
10	根特大学	6	比利时
13	普渡大学	5	美国
13	加州大学戴维斯分校	5	美国
13	夸祖鲁-纳塔尔大学	5	南非
16	希尔思宠物营养品公司	4	美国
16	慕尼黑大学	4	德国
16	普瑞纳宠物食品公司	4	美国
16	巴塞罗那自治大学	4	西班牙
16	爱丁堡大学	4	苏格兰
16	帕多瓦大学	4	意大利
16	波尔图大学	4	葡萄牙
16	乌得勒支大学	4	荷兰
16	瓦格宁根大学	4	荷兰

（3）国际期刊发文分布　该主题发表论文涉及的期刊有516种，发文量最多的前5位是（表1-5）：《动物杂志》（*ANIMALS*）（36篇）、《动物科学学报》（*JOURNAL OF ANIMAL SCIENCE*）（24篇）、《动物生理学与动物营养学杂志》（*JOURNAL OF ANIMAL PHYSIOLOGY AND ANIMAL NUTRITION*）（24篇）、《公共科学图书馆·综合》（*PLOS*

ONE)(15篇)、《北美兽医临床：小型动物诊疗》(*VETERINARY CLINICS OF NORTH AMERICA-SMALL ANIMAL PRACTICE*)(14篇)。

表1-5 宠物食品研究发文期刊前20位

排序	期刊名	发文量(篇)
1	《动物杂志》(*ANIMALS*)	36
2	《动物科学学报》(*JOURNAL OF ANIMAL SCIENCE*)	24
2	《动物生理学与动物营养学杂志》(*JOURNAL OF ANIMAL PHYSIOLOGY AND ANIMAL NUTRITION*)	24
4	《公共科学图书馆·综合》(*PLOS ONE*)	15
5	《北美兽医临床：小型动物诊疗》(*VETERINARY CLINICS OF NORTH AMERICA-SMALL ANIMAL PRACTICE*)	14
6	《兽医学前沿》(*FRONTIERS IN VETERINARY SCIENCE*)	11
7	《食品保藏杂志》(*JOURNAL OF FOOD PROTECTION*)	10
7	《兽医学研究》(*BMC VETERINARY RESEARCH BMC*)	10
9	《动物饲料科学与技术》(*ANIMAL FEED SCIENCE AND TECHNOLOGY*)	9
10	《科学报告》(*SCIENTIFIC REPORTS*)	7
10	《国际协会杂志》(*JOURNAL OF AOAC INTERNATIONAL AOAC*)	7
10	《食品》(*FOODS*)	7
13	《兽医实践问题K：小动物/宠物》(*TIERAERZTLICHE PRAXIS AUSGABE KLEINTIERE HEIMTIERE*)	6
14	《兽医记录》(*VETERINARY RECORD*)	5
14	《全面环境科学》(*SCIENCE OF THE TOTAL ENVIRONMENT*)	5
14	《小动物诊治杂志》(*JOURNAL OF SMALL ANIMAL PRACTICE*)	5
14	《国际食品微生物学杂志》(*INTERNATIONAL JOURNAL OF FOOD MICROBIOLOGY*)	5
14	《环境科学与技术》(*ENVIRONMENTAL SCIENCE & TECHNOLOGY*)	5
14	《人类与动物学》(*ANTHROZOOS*)	5
20	《世界真菌毒素杂志》(*WORLD MYCOTOXIN JOURNAL*)	4

(4)论文被引国别分析　对全球各国发表的关于“宠物食品”研究论文的被引频次进行分析，并计算其篇均被引频次。总被引频次和篇均被引频次的高低说明研究的影响力大小，发表论文数前10位国家的论文总被引频次和篇均被引频次见表1-6。论文总被引频次排名前3位的为美国、中国、意大利；篇均被引排名前3位为中国、西班牙、美国。

表1-6　宠物食品研究国家被引频次分析

国家	发文量		总被引频次		篇均被引频次	
	篇	排序	频次	排序	频次	排序
美国	183	1	2 486	1	13.58	3
巴西	34	2	238	5	7.00	9
意大利	32	3	340	3	10.63	4
英国	28	4	242	4	8.64	6
德国	22	5	180	6	8.18	7
中国	20	6	345	2	17.25	1
加拿大	16	7	129	8	8.06	8
法国	15	8	76	10	5.07	10
西班牙	11	9	151	7	13.73	2
波兰	11	10	99	9	9.00	5

同时，以论文被引频次总计、平均被引频次和发文量为数据源制作出国家被引频次分析气泡图，其中横坐标表示发文量，纵坐标表示篇均被引频次，气泡大小表示总被引频次（图1-9）。

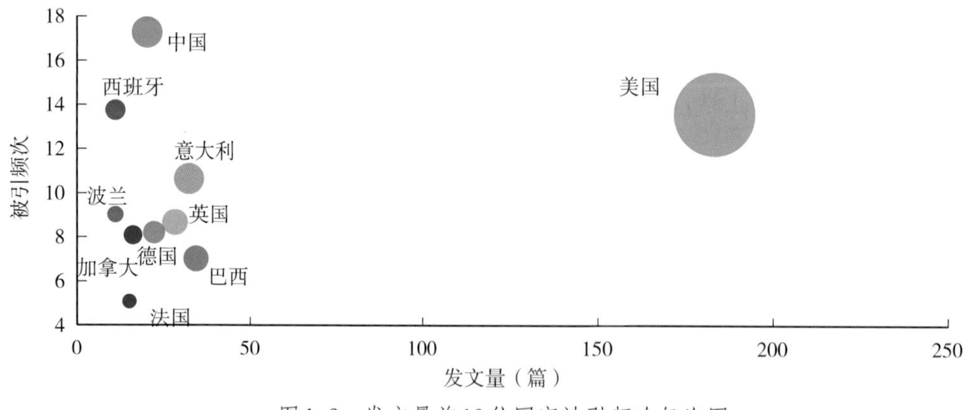

图1-9　发文量前10位国家被引频次气泡图

综合比较，美国在该领域的研究实力相对较强，发文量、被引频次总计和篇均被引频次均较高，尤其是发文量处于遥遥领先位置，显示出了超强的实力。其次，就发文量而言，巴西处于第2位次，但其总被引频次与篇均被引频次排名却靠后，论文的被关注度和影响力尚有待提升。此外，可以明显看到中国的发文量虽处于中间位次，但总被引频次与篇均被引频次却名列前茅，论文得到了较高的关注，影响力也较强。发文量排

名第3位的意大利，其总被引频次与篇均被引频次排名也处于第3位，说明其研究的产出与影响力较为平衡，而西班牙的发文量与总被引频次排名虽然并不靠前，但其篇均被引频次却位于第2位，说明其研究成果中存在影响力较强的论文；除此之外的英国、德国、加拿大、波兰发文量排名与被引频次排名基本平衡。

（5）国际论文作者分析　宠物食品研究国际论文发文作者前13位见表1-7，其中美国有7位，意大利有3位，南非、波兰和加拿大各有1位。发文量排名前13位的第一作者依次是Alvarenga，IC（美国）、Donadelli，RA（美国）、Singh，SD（南非）、Morelli，G（意大利）、Hall，JA（美国）、Lambertini，E（美国）、Kilburn，LR（美国）、Kerr，KR（美国）、Kazimierska，K（波兰）、Goi，A（意大利）、Dodd，SAS（加拿大）、Di Cerbo，A（意大利）、Deng，P（美国）。

表1-7　国际论文作者发文量前13位

排序	第一作者	发文量（篇）	国家
1	Alvarenga IC	8	美国
2	Donadelli RA	5	美国
3	Singh SD	4	南非
3	Morelli G	4	意大利
3	Hall JA	4	美国
6	Lambertini E	3	美国
6	Kilburn LR	3	美国
6	Kerr KR	3	美国
6	Kazimierska K	3	波兰
6	Goi A	3	意大利
6	Dodd SAS	3	加拿大
6	Di Cerbo A	3	意大利
6	Deng P	3	美国

对国际论文作者的被引频次进行分析，筛选出排名前10位的作者（表1-8）。其中，被引量最多的作者是Laflamme DP，达到93次，排名第10的Mao JF的被引频次有71次，差距不大，说明宠物食品领域被引频次排名前10位的国际作者影响力相差不大。此外，来自中国的Zhou QC与Mao JF也进入了前10位榜中，显示出中国学者也有较强影响力。

表1-8 国际论文发文作者被引频次前10位

排序	作者	被引频次	国家
1	Laflamme DP	93	美国
2	Dorne JL	91	意大利
3	Fulkerson CM	80	美国
4	Brooks D	76	美国
5	Okuma TA	75	美国
5	Athreya V	75	印度
7	Zhou QC	74	中国
8	Hall JA	73	新西兰
9	Stejskal V	72	美国
10	Mao JF	71	中国

3. 国内论文计量分析

（1）国内研究机构发文分布　对中文文献发文机构的发文量进行分析，发表论文数前12位的机构及其发文量见图1-10。

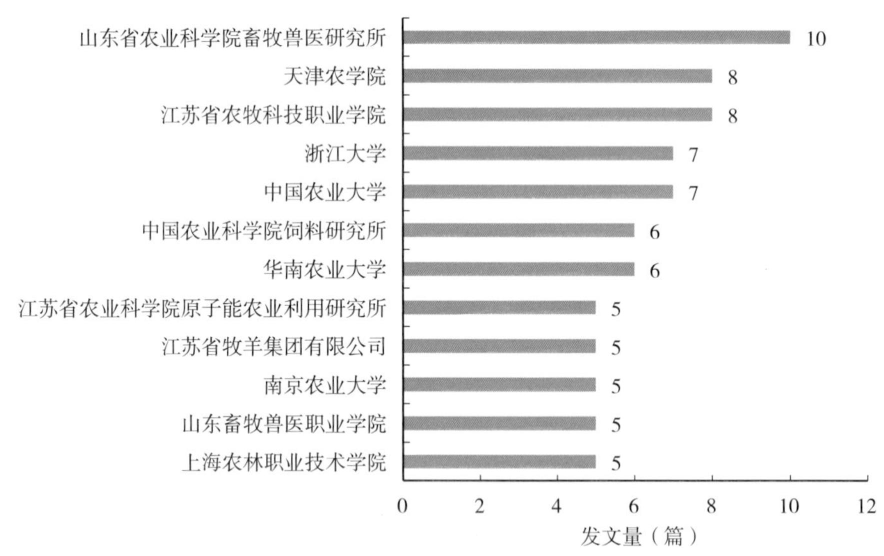

图1-10　中文文献发文机构前12位

（2）国内研究作者分布　对中文文献的作者的发文量与被引频次进行统计分析，发表论文数前10位的作者及其发文量、被引频次见表1-9。

（3）国内发文期刊分布　对中文文献发文期刊的发文量进行分析，发表论文数前11位的期刊及其发文量见图1-11。

表1-9 中文文献发文作者前10位

排序	作者	发文量（篇）	被引频次
1	孙海涛	10	29
1	陈雪梅	10	29
1	林振国	10	29
4	刘 策	9	27
5	朱佳延	7	31
6	冯 敏	7	31
7	王德宁	7	31
8	杨 萍	7	31
9	顾贵强	7	31
10	张建斌	6	4

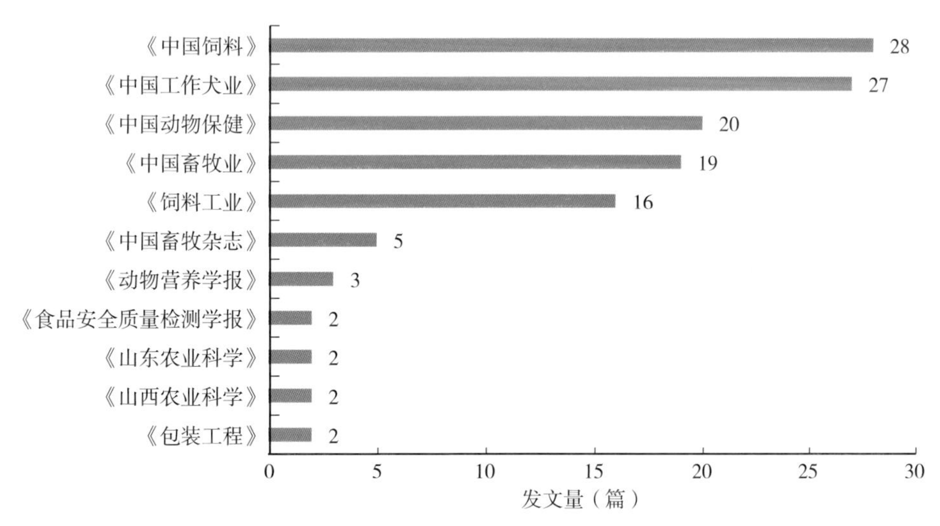

图1-11 中文文献发文期刊前11位

4. 宠物食品研究主题分析

（1）中文文献分析

①聚类分析：中文文献的聚类主要分为宠物食品、宠物饲料、宠物行业、宠物和动物养殖五大类（图1-12）。

a. 宠物食品类：#0宠物食品以关键词“宠物食品”为中心，与其相关的包括食品的生产加工、营养成分、销售等方面。

b. 宠物饲料类：#1宠物饲料＆#6饲料以关键词“宠物饲料”和“饲料”为中心，聚类#1宠物饲料的高频词包括“畜牧业”“饲料工业”“农业部”“推介会”等；聚类#6

饲料的关键词主要以“检测”和各类化学物质为主，如“三聚氰胺”“牛黄”等。

c. 宠物行业类：#2宠物行业以关键词“宠物经济”和“宠物市场”为核心，主要包含医疗、美容、保险等行业。

d. 宠物类：#3宠物犬和#4宠物两个聚类主要是宠物的医疗和保健，如“疾病防控”“肠道健康”“慢性腹泻”等。

e. 动物养殖类：#5动物养殖聚类的关键词较为零散，一部分节点偏向#0宠物食品，如“添加剂”等；一部分节点偏向#3宠物犬，如“兽药”。

图1-12　中文文献聚类分析图谱

②突现词分析：2012—2021年共出现5个突现词，其中突现强度最高的是“宠物饲料”，但是持续时间只有1年（2012—2013年）；突现时间较近的有3个关键词，分别是“添加剂”“宠物医疗”和“宠物行业”，突现时间开始于2018年。这表明宠物食品研究领域从早期关注食品本身逐渐向宠物食品与医疗结合以及行业宏观发展（图1-13）。

关键词	年份	频率	起始年	截止年	2012—2021年
宠物饲料	2012	4.77	2012	2013	
饲料工业	2012	3.15	2012	2016	
添加剂	2012	3.39	2018	2019	
宠物行业	2012	2.65	2018	2021	
宠物医疗	2012	2.47	2018	2019	

图1-13　中文文献突现词分布

（2）英文文献分析

①聚类分析：文献聚类为8类，分别是#0 risk factor（冲突因素）；#1 deoxyribonucleic

acid（脱氧核糖核酸）；#2 raw meat-based diet（生肉饮食）；#3 precision-fed cecectomized rooster assay（精密喂养）；#4 spay surgery（绝育手术）；#5 gastrointestinal tolerance（肠胃耐受性）；#6 dietary fibre（膳食纤维）；#7 individual feed ingredient（特殊饲料成分）（图1-14）。

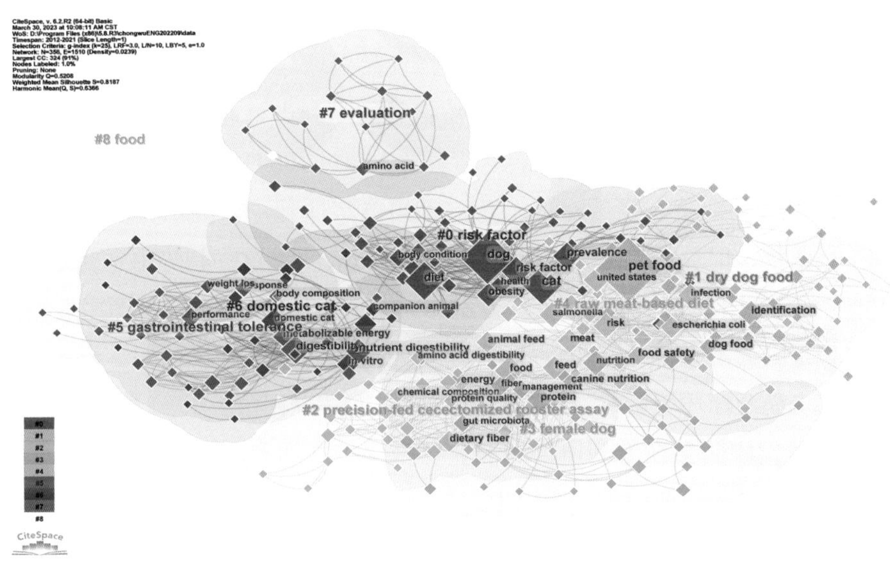

图1-14　英文文献聚类分析图谱

②突现词分析：2012—2021年共出现5个突现词，其中突现强度最高的是identification（识别），突现时间是2017—2018年；突现时间较近的还有2个关键词，分别是starch（淀粉）和salmonella（沙门氏菌），突现时间开始于2016年和2020年（图1-15）。

关键词	年份	频率	起始年	截止年	2012—2021年
animal	2012	2.73	2012	2014	
domestic cat	2012	3.06	2013	2014	
starch	2012	2.84	2016	2017	
identification	2012	3.53	2017	2018	
salmonella	2012	3.08	2020	2022	

图1-15　英文文献突现词分布

（二）宠物食品专利技术分析

宠物食品专利态势分析　本次项目检索主要采用计算机检索，所使用的数据源为IncoPat全球专利数据库。数据区域统计范围为全球。国内外专利数据截至2022年7月31日。

专利数据具有滞后性。《专利法》规定：发明专利申请的公开期限是自申请日起18

个月，如果专利发明人请求提前公开，专利在申请之日起6个月后公开；对于实用新型专利申请和外观设计专利申请，专利局审核复合授权条件核准授权时才进行公告。

本次专利分析工作截取的专利数据是公开日为2022年7月31之前的专利数据，因此，专利申请日早于2022年7月31日但公开日晚于该日期的专利文件未列入本次分析中。

（1）宠物食品领域专利技术趋势分析

①专利申请和公开时间趋势：图1-16为宠物食品全球年度专利申请量和中国年度专利申请量时间趋势。从图1-16中来看，宠物食品的专利申请起步于20世纪60年代，但是前期研究进展缓慢，在1997年的专利申请量首次超过100件，经历一段时间的上升后，又经历一段短暂的回落，之后持续上升，到2015年达到一个高峰，发展势头持续至今，虽有一点回落，但总体趋势是上升。进一步分析表明，这一趋势中主要是由于美国、中国、日本、瑞士研究的贡献。全球专利申请量在2018年的数量从图中看略有所下降，原因之一是因为当时全球宠物食品市场发展较早，已进入成熟阶段，整体格局较为稳定。而中国也受全球环境影响，在2019年的数量有一个回落。

另外，有些研发团队会在专利申请和商业秘密保护之间有所平衡，专利是无论时间的迟与早，终会公开来换取保护，所以也有部分研发团队会选择通过商业秘密来保护新的方案；再者，还有一部分研发团队会侧重于发表高水平的文章来体现研发成果。因此，本书中的数据不一定全面代表本技术领域全部的研发状态，仅从专利角度解读宠物食品研发的动态。

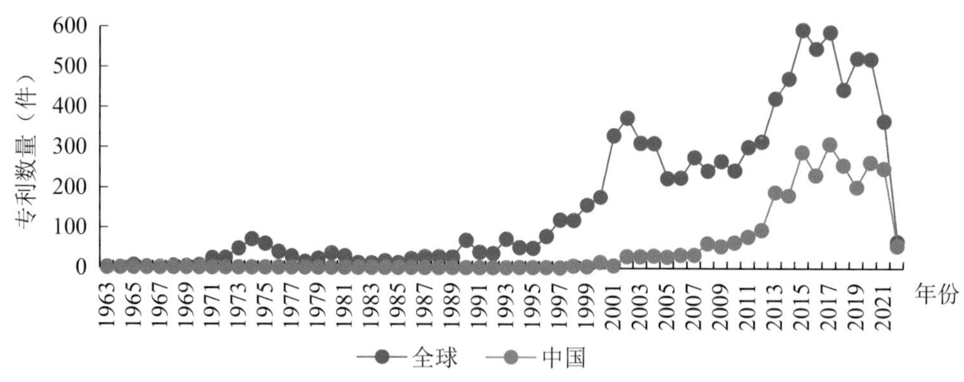

图1-16　全球与中国范围内宠物食品相关专利申请趋势

②专利技术国家/地区分布：图1-17展示的是宠物食品技术来源国家/地区分布，图1-18展示的是宠物食品主要市场国家/地区，通过该分析可以了解宠物食品在不同国家技术创新的活跃情况和重要的目标市场。

全球有50余个国家/地区开展了与宠物食品有关的专利申请。从图1-17专利技术的来源国家/地区可以看出，美国申请的专利技术最多，占全部专利的32%。中国和日本分列第2和第3位，三者合计占71%，说明主要专利技术掌握在这些国家。从图1-17和图1-18可以看出，美国、中国和日本是这一技术的输出国，其技术来源比例高于市场应用比例；他们也同时是重要的应用市场，分列前3位。此外，欧洲、澳大利亚也是重要的应用市场。

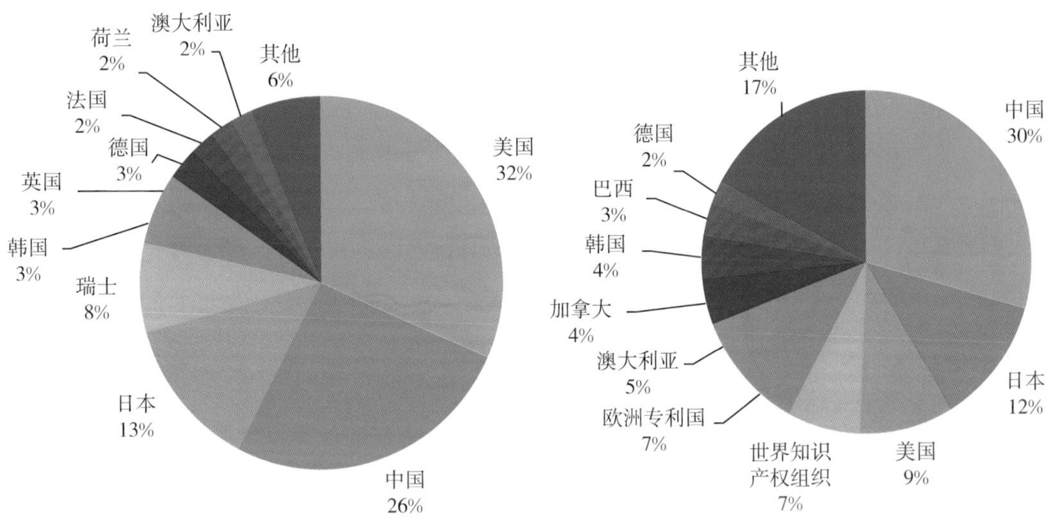

图1-17 宠物食品相关技术来源国家/地区分布 图1-18 宠物食品相关技术市场国家/地区分布

③主要国家专利数量年度变化趋势：由图1-19可以看出，美国和日本是较早开始相关研究的国家，并在相当长时期内一直领先于其他各国。但自2013年起，中国在该领域获得的专利后来居上。而且，中国专利在该领域迅速增长的势头保持至今。

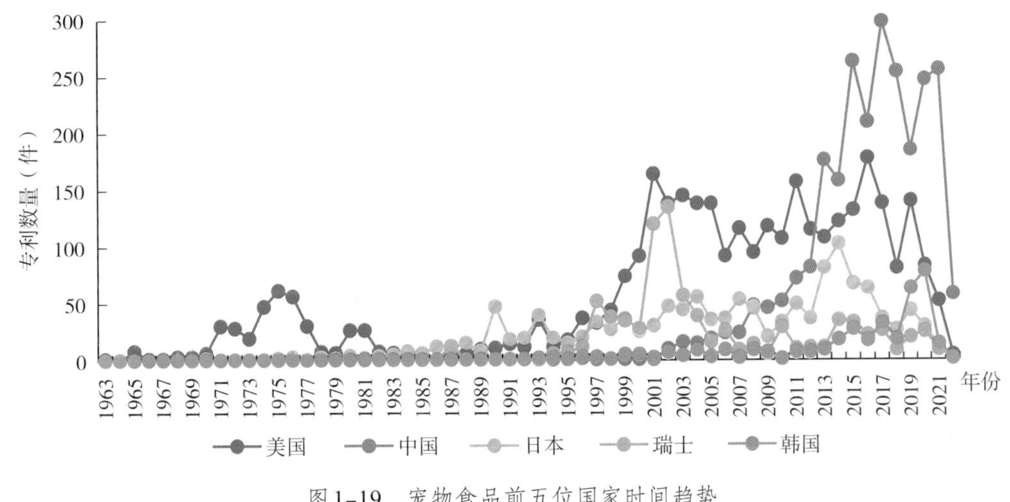

图1-19 宠物食品前五位国家时间趋势

从图1-19中还可以看出，美国和日本基本上持续平稳，虽有小幅度上升和回落，但总体还是趋于平稳。其中，美国在2018年有一个非常明显的回落，而这也可能是导致之前该领域专利总体趋势出现回落的原因；而日本在2014年出现一个高峰，与全球趋势基本保持一致。另外，韩国在2000年后，专利申请数量出现上升，瑞士在2000年基本保持平稳状态。

（2）宠物食品领域应用竞争对手分析　从检索结果看，全球有多家企业或高校进行宠物食品的应用研发。前10位专利申请人见表1-10。其中，美国共有6家品牌进入全球前10位，优势较明显；雀巢位居第1位，另外是玛氏、希尔斯、爱慕思、尤妮佳分别居第2～5位。

从专利权人的专利申请时间、2019—2021年的专利百分比以及市场布局看，各专利申请人的发展态势差异很大。其中，帝斯曼（DSM IP ASSETS B V）近3年的专利申请量较多，其次是尤妮佳、玛氏、希尔斯，说明近些年这几家企业在宠物食品中的研发情况较好。

表1-10　宠物食品技术申请人前10位

排序	专利申请人名称	国家	专利数量（件）	近3年专利百分比（%）（2019—2021年）	主要市场分布	专利起始年
1	NESTLE SA	中国	852	5	CN/EP/WO/AU/CA/BR/JP	1981
2	MARS INCORPORATED	美国	599	12.5	CN/EP/WO/AU/US/JP	1973
3	HILL'S PET NUTRITION INC	美国	490	10	CN/EP/WO/JP/AU/CA	2001
4	THE IAMS COMPANY	美国	348	0	CN/EP/WO/JP/AU/CA/AR	1995
5	UNICHARM CORPORATION	日本	279	16.8	CN/JP/EP/WO/US/CA	1995
6	SPECIALITES PET FOOD	法国	116	1.7	EP/WO/US/CA/BR/AU	2007
7	QUAKER OATS CO	美国	104	0	SE/GB/DK/NL/DE	1972
8	DSM IP ASSETS B V	荷兰	96	29	EP/WO/BR/JP/CA/US	2001
9	RALSTON PURINA CO	美国	83	0	NO/DE/NL/SE/BE/DK	1969
10	COLGATE PALMOLIVE CO	美国	78	1	JP/AU/CA/DK/ EP/WO	1973

（3）宠物食品领域应用专利主题分析

①主题技术分布：按照国家专利分类表（4位），宠物食品相关技术专利申请所涉及的技术方向主要集中在动物喂养饲料（A23K）、食品、食料或非酒精饮料（A23L）、医用、牙科用或梳妆用的配制品（A61K）等（表1-11）。

②重点国家专利技术布局分析：图1-20为宠物食品领域专利数量前5个国家/地区在该领域的技术分布情况。可以看出，由于各主要国家/地区的国情不同，它们在该领

域的专利技术构成差异较大，但在一些技术如A23K中专门适用于动物的喂养饲料及其生产方法方面均有较多布局。

表1-11 宠物食品专利主要技术类型（国际专利分类）

排序	IPC分类	专利数量（件）	中文释义
1	A23K	8 292	专门适用于动物的喂养饲料；其生产方法
2	A23L	2 501	食品、食料或非酒精饮料；它们的制备或处理，例如烹调、营养品质的改进、物理处理；食品或食料的一般保存
3	A61K	1 448	医用、牙科用或梳妆用的配制品
4	A61P	883	化合物或药物制剂的特定治疗活性
5	A01K	606	畜牧业；养鸟业；养蜂业；水产业；捕鱼业；饲养或养殖其他类不包含的动物；动物的新品种
6	A23J	394	食用蛋白质组合物；食用蛋白质的加工；食用磷脂组合物
7	A23P	379	食料成型或加工
8	C12N	282	微生物或酶；其组合物；繁殖、保藏或维持微生物；变异或遗传工程；培养基
9	A23N	239	水果、蔬菜或花球茎相关机械或装置；大量蔬菜或水果的去皮；制备牲畜饲料装置
10	A23B	218	保存，如用罐头贮存肉、鱼、蛋、水果、蔬菜、食用种子；水果或蔬菜的化学催熟；保存、催熟或罐装产品

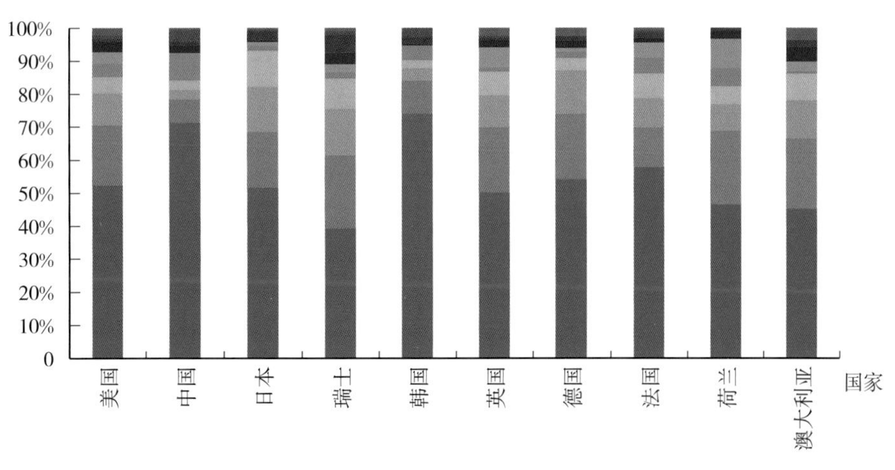

图1-20 宠物食品专利主要国家技术领域分布

就每项技术在各自国家中的研发比重而言，除了A23K，各个国家在A23L食品、食料或非酒精饮料方面也比较突出；除此之外，美国、日本、瑞士、英国、德国、法国、荷兰、澳大利亚还在A61K中在医用、牙科用或梳妆用的配制品产品比较突出，也说明这些国家在宠物的营养健康方面比较注重；而中国、韩国在A01K中技术分布较多。

③主要申请人技术布局分析：表1-12为宠物食品领域专利数量前10位申请人的技术分布情况。可以看出，由于各机构的主营业务、定位及研发实力等不同，其专利技术分布有所不同；但是从整体来看，前10位的申请人中，基本在A23K技术领域分布较多。

表1-12　宠物食品专利主要申请人技术领域分布（国际专利分类）（件）

序号	申请人	A23K	A23L	A61K	A61P	A01K	A23J	A23P	C12N	A23B	A23N
1	NESTLE SA	781	422	253	169	35	46	71	100	17	28
2	MARS INCORPORATED	548	195	79	38	24	43	20	3	12	3
3	HILL'S PET NUTRITION INC	488	53	88	80	8	1	11	3	0	0
4	THE IAMS COMPANY	345	59	86	68	15	1	11	1	7	1
5	UNICHARM CORPORATION	278	7	0	0	2	1	2	0	0	0
6	SPECIALITES PET FOOD	116	8	2	7	1	2	0	0	0	0
7	QUAKER OATS CO	96	16	0	0	1	18	2	0	0	0
8	RALSTON PURINA CO	89	34	2	2	3	8	1	0	7	2
9	DSM IP ASSETS B V	75	30	19	17	0	11	0	2	0	0
10	COLGATE PALMOLIVE CO	75	12	33	8	0	5	9	0	0	1

除了A23K这一领域，雀巢、玛氏、尤妮佳等还在A23L中有较多分布，而希尔斯和爱慕思在A61K中分布较多，其他领域也有相关涉及，从分类号来看，各个申请人主要的分类都基本类似，对于不同的食品种类或技术不同，还会涉及一些其他技术领域。

笔者团队对宠物食品的专利申请做了进一步的分析，重点发现在宠物食品领域中主要研究的技术侧重点，从技术功效上来看，主要集中在提高安全性、吸收好、提高免疫力、健康营养、易消化、提高适口性等方面，这也是目前行业内技术人员较为关注的一个技术重点。

五 宠物食品发展的对策措施与政策建议

为了能促进宠物食品持续健康发展，必须筹集资金，加大宠物食品研发工作的投入；建立健全规章制度和法律法规，强化生产监督检查机制，提高产品质量；加大科研工作力度，积极开展研究工作；制订宠物食品规划，明确不同时期目标；实现以企业为主体的企业化生产。

参考文献

曹树梅，张晓曼，李嘉，2022. 宠物食品行业研究综述［J］. 合作经济与科技（13）：98-99.

陈宝江，刘树栋，韩帅娟，2020. 宠物肠道健康与营养调控研究进展［J］. 饲料工业，41（13）：9-13.

陈淼，齐晓，孙皓然，等,2022. 宠物食品适口性评估方法研究进展［J］. 广东畜牧兽医科技,47（3）：55-59.

陈颖铌，2020. 宠物猫肥胖症原因及治疗［J］. 兽医导刊（9）：53-53.

程智蓁，张双其，杨庆伦，等，2021. 高浓度CO_2气调包装对冷藏草鱼品质的影响［J］. 食品工业，42（12）：196-201.

董忠泉，2021. 国际宠物食品市场与中国宠物食品产业发展展望［J］. 今商圈（9）：98-101.

冯果烨，杨丽雪，2022. 新时代宠物经济的发展研究［J］. 中国市场（9）：66-67.

苟梦星，王岚，翟江洋，等，2022. 昆虫蛋白的功能特性及其应用研究现状［J］. 肉类工业（4）：49-53.

何小娥,2018. 2017年欧洲宠物市场：多因素聚合推动宠物食品市场发展［J］. 中国畜牧杂志,54（11）：147-149.

洪蕾蕾，2022. 我国宠物食品行业发展状况［J］. 福建畜牧兽医，44（3）：17-19.

胡慧灵，李惠侠，2021. 益生菌在宠物中的应用研究进展［J］. 畜牧产业（8）：61-66.

江移山，2021. 宠物食品行业存在的问题和对策探讨［J］. 现代食品（7）：54-56.

寇慧，文晓霞，叶思廷，等，2021. 微生物发酵生产饲用菌体蛋白的研究进展［J］. 饲料工业，42（21）：26-33.

李栋，薛瑞婷，2022. 用昆虫蛋白原料替代豆粕对肉鸡生长性能和肠道健康的影响［J］. 中国饲料（6）：101-104.

李娜，2022. 昆虫蛋白质资源开发应用研究进展［J］. 现代牧业，6（1）：46-49.

李欣南，阮景欣，韩镌竹，等，2021. 宠物食品的研究热点及发展方向［J］. 中国饲料（19）：54-59.

刘小英，2013. 当前宠物管理中存在的问题及建议［J］. 湖北畜牧兽医，34（6）：89.

马峰，周启升，刘守梅，等，2022. 功能性宠物食品发展概述［J］. 中国畜牧业（10）：123-124.

毛爱鹏，孙皓然，张海华，等，2022. 益生菌、益生元、合生元与犬猫肠道健康的研究进展［J］. 动物营养学报，34（4）：2140-2147.

魏琦麟，向蓉，康桦华，等，2022. 宠物食品研究进展［J］. 广东畜牧兽医科技，47（3）：13-19，25.

夏咸柱，2010. 宠物与宠物保健品［J］. 中国兽药杂志，44（10）：6-8，19.

徐舒怡，肖佳怡，朱嘉璐，等，2021．益生菌发酵豆粕降解抗营养因子的研究进展［J］．现代农业（5）：50-54．

薛瑞婵，罗新雨，朱蕾，等，2022．我国宠物食品消费状况的统计调查研究［J］．统计学与应用，11（3）：537-550．

周维维，刘祎帆，谢曦，等，2021．超微粉碎技术在农产品加工中的应用［J］．农产品加工（23）：67-71．

朱淑婷，2019．宠物产业国内宠物食品企业崛起［J］．中国工作犬业（7）：62-63．

Bagw A，2008．Animal companions，consumption experiences，and the marketing of pets：Transcending boundaries in the animal–human distinction［J］．Journal of Business Research，61（5）：377-381．

Becques A，Larose C，Baron C，et al.，2014．Behaviour in order to evaluate the palatability of pet food in domestic cats［J］．Applied Animal Behaviour Science，159：55-61．

Cerbo AD，Morales-Medina JC，Palmieri B，et al.，2017．Functional foods in pet nutrition：Focus on dogs and cats［J］．Research in Veterinary Science，112：161-166．

Cva D，2021．Insights into Commercial Pet Foods［J］．Veterinary Clinics of North America：Small Animal Practice，51（3）：551-562．

Di DB，Kadri K，Gregory AC，2018．Pet and owner acceptance of dry dog foods manufactured with sorghum and sorghum fractions［J］．Journal of Cereal Science，83：42-48．

Dvm S，2021．Pros and cons of commercial pet foods（including grain/grain free）for dogs and cats［J］．Veterinary Clinics of North America：Small Animal Practice，51（3）：529-550．

Goi A，Manuelian C L，S Currò，et al.，2019．Prediction of mineral composition in commercial extruded dry dog food by near-Infrared reflectance spectroscopy［J］．Animals：an Open Access Journal from MDPI，9（9）：640-651．

Lyng J，Cai Y，Bedane T F，2022．The potential to valorize myofibrillar or collagen proteins through their incorporation in an Extruded Meat Soya Product for use in Canned Pet Food［J］．Applied Food Research，2（1）：100068．

Manbeck A E，Aldrich C G，Alavi S，et al.，2017．The effect of gelatin inclusion in high protein extruded pet food on kibble physical properties［J］．Animal Feed Science & Technology，232：91-101．

Mcgee N，Radosevich J，Rawson N E，2014．Chapter 27-Functional Ingredients in the Pet Food Industry：Regulatory Considerations［J］．Nutraceutical and Functional Food Regulations in the United States and Around the World（Second Edition），497-502．

Melanie E R，Slater M R，Ward M P，2010．Companion animal knowledge，attachment and pet cat care and their associations with household demographics for residents of a rural Texas town［J］．Preventive Veterinary Medicine，94（3-4）：251-263．

Mgba B，Drm C，Tm D，et al.，2022．Promising perspectives on novel protein food sources combining artificial intelligence and 3D food printing for food industry［J］．Trends in Food Science & Technology，128：38-52．

Mishyna M，Keppler JK，Chen J，2021．Techno-functional properties of edible insect proteins and effects of processing［J］．Current Opinion in Colloid & Interface Science，56：26-31．

Parks，A R，Brashears，2016．Validation of pathogen destruction in dry pet foods after production and bagging under simulated industry conditions [J]. Meat Science, 112: 167-168.

Perrine D, Kadri K, Pascal P, et al., 2020. How the odor of pet food influences pet owners' emotions: A cross cultural study [J]. Food Quality and Preference, 79: 103772.

Pauline M, Alicia G, Leah L, 2021. A literature review on vitamin retention during the extrusion of dry pet food [J]. Animal Feed Science and Technology, 277: 114975.

Renata D, Carine S, Emma O, 2020. Demographics and self-reported well-being of Brazilian adults as a function of pet ownership: A pilot study [J]. Heliyon, 6 (6): e04069.

Serra-Castelló C, Possas A, Jofré A, et al., 2022. Enhanced high hydrostatic pressure lethality in acidulated raw pet food formulations was pathogen species and strain dependent [J]. Food Microbiology, 104: 104002.

Sinan C, 2015. The importance of house pets in emotional development [J]. Procedia - Social and Behavioral Sciences, 185: 411-416.

Strengers Y, Pink S, Nicholls L, 2019. Smart energy futures and social practice imaginaries: Forecasting scenarios for pet care in Australian homes [J]. Energy Research & Social Science, 48: 108-115.

Thompson A, 2008. Ingredients: where pet food starts [J]. Topics in Companion Animal Medicine, 23 (3): 127-132.

Viana LM, Mothé CG, Mothé MG, 2020. Natural food for domestic animals: A national and international technological review [J]. Research in Veterinary Science, 130: 11-18.

Wehrmaker A M, Bosch G, Goot A, 2021. Effect of sterilization and storage on a model meat analogue pet food [J]. Animal Feed Science and Technology, 271: 114737.

Yadav B, Roopesh MS, 2020. In-package atmospheric cold plasma inactivation of Salmonella in freeze-dried pet foods: Effect of inoculum population, water activity, and storage [J]. Innovative Food Science & Emerging Technologies, 66: 102543.

第二章

宠 物 主 粮

宠物，作为人类伴侣，在饲养过程中人们更关注它们的健康和长寿。宠物主粮能够提供最基础的营养，以保证宠物正常的生长、发育、繁殖和对外界环境的抵抗能力。我国具有丰富的农副产品和畜禽资源，可以为宠物提供营养全面均衡、消化吸收率高、配方科学、质量标准、饲喂方便的宠物主粮。宠物主粮中的营养成分主要包括水分、蛋白质、碳水化合物、脂肪、维生素及矿物质等。优质的宠物主粮还能够帮助宠物预防疾病和延长寿命（Raditic，2021）。

第一节 宠物主粮的基础营养

一 水分

水虽然不是能量来源，且在宠物日粮的研究中讨论最少，但其在宠物营养方面却有着极为重要的作用。宠物体内含水50%～80%，宠物绝食期间，消耗掉机体全部脂肪、超半数蛋白质或失去40%体重时仍能生存，但丧失约10%的水分就会引起机体代谢紊乱，失水15%时发生死亡。犬消耗的水量远大于猫，猫利用水的能力更强，为减少水的流失，猫的尿液浓度很高，但这是引发猫尿结石的原因之一。充分供给宠物清洁卫生的水，才能维持宠物正常的生理活动，保证宠物机体健康（王景芳和史东辉，2008）。

（一）水的生理作用

宠物体内水的作用复杂，许多特殊的生理作用都依赖于水：①水是构成宠物机体乃至细胞的主要成分，分布于各组织中，构成机体内环境；②水是营养物质代谢的载体，参与体内的物质代谢和生化反应，在消化、吸收、循环、排泄过程中，促进营养物质的吸收和运送，协助代谢废物通过粪便、汗液及呼吸等途径排泄；③维持体液正常渗透压及电解质平衡，维持血容量；④经皮肤和黏膜蒸发散热，维持机体温度恒定；⑤对眼睛、关节、肌肉等组织具有润滑、缓冲和保护作用（韩丹丹和王景方，2007；王秋梅和唐晓玲，2021）。

（二）水的来源

宠物水来源于饮用水、食物水及代谢水（图2-1）。

1. 饮用水　是宠物获得水分的主要方式，饮水量与动物种类、生理状况、食物成分、环境温度等有关。当食物水和代谢水变化时，宠物可依靠饮水来调节体内的水平衡。

2. 食物水　宠物通过摄食获得的水分，随食物种类而异，如犬干粮含水量低于14%，罐装食物水分含量往往超过75%，颗粒配合日粮含水量远低于鲜湿日粮。

3. 代谢水　是细胞中营养物质氧化分解或合成过程中产生的水，如氧化100g脂肪、碳水化合物和蛋白质产生的水分别是1.07、0.55、0.41mL，即每100kJ能量代谢可产生10～16g代谢水；1分子葡萄糖参与糖原合成可产生1分子水；代谢水产量取决于动物代谢率和食物组成，一般占总摄水量的5%～10%（韩丹丹和王景方，2007）。

（三）水的排出

排水量过少会使代谢产生的废物在体内堆积，影响细胞正常的生理功能。机体内水分的排出路径见图2-1。

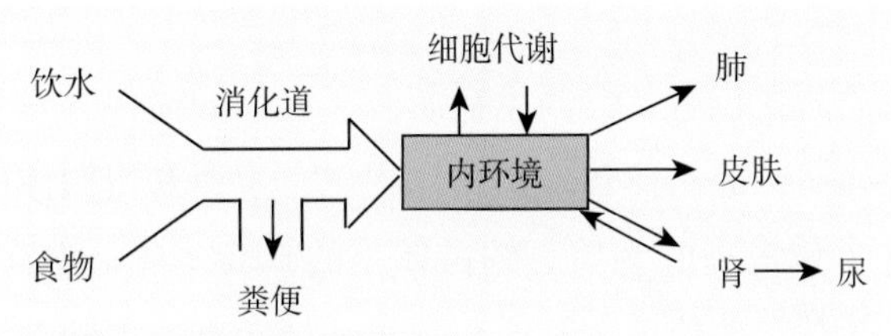

图2-1　宠物体内水分的主要来源及排出路径

1. 尿、粪失水　动物从尿液排出的水分约占总排水量的50%。排尿量受动物种类、饮水量、日粮性质、活动量及环境温度等因素影响。其中，饮水量影响最大，饮水越多，尿量越大；活动量越大、环境温度越高，尿量越少。一般来说，通过粪便排出的水量与分泌到消化道中的大量液体相比是很少的，只有当肠道吸收功能受到严重干扰或腹泻时，才会通过粪便丢失大量水分。

2. 皮肤和肺呼吸蒸发　皮肤排水方式有两种：一是由毛细血管和皮肤体液扩散到皮表蒸发，二是通过汗液排水。皮肤排汗与散发体热、调节体温密切相关。具有汗腺的动物，在高温下通过出汗排出大量水分。犬猫没有汗腺，不能通过排汗散失水分和降低体温。动物呼出的气体水蒸气几乎达到饱和，因此，肺呼出气体的含水量一般大于吸入气体的含水量。在适宜的环境下，经呼吸散失的水分是恒定的；随环境温度升高和活动量增加，动物呼吸频率加快，经肺呼出的水分增加。缺乏汗腺或汗腺不发达的动物体内水的蒸发，大多以水蒸气的形式经肺呼气排出。

3. 其他方式　哺乳宠物的乳汁含水量较高，因此泌乳也是宠物排水的方式之一。在高温情况下，猫体内的一部分水通过唾液而减少，是因为唾液被用来湿润被毛和通过水分蒸发降温。患病宠物可能通过出血、呕吐、腹泻等大量丢失水分（王金全，2018）。

（四）宠物失水的危害

宠物获得水分是间断性的，而水分的排出时刻都在进行。饮水不足引起机体缺水时，食物的消化、吸收发生障碍，营养物质的运输和代谢废物的排除发生困难，且机体健康受到损害。机体缺水导致宠物死亡的速度要比饥饿快得多，失水量达到体重1%～2%时，宠物表现为干渴、食欲减退、尿量减少；失水量达到8%～10%时，宠物食欲丧失、代谢紊乱、生理失常；失水15%会引起宠物死亡（McCluney，2017）。

在大多数情况下，按照水和代谢能1∶1的比例为宠物提供水是很合理的。高温环境、运动后或饲喂较干的食物时，应增加饮水量。有报道表明，正常情况下，成年犬每天每千克体重需要100mL水，幼犬每天每千克体重需要150mL水。

二 蛋白质和氨基酸

蛋白质是生命活动的执行者，参与生命所有过程，如遗传、发育、繁殖、物质和能量代谢、应激、思维和记忆等。1878年恩格斯提出，生命是蛋白体的存在形式。蛋白质是宠物体内除水分外含量最高的物质，约占体重的50%，在宠物营养中具有重要地位。氨基酸是构成蛋白质的基本单位，其种类、数量和结合方式不同，组成了不同结构和功能的蛋白质（张冬梅和陈钧辉，2021；Li等，2007）。

（一）蛋白质的生理功能

1. 构成机体组织、器官的基本物质　宠物的肌肉、神经、结缔组织、腺体、皮肤、毛发、血液等都以蛋白质为主要成分，起着传导、运输、支持、保护、连接、运动等多种功能。肌肉、心、肝、脾、肾等组织器官中蛋白质占干物质重量的80%以上；蛋白质也是乳汁和毛皮的主要组成成分。

2. 机体内功能物质的主要成分　在宠物生命和代谢活动中起催化作用的酶、调节代谢和生理活动的激素和神经递质、具有免疫和防御机能的抗体，都是以蛋白质为主体构成的；肌肉收缩、血液凝固、物质运输等也是由蛋白质来实现的；此外，蛋白质在维持体内的渗透压和水分的正常分布方面也起着重要作用。因此，蛋白质不仅是结构物质，而且是维持生命活动的功能物质。

3. 组织再生、修复和更新的必需物质　在新陈代谢过程中，宠物组织和器官中的蛋白质不断更新，旧蛋白质不断分解，新蛋白质不断合成；另外，在组织受创伤时，需供给更多的蛋白质作为修补的原料。同位素测定结果表明，犬猫全身蛋白质6～7个月可更新一半。

4. 遗传物质的基础　遗传物质DNA与组蛋白结合成的核蛋白复合体存在于染色体上，将携带的遗传信息通过自身的复制传递给下一代。在DNA复制过程中，涉及30多种酶和蛋白质的参与协同。

5. 供能和转化为糖、脂肪　蛋白质的主要作用不是氧化供能，但在分解过程中，可氧化产生部分能量。当宠物摄入蛋白质过量、氨基酸组成不平衡、机体能量不足时，蛋白质可转化为糖、脂肪或者分解供能，每克蛋白质在体内氧化分解可产生17.19kJ的能量。其中，亮氨酸和赖氨酸为生酮氨基酸，异亮氨酸、色氨酸、苏氨酸、苯丙氨酸和酪氨酸为生糖兼生酮氨基酸，而其余氨基酸均为生糖氨基酸。实践中应尽量避免将蛋白质作为能源物质（王金全，2018）。

（二）氨基酸的生理功能

常见的氨基酸有20多种，根据对宠物的营养作用，通常将氨基酸分为必需氨基酸和非必需氨基酸。

1. 必需氨基酸　是指宠物体内不能合成或合成数量很少，不能满足宠物营养需要，必须从食物获得的氨基酸，缺少时会影响宠物的生长、大脑发育、新陈代谢和其他功能。犬的必需氨基酸有10种，即精氨酸、色氨酸、赖氨酸、组氨酸、蛋氨酸、缬氨酸、异亮氨酸、苯丙氨酸、亮氨酸和苏氨酸。猫除上述10种外还有一种非常重要的必需氨基酸，即牛磺酸（Sinclair等，2019）。

2. 非必需氨基酸　是指在宠物体内能利用含氮物质和酮酸合成，或可由其他氨基酸转化替代，无需饲粮提供即可满足宠物营养需要的氨基酸，如丙氨酸、谷氨酸、丝氨酸、羟谷氨酸、脯氨酸、瓜氨酸、天门冬氨酸等。

必需和非必需氨基酸都是宠物合成体蛋白不可缺少的，且它们之间的关系密切。某些必需氨基酸是合成某些特定非必需氨基酸的前体，如果日粮中某些非必需氨基酸不足，则会动用必需氨基酸来转化替代，如蛋氨酸脱甲基可转变为胱氨酸和半胱氨酸。非必需氨基酸绝大部分仍由日粮提供，不足部分才由体内合成，但易引起必需氨基酸的缺乏。因此，日粮组成应尽量做到氨基酸种类齐全且比例适当。

限制性氨基酸是指宠物食品所含必需氨基酸的量与动物所需的量相比，比值偏低的氨基酸。这些氨基酸的不足，限制了宠物对其他必需和非必需氨基酸的利用。其中比值最低的称为第一限制性氨基酸，其他依次为第二、第三、第四……限制性氨基酸。常用禾谷类及其他植物性宠物食品中，赖氨酸为第一限制性氨基酸（韩丹丹和王景方，2007）。

各种必需氨基酸的营养功能：

1. 赖氨酸　是幼年宠物生长发育必需的营养物质，参与骨骼肌、酶、血清蛋白、激素等的合成；通过参与脂肪代谢的必需辅助因子肉碱的生物合成而参与能量代谢；通过与钙、铁等矿物质元素螯合形成可溶的小分子单体，促进矿物质元素吸收；赖氨酸是一种非特异性的桥分子，能将抗原与T细胞相连，使其产生特异效应，增强机体免疫。缺乏时，宠物食欲降低，消瘦，生长停滞，红细胞中血红蛋白减少，皮下脂肪减少，骨的钙化失常。

动物性食物和豆类富含赖氨酸，坚果中赖氨酸含量也较多。谷类食物中赖氨酸含量低，且在加工过程中易被破坏，因此，赖氨酸是谷类的第一限制性氨基酸（田颖和时明慧，2014；贾红敏等，2020）。

2. 蛋氨酸　是机体代谢中的甲基供体，通过甲基转移参与肾上腺素、胆碱和肌酸的合成；在肝脏脂肪代谢中，参与脂蛋白合成，将脂肪输出肝外，防止产生脂肪肝，降低胆固醇；此外，具有促进宠物被毛生长的作用。蛋氨酸脱甲基后可转变为胱氨酸和半胱氨酸。缺乏蛋氨酸会导致宠物发育不良，体重减轻，食欲下降，精神抑郁，眼睛出现异常分泌物。

3. 色氨酸　参与血浆蛋白的更新，并与血红素、烟酸的合成有关；能促进维生素B_2发挥作用，并具有传递神经冲动的功能；是幼年宠物生长发育和成年宠物繁殖、泌乳必需的氨基酸。缺乏时，宠物食欲下降、体重减轻。

4. 苏氨酸　参与机体蛋白合成。缺乏时，宠物体重下降。苏氨酸是免疫球蛋白的成分，并作为黏膜糖蛋白的组成成分，有助于形成防止细菌与病毒侵入的非特异性防御屏障。

5. 缬氨酸　具有保持神经系统正常机能的作用。缺乏时，宠物生长停滞、运动失调。缬氨酸是免疫球蛋白的成分，能影响宠物的免疫反应。缬氨酸缺乏可明显阻碍胸腺和外围淋巴组织的发育，抑制中性粒细胞与嗜酸性粒细胞增殖（王景芳和史东辉，2008）。

6. 亮氨酸　是合成体组织蛋白与血浆蛋白必需的氨基酸；是免疫球蛋白的成分，并能促进骨骼肌蛋白质合成，抑制骨骼肌以外的机体组织蛋白质降解。

7. 异亮氨酸　参与体蛋白合成。缺乏时，宠物不能利用食物中的氮。缬氨酸、亮氨酸和异亮氨酸的生理作用具有共同之处，即在体内除用于合成蛋白质外，当宠物处于特殊生理时期（如饥饿、泌乳、运动）时还能氧化供能，它们在体内分解产生ATP的效率高于其他氨基酸；能够调节氨基酸与蛋白质的代谢，影响雌性宠物的泌乳与繁殖；并对宠物的免疫反应与健康产生影响（韩丹丹和王景方，2007）。

8. 精氨酸　是生长期宠物的必需氨基酸，缺乏时体重迅速下降；在精子蛋白中约占80%，影响精子的生成；宠物在免疫应激期间，精氨酸通过产生一氧化氮而在巨噬细胞与淋巴细胞间的粘连与激活中起重要作用。猫对精氨酸的需要量远大于犬，缺乏时会导致猫流口水、呕吐、肌肉颤抖、运动失调、痉挛甚至昏迷（张益凡等，2022）。

9. 组氨酸　大量存在于细胞蛋白质中，参与机体的能量代谢，是生长期宠物的必需氨基酸。缺乏时，生长停滞（韩丹丹和王景方，2007）。

10. 苯丙氨酸　是形成毛发和皮肤黑色素的原料。缺乏时，犬猫的毛色会减退。

11. 牛磺酸　是一种含硫氨基酸，不构成蛋白质，以游离状态存在胆汁中，促进肠道对胆固醇等类脂的吸收。牛磺酸是猫科日粮的重要组成成分，缺乏时会减缓猫神经组织的成熟并引发退化，可导致猫视觉功能减退甚至失明；牛磺酸能有效防止猫的扩张型心肌病；牛磺酸是猫正常妊娠、分娩及仔猫成活和发育所必需的营养物质。缺乏时，机体组织发生变化，如听力减弱、白细胞减少、肾发育不充分，出现产胎数减少或死胎等生殖异常（Barnett和Burger，1980；Pion等，1992；Sturman等，1986）。

（三）蛋白质来源

蛋白质来源于植物、动物及微生物菌体。其中，植物和动物蛋白是宠物主粮中蛋白质的主要来源，如豆粕、菜籽粕、棉籽粕、鱼粉、乳清粉、血粉、鸡肉、鸭肉等。蛋白质的品质主要取决于它所含各种氨基酸的平衡状况和蛋白质的消化率，特别是必需氨基酸的含量和比例，而可利用氨基酸的含量和比例更能准确地表明蛋白质的品质。

理想蛋白质是指该蛋白质的氨基酸在组成和比例上与宠物某一生理阶段所需蛋白质的氨基酸组成和比例一致，包括必需氨基酸之间以及必需氨基酸和非必需氨基酸之间的组成和比例。宠物对该蛋白质的利用率应为100%，通常以赖氨酸作为100，其他氨基酸用相对比例表示。在配制饲粮时，可根据氨基酸与赖氨酸的比例关系算出其他氨基酸的需要量，以保证饲粮平衡，有效提高饲粮氨基酸的利用率。

（四）蛋白质及氨基酸代谢

宠物对日粮中蛋白质的消化在胃和小肠前段进行，以酶解消化为主，并伴随部分物理性消化和微生物消化（图2-2）。

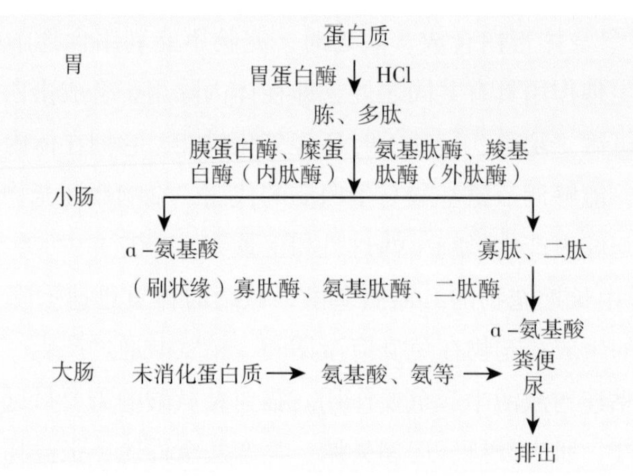

图2-2　蛋白质的消化

饲粮中的粗蛋白在胃酸（盐酸）作用下发生变性，三维空间结构被破坏，暴露对蛋白酶敏感的大多数肽键；胃酸激活胃蛋白酶，蛋白酶将蛋白质分子降解为含氨基酸数量不等的各种多肽；在小肠内，多肽在胰腺分泌的羧基肽酶和氨基肽酶作用下，进一步降解为游离氨基酸和寡肽，含2～3个肽键的寡肽能够被肠黏膜直接吸收，或者经二肽酶水解为游离氨基酸后被吸收。宠物消化蛋白质的酶主要是十二指肠中的胰蛋白酶、糜蛋白酶等内切酶及氨基肽酶和羧基肽酶等外切酶（王金全，2018）。

小肠中未被消化吸收的蛋白质和氨基酸进入大肠，在腐败菌作用下降解为吲哚、粪臭素等有毒物质，一部分经肝脏解毒后随尿排出，另一部分随粪便排出；部分蛋白质被大肠内微生物分解为氨基酸，进一步被合成菌体蛋白，大部分与未被消化的蛋白质一起随粪便排出体外；可再度被降解为氨基酸后由大肠吸收的甚少。粪便排出的蛋白质，除食品中未被消化吸收的蛋白质外，还包括肠脱落黏膜、肠道分泌物和残存的消化液等，后部分蛋白质则称为“代谢蛋白质”（王景芳和史东辉，2008）。

宠物食品中的蛋白经消化后以氨基酸的形式被肠壁吸收进入血液，通过血液循环运到全身的组织器官，该部分氨基酸称为外源性氨基酸；机体组织蛋白质在酶的作用下，也不断分解成为氨基酸，机体还能合成部分氨基酸，这两种来源的氨基酸称为内源性氨基酸。外源性和内源性氨基酸没有区别，共同构成了机体的氨基酸代谢库，包括细胞内液、间液和血液中的氨基酸。

氨基酸代谢途径如图2-3所示，肝脏是氨基酸代谢最重要的器官，大部分氨基酸在肝脏中进行分解代谢，氨的解毒过程也主要在肝脏进行。这些氨基酸主要用于合成组织蛋白，也可合成酶类、激素以及转化为核苷酸、胆碱等含氮物质；没有被利用的氨基酸，在肝脏中脱氨，酮酸部分氧化供能或转化为糖类和脂肪贮存起来，而脱掉的氨基生成氨又转变为尿素，由肾脏以尿的形式排出体外，该过程称为鸟氨酸循环（图2-4）；此外，氨基酸在肝脏中还可通过转氨基作用合成新的氨基酸（王金全，2018）。

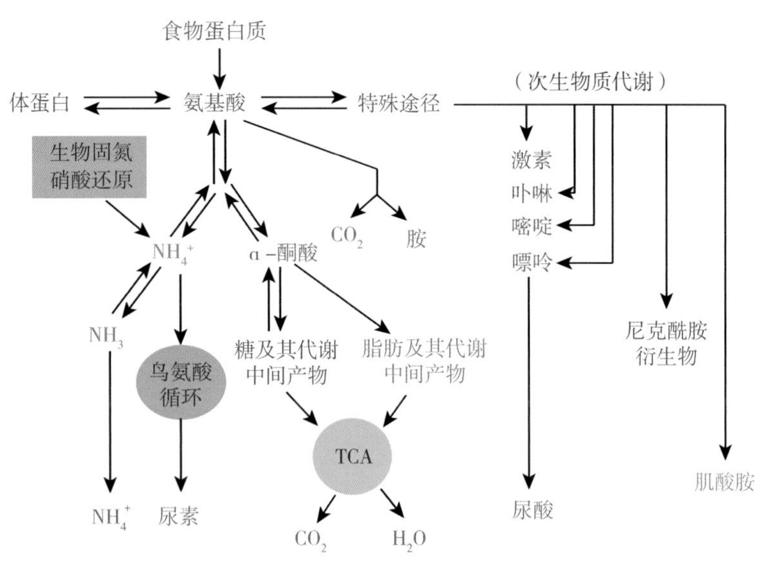

图2-3 氨基酸的代谢

犬和猫的肠管较短，对食物中的蛋白质消化吸收能力很强，而对氨化物几乎不能消化吸收。宠物对氨基酸的吸收率不尽相同，一般来说，对苯丙氨酸、丝氨酸、谷氨酸、丙氨酸、脯氨酸和甘氨酸的吸收率较其他氨基酸高，对L型氨基酸的吸收率比D型氨基酸要高。

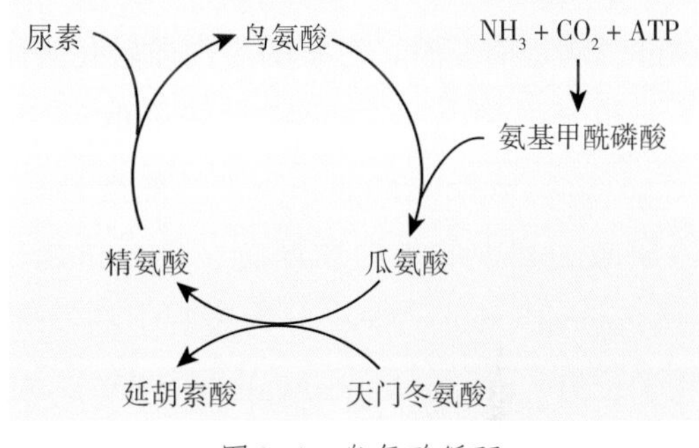

图2-4 鸟氨酸循环

初生的幼犬、幼猫在出生后24～36h内可通过肠黏膜上皮的胞饮作用吸收初乳中的免疫球蛋白来获取抗体得到免疫力（王景芳和史东辉，2008）。

（五）宠物对蛋白质的需要量

宠物对蛋白质的需要量除了与蛋白质的品质和来源有关外，还取决于犬猫的品种、生长阶段、体型以及生理状态和活动量等（吴艳波和李仰锐，2009）。

猫对蛋白的需要量很高，在其生长阶段，60%的蛋白质用于维持机体正常生理功能，40%用于生长需要。过高的蛋白质需求是因为猫肝脏不能自动调节分解氨基酸的氨基酶的分泌，不能自动适应日粮蛋白水平的变化；当饲喂低蛋白日粮时，猫还保持着旺盛的蛋白分解代谢活动，因此猫摄入的蛋白质大部分用于机体维持需要（Cecchetti等，2021）。

幼犬摄入蛋白质的66%用于生长需要，33%用于维持需要。幼犬及幼猫的生长速度较快，因此，对蛋白质的需求高于成年犬（成犬）及成年猫（成猫）。正常的日粮蛋白质摄入能够保持机体代谢需要以及维持组织更新和生长。为满足最大生长需要的氮沉积，初生幼犬的蛋白质水平要大于22.5%，14周后可以下降到20%。蛋白质需要量标准见表2-1。

表2-1 蛋白质需要量标准（和代谢能的相对比值）

宠物	生理状态	NRC	AAFCO
犬	成年犬维持	8. 75%/代谢能*	18%/代谢能
	生长和繁殖	21%/代谢能（幼犬小于14周）	22%/代谢能
猫	成年猫维持	17.5%/代谢能	22.75%/代谢能
	生长和繁殖	20%/代谢能	26.25%/代谢能

注：NRC（National Research Council）国家研究委员会，犬猫营养需要2006年版；AAFCO（The Association of American Feed Control Officials）美国饲料管制协会，2008年颁布。

*代谢能：4 000kJ/kg情况下。

过量的蛋白质不能在动物体内贮存，当日粮脂肪水平低时，蛋白质分解产能；当脂肪能够满足需要时，过多的蛋白质转化为脂肪贮存，分解的氮随尿液排出。

粗蛋白质是犬猫日粮营养价值评定和饲粮配制的基础指标。可消化粗蛋白质（digestible crude protein，DCP）是指日粮中能够被消化吸收的蛋白质，是日粮总蛋白质减去粪中的蛋白质部分，是评价蛋白质质量的指标之一。蛋白质的生物学价值（biological value，BV）分为表观生物学价值（apparent biological value，ABV）和真生物学价值（true biological value，TBV）。ABV指动物沉积氮与吸收氮之比。

$$ABV = \frac{食入氮 -（粪氮+尿氮）}{食入氮 - 粪氮} \times 100\%$$

TBV在ABV基础上从粪氮中扣除内源的代谢粪氮（metabolic fecal nitrogen，MFN），从尿氮中扣除内源尿氮（endogenous urinay nitrogen，EUN）。

$$TBV = \frac{食入氮 -（粪氮 - \mathrm{MFN}）-（尿氮 - EUN）}{食入氮 -（粪氮 - MFN）} \times 100\%$$

BV反映了蛋白质消化率和可消化蛋白质的平衡。BV高，说明日粮中蛋白质的氨基酸组成与动物需要接近。鸡蛋是生物学价值最高的蛋白原料，如果把鸡蛋的效价当作100，那么鱼粉和奶的生物学效价为92、鸡肉大于80、牛肉78、豆粕67、肉骨粉50、小麦48、玉米45，羽毛粉的蛋白含量很高但生物学利用率最低（王金全，2018）。

按照饲粮干物质重量比例，则AAFCO对犬猫饲粮中粗蛋白及各类氨基酸的建议量如表2-2所示（AAFCO，2018）。

表2-2 AAFCO对犬猫饲粮中粗蛋白及各类氨基酸的建议量

粗蛋白及氨基酸（以干物质计，%）	犬		猫	
	生长、繁殖期最低值	成年期最低值	生长、繁殖期最低值	成年期最低值
粗蛋白质	22.50	18.00	30.00	26.00
精氨酸	1.00	0.51	1.24	1.04
组氨酸	0.44	0.19	0.33	0.31
异亮氨酸	0.71	0.38	0.56	0.52
亮氨酸	1.29	0.68	1.28	1.24
赖氨酸	0.90	0.63	1.20	0.83
蛋氨酸	0.35	0.33	0.62	0.20
蛋氨酸+胱氨酸	0.70	0.65	1.10	0.40
苯丙氨酸	0.83	0.45	0.52	0.42
苯丙氨酸+酪氨酸	1.30	0.74	1.92	1.53
苏氨酸	1.04	0.48	0.73	0.73
色氨酸	0.20	0.16	0.25	0.16
缬氨酸	0.68	0.49	0.64	0.62
牛磺酸（膨化）			0.10	0.10
牛磺酸（罐头）			0.20	0.20

三 碳水化合物

生物化学中常用糖类作为碳水化合物的同义语。习惯上，糖通常指水溶性的单糖和低聚糖，不包括多糖。碳水化合物广泛存在于植物性饲料中，是供给宠物能量最主要的营养物质。

（一）碳水化合物的生理功能

1. 宠物能量的主要来源 为了生存和繁殖，宠物必须维持体温恒定和各组织器官正常活动，如心脏跳动、血液循环、胃肠蠕动、呼吸、肌肉收缩等。动物所需能量中，约80%由碳水化合物提供。此外，葡萄糖是大脑神经系统、肌肉及脂肪组织、胎儿生长发育、乳腺等代谢的唯一能源。

2. 参与宠物的多种生命过程 核糖和脱氧核糖是遗传物质核酸的成分；黏多糖是

保证多种生理功能的重要物质，并参与结缔组织的形成；透明质酸能润滑关节，并在震动时保护机体；硫酸软骨素在软骨中起结构支持作用；肝素有抗血凝作用；糖脂是神经细胞的组成成分，并能促进溶于水的物质通过细胞膜；糖蛋白因多糖的复杂结构而具有多种生理功能，如有的糖蛋白作为细胞膜成分，有的可提高机体抗低温能力，有的能促进营养物质的转运，而由唾液酸组成的糖蛋白能润滑和保护消化道；胃肠黏膜中的糖蛋白能促进维生素B_{12}吸收。目前认为糖蛋白能携带短链碳水化合物，而短链碳水化合物具有信息识别能力，存在于细胞和膜转运控制系统中；机体内红细胞的寿命、机体的免疫反应、细胞分裂等，都与糖识别链机制有关。

碳水化合物的代谢产物可与氨基结合形成某些非必需氨基酸，例如α-酮戊二酸与氨基结合可形成谷氨酸。

3. 形成体脂肪、乳脂肪和乳糖的原料 除为机体提供能量外，多余的碳水化合物可转变为肝糖原和肌糖原。当肝脏和肌肉中的糖原已贮满，血糖也达到正常水平后，多余的碳水化合物可转变为体脂肪。在泌乳期，碳水化合物也是合成乳脂肪和乳糖的原料。试验证明，约50%的体脂肪、60%～70%的乳脂肪是以碳水化合物为原料合成的。

4. 日粮中不可缺少的成分 以肉食为主的犬猫日粮中含有适量的粗纤维，可起到刺激胃肠蠕动、宽肠利便的作用。另外，粗纤维经微生物发酵产生挥发性脂肪酸，除用以合成葡萄糖外，还可氧化供能及合成氨基酸，但过多的粗纤维会影响宠物对蛋白质、矿物质、脂肪和淀粉等的利用与吸收，还易引起便秘。因此，日粮标签值标注小于6%～8%，实测以4%～6%为宜。

5. 寡聚糖的特殊作用 已知的寡聚糖有1 000种以上，在宠物营养中常用的有果寡糖、甘露寡糖、菊粉、低聚半乳糖、乳果糖。研究表明，寡聚糖可作为有益菌的基质，改变肠道菌群结构，建立健康的肠道微生物区系。作为一种稳定、安全、环保的抗生素替代物，寡聚糖在宠物饲养中有广阔的发展前景。

日粮中碳水化合物不足时，宠物需利用体内贮备的糖原、体脂肪甚至体蛋白来维持机体代谢水平，出现消瘦、体重减轻、繁殖性能降低等现象。犬如果大量缺乏碳水化合物，则生长及发育缓慢，容易疲劳。因此，必须重视碳水化合物的供应（王景芳和史东辉，2008）。

（二）碳水化合物的来源

1. 单糖 葡萄糖甜味适度，是在谷物和水果中发现的单糖，也是体内淀粉消化、糖原水解的主要终产物，参与血液循环并是生物体细胞能量供应的最初形式。

果糖有高度甜味，存在于蜂蜜、成熟水果和一些蔬菜中，也可由蔗糖消化或酸水解

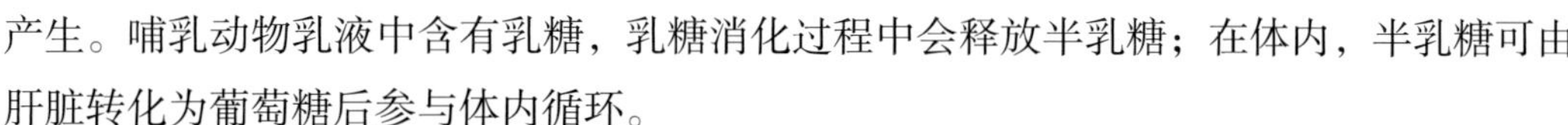

产生。哺乳动物乳液中含有乳糖，乳糖消化过程中会释放半乳糖；在体内，半乳糖可由肝脏转化为葡萄糖后参与体内循环。

2. 二糖 由2个单糖单元连接组成，乳糖是唯一的动物源碳水化合物，存在于乳液中，由1分子半乳糖和1分子葡萄糖组成。犬猫断奶后，乳糖酶逐渐减少，成年后肠道中缺乏乳糖酶，导致犬猫食用牛乳后发生腹泻。蔗糖由1分子葡萄糖和1分子果糖组成，在甘蔗、甜菜或槭树糖浆中含量较高。麦芽糖由2分子葡萄糖组成，大部分食物中无麦芽糖，在体内是淀粉消化的中间产物。

3. 多糖 是由单糖连接成的复杂的、长链状结构的碳水化合物，如淀粉、糖原、糊精和膳食纤维。淀粉是植物体储存的非结构性多糖，如玉米、小麦等谷物是淀粉的主要原料。淀粉是大多宠物食品主要的碳水化合物来源，可被犬利用。日粮缺乏淀粉时，葡萄糖的供应发生变化，肝脏会转化氨基酸或脂肪来提供葡萄糖。尽管葡萄糖是犬和猫必需的营养素，但可消化的碳水化合物并不是必不可少的成分，犬和猫可利用食物中充足的蛋白质，通过糖异生作用合成葡萄糖。为防止母犬发生低血糖和降低初生幼犬死亡率，日粮需含一定量碳水化合物。研究证明，当碳水化合物缺乏时，蛋白的需求迅速上升。糖原是动物体内碳水化合物的储存形式，存在于肝脏和肌肉中，用以维持体内恒定的葡萄糖浓度。环糊精是淀粉消化的中间产物，在体内消化代谢过程中产生。淀粉、糖原和环糊精中的单糖通过 α 键连接，易被消化酶水解而产生单糖单元。

膳食纤维不能被犬和猫直接消化，但能被肠道中的微生物分解产生短链脂质（short chain fatty acids，SCFAs）和其他物质。可溶性纤维溶于水可形成黏液，影响胃排空时间；大多数可溶性纤维在大肠中发生中度或高度发酵。而不溶解性纤维自身结构中保留一些水分子，不能形成黏液，也很少发酵，但可增加排泄物量和排空速度。对于犬和猫来说，不同纤维素在其体内的可溶性及可发酵性能见表2-3。

表2-3 纤维素分类、可溶性和发酵性能

纤维素种类	甜菜渣	纤维素	米糠	阿拉伯胶	果胶	羧甲基纤维素	甲基纤维素	白菜纤维	瓜尔豆胶	槐豆胶	黄原胶
可溶性	低	低	低	高	高	高	高	低	高	高	高
发酵性能	中等	低	中等	中等	高	低	低	高	高	低	低

（三）碳水化合物的代谢

宠物胃中不含消化碳水化合物的酶类，进入小肠后，碳水化合物在消化酶作用下分解为单糖。淀粉分解为麦芽糖，并进一步分解为葡萄糖；蔗糖分解为葡萄糖和果糖；乳糖可分解为葡萄糖和半乳糖。大部分单糖被小肠壁吸收，经血液输送至肝脏。在肝脏中，其他单糖首先转变为葡萄糖，大部分葡萄糖经体循环输送至机体各组织参加三羧酸循环，进行氧化供能；剩余的葡萄糖在肝脏中合成肝糖原以及通过血液输送至肌肉形成肌糖原；过量的葡萄糖被输送至宠物的脂肪组织及细胞中合成体脂肪作为能源贮备（图2-5）。

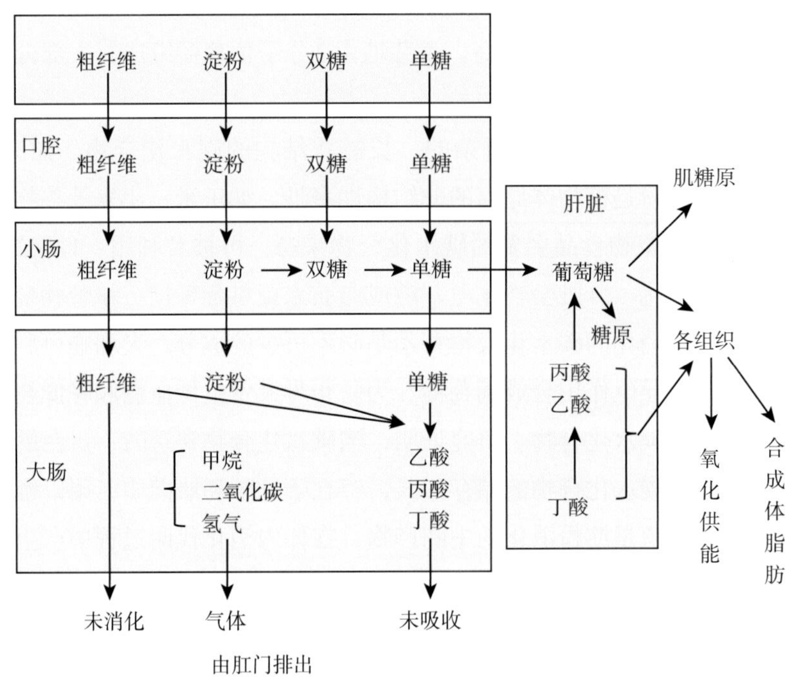

图2-5　碳水化合物的消化吸收及代谢

犬猫的胃和小肠不含消化粗纤维的酶类，但大肠中的细菌可以将粗纤维发酵降解为乙酸、丙酸、丁酸等挥发性脂肪酸和一些气体。部分挥发性脂肪酸可被肠壁吸收，经血液输送至肝脏，进而被机体利用，气体则被排出体外。宠物的肠管较短，如猫的肠管只有家兔的1/2，盲肠不发达；犬的肠管只有其体长的3～4倍，进食后5～7h即可将食物全部排出。因此，对粗纤维的利用能力很弱。未被消化吸收的碳水化合物最终以粪便的形式排出体外（Monti等，2016）。

总之，宠物对碳水化合物的消化代谢以淀粉在小肠中消化酶的作用下分解为葡萄糖为主，以粗纤维被大肠中细菌发酵形成挥发性脂肪酸为辅。幼犬和幼猫缺少胰淀粉酶，因此，不应给哺乳期的幼犬和幼猫提供过多的淀粉食物；但幼犬和幼猫对熟化淀粉的利用效率会大幅提高。猫对糖的代谢有限，采食低剂量的半乳糖（每千克体重5.6g/d）即产生中毒症状。猫小肠黏膜双糖酶的活性不能自由调节，无法适应日粮中高水平的碳水化合物，其主要靠糖异生作用来满足糖的需要，仅能利用一小部分淀粉中的葡萄糖（王金全，2018）。

（四）宠物体内碳水化合物的转化

机体代谢需要的葡萄糖从胃肠道吸收或通过体内生糖物质转化。碳水化合物除直接氧化供能外，也可以转变成糖原和脂肪贮存于肝脏、肌肉和脂肪组织中，但贮存量很少，一般不超过体重的1%。胎儿在妊娠后期能贮积大量糖原和脂肪供出生后作能源利用。

四 脂类

脂类是脂肪酸、脂肪和类脂的统称，存在于动植物组织中，是其能源贮备的重要来源，是宠物营养中不可缺少和替代的一类重要营养物质。其中，脂肪酸是最简单的一种脂，也是其他脂类的基本组成成分，根据碳链长度可划分为短链、中链和长链脂肪酸；根据饱和程度可划分为饱和、单不饱和及多不饱和脂肪酸。脂肪的学术名称为甘油三酯，是由1个甘油和3个脂肪酸组成的分子，根据脂肪酸的不同，甘油三酯的结构也千变万化。类脂则是结构更为复杂的脂类统称，又称复合脂类，包括磷脂、鞘脂、糖脂、脂蛋白及固醇类（王景芳和史东辉，2008）。

（一）脂类的生理功能

1. 机体组织的重要成分 宠物的组织器官如皮肤、骨骼、肌肉、神经、血液及内脏中均含有脂类，主要为磷脂和固醇类，脑和外周神经组织含有鞘磷脂；蛋白质和脂类按一定比例构成细胞膜和细胞原生质，因此，脂类是组织细胞增殖、更新及修补的原料。犬体内脂肪含量占体重的10%～20%。

2. 供给机体能量和贮备能量 脂类是宠物体内重要的能源物质，脂类氧化分解产生的能量是同质量糖类的2.25倍。脂类分解产物游离脂肪酸和甘油都是机体维持生命活动的重要能量来源。日粮脂类作为供能营养物质，热增耗最低，消化能或代谢能转变为净能的利用效率比蛋白质和碳水化合物高5%～10%。宠物摄入过多营养物质时，可以体脂肪形式将能量贮备起来。体内贮积的脂类能以较小体积贮藏较多的能量，是宠物贮存能量的最佳方式，且动物体内脂肪氧化时产生的代谢水最多。

3. 提供必需脂肪酸 体内不能合成，必须由日粮供给或通过体内特定前体物形成，对机体机能和健康有重要作用的脂肪酸称为必需脂肪酸（essential fatty acids，EFA），如亚油酸、亚麻酸（α－亚麻酸）和花生四烯酸。缺乏必需脂肪酸会影响宠物的生长发育及机体健康。

4. 脂溶性维生素的溶剂 脂溶性维生素A、维生素D、维生素E、维生素K及胡萝卜素在宠物体内须溶于脂肪中才能被消化吸收和利用。因此，日粮中脂类不足可导致脂溶性维生素缺乏。

5. 对宠物具有保护作用 高等哺乳动物皮肤中的脂类具有抵抗微生物侵袭、保护机体的作用。脂肪不易传热，因此，皮下脂肪能够防止体热的散失，在寒冷季节有利于维持体温和抵御寒冷。脂类填充在脏器周围，具有固定和保护器官以及缓和外力冲击的作用。

6. 宠物产品成分 宠物的奶、肉、皮毛、精子均含有一定量脂肪。低脂日粮可导致猫、犬脱皮，皮肤和毛发粗糙，甚至影响繁殖性能（王景芳和史东辉，2008）。

（二）必需脂肪酸的生理功能

1. 细胞组成成分 必需脂肪酸是细胞膜、线粒体膜和核膜的组成成分，能够保证细胞膜结构正常，并使膜保持一定韧性；参与磷脂合成，缺乏时生物膜磷脂含量降低而导致结构异常，引发多种病变。

2. 参与胆固醇代谢 胆固醇与必需脂肪酸结合才能在动物体内运转；缺乏必需脂肪酸时，胆固醇将与饱和脂肪酸形成难溶性胆固醇酯，导致机体代谢异常。

此外，必需脂肪酸在动物体内可转化为一系列长链多不饱和脂肪酸，这些多不饱和脂肪酸具有抗血栓形成和抗动脉粥样硬化作用；并能促进动物脑组织发育；必需脂肪酸与精子生成有关，长期缺乏可导致动物繁殖机能降低，第二性征发育迟缓，甚至出现死胎；必需脂肪酸是合成前列腺素的前体，缺乏时影响前列腺素合成，导致脂肪组织中脂解作用加快；必需脂肪酸能维持视网膜光感受器功能，长期缺乏会导致视力减退（王景芳和史东辉，2008）。

（三）脂类代谢

宠物口腔和胃中存在脂肪酶，但对脂类的消化作用很小。初生小动物在肝脏和胰腺功能未发育健全前，口腔内的脂肪酶对奶中的脂类有较好的消化作用，随着年龄增长，口腔内脂肪酶的分泌减少。

脂类进入十二指肠与胰脂肪酶和胆汁混合，胆汁中的胆盐与脂肪接触时，将亲油端插入脂肪中使脂肪块分离成小油滴，亲水端包裹在油滴外围使其融入水里。同时，胆盐激活脂肪酶，将甘油三酯分解成游离脂肪酸和甘油一酯。与此同时，磷脂和固醇类也会被相应的酶水解成脂肪酸、溶血性卵磷脂和胆固醇（图2-6）。

胆汁与脂类消化产物聚合成直径5～10nm的胶粒，并携带着脂溶性维生素、类胡萝卜素等物质，当与小肠绒毛接触时，胶粒破裂释放出营养物质。营养物质从肠腔进入小肠细胞；短链和中链脂肪酸可直接穿过基底膜进入血液循环，但长链脂肪酸必须与甘油一酯重新合成甘油三酯。新合成的脂肪会携带一些磷脂、胆固醇酯，并被一层蛋白脂膜包裹成为乳糜微粒（chylomicrons），然后通过胞吐作用经基底膜进入淋巴系统，到达心脏附近后进入血液循环。在此过程中，沿途的细胞均可从血液中的乳糜微粒取用需要的脂肪。预先进入淋巴系统可降低脂类进入血液循环系统的速度，防止进食后血脂上升过快。

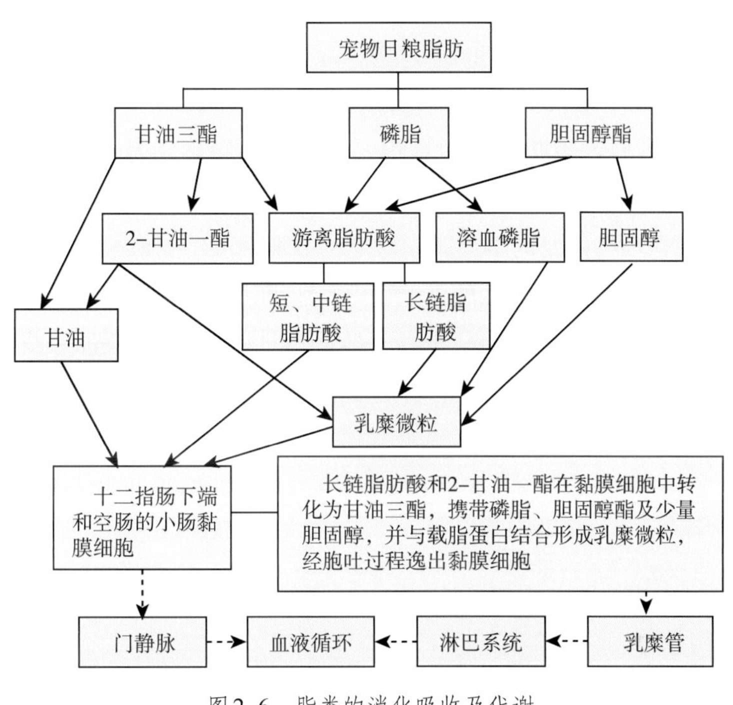

图2-6 脂类的消化吸收及代谢

脂类在血液中以脂蛋白形式转运到脂肪组织、肌肉、乳腺等组织。根据其密度和组成，脂蛋白可分为乳糜微粒、极低密度脂蛋白（very low density lipoprotein，VLDL）、低密度脂蛋白（low density lipoprotein，LDL）和高密度脂蛋白（high density lipoprotein，HDL）。密度越高，蛋白含量越高；密度越低，脂肪含量就越高。

日粮中脂肪形式不同，其表观消化率可能会发生改变。研究发现，硬脂酸表观消化率低（幼猫95.2%，成猫93.2%）；单不饱和脂肪酸表观消化率稍高（幼猫98.2%，成猫96.4%）；多不饱和脂肪酸最高（幼猫98.7%，成猫98.0%），短链脂肪酸比长链脂肪酸更易消化（王金全，2018）。

（四）脂类的需要量

饲粮中脂肪缺乏会加速蛋白质的消耗，宠物消瘦；脂肪过高，则宠物出现肥胖，造成代谢紊乱，发生脂肪肝、胰腺炎等营养代谢病，犬表现为行动迟缓、食欲下降，严重者生长停滞，繁殖能力下降。

对犬而言，脂肪占饲料干重的2%～5%即可满足最低需要，NRC推荐脂肪应占犬日粮干重的5%，可以提供犬11%的能量需要。实际生产中，脂肪供应较多，一般为饲粮干重的12%～14%。给幼犬、青年犬饲喂高脂肪日粮时，应调整蛋白质、矿物质和维生素含量，以免营养失衡。对于猫，脂肪应占饲粮干重的15%～20%，为了满足幼猫快速生长、旺盛的精力以及机体健康，通常幼猫饲粮中脂肪含量较高。

猫可采食含脂肪64%的饲粮而不感到腻烦，也不会引起血管异常。犬的肝脏相当于体重的3%左右，能分泌较多胆汁，利于脂肪的消化吸收，但犬对脂肪的忍耐性不如猫，大多数犬可以忍耐含脂肪50%的日粮，但有些犬会感到恶心（杨久仙和刘建胜，2007）。

亚油酸被认为是动物重要的必需脂肪酸之一。亚油酸、亚麻酸和花生四烯酸在犬的体内可以相互转化，犬日粮中亚油酸占1%～1.4%即可满足机体对必需脂肪酸的需要。猫对必需脂肪酸的需要量目前研究较少，一般认为日粮中1%的亚油酸或花生四烯酸即可防止必需脂肪酸的缺乏。由于猫没有将亚油酸转化为花生四烯酸的功能，因此须考虑花生四烯酸的供给（王金全，2018）。

按照饲粮干物质重量比例，AAFCO对犬猫饲粮中粗脂肪及脂肪酸的建议量见表2-4。

表2-4 AAFCO对犬猫饲粮中各类脂肪酸的建议量

脂肪及脂肪酸（以干物质计，%）	犬		猫	
	生长、繁殖期最低值	成年期最低值	生长、繁殖期最低值	成年期最低值
粗脂肪	8.5	5.5	9	9
亚油酸	1.3	1.1	0.6	0.6
亚麻酸	0.08	NDd	0.02	NDd
花生四烯酸			0.02	0.02
二十碳五烯酸+二十二碳六烯酸	0.05	NDd	0.012	NDd

（五）脂类来源

脂肪存在于动植物组织中，动物性脂肪来源有猪油、牛油、羊油、鱼油、骨髓、肥肉、鱼肝油、奶油等；植物性脂肪主要来自植物种子及果仁，如油菜籽、大豆、花生、芝麻、葵花籽、核桃、松子等。

近年来研究发现，仅亚油酸必须由食物直接供给，其主要来源是植物油。黄玉米、大豆、花生、菜籽、棉籽、葵花籽中亚油酸含量丰富；而亚麻酸主要来源于紫苏籽和亚麻籽。所有动物油的主要脂肪酸都是饱和脂肪酸，鱼油除外，鱼油中的不饱和脂肪酸高达70%以上，其中多不饱和脂肪酸含量在40%左右，主要为二十碳五烯酸（EPA）和二十二碳六烯酸（DHA）。

五 维生素

维生素是维持动物正常生理功能所必需且需要量极少的低分子有机化合物，机体自身不能合成，须由食物供给或提供前体物质。维生素主要以辅酶和催化剂的形式参与体内代谢和各种化学反应，保证组织器官的细胞结构和功能正常，维持动物健康和各种生产活动。

已确定的维生素有14种，按溶解性分为脂溶性维生素（维生素A、维生素D、维生素E、维生素K）和水溶性维生素（B族维生素和维生素C）两大类。脂溶性维生素分子仅含碳、氢、氧三种元素，不溶于水，而溶于脂肪和大部分有机溶剂（王金全，2018）。

（一）脂溶性维生素

1. 维生素A（抗干眼症维生素、视黄醇）

（1）生理功能　维生素A与视觉、机体上皮组织、繁殖及神经等功能有关。能维持宠物在弱光下的视力，是视觉细胞内感光物质——视紫红质的成分；缺乏时，弱光下视力减退，患“夜盲症”或失明，对猫的视力非常重要。与上皮黏多糖合成有关，能够维持上皮组织的健康；缺乏时，上皮组织干燥和角质化，易受细菌感染。调节碳水化合物、脂肪、蛋白质及矿物质代谢，促进幼年宠物生长；缺乏时，生长发育受阻，甚至导致肌肉及脏器萎缩，严重时死亡。与成骨细胞活性有关，维持骨骼正常发育；缺乏时，影响软骨骨化，骨质脆弱且过分增厚，压迫中枢神经。犬可因听神经受损而导致耳聋，出现运动失调、痉挛、麻痹等神经症状。参与性激素形成；缺乏时，宠物繁殖力下降（杨久仙和刘建胜，2007；马馨 等，2014）。

（2）需要量　通常以国际单位（IU）计算，1IU维生素A相当于0.3μg视黄醇、0.55μg维生素A棕榈酸盐和0.6μg β-胡萝卜素。

成猫和生长猫每天需提供1 500～2 100IU维生素A，妊娠和哺乳期母猫应适当增加喂量，因妊娠期消耗大量的维生素A，致使肝中的贮存量减少一半，哺乳时又将减少一半。此外，猫呼吸道感染也消耗大量肝脏中的维生素A。美国饲料管制协会（AAFCO）对犬猫日粮中维生素A最低值的建议量如表2-5所示（杨久仙和刘建胜，2007）。

表2-5　AAFCO对犬猫饲粮中各类维生素最低值的建议量

维生素（以干物质计）	犬			猫		
	生长、繁殖期最低值	成年期最低值	最高值	生长、繁殖期最低值	成年期最低值	最高值
维生素A（IU/kg）	5 000	5 000	250 000	6 668	3 332	333 300
维生素D（IU/kg）	500	500	3 000	280	280	30 080
维生素E（IU/kg）	50	50		40	40	
维生素K（mg/kg）				0. 1	0. 1	
维生素B_1（mg/kg）	2. 25	2. 25		5. 6	5. 6	
维生素B_2（mg/kg）	5. 2	5. 2		4. 0	4. 0	
维生素B_5（mg/kg）	12	12		5. 75	5. 75	
维生素B_3（mg/kg）	13. 6	13. 6		60	60	
维生素B_6（mg/kg）	1. 5	1. 5		4. 0	4. 0	
叶酸（mg/kg）	0. 216	0. 216		0. 8	0. 8	
生物素（mg/kg）				0. 07	0. 07	
维生素B_{12}（mg/kg）	0. 028	0. 028		0. 02	0. 02	
胆碱（mg/kg）	1 360	1 360		2 400	2 400	

维生素A过量贮存在肝脏和脂肪组织中易引起中毒，表现为骨畸形、骨质疏松、颈椎骨脱离和颈软骨增生。对于宠物，维生素A的中毒剂量是需要量的4～10倍及以上（韩丹丹和王景方，2007）。

（3）来源　维生素A只存在于动物体内，其中肝脏、鱼肝油、蛋黄、乳脂中含量丰富。植物体内不含维生素A，但含有维生素A原——胡萝卜素。胡萝卜素有多种类似物，其中以β-胡萝卜素活性最强。在动物肠壁中，1分子β-胡萝卜素经酶作用生成2分子视黄醇，而猫缺乏这种转化能力，只能从动物性食物中获取（王金全，2018；Schweigert等，2002）。

2. 维生素D

（1）生理功能　维生素D种类较多，对动物较重要的是维生素D_2（麦角钙化醇）和维生素D_3（胆钙化醇）。在紫外线照射下，植物中的麦角固醇可转化为维生素D_2，动物中的7-脱氢胆固醇转化为维生素D_3，但犬猫几乎无此能力。

维生素D被吸收后并无活性，需在肝脏及肾脏中进行羟化，维生素D_3转变为1,25-二羟维生素D_3才能发挥作用，如增强小肠酸性，调节钙、磷比例，促进钙、磷吸收；

可直接作用于成骨细胞，促进钙、磷在骨骼和牙齿中沉积，利于骨骼钙化。

维生素D缺乏会导致钙磷代谢失调，宠物出现“佝偻症”，行动困难、不能站立、生长缓慢；成年宠物，尤其是妊娠和泌乳雌性患“骨软症”，骨质疏松、骨干脆弱、四肢及关节变形、牙齿缺乏釉质而发育不良。

研究表明，即使将犬猫背上的毛剃去使其受到更多的紫外线照射，其体内合成的维生素D仍不足，原因是犬猫皮肤中合成维生素D_3所需要的7-脱氢胆固醇浓度很低，而且犬猫体内含有高活性的7-脱氢胆固醇还原酶，能迅速将7-脱氢胆固醇转化成胆固醇，所以不能合成维生素D_3，因此需从食物中补充。

人体中的维生素D主要是皮肤经紫外线照射合成的，只有少数来源于天然食物，因此又被称为“阳光维生素”。然而，这种光合作用途径在犬和猫身上效果甚微，因为犬皮肤中7-脱氢胆固醇浓度很低，且这些7-脱氢胆固醇也不能充分转化为维生素D_3；猫皮肤中有足够量的7-脱氢胆固醇，但在被用作维生素D合成的前体之前，它会被7-脱氢胆固醇还原酶迅速还原。因此，犬猫都需要从食物获取维生素D。

（2）需要量　动物对维生素D的需要量通常以国际单位（IU）计算，1IU维生素D相当于0.025μg维生素D_3。犬猫对维生素D的需要量取决于动物生理状态以及食物中钙、磷的水平和比例，美国饲料管制协会（AAFCO）对犬猫日粮中维生素D及钙、磷最低值的建议量见表2-5和表2-7。

（3）来源　动物性食物如鱼肝油、肝粉、血粉、蛋、酵母及经阳光晒制的干草（杨久仙和刘建胜，2007）。

3. 维生素E（抗不育维生素） 是一组结构相近的酚类化合物，以α、β、γ、δ较重要，且α-生育酚效价最高。

（1）生理功能　维生素E具有抗氧化作用，能保护膜脂中的不饱和脂肪酸及维生素A不被氧化；参与调节细胞DNA合成；维持宠物正常的繁殖机能；保证肌肉正常生长发育；维持毛细血管结构完整和中枢神经系统机能健全；促进抗体形成和淋巴细胞增殖，增强机体免疫力和抵抗力；作为细胞色素还原酶的辅助因子，参与生物氧化以及维生素C和泛酸的合成等体内物质代谢；通过使含硒的氧化型谷胱甘肽过氧化物酶变为还原型的酶以及减少其他氧化物的生成而节约硒，减轻缺硒带来的影响。

维生素E缺乏症是多样的，涉及多个组织和器官。猫对维生素E缺乏较敏感，当维生素E缺乏时，由于过氧化物的蓄积，患猫体内的脂肪变为黄色、棕色或橘黄色，质地硬，称为脂肪组织炎或黄色脂肪病，即猫的皮下脂肪或内脏脂肪出现炎症、硬化、发热、疼痛等症状。长期饲喂金枪鱼和竹荚鱼可诱发此病，因为金枪鱼和竹荚鱼不饱和脂肪酸含量高，猫无法对其进行很好的代谢，残留在体内后会大量消耗维生素E（杨久仙和刘建胜，2007；Van-Vleet，1975）。

（2）需要量　通常以国际单位（IU）和重量单位（mg/kg）表示，1IU维生素E相当于1mg DL-α-生育酚乙酸酯，1mg α-生育酚相当于1.49IU维生素E。

犬猫日粮含有大量不饱和脂肪酸，因此，维生素E需要量较大。在维生素E添加量30IU/kg基础上，NRC推荐维生素E（mg）与日粮中多不饱和脂肪酸（g）的比例为0.6∶1.0，当多不饱和脂肪酸含量增加时，维生素E需要量也相应增加，以满足宠物对维生素E的需要；这种需要还与日粮中硒的水平和其他抗氧化剂含量有关。几种动物摄入高剂量的维生素E后，并没有出现相关的毒性；也有报道称，摄入极端过量的维生素E会干扰维生素D、维生素K的吸收和代谢。目前，还没有关于犬的维生素E中毒的资料（韩丹丹和王景方，2007）。AAFCO对犬猫日粮中维生素E最低值的建议量见表2-5。

（3）来源　维生素E在动物体内不能合成，但能在脂肪组织中大量贮存。植物能够合成维生素E，谷物饲料含丰富的维生素E，特别是种子胚芽；小麦胚油、豆油、花生油也含有丰富的维生素E；而油料饼粕和动物性饲料中含量较少（王金全，2018）。

4. 维生素K（抗出血维生素）　是萘醌类衍生物，维生素K_1（叶绿醌）和K_2（甲基萘醌）是最重要的天然维生素K活性物质，而维生素K_3（甲萘醌）为人工合成的。

（1）生理功能　参与凝血活动，维生素K可催化肝脏中凝血酶原和凝血活素的合成，凝血活素将凝血酶原转变为具有活性的凝血酶，将血液可溶性纤维蛋白原转变为不溶性的纤维蛋白而使血液凝固；与钙结合蛋白的形成有关，并参与蛋白质和多肽代谢；具有利尿、强化肝脏解毒及降血压等功能。缺乏维生素K可能导致凝血时间延长，发生皮下、肌肉及胃肠道出血。

（2）需要量　犬猫体内可合成维生素K，通常不会缺乏，因此犬猫日粮可不添加维生素K。当患肠道及肝胆疾病、长期服用抗生素或磺胺类药物时，易引起维生素K缺乏。犬缺乏和过量均未见报道，维生素K相对于维生素A和D来说是无毒的，但大剂量维生素K可引起溶血。AAFCO对猫饲粮维生素K最低值的建议量为0.1mg/kg。

（3）来源　维生素K_1由植物合成，维生素K_2由微生物和动物合成，青绿饲料或动物性饲料可以提供维生素K（杨久仙和刘建胜，2007；王景芳和史东辉，2008）。

（二）水溶性维生素

水溶性维生素包括B族维生素、肌醇、胆碱和维生素C，除含碳、氢、氧外，多数含氮元素，有的还含硫或钴。该类维生素与能量代谢有关，以辅酶或辅基的形式对营养素的代谢和利用进行调节（胆碱除外），间接发挥促生长作用。水溶性维生素缺乏时，宠物食欲下降、生长受阻。

1. 维生素B_1（硫胺素）　维生素B_1分子中含硫和氨基，故称硫胺素。

（1）生理功能　硫胺素以羧化辅酶的成分参与α-酮酸的氧化脱羧而进入糖代谢和

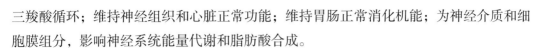

三羧酸循环；维持神经组织和心脏正常功能；维持胃肠正常消化机能；为神经介质和细胞膜组分，影响神经系统能量代谢和脂肪酸合成。

缺乏硫胺素时，丙酮酸不能氧化，供能减少，影响神经组织及心肌的代谢和机能；硫胺素能抑制胆碱酯酶活性，减少乙酰胆碱水解，乙酰胆碱有增加胃肠蠕动和腺体分泌的作用，因此，维生素 B_1 缺乏会引起宠物消化不良，食欲不振。

（2）需要量　宠物对硫胺素的需要量受日粮组成、代谢特点及疾病等影响，如日粮中碳水化合物增加或含抗硫胺素因子（鱼、虾、蟹等生鱼产品中含有硫胺素酶），以及饲料受念珠状镰刀菌侵袭和宠物受疾病感染时，对硫胺素的需要量将增加。猫比犬对硫胺素的缺乏更敏感，它对日粮中硫胺素的需求是犬的4倍，且以鱼为基础的日粮含有硫胺素酶，能破坏硫胺素。因此，商品猫粮常出现硫胺素缺乏（Singh等，2005）。猫需要硫胺素0.4mg/d。硫胺素一般不引起宠物中毒。美国饲料管制协会（AAFCO）对犬猫日粮中硫胺素最低值的建议量见表2-5。

（3）来源　分布广泛，酵母、瘦肉、肝、肾、蛋、谷物胚芽和种皮中硫胺素含量较高；肠道微生物也可合成硫胺素（王金全，2018；王景芳和史东辉，2008）。

2. 维生素 B_2（核黄素）

（1）生理功能　以辅基形式与特定酶［FAD（黄素腺嘌呤二核苷酸）和FMN（黄素单核苷酸）］结合形成多种黄素蛋白酶，参与蛋白质、脂类、碳水化合物代谢及生物氧化；参与色氨酸及铁的代谢以及维生素C的合成；具有强化肝脏功能、促进生长和修复组织的功能，并对视觉有重要作用。

缺乏核黄素时，幼年宠物食欲减退、生长停滞、被毛粗乱、眼角分泌物增多，常伴有腹泻、成年宠物繁殖性能下降。猫还表现为缺氧、脱毛并发展为白内障、脂肪肝、小红细胞增多，严重时死亡。犬表现为失重、后腿肌肉萎缩、结膜炎、角膜混浊，有时口腔黏膜出血、口角溃烂、流涎等。一般猫不会发生维生素 B_2 缺乏，且犬猫未见过量报道。维生素 B_2 的中毒剂量是其需要量的数十倍到数百倍。

（2）需要量　AAFCO对犬猫饲粮中维生素 B_2 最低值的建议量见表2-5。

（3）来源　维生素 B_2 在体内合成量少，也不能贮存。油脂草料如苜蓿中含量较高，鱼粉、饼粕、酵母、瘦肉、蛋、奶及动物肝脏含量丰富（王景芳和史东辉，2008）。

3. 维生素 B_3（泛酸或遍多酸）　广泛存在于动植物体中，故称泛酸或遍多酸，是β-丙氨酸衍生物。

（1）生理功能　泛酸是辅酶A（CoA）和酰基载体蛋白（ACP）的组成成分，参与碳水化合物、脂肪和蛋白质代谢，促进类固醇合成；作为琥珀酸酶的组成部分，参与血红素的形成及免疫球蛋白的合成；维持动物皮肤和黏膜的正常功能，保持毛发色泽。

缺乏泛酸时，宠物生长发育受阻，胃肠功能紊乱，运动失调，脂肪肝，繁殖机能下降等。

（2）需要量　AAFCO对犬猫饲粮中维生素B_3最低值的建议量见表2-5。

（3）来源　来源广泛，常用日粮一般不缺乏泛酸。动物肝脏、肾、酵母、鸡蛋卵黄中含量丰富，糠麸、谷实、苜蓿、亚麻籽饼中含量也较高（韩丹丹和王景方，2007；王金全，2018）。

4. 维生素B_5（维生素PP）　维生素B_5包括烟酸（尼克酸）和烟酰胺（尼克酰胺），均是吡啶的衍生物。

（1）生理功能　烟酸在体内可转变为烟酰胺，烟酰胺可合成烟酰胺腺嘌呤二核苷酸（NAD^+，又名辅酶Ⅰ）及烟酰胺腺嘌呤二核苷酸磷酸（$NADP^+$，又名辅酶Ⅱ），在体内生物氧化过程中起传递氢的作用。辅酶Ⅰ和辅酶Ⅱ具有参与视紫红质的合成，促进铁吸收和血细胞生成，维持皮肤的正常功能和消化腺分泌，提高中枢神经的兴奋性，扩张末梢血管，降低血清胆固醇等重要作用。

烟酸和烟酰胺合成不足会影响生物氧化反应，使新陈代谢发生障碍，引发癞皮病、角膜炎、神经和消化系统障碍等。

（2）需要量　一般在每千克宠物饲粮中添加10～50mg维生素B_5；成猫每天需要烟酸2.6～4.0mg，猫在生长期、妊娠期、哺乳期对烟酸需要量增大。犬摄入量超过每千克体重350mg/d可能引起中毒，成犬可以耐受每天每千克体重1.0g；猫没有过量报道。AAFCO对犬猫饲粮中维生素B_5最低值的建议量见表2-5。

（3）来源　烟酸广泛分布于各种食物中，但谷物中的烟酸呈结合态，利用率低。动物性产品、酒糟、发酵液及油饼类含量丰富。谷物副产物、绿叶，特别是青草中含量较多。饲粮中的色氨酸在多余时可转化为烟酸，但猫缺乏这种能力（韩丹丹和王景方，2007；王景芳和史东辉，2008）。

5. 维生素B_6　包括吡哆醇、吡哆醛和吡哆胺三种吡啶衍生物。吡哆醇能转化成吡哆醛和吡哆胺，吡哆醛和吡哆胺可相互转化。

（1）生理功能　维生素B_6以转氨酶和脱羧酶等多种形式参与氨基酸、蛋白质、脂肪和碳水化合物代谢；促进抗体及血红蛋白中原卟啉的合成。

缺乏维生素B_6时，幼年宠物食欲下降、生长发育受阻、皮肤发炎、脱毛、眼睛有褐色分泌物、流泪、视力减退、心肌变性；成年宠物表现为被毛粗乱、食欲差、贫血、腹泻、惊厥、阵发性抽搐或痉挛、运动失调、急性肾脏疾患、昏迷等。

（2）需要量　宠物对维生素B_6的需要量一般为1～5mg/kg饲粮。NRC（1987）建议，推测犬日粮中吡哆醇的安全上限60d内为1 000mg/kg，60d以上为500mg/kg。过量会出现厌食和共济失调，急性摄入每天每千克体重1g的吡哆醇时，将导致犬协调损害和强直性痉挛。猫日粮中安全上限尚未确定。AAFCO对犬猫饲粮中维生素B_6最低值的建议量见表2-5。

（3）来源 在自然界广泛存在，酵母、肝脏、鸡肉、乳清、谷物及其副产品、蔬菜中维生素B_6含量丰富，通常不易产生明显的缺乏症。宠物日粮中蛋白质水平升高，色氨酸、蛋氨酸或其他氨基酸过多会增加对维生素B_6的需要（王景芳和史东辉，2008）。

6. 生物素（维生素H） 生物素有多种异构体，但只有D-生物素有活性。

（1）生理功能 生物素是动物机体内许多羧化酶的辅酶，参与碳水化合物、脂肪和蛋白质的代谢；此外，与溶菌酶活化和皮脂腺功能相关。

缺乏生物素时，宠物表现为生长不良、皮炎及脱毛等。猫表现厌食、眼睛和鼻子干性分泌物、唾液增多，可能出现血痢和显著消瘦；犬表现为皮屑状皮炎、精神沉郁、食欲不振、贫血、呕吐。

（2）来源 生物素在自然界广泛存在，另外，犬猫肠道微生物也可以合成生物素，故宠物一般不会缺乏生物素。食物中大部分生物素与蛋白质共价结合，在消化道内，胰液中的生物素酶可以释放生物素（王金全，2018；王景芳和史东辉，2008）。

7. 叶酸 因在绿叶中含量丰富，故称为叶酸。

（1）生理功能 能促进血细胞的形成，抗贫血；与维生素B_{12}有协同作用；可加氢变成四氢叶酸，是体内一碳基团转移酶的辅酶，参与蛋白质和核酸代谢，促进红细胞、白细胞和抗体的形成与成熟。一般情况下宠物不会缺乏叶酸，但长期使用抗生素或磺胺类药物的犬猫可能会缺乏叶酸，引起大红细胞性贫血、白细胞减少、生长缓慢、皮炎、繁殖机能和饲料利用率下降。

（2）需要量 宠物对叶酸的需要量一般为0.2～1mg/kg饲粮；AAFCO对犬猫饲粮中叶酸最低值的建议量见表2-5。

（3）来源 叶酸主要存在于绿色植物的叶中，肉类、大豆、鱼粉、肝脏中含量也较高；宠物肠道细菌也能合成叶酸（王景芳和史东辉，2008）。

8. 维生素B_{12}（钴胺素） 维生素B_{12}分子中含氨基和三价钴，故称钴胺素，是唯一含金属元素的维生素。

（1）生理功能 主要以二脱氧腺苷钴胺素和甲钴胺素两种辅酶形式参与多种代谢，如嘌呤和嘧啶合成、甲基转移、蛋白质合成及碳水化合物和脂肪代谢，最重要的是参与核酸和蛋白质合成；维持神经系统完整和促进红细胞形成。

缺乏维生素B_{12}时，易引起恶性贫血及组织代谢障碍，如厌食、胃肠道上皮细胞改变、神经系统损害等；宠物最明显的症状是生长停滞、被毛粗糙、皮炎、肌肉软弱、后肢运动失调；雌性动物受胎率、繁殖率降低和产后泌乳量下降。

（2）需要量 一般情况下宠物不会缺乏维生素B_{12}，其中毒剂量至少是超过需要量的数百倍。AAFCO对犬猫饲粮中维生素B_{12}最低值的建议量见表2-5。

（3）来源　日粮维生素B_{12}主要来源于动物产品，植物中缺乏；商业生产的维生素B_{12}源于微生物发酵（王金全，2018）。

9. 胆碱

（1）生理功能　胆碱在动物体内作为结构物质发挥作用，是细胞卵磷脂、神经磷脂和某些原生质的成分，也是软骨组织磷脂的成分。因此，它是构成和维持细胞结构、保证软骨基质成熟必不可少的物质，并能防止骨短粗病的发生；参与肝脏脂肪代谢，促使肝脏脂肪以卵磷脂形式输送或提高脂肪酸在肝脏内的氧化作用，防止脂肪肝的产生；作为甲基供体参与甲基转移；作为乙酰胆碱的成分参与神经冲动的传导。

宠物一般不易缺乏胆碱。缺乏胆碱时，宠物精神不振、食欲丧失、生长发育缓慢、贫血、衰竭无力、关节肿胀、运动失调、消化不良等；脂肪代谢障碍，易形成脂肪肝，产生低白蛋白血症。

（2）需要量　宠物对胆碱的需要量一般为500～2 000mg/kg饲粮，过量供给会发生中毒。AAFCO对犬猫饲粮中胆碱最低值的建议量见表2-5。

（3）来源　肝脏、脑、鱼肉、瘦肉和鸡蛋（尤其是蛋黄）、大豆磷脂和豆类富含胆碱（韩丹丹和王景方，2007；王金全，2018）。

10. 维生素C（抗坏血酸）　有L型和D型两种异构体，仅L型对宠物有生理功效。

（1）生理功能　是合成胶原和黏多糖等细胞间质必需的物质；具有解毒和抗氧化作用，重金属离子能破坏体内一些酶的活性而使机体中毒，维生素C能使体内氧化型谷胱甘肽转变为还原型谷胱甘肽，还原型谷胱甘肽可与重金属离子结合而排出体外；阻止体内致癌物质亚硝基胺的形成而预防癌症；参与体内氧化还原反应；可使三价铁还原为二价铁，促进铁的吸收；促进叶酸转变为四氢叶酸，刺激肾上腺皮质素等多种激素合成；促进淋巴细胞增生，协助中性粒细胞杀死细菌，调节促炎和抗炎细胞因子的表达，增强机体的免疫、抗炎和抗应激能力。

缺乏维生素C时，毛细血管的细胞间质减少，通透性增强而引起皮下、肌肉、肠道黏膜出血；骨质疏松易折；牙龈出血，牙齿松脱，创口溃疡不易愈合，患“坏血症”；犬猫食欲下降，生长阻滞，体重减轻，活动力丧失等（Gordon等，2020）。

（2）需要量　宠物对维生素C的需要量无规定。维生素C毒性很低，一般宠物可耐受需要量的数百倍甚至上千倍的剂量。

（3）来源　来源广泛，青绿饲料、新鲜水果中含量丰富。宠物能合成维生素C，一般不需补饲，但在高温、寒冷、惊吓、患病等应激状态下，宠物合成维生素C的能力下降，消耗增加，需额外补充。断奶幼犬、仔猫饲粮中也应补充维生素C（韩丹丹和王景方，2007；王景芳和史东辉，2008）。

（三）维生素的代谢

脂溶性维生素的存在与吸收均与脂肪有关，它与日粮中的脂肪一同被动物吸收。日粮中缺乏脂肪时，脂溶性维生素的吸收率下降；相当数量的脂溶性维生素贮存在脂肪组织中，动物吸收的多，体内贮存的也多；未被动物消化吸收的脂溶性维生素通过胆汁随粪便排出体外。

水溶性维生素可随水分由肠道吸收，体内不贮存，未被动物利用的水溶性维生素主要由尿液排出体外，因此，即使一次较大剂量服用也不易中毒。

与其他养分相比，动物对维生素的需要量极微。作为养分利用的调节剂，可促进能量、蛋白质及矿物质等的高效利用。缺乏时可引起机体代谢紊乱，影响宠物健康；而摄入过量对机体也不利。犬能合成维生素C，猫能合成维生素K、维生素D、维生素C、维生素B_{12}等，但除了维生素K、维生素C的合成量能满足机体的需要外，其他几种都需额外添加（吴任许等，2005）。AAFCO对犬猫饲粮中各类维生素最低值的建议量见表2-5。

六 矿物质

矿物质是一大类无机营养素，约占动物体重的4%，在机体生命活动中起着重要的调节作用。矿物质虽然不是动物的能量来源，但在宠物体内不能相互转化和替代，只能从一种价态转变为另一种价态，它是机体组织器官的组成成分并在物质代谢中起着重要的调节作用。缺乏时，宠物生长受阻甚至死亡，而过量会影响宠物健康，甚至发生中毒、疾病或死亡。其中，5/6的矿物元素存在于骨骼和牙齿中，其余1/6分布于身体各个部位（付弘赟和李吕木，2006；沈坤银，2000）。

矿物质以离子形式被机体吸收，吸收部位主要是小肠和大肠前段；排出方式随宠物和日粮组成而异，如通过粪、尿排出钙和磷，分泌乳汁也是排出矿物元素的途径之一（图2-7）。

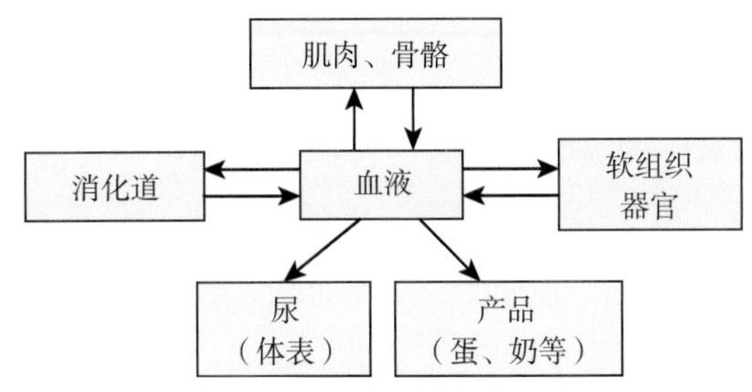

图2-7 矿物元素在体内的动态平衡

（一）常量元素

1. 钙、磷　是哺乳动物体内含量最多的矿物元素，占体重的1% ～ 2%。

（1）生理功能　机体约99%的钙存在于骨骼和牙齿中；维持神经和肌肉正常功能，血钙低于正常水平（每100mL中9 ～ 12mg）时，神经和肌肉兴奋性增强，引起抽搐；激活凝血酶，参与正常血凝过程；钙是多种酶的活化剂或抑制剂；维持膜完整性，调节激素分泌。

机体约80%的磷存在于骨骼和牙齿中；以磷酸根形式参与糖氧化和酵解、脂肪酸氧化和蛋白质分解等；作为ADP和ATP成分，在能量贮存与传递中起重要作用；磷是RNA、DNA及辅酶成分，与蛋白质合成及动物遗传有关；参与维持细胞膜的完整性。

缺乏钙时，幼犬猫患佝偻病，常见于1 ～ 3月龄宠物和生长较快的青年宠物；成年犬猫患软骨病或骨质疏松症；哺乳母犬猫低钙血症；食欲不振，喜欢啃食泥土、石头等异物的异嗜癖，在缺磷时表现更为明显。研究表明，饲喂低磷日粮的成年猫会出现溶血性贫血、运动系统障碍和代谢酸中毒。

过量造成的中毒少见，但超过一定限度，宠物生长减慢，脂肪消化率下降，磷、镁、铁、锰、碘等代谢紊乱。日粮中钙增加，钙的表观消化率下降，骨密度增加。磷过多会使血钙降低，宠物为调节血钙，刺激副甲状腺分泌而引起副甲状腺机能亢进，致使骨中磷大量分解，易产生跛行或长骨骨折（Coltherd等，2019；Stockman等，2021）。

（2）吸收与代谢　钙的吸收始于胃，主要部位在小肠，需维生素D_3和钙结合蛋白（calcium binding protein，CaBP）参与。犬对钙的利用率随年龄增长和钙浓度增加而降低，幼年或青年犬的钙表观吸收率为90%，成年犬为30% ～ 60%；CaBP位于肠细胞刷状缘上，参与吸收和转运钙；主要通过粪排泄。

磷大多在小肠后段被吸收，吸收形式以无机磷酸根为主，少量磷脂。小肠细胞刷状缘上的碱性磷酸酶能解离一些有机化合物结合的磷，如磷糖、磷酸化氨基酸及核苷。磷的表观消化率为30% ～ 70%，钙磷比超过2：1或日粮中植酸磷较多时，磷吸收率会下降；主要通过尿排出体外（Dobenecker等，2018）。

影响钙、磷吸收的因素除了与钙、磷含量及其存在形态有关外，还与下列因素有关：

①酸性环境：宠物对钙的吸收始于胃，食物中的钙可与胃液中的盐酸化合成易溶解的氯化钙，被胃壁吸收。小肠中的磷酸钙、碳酸钙等的溶解度受肠道pH影响很大，在碱性、中性溶液中溶解度很低，难吸收。小肠前端为弱酸性环境，是食物钙和无机磷吸收的主要场所。小肠后端偏碱性，不利于吸收。因此，增强小肠酸性的因素有利于钙、磷吸收。

②日粮中可利用的钙磷比例：AAFCO推荐的犬猫饲粮中钙磷比的最小值为1∶1，最大值为2∶1。钙磷比例失调易产生磷酸钙沉淀；实践证明，食物中钙磷供应充足，但钙磷比例失调同样会导致腿病。

③维生素D：其对钙磷代谢的调节是通过在肝及肾脏羟化后的产物1,25-二氢维生素D_3起作用的，调节钙磷比例，促进钙磷吸收与沉积。

④过多的脂肪、草酸、植酸：易与钙结合成钙皂、草酸钙和植酸钙，影响钙吸收，皂钙由粪便排出；饲料中的乳糖能增加细胞通透性，促进钙吸收；犬体内植酸磷比无机磷的生物利用率低，表观吸收率为30%～70%。

此外，维生素A、维生素D、维生素C及适量的氨基酸有利于钙、磷在骨骼中的沉积和骨骼的形成。

钙、磷代谢处于动态平衡，钙的周转代谢量为吸收量的4～5倍，是沉积量的8倍。通过粪和尿排出体外，粪排出量占80%，尿占20%。

（3）来源　钙、磷来源有肉骨粉、骨粉（钙31%、磷14%）、磷酸氢钙、磷酸钙、碳酸钙、鱼粉、石粉等。植物原料中钙少磷多，一半左右的磷为植酸磷，饲料总磷利用率一般较低，为20%～60%（王金全，2018）。

2. 镁

（1）生理功能　宠物体内含镁0.05%，其中60%～70%存在于骨骼和牙齿，30%～40%在软组织中；作为酶活化因子或酶的组成成分，参与体内300多种代谢，对维持氧化磷酸化和三磷酸腺苷合成酶活性，DNA、RNA和蛋白质合成是必需的；调节神经和肌肉兴奋性；维持心肌正常功能和结构。研究表明，补镁有利于防止过敏反应和集约化饲养时咬尾巴的现象。

缺乏镁时，幼犬猫厌食、生长受阻、腕关节伸展过度、肌肉抽搐、后腿瘫痪、运动失调，胸主动脉矿化；影响宠物心脏、肾脏、血管等组织中的钙沉积，使钙水平提高约40倍；肝脏氧化磷酸化强度下降；外周血管扩张和血压、体温下降；犬缺乏镁时会出现肌肉萎缩，严重时发生痉挛，幼犬像站在光滑的地板上，无法站立起来。

镁过量可导致中毒，表现为昏睡、运动失调、腹泻、采食量下降、生长缓慢甚至死亡。猫摄入的过量镁以磷酸铵镁的形式由尿液排出，但过多的磷酸铵镁结晶沉积可阻塞尿道。因此，猫粮中镁含量以不超过0.1%为宜。

（2）吸收与代谢　以扩散吸收的形式在小肠吸收。果寡糖可以使镁的吸收率从14%上升到23%；降低回肠pH，镁的可溶性增加；磷含量与镁的生物学利用率呈负相关；成猫对镁的吸收率低于青年猫。

幼年动物贮存和利用镁的能力较成年动物高，骨中80%的镁可参与周转代谢。幼猫对镁的表观吸收率为60%～80%，成猫降至20%～40%。

（3）来源　商品犬粮含镁0.08%～0.17%。镁普遍存在于宠物食品原料中，糠麸、饼粕和青饲料含镁丰富；块根和谷实含镁也较多；缺镁时可用硫酸镁、氯化镁、碳酸镁补饲（王景芳和史东辉，2008）。

3. 钠、钾、氯　又称为电解质元素，主要存在于体液和软组织中（表2-6）。

表2-6　体内钠、钾、氯的分布（%）

元素	总含量（占体重）	可交换（占总量）	细胞外（占总量）	细胞内（占总量）
钠	0. 13	76	60	16
钾	0. 17	91	3	88
氯	0. 11	99	76	23

（1）生理功能

钠：钠和氯的主要作用是维持细胞外液的渗透压和调节酸碱平衡，并参与水代谢；大量存在于肌肉中，增强肌肉的兴奋性，也对心脏活动起调节作用；还能刺激唾液分泌及活化消化酶。

氯：存在于细胞内外，占血液酸离子的2/3，维持酸平衡。氯是合成胃液盐酸的原料，盐酸能激活胃蛋白酶，保持胃液呈酸性，起到杀菌作用。

钾：维持细胞内液渗透压的稳定和调节酸碱平衡；与肌肉收缩密切相关；参与蛋白质和糖的代谢，并促进神经和肌肉兴奋。

宠物体内不能存储钠，故钠易缺乏，其次是氯，钾不易缺乏。植物性原料，尤其是细嫩植物中含钾丰富。食盐是供给宠物钠和氯的最好来源，具有调节食物口味、改善适口性、刺激唾液分泌、活化消化酶等作用。缺乏钠和氯时，犬表现食欲不振，疲劳无力，饮水减少，皮肤干燥，被毛脱落，生长减慢或失重，并有掘土毁窝、喝尿、舔脏物等异嗜癖，同时饲粮蛋白质利用率下降。

宠物摄入食盐过多时，若饮水量少，易引起食盐中毒，表现为极度口渴、腹泻、步态不稳、抽搐等，严重时可导致死亡。老年犬会因食盐超量而使心脏遭受损害，食盐在心脏周围和体液中积滞。犬饲粮中，盐最大含量为干重的1%；犬饲粮中钾过量会影响钠、镁的吸收，甚至引起“缺镁痉挛症”（Chandler，2008）。

（2）吸收与代谢　主要吸收部位是十二指肠，而胃、后段小肠和结肠部分吸收，吸收形式为简单扩散。犬对钠的吸收率达到100%，其中80%的钠在结肠吸收；钾在小肠中的吸收率高。日粮含木薯淀粉、马铃薯淀粉或大米时，会降低钾的吸收率；纤维素含量高时，钠及钾的吸收率降低。大部分钾随尿排出，其他途径包括粪、汗腺。

（3）来源　食物原料中钠、氯少时，以食盐补充；饼粕类、肉制品、乳制品含钾较高，植物性原料，尤其是细嫩植物中含钾丰富（王景芳和史东辉，2008；王金全，2018）。

4. 硫

生理功能 以含硫氨基酸形式参与被毛、羽毛、蹄爪等角蛋白合成；是硫胺素、生物素和胰岛素的成分，参与碳水化合物代谢；作为黏多糖成分参与胶原蛋白及结缔组织代谢等。

通常在宠物缺乏蛋白质时才会发生硫缺乏，表现为消瘦，蹄、爪、毛生长缓慢。

硫过量现象少见。用无机硫作添加剂，用量超过0.3%～0.5%时，可能使宠物产生厌食、失重、便秘、腹泻、抑郁等症状，严重时可导致死亡（王金全，2018）。

（二）微量元素

1. 铁

（1）生理功能 铁是合成血红蛋白和肌红蛋白的原料。血红蛋白是氧和二氧化碳的载体，肌红蛋白是肌肉在缺氧时做功的供氧源；铁作为细胞色素氧化酶、过氧化物酶、过氧化氢酶、黄嘌呤氧化酶的成分及碳水化合物代谢酶类的激活剂，参与机体内代谢；转铁蛋白除运载铁外，还有预防机体感染疾病的作用（Levander和Seleniurn，1986）。

一般不会缺铁，典型缺乏症为贫血，表现为食欲不良、虚弱、皮肤和黏膜苍白、皮毛粗糙无光泽、生长缓慢；血液中血红蛋白低于正常，易发于幼犬猫，血色素浓度不达标。摄入量低于每千克体重1mg/d时，会产生缺乏症。猫平均每天需要铁5mg/只。

铁大多以与蛋白结合形式存在于体内，过量摄入会造成游离铁增加，产生毒性，导致犬胃肠轻微损伤。犬猫过量饲喂铁的中毒数据尚无报道。

（2）来源 青草、干草及糠麸、肉粉、血粉、肉骨粉、谷类食品、七水硫酸亚铁均含铁；铁的氧化物和碳酸盐利用率差（杨久仙和刘建胜，2007；王金全，2018）。

2. 锌

（1）生理功能 动物体含锌每千克体重10～30mg，其中50%～60%存在于骨骼肌中，30%存在于骨骼中，其余分布于身体各部位，眼角膜中含量最高，其次是毛、骨、雄性生殖器官、心脏和肾脏等。

参与酶的组成，体内200多种酶含锌，这些酶主要参与蛋白质代谢和细胞分裂；参与胱氨酸和黏多糖代谢，维持上皮组织和被毛健康；维持激素的正常功能并与精子形成有关，锌与胰岛素或胰岛素原形成可溶性聚合物有利于其发挥作用；维持生物膜正常结构与功能；在蛋白质和核酸的生物合成中起重要作用；能增强机体免疫力和抗感染能力。

宠物缺乏锌时的典型症状是皮肤不完全角质化症，幼犬足垫、皮肤出现红斑，被毛发育不良，皮肤皱褶粗糙、结痂，伤口难愈合；生长不良，骨骼发育异常，睾丸受损，繁殖能力下降。阿拉斯加雪橇犬，由于遗传缺陷影响锌的吸收，终生都需要在日粮中补充。

宠物对锌的耐受力较强，过量一般不会对其造成危害，但会抑制铁、铜的吸收，导致贫血。

（2）来源　幼嫩植物、酵母、鱼粉、麸皮、油饼类及动物性食物锌含量丰富。日粮中的钙能抑制锌的吸收，应注意日粮锌、钙平衡（王金全，2018）。

3. 铜

（1）生理功能　作为氧化酶组分参与体内代谢，这些氧化酶主要催化弹性蛋白肽链中赖氨酸残基转变为醛基，使弹性纤维变成不溶性的，以维持组织韧性及弹性；铜是红细胞成分，能维持铁的正常代谢，利于血红蛋白合成和红细胞成熟；参与骨骼形成并促进钙、磷在软骨上沉积；维持中枢神经系统功能，促进生长激素、促甲状腺激素、促黄体激素和促肾上腺激素释放；促进被毛中双硫基形成及交叉结合，从而影响被毛生长；参与血清免疫球蛋白及多种酶的构成，增强机体免疫力。

铜需要量约7.3mg/kg饲粮，锌或铁含量过高会影响铜的利用。猫缺乏铜会导致体重下降和肝脏铜浓度降低。犬缺乏铜时会产生贫血，且补铁不能消除；骨骼异常，骨畸形，易骨折；被毛褪色、趾骨末端伸展过度。犬不易缺乏铜。

铜过量可危害动物健康，甚至引起中毒。铜在肝脏蓄积到一定水平时，会释放进入血液，使红细胞溶解，出现贫血（高浓度铜抑制铁的吸收）、血尿和黄疸症状，组织坏死，甚至死亡。正常犬肝脏铜浓度每克体重几百微克，患病犬肝脏中铜浓度达到每克体重几千微克。犬按照每千克体重投喂含铜（硫酸铜）165mg的急性口服药，在4h内呕吐死亡。贝灵顿犬有特殊缺陷，常因铜过量引起肝炎、肝硬化，因此，该品种犬禁用高铜食物（Gubler等，1953）。

（2）来源　牧草、谷实糠麸和饼粕含铜较高，或补饲五水硫酸铜、氯化铜（犬猫利用率低）（王金全，2018）。

4. 锰　宠物体内锰含量较低，为每千克体重0.2～0.5mg，主要集中在肝、骨骼、肾、胰腺及脑垂体。

（1）生理功能　锰是精氨酸酶和脯氨酸肽酶成分，也是肠肽酶、羧化酶、ATP酶等的激活剂，参与蛋白质、糖类、脂肪及核酸代谢；参与骨骼基质中硫酸软骨素生成并影响骨骼中磷酸酶活性，保证骨骼发育；催化性激素的前体胆固醇合成；保护细胞膜完整性（过氧化物歧化酶成分）；与造血机能密切相关，并维持大脑的正常功能。

缺锰主要影响宠物骨骼发育和繁殖功能。

锰的毒性较小，锰中毒现象非常少见。

（2）来源 植物饲料特别是牧草、糠麸含锰丰富，动物饲料含锰少，一般不需补充，幼年宠物常用硫酸锰补充（王金全，2018）。

5. 硒 机体硒含量每千克体重0.05～0.2mg，集中在肝、肾及肌肉中，一般与蛋白质结合。

（1）生理功能 硒是谷胱甘肽过氧化酶（GSH-Px）成分，可催化组织产生的过氧化氢和脂质过氧化物还原成无破坏性的羟基化合物，保护细胞膜结构和功能完整；维持胰腺结构和功能完整；保证肠道脂酶活性，促进乳糜微粒形成，促进脂类及脂溶性维生素的消化吸收；促进免疫球蛋白合成，增强白细胞杀菌能力；拮抗和降低汞、镉、砷等毒性，并可减轻维生素D中毒引起的病变；还具有活化含硫氨基酸和抗癌作用。

目前，尚未有关于猫缺乏硒的报道，犬缺乏硒的报道也很少。有报道显示，在饲喂6～8周幼犬缺乏硒和维生素E的基础饲粮（含硒0.01mg/kg）时，幼犬的临床症状表现为厌食、精神不振、呼吸困难和昏迷；尸检显示腰部肿大，骨骼肌苍白、肿大并带有分散的白色条纹，肠道肌肉颜色褪至黄褐色，在肾脏皮质延髓的交界处有白色沉积物；组织病理学变化包括肌肉退化，在心室肌肉组织中局部心内膜坏死和肠道脂褐质沉积以及肾脏矿物化。

硒过量对犬猫影响的研究很少。有报道称，犬摄入过多的硒（含硒5.0mg/kg饲粮）可导致小红细胞和低色素性贫血，并随时间进一步恶化，肝受损严重，发生坏死和硬化。

（2）来源 酸性土壤地区多缺乏硒，可用亚硒酸钠补充，但日粮中亚硒酸钠的生物利用率只有20%。植物来源的硒比动物来源更易利用，硒利用率罐装食品为30%、挤压膨化宠物干粮为53%（王景芳和史东辉，2008；王金全，2018）。

6. 碘 体内含碘0.2～0.3mg/kg。

（1）生理功能 体内70%～80%的碘存在于甲状腺中，参与甲状腺素形成，参与体内代谢和维持体内热平衡，对繁殖、生长发育、红细胞生成和血糖等起调控作用。

成犬碘缺乏时，临床症状有甲状腺肿大，脱毛，全身性皮毛干燥、稀疏，以及体重增加（Nuttall，1986；Thompson和Hutt，1979）。

犬猫粮中碘过量，会使甲状腺激素降低，骨骼异常。

（2）来源 沿海地区植物含碘量高于内陆地区，各种饲料均含碘，一般不易缺乏，但妊娠和泌乳动物可能不足。缺碘时，可用加碘食盐（含碘0.007%）或添加碘化钾（王金全，2018）。

表2-7　AAFCO对犬猫饲粮中各类矿物元素最低值的建议量

养分（以干物质计）	犬			猫		
	生长、繁殖期最低值	成年期最低值	最高值	生长、繁殖期最低值	成年期最低值	最高值
钙（%）	1.2	0.5	2.5	1.0	0.6	
磷（%）	1.0	0.4	1.6	0.8	0.5	
钙磷比	1∶1	1∶1	2∶1			
钾（%）	0.6	0.6		0.6	0.6	
钠（%）	0.3	0.08		0.2	0.2	
氯（%）	0.45	0.12		0.3	0.3	
镁（%）	0.06	0.06		0.08	0.04	
铁（mg/kg）	88	40		80	80	
铜（挤压）（mg/kg）	12.4	7.3		15	5	
铜（罐头）（mg/kg）				8.4	5	
锰（mg/kg）	7.2	5.0		7.6	7.6	
锌（mg/kg）	100	80		75	75	
碘（mg/kg）	1.0	1.0	11	1.8	0.6	9.0
硒（mg/kg）	0.11	0.11	2	0.3	0.3	

第二节　宠物主粮原料

宠物食品原料的来源非常广泛，但它们的营养价值差异很大。根据食物原料的来源和营养成分的不同可分为以下几类。

一　谷类

谷物类食品原料种类繁多，来源广泛，价格低廉，是宠物食品的重要组成，包括玉米、小麦、稻米、小米、高粱等。植物性食品中虽含有较多的纤维素，但对宠物正常生理代谢却有重要意义（Donfrancesco等，2018）。

（一）谷类的营养

由于种类、品种和种植条件不同，谷类的营养成分有一定差异。

1. 蛋白质　含量为7.5%～13%，氨基酸组成不平衡，赖氨酸不足，苏氨酸、色氨酸、苯丙氨酸及蛋氨酸含量也较低，蛋白营养价值低于豆类及动物性食品。

2. 碳水化合物　主要为淀粉，含量在70%以上，易消化，故谷类食品的有效能值高。粗纤维一般在5%之内，只有带颖壳的大麦、燕麦、稻和粟等粗纤维可达10%左右。

3. 脂肪　含量低，大米、小麦为1%～2%，玉米和小米可达4%，米糠与胚芽中含较多的脂肪。谷类脂肪多含不饱和脂肪酸，如玉米和小麦胚芽中不饱和脂肪酸达到80%，其中60%为亚油酸，具有降低血清胆固醇、防止动脉粥样硬化的作用。

4. 矿物质　粗灰分为1.5%～3%，钙含量低于0.1%，磷含量高达0.31%～0.45%，多以植酸盐形式存在；锌、锰、钴分别在大麦、小麦和玉米中含量较多。

5. 维生素　谷类是硫胺素、核黄素、泛酸和吡哆醇等B族维生素的重要来源，维生素E含量也较高，主要分布在米糠、麸皮和胚芽饼（粕）中；黄玉米含有维生素A原（杨久仙和刘建胜，2007）。

（二）主要的谷物类宠物食品原料

1. 玉米　粗纤维含量低，无氮浸出物达74%～80%，主要为易消化的淀粉，消化率达90%以上，总能可达16.68MJ/kg。粗蛋白质为8%～10%，缺乏赖氨酸、色氨酸、蛋氨酸及胱氨酸，其中赖氨酸是第一限制性氨基酸，蛋白质生物学价值较低。粗脂肪可达3.6%，不饱和脂肪酸含量较高，主要是油酸和亚油酸，其中亚油酸含量达到2%，为谷实类之首。黄玉米含有维生素A原，每千克黄玉米含1mg左右的β-胡萝卜素及22mg叶黄素，是麸皮及稻谷无法相比的。玉米含钙仅为0.02%、磷0.3%。因脂肪含量高，粉碎后的玉米粉易氧化变质，不宜久存，且易被黄曲霉污染而产生强致癌物质黄曲霉毒素，对宠物危害极大（王景芳和史东辉，2008）。

2. 小麦　适口性好，易消化吸收。小麦粗脂肪含量仅为玉米的一半左右，因此小麦的总能较玉米低，为15.72MJ/kg。小麦粗蛋白含量为12%～14%，约为玉米的150%。小麦籽实含较高比例的胚乳，胚乳中最主要的蛋白质是醇溶蛋白（麦醇溶蛋白）和谷蛋白（麦谷蛋白），这两种蛋白通常被称为“面筋”。小麦蛋白质的氨基酸组成优于玉米，但苏氨酸明显不足。赖氨酸高于玉米，但赖氨酸、蛋氨酸含量均较低，分别为0.30%和0.25%。无氮浸出物占67%～75%，主要是淀粉，其中直链淀粉约占27%。小麦脂肪含量低，必需脂肪酸含量也低，亚油酸含量仅为0.8%。小麦中钙、磷、铜、锰、锌等矿物质元素含量较玉米高，但与宠物的营养需要相比仍不足。小麦中B族维生素和维生素E较多，而其他维生素较少。大部分的矿物质存在麸皮中，而大部分的维生素存在于皮和胚芽中，故面粉越白，面粉中的矿物质和维生素含量越少。胚芽中含有丰富的卵磷脂。

根据加工精度，小麦粉分为普通粉、标准粉和特制粉，出粉率越低，矿物质、维生素、蛋白质及粗纤维含量越低，淀粉含量越高，口感越好。次粉是小麦磨粉的副产物，主要由带有更多外皮碎片（与饲用小麦粉比）的胚乳粒组成，是介于面粉与麸皮之间的黄（黑）面粉。粗蛋白质含量为13.5%～15.0%，粗纤维4.9%，粗脂肪3.5%，淀粉35%～42%。小麦麸是小麦磨粉的副产物，主要由外皮碎片和一小部分麦粒组成，麦粒中的大部分胚乳已被脱去。细小麦麸与小麦麸相比，麦粒中的胚乳被脱去的程度要小一些。小麦、次粉与麸皮的营养价值比较见表2-8。

表2-8 小麦、次粉与麸皮的营养成分比较（%）

小麦产品	干物质	粗蛋白	粗脂肪	淀粉	粗纤维	无氮浸出物	灰分	钙	磷
小麦（2级）	88.0	13.4	1.7	54.6	1.9	69.1	1.9	0.17	0.41
次粉（1级）	88.0	15.4	2.2	37.8	1.5	67.1	1.5	0.08	0.48
次粉（2级）	87.0	13.6	2.1	36.7	2.8	66.7	1.8	0.08	0.48
小麦麸（1级）	87.0	15.7	3.9	22.6	6.5	56.0	4.9	0.11	0.92
小麦麸（2级）	87.0	14.3	4.0	19.8	6.8	57.1	4.8	0.10	0.93

注：引自《中国饲料原料数据库》（第31版）。

3. 大麦　分为有皮大麦和裸大麦，裸大麦又称为青稞。大麦是一种重要的能量饲料，总能可达16.09MJ/kg。粗蛋白含量约12%，赖氨酸0.52%以上，可消化养分比燕麦高。有皮大麦的粗纤维含量5.5%左右，总营养价值低于玉米。无氮浸出物含量高，粗脂肪低于2%。烟酸含量较玉米高2倍，钙、磷含量也较玉米高，富含硫胺素，而胡萝卜素和维生素D不足，核黄素也较少。大麦饲用价值与玉米相近。裸大麦（青稞）去壳后可用于宠物食品搭配，而带皮大麦适口性和利用率较差，不适于饲喂宠物（Twomey等，2003）。

4. 高粱　去壳高粱与玉米一样，主要成分为淀粉，但其淀粉的糊化率较低，约为60%，淀粉粒细胞膜较硬，不易煮熟，消化率较低。粗蛋白质含量为8%～9%，单宁与蛋白质结合成一种不易被胃肠消化吸收的络合物，使蛋白质的消化率大大降低，其消化率低于大米和面粉；高粱蛋白质品质较差，限制性氨基酸为赖氨酸，苏氨酸含量也较低。含钙较少，含磷较多。胡萝卜素及维生素D含量少，B族维生素含量与玉米相当，烟酸含量高。脂肪及铁比大米多（Alvarenga等，2018）。

高粱中含有单宁（鞣酸），味涩，适口性较差。单宁主要存在于皮壳，色深者含量高。在配制宠物食品时，色深者只能用到10%，色浅者可加到20%。若能除去单宁，则可加大用量。

5. 燕麦　营养价值高，总能可达17.01MJ/kg。蛋白质、油脂含量居小麦、水稻、玉米、大麦、荞麦、高粱、谷子等几大谷物之首，蛋白质含量达到15.6%，每100g燕麦中赖氨酸含量高达680mg，是小麦粉、大米的6～10倍，含有多种必需氨基酸；油脂含量为8.8%，其中80%为不饱和脂肪酸，且亚油酸含量丰富，占不饱和脂肪酸的35%～52%；钙、磷、铁含量也居粮食作物之首；维生素E含量高于大米、小麦；可溶性纤维素达4%～6%，是小麦、稻米的7倍；另外，含有皂苷素及多酚类物质。

6. 稻谷　带壳稻谷含粗纤维较高，有效能较低。稻谷脱去稻壳即糙米，糙米粗蛋白质含量约8%，淀粉约75.9%，粗纤维含量低，为0.5%左右，粗脂肪1.2%。碾去糙米皮层和胚（即细糠），基本只剩胚乳时即大米。大米总能可达14.76MJ/kg，其营养价值与加工精度有直接关系。和糙米相比，精白米中蛋白质、脂肪、纤维素分别降低8.4%、56%及57%；钙、维生素B_1及维生素B_2、尼克酸分别降低43%、59%、29%和48%。不同谷物的营养组成如表2-9所示。

表2-9　大麦、玉米和小麦的营养价值分析（%）

谷类	干物质	粗蛋白	粗脂肪	淀粉	粗纤维	无氮浸出物	粗灰分	钙	磷
玉米（2级）	86.0	8.0	3.6	65.4	2.3	71.8	1.2	0.02	0.27
小麦（2级）	88.0	13.4	1.7	54.6	1.9	69.1	1.9	0.17	0.41
裸大麦（2级）	87.0	13.0	2.1	50.2	2.0	67.7	2.2	0.04	0.39
皮大麦（1级）	87.0	11.0	1.7	52.2	4.8	67.1	2.4	0.09	0.33
高粱	88.0	8.7	3.4	68.0	1.4	70.7	1.8	0.13	0.36
燕麦（裸麦）	91.8	14.7	10.7	56.4	2.2	7.2	1.7	0.08	0.38
稻谷（2级）	86.0	7.8	1.6	63.0	8.2	63.8	4.6	0.03	0.36

注：引自《中国饲料原料数据库》（第31版）及《猪饲料成分表》（NRC，2012）。

谷类加工有制米和制粉两种。由于谷粒结构的特点，其所含的营养物质分布不均衡。矿物质、维生素、蛋白质、脂肪分布在谷粒的周围和胚芽中，粗纤维分布在谷粒的周围，胚芽中含量也较多，向胚乳中心逐渐减少。因此。加工精度与谷粒的营养成分有着密切关系（表2-10）（王景芳和史东辉，2008；杨久仙和刘建胜，2007）。

表2-10　不同出米率大米和不同出粉率小麦的营养组成（%）

组分	大米出米率			小麦出粉率		
	92	94	96	72	80	85
水分	15.5	15.5	15.5	14.5	14.5	14.5
粗蛋白质	6.2	6.6	6.9	8 ～ 13	9 ～ 14	9 ～ 14
粗脂肪	0.8	1.1	1.5	0.5 ～ 1.5	1.0 ～ 1.6	1.5 ～ 2.0
糖	0.3	0.4	0.6	1.5 ～ 2.0	1.5 ～ 2.0	2.0 ～ 2.5
无机盐	0.6	0.8	1.0	0.3 ～ 0.6	0.6 ～ 0.8	0.7 ～ 0.8
纤维素	0.3	0.4	0.6	微～ 0.2	0.2 ～ 0.4	0.4 ～ 0.9

（三）谷类加工对其营养价值的影响

小麦加工精度越高，糊粉层和胚芽所占比例越少。矿物质、维生素、蛋白质、脂肪、粗纤维含量越低，但淀粉含量高，感官性状好且消化吸收率高。不同出粉率的面粉中营养素含量比较见表2-11（杨久仙和刘建胜，2007）。

表2-11　不同出粉率的面粉中营养素含量比较

营养素	出粉率（%）					
	50	72	75	80	85	95 ~ 100
蛋白质（%）	10	11	11.2	11.4	11.6	12
铁（mg/kg）	9	10	11	18	22	27
钙（%）	0.015	0.018	0.022	0.057	0.05	—
硫胺素（mg/kg）	0.8	1.1	1.5	2.6	3.1	4.0
核黄素（mg/kg）	0.3	0.35	0.4	0.5	0.7	1.2
尼克酸（mg/kg）	7	7.2	7.7	12	16	60
泛酸（mg/kg）	4	6	7.5	9	11	15
吡哆醇（mg/kg）	1	1.5	2	2.5	3	5

二 大豆

大豆蛋白质含量35% ～ 40%，蛋白质生物学价值高，赖氨酸含量较高，为2.2%，蛋氨酸相对不足，为0.55%。无氮浸出物含量较低，粗纤维含量为4%～5%，粗脂肪含量达18%以上，故有效能较高。脂肪酸中约85%为不饱和脂肪酸，亚油酸含量为53.1%，且含1.8%～3.2%的磷脂（卵磷脂、脑磷脂），具有乳化及抗氧化等生理作用。大豆中钙、磷比例失调，钙少磷多，磷多为植酸态磷，但钙含量高于谷类。含铁较高，约为111mg/kg。维生素组成优于谷类，维生素E及B族维生素丰富。

三 豆粕

1. 营养特点　豆粕是我国最常用的植物性蛋白质饲料原料，蛋白质含量40%～45%，蛋白消化率80%以上，代谢能为10.5MJ/kg以上。氨基酸组成较平衡，赖氨酸含量2.5%～2.9%、蛋氨酸0.50%～0.70%、色氨酸0.60%～0.70%、苏氨酸1.70%～1.90%，缺乏蛋氨酸。

2. 抗营养因子　生大豆饼粕含有抗营养因子，会对营养成分的利用甚至是动物健康产生不良影响。这些抗营养因子不耐热，经过适当的热处理（110℃，3min）即可被灭活，但长时间高温处理会降低饼粕的营养价值，通常以脲酶活性衡量豆粕的加热程度。

（1）蛋白酶抑制剂　能抑制胰蛋白酶、糜蛋白酶、胃蛋白酶等13种蛋白酶活性的物质统称，其中以胰蛋白酶抑制剂最普遍，降低蛋白质的消化率，影响动物生长，也存在于棉籽、花生、油菜籽中。脲酶的抗热能力较胰蛋白酶抑制剂强，且测定方法简单，故常用脲酶活性来判断大豆中胰蛋白酶抑制剂是否已被破坏。我国婴儿配方代乳粉标准中明确规定，含有豆粉的婴幼儿代乳食品，脲酶试验必须为阴性。近年来，国外一些研究表明，蛋白酶抑制剂同时具有抑制肿瘤和抗氧化作用，因此，对其具体评价与应用尚需进一步深入研究与探讨。

（2）豆腥味　大豆中的脂肪氧化酶是产生豆腥味及其他异味的主要酶类。95℃以上的温度加热10～15min或用乙醇处理后减压蒸发可脱去部分腥味。

（3）胀气因子　占大豆碳水化合物一半的水苏糖和棉籽糖（大豆低聚糖）在肠道微生物作用下可产气，故称为胀气因子。人体缺乏水解水苏糖和棉籽糖的酶，它们可不经消化吸收直接到达大肠，被双歧杆菌利用并促进其生长繁殖。目前已利用大豆低聚糖作为功能性食品基料，部分代替蔗糖用于清凉饮料、酸奶、面包等食品。

（4）皂苷和异黄酮　大豆皂苷分子是由低聚糖与齐墩果烯三萜连接而成，为五环三萜类皂苷，在大豆中含量为0.1%～0.5%，对热稳定，达到一定浓度时有苦涩味。有抗突变、抗癌、抗氧化、调节免疫、抗病毒、降血胆固醇和血脂作用。大豆异黄酮是一类具有弱雌性激素活性的化合物，具有苦味和收敛性。长期以来，被认为是大豆中的不良成分。近年的研究表明，大豆异黄酮对癌症、动脉硬化、骨质疏松症及更年期综合征具有预防甚至一定的治疗作用，赋予大豆及其制品在食品中特别的意义（杨久仙和刘建胜，2007）。

四 肉类

（一）肉类化学组成及营养

各种肉类都含有水分、蛋白质、脂肪、碳水化合物、矿物质及维生素，其中碳水化合物含量极少，不含淀粉和粗纤维。各营养成分的含量依动物种类、性别、年龄、营养与健康状况、部位等不同，具体见表2-12及表2-13。

表2-12 畜、禽肉的化学组成

名称	水分（%）	蛋白质（%）	脂肪（%）	碳水化合物（%）	灰分（%）	热量（kJ/kg）
牛肉	72.91	20.07	6.48	0.25	0.92	6.19
羊肉	75.17	16.35	7.98	0.31	1.99	5.89
肥猪肉	47.40	14.54	37.34	—	0.72	13.73
瘦猪肉	72.55	20.08	6.63	—	1.10	4.87
马肉	75.90	20.10	2.20	1.88	0.95	4.31
兔肉	73.47	24.25	1.91	0.16	1.52	4.89
鸡肉	71.80	19.50	7.80	0.42	0.96	6.35
鸭肉	71.24	23.73	2.65	2.33	1.19	5.10

表2-13 猪肉各部位的化学组成（%）

名称	水分	蛋白质	脂肪	灰分
腿肉	74.02	20.52	4.46	1.00
背肉	73.39	22.38	3.20	1.03
里脊	75.28	18.72	5.07	0.93
肋骨肉	65.02	17.05	17.14	0.78
肩肉	61.50	17.47	20.15	0.88
腹肉	58.40	15.80	25.09	0.71

肉类蛋白质含量丰富，蛋白品质好，加工后适口、味美，是宠物食品搭配时提高营养价值、改善适口性的重要原料。

1. 蛋白质　畜肉蛋白质含量一般为15%～25%，主要为肌肉蛋白质、肌浆蛋白质和结缔组织蛋白质。通常牛、羊肉的蛋白质含量高于猪肉，兔肉含量最高；蛋白质含量最高的部位是脊背的瘦肉，可达到22%，里脊肉鲜嫩，水分含量较多；奶脯肉蛋白质含量最少，含脂肪较多。畜肉蛋白质为完全蛋白质，营养价值高，但结缔组织中的胶原蛋白和弹性蛋白缺乏色氨酸和蛋氨酸等必需氨基酸。

禽肉一般含蛋白质17%～23%，属优质蛋白质，但较畜肉有较多的结缔组织，且均匀地分布在肌肉组织中，故禽肉较畜肉细嫩，易消化。

2. 脂肪　猪肉脂肪含量高于牛肉和羊肉，动物的肥瘦程度使肉的脂肪含量差异很大。脊背肉含脂肪较少，而猪肋和腹肉含脂肪较多。畜肉脂肪酸以饱和脂肪酸居多，磷脂和胆固醇是能量的来源之一，也是构成细胞膜的成分，对肉类制品的质量、颜色和气味具有重要意义。

禽肉脂肪含量不一，一般为7%左右。鸡肉脂肪含量较低，如鸡胸脯肉脂肪含量仅为3%，而肥的鸭、鹅肉脂肪含量可达40%，如北京填鸭肉脂肪含量41%。禽肉脂肪含丰富的亚油酸，约占脂肪总量的20%，禽肉脂肪的营养价值高于畜肉脂肪。

3. 矿物质　畜肉中矿物质约占1%，其中钙含量为70～110mg/kg，磷为1 270～1 700mg/kg，铁为62～250mg/kg。畜肉是锌、铜、锰等多种微量元素的良好来源，宠物对肉中矿物元素的吸收率高于植物性食品，尤其对铁的吸收率均高于其他食品。

禽肉中钙、磷、铁的含量高于畜肉，锌也略高于畜肉，硒含量明显高于畜肉。

4. 碳水化合物　肉类碳水化合物含量很低，一般为0.3%～0.9%，以糖原形式存在。动物被宰杀后保存过程中由于酶的分解作用，糖原含量下降，乳酸含量上升，pH逐渐下降，对畜肉的风味和贮存有利。

禽肉中含氮浸出物与年龄有关，同一品种的幼禽肉汤中含氮浸出物少于老禽，故老禽的肉汤比幼禽鲜美。禽肉中碳水化合物的含量也很低。

5. 维生素　畜肉肌肉组织中维生素A和维生素D含量少，B族维生素较高，猪肉中维生素B_1的含量较牛羊肉高，牛肉的叶酸含量比猪肉高。

禽肉含丰富的维生素，B族维生素含量与畜肉相近，其中烟酸含量较高，为40～80mg/kg，维生素E为900～4 000μg/kg，禽内脏富含维生素A和核黄素。

（二）肉类副产品的营养价值

1. 新鲜副产品　包括头、蹄、翅、爪、尾、内脏及骨架，营养价值差异较大。因此，使用畜禽副产品时要注意合理搭配，达到营养平衡和氨基酸互补。

（1）肝　是宠物的优质食物，含丰富的蛋白质、维生素和微量元素，维生素A和维生素D含量较其他动物性食品高。肝对宠物的生长发育和繁殖有良好的作用，繁殖期日粮中添加5%的鲜肝，可以提高宠物的繁殖率；但喂量太多会引起排稀便。

（2）心和肾　富含蛋白质和维生素，尤其肾中维生素A含量高，但胆固醇含量也高。

（3）胃和肠　营养价值较低，且寄生虫、微生物较多，不易清洗，最好熟喂。肠系膜上脂肪含量高，应全部或部分除去后饲喂。禽肠干粉含粗蛋白质约45%，粗脂肪16%，无氮浸出物26.5%。

（4）脑　含大量的磷脂和必需氨基酸，营养丰富，消化率高，能促进生殖器官的发育，常作为催情饲料。

（5）肺　蛋白质含量较低，结缔组织较多，对胃有刺激作用，一般熟喂。

（6）血　水分含量高，含较多的蛋白质、维生素和矿物质，赖氨酸极丰富。一般需熟喂，消化率较低，不易多喂食。

另外，骨架产量高，是宠物的优质饲料。含骨比例不同，可食部分及营养成分差异较大。各种畜禽副产品营养价值见表2-14。

表2-14　畜禽副产品营养成分含量

名称	可食部分（%）	能量（kJ，每100g中）	水分（g，每100g中）	蛋白质（g，每100g中）	脂肪（g，每100g中）	灰分（g，每100g中）	视黄醇当量（μg，每100g中）	钙（mg，每100g中）	磷（mg，每100g中）
牛心	100	444	77.2	15.4	3.5	0.8	17	4	178
羊肝	100	561	69.7	17.9	3.6	1.4	20 972	8	299
猪大肠	100	799	74.8	6.9	18.7	0.8	7	10	56
猪肚	96	460	78.2	15.2	5.1	1.8	3	11	124
猪肝	99	540	70.7	19.3	3.5	1.5	4 972	6	310
猪心	97	498	76.0	16.6	5.3	1.0	13	12	189
猪血	100	230	85.8	12.2	0.3	0.8	—	4	16
鸡翅	69	817	65.4	17.4	11.8	0.8	68	8	161
鸡肝	100	506	74.4	16.6	4.5	1	10 414	7	263
鸭翅	67	611	70.6	16.5	6.1	6.3	14	20	84
鸭肝	100	536	76.3	14.5	7.5	1.2	1 040	18	283

2. 干燥副产品

（1）肉骨粉和肉粉　利用不能作为人食品的畜禽及各种废弃物或畜禽尸体经高温、高压脱脂干燥制成的产品。含骨量大于10%的称为肉骨粉。肉骨粉及肉粉的品质与生产原料关系密切。一般含粗蛋白质25%～60%、水分5%～10%、粗脂肪3%～10%、钙7%～20%、磷3.6%～9.5%。蛋白质中赖氨酸含量较高，蛋氨酸及色氨酸偏低，

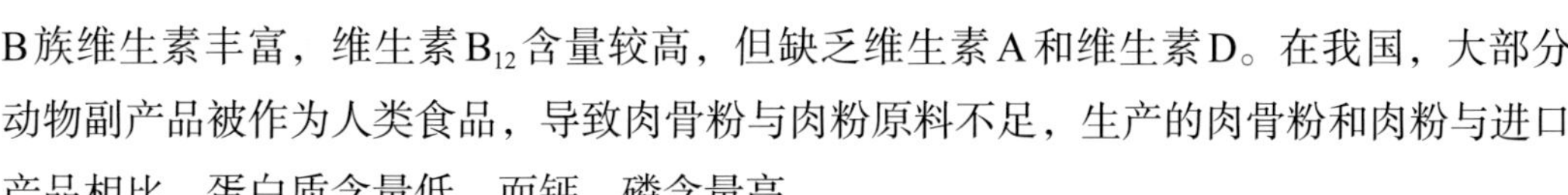

B族维生素丰富，维生素B_{12}含量较高，但缺乏维生素A和维生素D。在我国，大部分动物副产品被作为人类食品，导致肉骨粉与肉粉原料不足，生产的肉骨粉和肉粉与进口产品相比，蛋白质含量低，而钙、磷含量高。

肉骨粉作为饲料组分可替代部分或全部鱼粉，但为平衡移去鱼粉后缺乏的那部分养分，肉骨粉用量可略高于鱼粉，并适量添加调味剂，以防动物出现厌食现象。

（2）家禽副产物粉　家禽屠体废弃部分，如头、颈、脚、无精蛋及肠等，经干法或湿法去油后加以粉碎。本品不可含有羽毛，灰分应在16%以下，盐酸不溶物应在4%以下。其营养价值差异较大，高于羽毛粉，低于鱼粉。

（3）血粉　各种动物的血液经消毒、干燥和粉碎或喷雾干燥而成，一般为红褐色至深褐色，粗蛋白质含量75%～85%、水分8%～11.5%、粗脂肪0.4%～2%、粗纤维0.5%～2%、粗灰分2%～6%、钙0.1%～1.5%、磷0.1%～0.4%。氨基酸组成不平衡，赖氨酸含量很高，而蛋氨酸、色氨酸和异亮氨酸相对不足。血粉加工过程中的高温使蛋白质变性，导致其消化率低。日粮中血粉使用量不宜过高，3%左右为宜。

（4）羽毛粉　羽毛经蒸汽高压水解后的产品，蛋白质含量为75%～85%，粗脂肪、粗纤维、粗灰分含量均为1%～3%。蛋白质品质较差，蛋氨酸、赖氨酸与色氨酸含量较低，精氨酸与胱氨酸含量较高（杨久仙和刘建胜，2007；王景芳和史东辉，2008）。

肉类干燥副产品的营养组成见表2-15。

表2-15　几种常见肉类干燥副产品的营养价值分析（%）

干燥副产品	干物质	粗蛋白	粗脂肪	粗纤维	无氮浸出物	粗灰分	钙	磷
肉骨粉	93.0	50.0	8.5	2.8	—	31.7	9.20	4.7
肉粉	94.0	54.0	12.0	1.4	4.3	22.3	7.69	3.88
血粉	88.0	82.8	0.4	—	1.6	3.2	0.29	0.31
羽毛粉	88.0	77.9	2.2	0.7	1.4	5.8	0.20	0.68

注：引自《中国饲料原料数据库》（第31版）。

五 鱼类

（一）鱼类的营养

鱼类可食部分富含蛋白质，并含有脂肪、多种维生素和矿物质，对强化补充宠物营养起重要作用。

1. 蛋白质　鱼类蛋白质是营养价值很高的完全蛋白质，含量一般为8%～10%，可食部分蛋白质含量15%～20%，氨基酸组成与肉类相似，但色氨酸含量低。鱼肉结缔组织含量比畜肉少，肌纤维细短，间质蛋白少，含水量较高，肉质细嫩，易被宠物消化吸收，消化率达97%～99%。鱼类所含的牛磺酸对宠物有重要意义。鱼类结缔组织和软骨中的含氮浸出物主要为胶原蛋白和黏蛋白，是鱼汤冷却后形成凝胶的主要物质。

2. 脂肪 鱼类一般含脂肪1%～3%。鱼种类不同，脂肪含量差异很大，如鲲鱼含脂肪10.4%，鳕鱼仅含0.5%。脂肪主要分布在皮下和内脏周围，多由不饱和脂肪酸组成（占80%），常温下多为液态，消化吸收率达95%。鱼类脂肪含长链多不饱和脂肪酸，如二十碳五烯酸（EPA）和二十二碳六烯酸（DHA），具有降低血脂、防止动脉粥样硬化的作用。胆固醇含量一般为1.0g/kg，但鱼子中含量高，约为鱼肉的10倍。

3. 矿物质 鱼类可食部分矿物质含量1%～2%，其中磷占灰分的40%。此外，钙、钠、氯、镁含量丰富。海产鱼类含碘丰富，其他微量元素含量也较丰富。

4. 维生素 鱼类是维生素B_2的良好来源，海鱼的肝脏富含维生素A和维生素D。一些生鱼中含有硫胺素酶，在生鱼存放或生吃时会破坏维生素B_1，加热可破坏此酶（杨久仙和刘建胜，2007）。

（二）鱼粉

鱼粉由经济价值较低的全鱼或鱼加工副产品制成，因原料和加工条件不同，其营养差异很大。由鱼加工废弃物（骨、头、皮、内脏等）为原料生产的鱼粉称粗鱼粉，粗蛋白含量较低而灰分较高，营养价值低于全鱼制造的鱼粉。

我国使用的鱼粉是以全鱼制成的不掺杂异物的纯鱼粉。国产鱼粉蛋白质含量30%～55%，进口鱼粉一般蛋白含量在60%以上，日本北洋鱼粉和美国阿拉斯加鱼粉蛋白质含量在70%左右。鱼粉是高能食品，不含纤维素和木质素等难消化物质。脂肪含量1.3%～15.5%、灰分14.5%～45%、钙0.8%～10.7%、磷1.2%～3.35%。富含B族维生素，尤其是维生素B_{12}、核黄素、烟酸以及维生素A和维生素D；另外，还含未知生长因子（unknown growth factors，UGF），这种物质目前还未提纯，但已肯定可促进动物生长。

鱼粉加工有土法、干法、湿法等。土法是渔民将原料晒干并粉碎的方法，该法受天气制约，鱼粉质量较差。干法是将原料蒸煮、干燥，经压榨或萃取鱼油后粉碎，鱼粉残留油脂较多，呈深褐色，品质较差。湿法是将原料蒸煮、压榨除去鱼油和大部分水分后，干燥并轧碎，压榨液经离心去油后，浓缩混合于轧碎的榨饼中，一并干燥而得鱼粉。湿法生产较干法生产耗能低，除臭彻底，鱼粉得率高，质量好（韩丹丹和王景方，2007）。

鱼粉中的食盐易导致宠物中毒，一般优质鱼粉含盐量2%左右，劣质鱼粉盐含量不恒定，有的甚至高达30%。鱼粉在贮存过程中应注意通风干燥，防止鱼粉霉变、虫蛀及氧化。

要尽可能避免给猫喂食金枪鱼、竹荚鱼、鱿鱼、鲍鱼、鲣鱼等。金枪鱼和竹荚鱼富含不饱和脂肪，猫无法很好地对其代谢，残留在体内后会大量消耗维生素E，并导致脂肪组织炎。鱿鱼含硫胺酶，会破坏维生素B_1，导致维生素B_1缺乏，引起神经障碍，出现眩晕等症状。鲍鱼内脏会引起一种称为光线过敏症的皮肤炎，这种皮肤炎特别容易在猫的毛发和皮肤较薄的耳部发病，恶化时可导致耳根部坏死，即俗话说的“猫吃鲍鱼掉耳朵”。猫的皮肤特别敏感，一旦发炎或患皮肤病容易引发继发病症。猫也喜食鲣鱼，但鲣鱼体内含大量的镁，易引发尿路疾病。

六 蛋类

蛋类主要指鸡、鸭、鹅、鹌鹑、火鸡等禽蛋。各种禽蛋的结构和营养构成相似，都是由蛋壳、蛋清（蛋白）和蛋黄组成。

鸡蛋的营养

鸡蛋的使用最普遍，每只鸡蛋平均58g左右，蛋壳占11%，由96%碳酸钙、2%碳酸镁和2%蛋白质组成。蛋壳颜色因鸡的品种而异，与营养价值无关。

蛋清和蛋黄分别占鸡蛋可食部分的57%和32%。蛋类蛋白质含量约为12.8%。蛋清中的蛋白质为胶状水溶液，由卵白蛋白、卵胶黏蛋白、卵球蛋白等组成，蛋清中水分较多；蛋黄中蛋白质主要是卵黄磷蛋白和卵黄球蛋白。鸡蛋蛋白质含有宠物所需的各种氨基酸，且氨基酸的组成模式与合成宠物体组织蛋白所需模式相近，易消化吸收，生物学价值高达95%，是理想的优质蛋白质。

蛋类含糖很少，蛋清中主要含甘露糖和半乳糖；蛋黄中主要含葡萄糖，多以与蛋白质结合形式存在。

蛋类脂肪主要集中在蛋黄内，包括66%三酰基甘油酯、28%磷脂、5%胆固醇和少量其他脂类。鸡饲料中脂肪酸类型影响蛋黄脂类的脂肪酸构成，饲料中不饱和脂肪酸增多时，蛋黄中的亚油酸增多。

铁、磷、钙等矿物质和维生素A、维生素D、硫胺素及核黄素多集中在蛋黄内。禽蛋主要营养组成见表2-16。

对蛋类进行热处理可以破坏蛋清中的抗胰蛋白酶和抗生物素蛋白等抗营养因子，并起到杀灭有害微生物的作用；蛋白质受热变性后消化率提高，但加热温度太高、时间太长会加剧维生素的破坏，且蛋白质变性严重时消化率降低。短时高温比长时低温营养损失少一些，热处理后迅速冷却可降低损失。

表2-16 鸡蛋主要营养组成

名称	蛋白质（%）	脂肪（%）	碳水化合物（%）	视黄醇当量（mg/kg）	硫胺素（mg/kg）	核黄素（mg/kg）	钙（mg/kg）	铁（mg/kg）	胆固醇（mg/kg）
全鸡蛋	12.8	11.1	1.3	1.94	1.3	3.2	440	23	5 850
鸡蛋白	11.6	6.1	1.9	—	0.4	3.1	90	16	—
鸡蛋黄	15.2	28.2	3.5	4.38	3.3	2.9	1 120	65	15 100

七 乳类

奶类是一种营养齐全、组成比例适宜、易消化吸收、营养价值高的食品，适合母乳不足、生病和普通宠物的营养强化等。

（一）乳的营养

奶类是由水、蛋白质、脂肪、乳糖、矿物质、维生素等组成的复杂乳胶体，除脂肪含量变动较大外，其他成分变动幅度很小。

1. 蛋白质　中国荷斯坦牛乳中蛋白质含量2.5%左右，主要由79.6%酪蛋白、11.5%乳清蛋白和3.3%乳球蛋白组成。蛋白质消化吸收率为87%～89%，生物学价值为85%，属优质蛋白。

2. 脂肪　乳中脂肪含量3.0%～3.5%，以微粒状脂肪球分散在乳浆中，消化吸收率97%左右。脂肪酸组成复杂，短链脂肪酸（如丁酸、已酸、辛酸）含量较高，是乳脂肪风味良好及易消化的原因。一般情况下，油酸占30%左右，亚油酸和亚麻酸分别占5.3%和2.1%，还有少量卵磷脂及胆固醇。乳脂肪含量和脂肪酸构成受奶牛饲料的影响较大。

3. 碳水化合物　主要为乳糖，含量为4.6%左右，占干物质的38%～39%，其甜度为蔗糖的1/6，具有调节胃酸，促进胃肠蠕动、消化液分泌、钙吸收及乳酸杆菌繁殖的作用，并能抑制有害菌生长。

4. 矿物质　含量为0.7%～0.75%，富含钙、磷、钾。100mL牛乳含钙110mg，吸收率高，是钙的良好来源。铁含量低，在用乳饲喂幼年宠物时应注意补充铁。

5. 维生素　乳中含有宠物所需的各种维生素，其含量与奶牛的饲养方式和饲料组成有关。乳是宠物营养全面、易消化的食品，不同品种动物乳的营养构成略有差异。

（二）乳制品的营养

乳制品包括巴氏杀菌乳（消毒牛乳）、奶粉、炼乳、酸奶、奶油、乳清粉等。

1. 巴氏杀菌乳　是新鲜生牛乳经过滤、加热杀菌后分装出售的饮用乳。巴氏杀菌乳除维生素 B_1 和维生素C有一定损失外，营养价值与新鲜牛乳差别不大。

2. 奶粉

（1）全脂奶粉　是鲜奶消毒后除去70%～80%水分后，采用喷雾干燥法将其制成雾状颗粒。该法生产的奶粉溶解性好，对奶的性质、气味及其他营养成分影响较小。

（2）脱脂奶粉　生产工艺同全脂奶粉，但原料奶经脱脂过程使脂肪含量大为减少，脂溶性维生素含量也大为减少。

（3）强化奶粉　是在奶粉中加入一些维生素、矿物质等营养成分，使其更符合动物某一生理阶段的营养需要或特殊生理要求，又称为调制奶粉。

3. 炼乳

（1）甜炼乳　是在牛乳中加入约16%的蔗糖，经减压浓缩到原体积40%的一种乳制品。成品蔗糖含量为40%～45%。

（2）淡炼乳　为无糖炼乳，将牛乳浓缩到原体积1/3后装罐密封，经加热灭菌后制成。其与甜炼乳的差别在于：①不加糖；②为防止脂肪上浮，进行了均质处理；③密封装罐后再经过一次灭菌消毒。淡炼乳经高温处理后维生素有一定损失，但均质后脂肪的消化率提高。

4. 奶油　由牛乳中分离出的脂肪制成，脂肪含量一般为80%～83%，含水量低于16%。

5. 乳清粉　是利用制造干酪或干酪素的副产品乳清为原料干燥制成的。蛋白质含量为7%～12%，乳糖为75%左右，含有较多的矿物质与水溶性维生素（杨久仙和刘建胜，2007）。

八 果蔬

（一）组成与营养

蔬菜、瓜果类主要包括叶菜类、根茎类、豆荚类、花芽类及瓜果类，主要为动物提供维生素C、胡萝卜素、矿物质及纤维素，还可提供有机酸、芳香物质及色素；果蔬类除少数含淀粉及糖分较多外，一般供能较少，基本不提供脂肪，蛋白质也较少。

1. 碳水化合物　包括可溶性糖、淀粉及食物纤维。可溶性糖主要有果糖、葡萄糖、蔗糖，其次为甘露糖和阿拉伯糖等。

大多数叶菜、嫩茎、瓜果、茄果等蔬菜的碳水化合物含量为3%～5%，鲜毛豆、四季豆、豇豆等为5%～7%，豌豆、刀豆约为12%。根茎类蔬菜通常含碳水化合物略高，如白萝卜、大头菜、胡萝卜等含7%～8%，而马铃薯、芋头、山药等含

14% ～ 25%，大多数鲜果碳水化合物含量为8% ～ 12%。

果蔬富含纤维素、半纤维素、果胶等食物纤维。蔬菜中粗纤维含量为0.3% ～ 2.8%，瓜果中粗纤维含量0.2% ～ 0.41%。食物纤维含量少的果蔬，肉质柔软，反之肉质粗、皮厚多筋。

2. 维生素　果蔬富含维生素C和胡萝卜素，是供给维生素C的重要来源。绿色的叶、茎类蔬菜维生素C含量200 ～ 400mg/kg；茄果类富含维生素C的有柿子椒和青辣椒，含量为1 250 ～ 1 600mg/kg，其次为番茄；瓜类中维生素C含量相对较少，其中苦瓜维生素C含量高，为600 ～ 800mg/kg。

胡萝卜素含量与蔬菜颜色有关，绿叶菜和橙黄色菜都有较多的胡萝卜素，如油菜、苋菜、莴苣叶等胡萝卜素含量超过20mg/kg。

果蔬中富含B族维生素，但不含维生素B_{12}，维生素B_2的含量也较少。

3. 矿物质　果蔬富含钾、钙、钠、镁及铁、铜、锰、硒等矿物元素，其中以钾最多，钙、镁含量也较丰富，各种微量元素的含量虽比其他食品少，但锰的含量高于肉类食品。某些绿叶蔬菜中钙、镁、铁等元素虽含量丰富，但由于同时含有较多的草酸，因此吸收利用率低于动物性食品。

4. 蛋白质　蔬菜中蛋白质仅为1% ～ 3%，质量不如动物蛋白质，赖氨酸、蛋氨酸不足，但比谷类好。

5. 其他

（1）果蔬中的天然色素，如叶绿素、类胡萝卜素、花青素等，能够带给宠物食品不同的色泽。

（2）许多蔬菜具有特殊的保健作用，如大蒜中的二烯丙基硫有助于降低肺癌发病率；黄瓜中的丙醇二酸有抑制糖类转化为脂肪的作用；南瓜中丰富的微量元素钴能促进胰岛素的分泌；萝卜所含的酶和芥子油有促进胃肠蠕动、增进食欲、帮助消化的功效（杨久仙和刘建胜，2007；Hussaina等，2022）。

（二）加工处理对营养价值的影响

1. 前处理的影响　果蔬加工前必须进行清理、修整和漂洗处理，如清洗、去皮、切短、浸泡等。在蔬菜前处理中，营养素大量流失，特别是水溶性维生素和无机盐流失率分别达到60%和35%。蔬菜去除外叶，会损失维生素和矿物质，如莴苣外部青叶比内部嫩叶含有更多的钙、铁和胡萝卜素；甘蓝外部的绿叶比内部的白色叶子胡萝卜素高20倍，铁高2倍，维生素C高50%。一些果蔬切片或切碎后在空气中放置，维生素C损失严重，如黄瓜切片放置1h，维生素C损失33% ～ 35%。

2. 热处理的影响　加热可破坏蔬菜中的酶、杀灭微生物，使营养物质免遭氧化分解和损失；可破坏蔬菜中的天然有毒蛋白质、抗胰蛋白酶、植物血球凝结素和其他有害物质；改善风味，提高适口性。浸在热水中热烫果蔬，对维生素特别是水溶性维生素破坏严重；而蒸汽热烫能减少水溶性物质的损失，如菠菜用蒸汽热烫2.5min，维生素C的损失率仅为3%。

3. 生物加工的影响 黄豆和绿豆发芽后蛋白质营养基本不变，但棉籽糖和鼠李糖等不被人体吸收使腹部胀气的寡糖消失，植物凝结素和植酸盐分解，磷、锌等矿物质分解释放出来。黄豆发芽到长度1.5～6.5cm时，绿豆发芽到4～6cm时，维生素C可高达156mg/kg和95mg/kg（豆芽很短时维生素C不高），高寒地区冬季可把豆芽作为维生素C的良好来源。黄豆发芽后，胡萝卜素可增加2倍，维生素B_2增加3倍、烟酸增加2倍，维生素B_{12}则高达10倍。

4. 贮藏过程中的变化 食品保藏方法很多，有物理、化学和生物保藏法，目前，最常用的保藏方法有常温保藏、冷冻保藏、脱水干燥保藏、高温杀菌保藏等。

（1）常温保藏 果蔬在常温贮存期损失最多的是维生素，绿色蔬菜在室温下放置数天维生素丧失殆尽，在0℃则可保存一半；刚收获的马铃薯维生素C含量为3 000mg/kg，3个月后降至2 000mg/kg，7个月后降为1 000mg/kg。

（2）冷冻保藏 大多数食品在冷冻状态下贮存可降低营养素的损失。

（3）脱水干燥保藏 利用阳光或自然风使果蔬干燥脱水，由于长时间与空气接触，某些容易氧化的维生素损失率比人工脱水大得多（杨久仙和刘建胜，2007）。

第三节 宠物的营养需要

宠物的营养需要是指每只宠物每天对能量、蛋白质、矿物质和维生素等的需要量。不同品种、年龄、性别、体重及生理阶段的宠物，营养需要有所差别。根据其营养需要，制定饲养标准，合理配合日粮，使宠物既能充分摄入所需要的营养物质，发挥其最大生长潜力，又能做到经济地利用饲料（杨久仙和刘建胜，2007）。

一 犬的营养需要

（一）维持需要

维持需要是指犬既不生长发育又不繁殖和工作，体重没有任何增长，在保持正常状态下所需要的营养物质，用以维持正常的体温，并保持呼吸、循环、消化等器官的正常机能，以及供给起卧、行走等必要行动的热能。维持需要简称“维持”，是最低限度的需要，若不能满足，犬就会消瘦。

维持需要一般是理论上的提法，实际上很少有犬处于绝对的维持状态。对维持营养来说，动物体重越小，其单位活动所需的维持营养越高。因此，维持需要是按代谢体重来计算的，为便于研究比较，犬在不同情况下的营养需要，总是从维持需要开始，再进一步研究其他情况的营养需要。维持状态下各种营养物质的需要如下：

1. 能量需要

（1）维持消化能（digestible energy，DE） 需要量计算公式：

$$DE=70W^{0.75}\text{ kcal}=292.89W^{0.75}\text{ kJ}$$

式中：W为体重（kg）。

（2）维持代谢能（metabolizable energy，ME） 需要量计算公式：

$$ME=141W^{0.734}\text{kcal}=589.97W^{0.734}\text{kJ 或 }ME=132W^{0.75}\text{kcal}=589.97W^{0.75}\text{kJ}$$

式中：W为体重（kg）。

2. 蛋白质需要　一般情况下，成犬每千克体重需要蛋白质4.8g。

3. 矿物质及维生素的需要　犬对矿物质及维生素的需要量见表2-17。

表2-17　犬在维持状态下每天每千克体重对矿物质及维生素的需要量

矿物质种类	需要量	维生素种类	需要量
钙（mg）	242	维生素A（IU）	110
磷（mg）	198	维生素D（IU）	11
钾（mg）	132	维生素E（IU）	1.1
氯化钠（mg）	242	硫胺素（μg）	22
镁（mg）	8.8	核黄素（μg）	48
铁（mg）	1.32	泛酸（μg）	220
铜（mg）	0.16	烟酸（μg）	250
锰（mg）	0.11	维生素B_6（μg）	22
锌（mg）	1.1	叶酸（μg）	4.0
碘（mg）	0.034	生物素（μg）	2.2
硒（μg）	2.42	维生素B_{12}（μg）	0.5
		胆碱（mg）	26

（二）不同时期犬的营养需要

犬的幼年期和成年期划分见表2-18。

1. 幼犬生长的营养需要　生长期是指动物从出生到性成熟这段时间，动物的代谢十分

旺盛，同化作用大于异化作用。提供适宜的营养是促进幼年动物生长发育的重要条件之一。

表2-18　犬的幼年期和成年期划分

成年时体重（kg）	幼年期（月龄）	成年期（月龄）
≤10	＜10	≥10
11～25	＜12	≥12
26～44	＜15	≥15
≥45	＜18	≥18

（1）生长的概念　生长是指动物通过机体的同化作用进行物质积累，细胞数量增多和组织器官体积增大，使动物的整体体积及重量增加的过程，包括生长与发育。生长实质上是动物体重量和体积的增加，它是以细胞增大和分裂为基础的量变过程；发育则是动物体组织内在特性上的变化，它是以细胞分化为基础的质变过程。生长是发育的物质基础，没有生长就不可能有发育；而发育又促进了生长，并可影响生长的方向。因此，生长是动物发挥潜在生产性能的基础，幼年时期生长发育不良的动物将会直接影响其生产性能的充分发挥。

（2）生长的规律

①宠物在生长过程中，前期生长速度较快，随着年龄的增长，生长速度逐渐转缓，该点称为生长转缓点。在喂养实践中应充分利用动物达到生长转缓点前生长速度快的特点，加强喂养促进其生长发育。其次，应根据公、母动物生长率不同的特点，在饲养上自幼年时期开始即区别对待。

②体组织、骨骼、肌肉和脂肪的增长与沉积具有一定的规律性，即生长初期以骨骼生长为主，其后肌肉生长加快，接近成熟时脂肪沉积增多乃至生长后期以沉积脂肪为主。三个生长阶段并无明确的界限，只是在不同生长阶段其生长重点不同。根据这一规律，在生长早期保证供给幼年动物生长骨骼所需要的矿物质；生长中期则满足生长肌肉所需要的蛋白质；生长后期须供给沉积脂肪所需的碳水化合物。

③动物在生长期间，各部位的生长速度并不一致，例如：头、腿属于早熟部位，年龄越小所占比重越大，且结束发育的时期也越早，所以，初生动物表现为头大、腿高。胸、臀部位快速生长的时期开始较晚，而腰部更晚。

④动物内脏器官的生长发育也具有一定规律，幼年动物的各种内脏器官生长发育速度不尽相同。

（3）生长犬的营养需要

①能量需要：根据饲养试验测定能量需要的方法是在整个生长阶段分组喂给不同能量水平的日粮，测定出能得到正常生长的能量水平，进而确定生长阶段适宜的能量需要量。经试验表明，生长犬的代谢能需要量是维持能量的1.5～2倍，即：$ME=$

（1.5 ～ 2）× 141$W^{0.734}$（kcal/d）=（1.5 ～ 2）× 589.97$W^{0.734}$（kJ/d）。

3 ～ 4周龄的犬，每天需要代谢能为：ME = 274$W^{0.75}$（kcal/d）= 1 146.47$W^{0.75}$（kJ/d）

生长中期的犬，每千克代谢体重为200kcal或836.84kJ。用公式表示其每天需要的代谢能为：ME = 200$W^{0.75}$（kcal/d）= 836.84$W^{0.75}$（kJ/d）。

为生长幼犬提供的能量要适当，过少则犬生长发育受阻，身体瘦弱；过多可导致犬肥胖。

②蛋白质需要：犬生长阶段增加的体重，除水分外，主要是蛋白质。理论上，蛋白质的最低需要量就是体内蛋白质的实际贮积量。由于饲料蛋白质在消化代谢过程中有损失，所以实际上蛋白质的需要量远超过这个数字。

生长犬需要的蛋白质，不仅数量上要足够，而且品质要好。因为蛋白质品质对于幼犬生长的影响比成犬更大。如果日粮中缺乏必需氨基酸，其生长发育将受到严重影响。

表示蛋白质需要量的方法有两种：一种是以风干日粮中所含的百分比表示，另一种是以绝对量表示，后者较为合理。犬生长期蛋白质的需要量应包括维持需要在内，维持部分随体重的增加而增加；而构成单位重量新组织的需要量，则随年龄和体重的增加而减少。虽然蛋白质总的需要量随年龄和体重增加而增加（至少早期如此），但单位体重的蛋白质需要量却减少了。

生长犬每千克体重每天约需蛋白质9.6g，用公式表示：

蛋白质需要量 = 9.6$W^{0.75}$（kcal/d）= 40. 17$W^{0.75}$（kJ/d）。

能量和蛋白质之间存在一个比例关系，称为蛋白能量比（简称蛋能比），其含义为每兆焦代谢能所含粗蛋白质的质量（克）。

生长犬最适蛋能比：在断乳后3周为11.8%，3 ～ 4周为9.6%，生长中期为7.6%。

③矿物质和维生素需要：犬在生长阶段，骨骼增长很快，骨盐沉积较多，故生长期钙、磷的需要量很大，维生素D与钙、磷的吸收和利用有关，也是生长期造骨所必需的。犬每天对矿物质和维生素的需要量见表2-19。

2. 妊娠犬的营养需要 妊娠犬的营养需要特点是妊娠后期比前期需要多，妊娠的最后1/4阶段是最重要时期；妊娠母犬的基础代谢率高于空怀母犬，在妊娠后期提高20% ～ 30%。

（1）能量需要 在妊娠前5周，采用略高于维持时的代谢能即可，到第6、7和8周，需要量在维持的基础上分别增加10%、20%和30%；妊娠后期代谢能量需要约为每千克代谢体重786.6kJ，即786.6$W^{0.75}$（kJ/d）。

（2）蛋白质需要 妊娠期的蛋白质需要高于维持需要，但低于泌乳期需要。妊娠后期，每千克代谢体重需要可代谢蛋白质5 ～ 7g。在确定母犬妊娠期蛋白质需要时，须注意蛋白质与能量的需要是平行发展的，在正常情况下妊娠母犬利用蛋白质效率高于空怀母犬，对蛋白质的需要在妊娠最后1/3期急剧增长，要求为其提供足够的碳水化合物作能源利用，防止蛋白质的不足和浪费。

表2-19 生长期犬对矿物质和维生素的需要量

矿物质	需要量	维生素	需要量
钙（mg）	484	维生素A（IU）	220
磷（mg）	396	维生素D（IU）	22
钾（mg）	264	维生素E（IU）	2.2
氯化钠（mg）	484	硫胺素（μg）	44
镁（mg）	17.6	核黄素（μg）	96
铁（mg）	2.64	泛酸（μg）	440
铜（mg）	0.32	烟酸（μg）	500
锰（mg）	0.22	维生素B_6（μg）	44
锌（mg）	2.2	叶酸（μg）	8.0
碘（mg）	0.068	生物素（μg）	4.4
硒（μg）	4.48	维生素B_{12}（μg）	1.0
		胆碱（mg）	52

（3）矿物质和维生素需要　妊娠期母犬日粮中，钙应占1.2%、磷占1.2%（干物质基础），钙、磷比约为2∶1；其他矿物质元素和维生素略高于维持需要量，低于哺乳期的需要量。

3. 种公犬的营养需要　种公犬应保持良好的种用体况及较强的配种能力，日粮中各营养物质的含量，无论对幼年公犬的培育或成年公犬的配种能力都有重要作用。

（1）能量需要　能量供给不足，对幼年公犬的育成或成年公犬的配种性能均会产生不良影响；反之，能量供应过多会造成种公犬过肥，危害性更大。通常，种公犬的能量需要大致在维持需要量的基础上增加20%。公犬代谢旺盛，活动量较大，所以种公犬与同体重的母犬维持需要相比，需要较多的能量。

（2）蛋白质需要　蛋白质不足会使公犬的射精量、总精子数量下降。因此，配种旺季，可在维持的基础上增加50%。

（3）矿物质和维生素需要　日粮含钙1.1%、磷0.9%可满足种公犬的需要；维生素A与种公犬的性成熟和配种能力密切相关，每天每千克体重约需110IU；长期缺乏维生素E可导致睾丸退化，每千克干饲料中含维生素E 50IU可满足需要。

4. 哺乳母犬的营养需要

（1）能量需要　泌乳犬在哺乳期第1周，代谢能需要量为维持时的1.5倍（$1.5\times141W^{0.734}$）；在第2周增加100%；在第3周达到最大，代谢能需要量是维持状态的3倍。之后，逐渐下降。哺乳母犬每千克代谢体重（$W^{0.75}$）需要代谢能1 966.58kJ。

（2）蛋白质需要　哺乳期母犬每天每千克代谢体重（$W^{0.75}$）代谢蛋白质需要量为12.4g。

（3）矿物质和维生素需要　哺乳母犬的矿物质和维生素营养是维持时需要量的2～3倍。每天每千克体重的摄入量等于或超过生长犬的摄入量。

5. 工作犬的营养需要　主要指军犬、警犬（包括训练期）的营养需要。

（1）能量需要　已成年的工作犬每天每千克体重所需代谢能为在维持基础上增加100%。生长发育的未成年犬在紧张训练时，代谢能为在维持基础上增加200%。

（2）蛋白质需要　成年工作犬蛋白质需要为在维持的基础上增加50%～80%。未成年训练犬则在维持基础上增加150%～180%。

（3）矿物质和维生素需要　成年工作犬对于矿物质和维生素营养需要无特殊要求。未成年训练犬对矿物质和维生素的营养需要与生长犬的需要一致。

二 猫的营养需要

（一）维持需要

1. 能量　猫通过摄取的食物产生能量，以维持新陈代谢和体温。所需能量可根据猫的体重和年龄计算。年龄、生理状况和环境温度不同，猫对能量的需要也不一样（表2-20）。

表2-20　猫每天需要的能量和最多食品量

年龄	体重（kg）	每千克体重需要ME（MJ）	总ME（MJ）	最多食品量（g）
出生至1周龄	0.12	1.60	0.19	30～60
1～5周龄	0.15	1.05	0.53	85
5～10周龄	1.00	0.84	0.84	140～145
10～20周龄	2.00	0.55	1.10	175～185
20～30周龄	3.00	0.42	1.26	200～210
成年公猫	4.50	0.34～0.35	1.53	240～250
妊娠母猫	3.50	0.40～0.42	1.47	245～260
泌乳母猫	2.50	1.05	2.63	415～425
去势公猫	4.00	0.34	1.36	200～210
去势母猫	2.50	0.34	0.85	140～150
老年猫	—	0.80	—	150

由表2-20可以看出，处于生长发育阶段的幼猫，每天的代谢能需要量随年龄的增长而迅速下降；成猫的能量需要量减少更多。去势猫如不注意控制食量很容易发胖。母猫妊娠时需增加维持能量，哺乳母猫需要能量更多，哺乳高峰时，每天每千克体重可超过1.05MJ代谢能，此时即使饲喂不限量的合理配方饲料，母猫体重也会下降。

2. 蛋白质　对维持猫的健康、修补和更替破损或衰老的组织，保证繁殖和促进生长发育十分重要，是其他物质无法代替的营养成分。猫需要高蛋白饲粮，动物性蛋白质通常比植物性蛋白质更适合猫的需要。

AAFCO规定，成猫饲粮中粗蛋白含量不低于26%；生长、繁殖期猫饲粮中粗蛋白含量不低于30%。猫乳的营养组成为蛋白质4.5%、脂肪4.8%、乳糖4.9%、灰分0.8%、水分80%。

3. 矿物质　猫需要的矿物质主要有钙、磷、钾、钠、氯、铜、铁、钴、锰、碘、镁、锌等，成猫每天对矿物质的需要量见表2-21。

表2-21　成猫每天对矿物质的需要量

矿物质	钠（mg）	钾（mg）	钙（mg）	磷（mg）	镁（mg）	铁（mg）	铜（mg）	碘（μg）	锰（μg）	锌（μg）	钴（μg）
需要量	20～30	80～200	200～400	150～400	80～110	5	0.2	100～400	200	250～300	100～200

4. 维生素　猫需要的维生素主要有维生素A、维生素D、维生素E、维生素K、维生素C和B族维生素，存在于普通饲粮中。成猫每天对维生素的需要量见表2-22。

表2-22　成猫每天对维生素的需要量

维生素	维生素A（mg或IU）	维生素D（IU）	维生素E（mg）	维生素B_1（mg）	维生素B_2（mg）	烟酸（mg）
需要量	500～700（1 500～2 100）	50～100	0.4～4.0	0.2～1.0	0.15～0.20	2.6～4.0

维生素	维生素B_5（mg）	泛酸（mg）	生物素（mg）	胆碱（mg）	肌醇（mg）	维生素B_{12}（mg）	叶酸（mg）	维生素C（mg）
需要量	0.2～0.3	0.25～1.00	0.1	100	10	0.02	1.00	少量

注：①猫不能利用胡萝卜素；维生素E有调节多余不饱和脂肪酸成分的作用。②在泌乳或高热时，维生素B_1、维生素B_2和烟酸供应需增加；肌醇是猫必需的；喂脂肪食物时需增加维生素B_2。③维生素B_{12}在肠道中可以合成。

（二）不同时期猫的营养需要

1. 幼猫的营养需要　幼猫（通常指0～6月龄）生命的前几周完全依靠母乳，理想生长率为每周增重100g。由于营养、品种及母猫体重的影响，不同个体间存在很大差异。母乳供给不足时，应为其提供乳代用品。

从3～4周龄起，幼猫开始对母猫的食物感兴趣。可给幼猫一些细碎的软食物或经奶、水泡过的干食品。幼猫开始吃固体食物即开始了断奶过程，幼猫逐渐吃越来越多的固体食物，7～8周龄时则完全断奶。幼猫断奶期间可以用羊乳粉代替母乳，其原因是羊乳中的蛋白质分子及脂肪球颗粒均明显小于牛乳，有利于幼猫的消化吸收；此外，羊乳中的蛋白质、脂肪、维生素及钙等含量也均高于牛乳（Grant等，2005）。

猫完全断奶前摄取固体食物中的能量调查显示，4周龄时，每天每只幼猫吃大约10g（相当于每千克体重10～40kJ能量）食物，其余大部分仍由母乳供给。5周龄时，每天每只幼猫吃15～45g食物（相当于每千克体重250～350kJ能量，取决于日粮的能量水平）。幼猫自固体食物中摄取能量是从哺乳2、3周时的零增加到8周龄时的每千克体重超过800kJ。这说明在哺乳末期幼猫摄取的食物占母猫和幼猫总耗能的相当大比例。在母猫和幼猫的总摄取量中，幼猫摄取的比例从哺乳4周的5%增加到6、7周的20%和30%。

幼猫一旦断奶则不再需要乳汁，随着幼猫消化道的发育，对乳糖的消化能力逐渐减弱，成猫则不能消化乳糖。

幼猫的生理功能尚未健全，需供给高能食物，多次喂食；与幼犬不同，幼猫不喜过饱，应自由采食；幼猫断奶时体重为600～1 000g，公猫重于母猫；能量需求的高峰约在10周龄，需要量为每千克体重840kJ，以后逐渐降低，但在前6个月由于生长快速，仍保持相对较高的需求。

幼猫食物还应提高某些营养，如幼猫日粮中蛋白质含量比成猫高2%～10%，钙和磷含量要严格保持在适宜水平，过高或不足均会导致骨骼发育不正常；还要重点强调的是向均衡日粮中加入钙添加剂与喂给不平衡日粮一样会引起许多问题。牛磺酸在生殖和生长发育中具有重要作用，生长期幼猫食物中应添加这种氨基酸。

6月龄时大多数幼猫体重已达最大体重的75%，此后体重的增加并非骨骼发育所致，因此，6月龄后的小猫适宜喂给成猫的食物。成年公猫明显重于母猫，而且发育时间也较长。因为在6～12月龄，公、母猫都在缓慢生长，所以自由采食将持续一段时间，但6月龄以后喂食次数可以减少，到1周岁时发育达到稳定状态。

2. 妊娠猫的营养需要　母猫一旦交配其采食量几乎立即增加，同时体重也几乎从妊娠的第一天开始逐渐发生变化，这一点在哺乳动物中猫是独具特色的。妊娠

时总平均增重（不考虑窝仔数）是配种前体重的39%，然而，增重是随窝仔数而变化的。

猫体重增加是妊娠早期子宫外组织沉积的结果，妊娠后期的增重则主要是胎儿增重所致；而窝产仔数、胎次等因素也都影响妊娠期；然而每一个体的不同胎次及个体之间，其妊娠期的变化很大。

维持增重需要，妊娠期间母猫对食物和能量的摄取均增加，摄取能量的增加随体重的增加而变化；以体重为基础，就能量摄取来说，从成年的维持需要量为每千克体重250～290kJ增加到妊娠期的每千克体重370kJ。从实践看，猫很少过食，故可自由采食，母猫能准确地摄取所需要的能量，给母猫比未妊娠时稍多的能量即可；妊娠动物对营养缺乏或过剩更敏感，此时的日粮应精心调节，如钙、磷比例需严格控制，因为仔猫骨骼发育的最早期在子宫内就开始了，同时蛋白质的需要量也稍高。

3. 种公猫的营养需要 种公猫在非配种季节按一般成年种猫的维持营养需要饲养即可，但在配种期间，为保持旺盛的性欲和高质量的精液，须加强饲养管理，保证全面的营养供给，这对提高母猫的受胎率、产仔数和仔猫成活率影响极大；特别应保证食物体积较小，质量高，适口性好，易消化，富含蛋白质、维生素A、维生素D、维生素E和矿物质，如鲜瘦肉、肝、奶等。猫的配种时间一般安排在18:00—20:00，每次配种后1h喂食。同时还应保证每天有适当的运动，以促进食欲和营养的消化、吸收，增强精子活力。

4. 哺乳母猫的营养需要 泌乳期母猫不但自身需要营养，还需为仔猫提供乳汁。幼猫初生体重85～120g，每窝1～8只。仔猫出生后前4周靠乳汁生活，此时母猫的能量需求远远大于妊娠期，同时幼猫生长也较快，尽管从4周龄起幼猫开始吃固体食物，但母猫的营养需要仍在提高，直到完全断奶（7～8周龄），因为母猫还在喂奶（尽管有一定程度减少），而且母猫也在重建自身的储备；分娩时母猫只减轻体重的40%，分娩后及在8周的泌乳期内，母猫体重逐渐减轻到配种前的水平。

泌乳母猫的能量需要取决于仔猫的数量和年龄，这两个因素影响母猫的产奶量。乳汁的能量水平是每100g含能量444kJ，比牛乳的每100g含能量272kJ高；母猫的能量需要几乎是维持期的3～4倍，因此要提供适口性好、易消化和能量高的食物；猫需要少量多次地吃食，所以自由采食很可取，母猫也能有效地控制自己的能量摄取；由于母猫在泌乳时会损失大量水分，故应供给充足的新鲜饮水；对于妊娠的母猫来说，食物的营养水平更应严格控制，为此，泌乳母猫应喂给专门设计的食物，如某些维生素、矿物质及蛋白质的水平要更严格地控制，还要增加食物的能量水平；如果喂的是平衡食品，则无需再添加营养成分，否则会引起养分失衡。

第四节 宠物食品加工工艺

国家标准《全价宠物食品 犬粮》(GB/T 31216—2014)及《全价宠物食品 猫粮》(GB/T 31217—2014)规定，宠物食品是经工业化加工、制作的用以饲喂宠物的食品，包括全价宠物食品和补充性宠物食品；根据水分含量又分为干(性)宠物食品、半湿(性)宠物食品和湿(性)宠物食品。

全价宠物食品指除水分以外，所含营养成分和能量能够满足宠物每日营养需要的宠物食品。补充性宠物食品是由两种或两种以上宠物食品原料混合而成的宠物食品，但由于其营养不全面，需和其他宠物食品配合使用才能满足宠物每日营养需要。

宠物成品日粮是指目前市场上出售的各种犬猫商品性食物，一般都是根据犬猫的营养需要，经科学配比、工业合成的能满足不同生长发育阶段犬猫对蛋白质、脂肪、碳水化合物、矿物质和维生素等营养物质需要的全价食品，具体营养需要见表2-23。

表2-23 不同生长发育阶段犬猫的营养需要(以干物质计，%)

营养	幼犬粮、妊娠期犬粮、哺乳期犬粮	成犬粮	幼猫粮、妊娠期猫粮、哺乳期猫粮	成猫粮
粗蛋白质	≥22.0	≥18.0	≥28.0	≥25.0
粗脂肪	≥8.0	≥5.0	≥9.0	≥9.0
粗灰分	≤10.0	≤10.0	≤10.0	≤10.0
粗纤维	≤9.0	≤9.0	≤9.0	≤9.0
钙	≥1.0	≥0.6	≥1.0	≥0.6
总磷	≥0.8	≥0.5	≥0.8	≥0.5
水溶性氯化物(以Cl^-计)	≥0.45	≥0.09	≥0.3	≥0.3
赖氨酸	≥0.77	≥0.63		
牛磺酸			≥0.1 ≥0.2(湿粮)	≥0.1 ≥0.2(湿粮)

一 宠物食品种类

(一)干性宠物食品

干性宠物食品也称干燥型或干膨化宠物食品，此类产品销售量较大，是宠物食品的主导产品。

干性宠物食品通常水分含量8%～12%、碳水化合物65%，由各种谷物及其副产品、豆科籽实、动物性产品、乳制品、油脂、矿物质、维生素及添加剂加工而成。犬干性食品一般含代谢能14.64～17.57MJ/kg。以干物质为基础，干性犬猫食品的粗蛋白质含量一般分别为18%～30%和30%～36%、粗脂肪分别为5%～12.5%和8%～12%，添加较多的脂肪可改善产品的适口性。

市场上常见的干性犬食品有粉料、颗粒料、碎粒料或膨化产品，而干性猫食品通常是经挤压熟化加工而成的产品。大多数干性犬食品的可消化性为65%～75%。

干性宠物食品经过防腐处理，常温可保存较长时间，营养全面，使用方便，可供应不同体重、生长阶段及各年龄层宠物的需要。此类食品可以干喂，即将它放在食盘中让犬猫自由采食，也可以加水调湿再喂。另外，饲喂干性宠物食品时，必须经常供给新鲜饮水。长期保存时要防止霉变和虫害。

（二）半湿性宠物食品

较常见的是猫粮，质地比干性食品柔软，更易被动物接受，适口性提高。

这类食品是营养全价、平衡，经挤压熟化的产品，一般水分含量为30%～35%，碳水化合物为54%，常制成饼状、条状或粗颗粒状。其原料与干性食品基本相同，主要含有谷物、动物性产品、水产品、大豆产品、脂肪或油类、矿物质和维生素添加剂，同时，须加入防腐剂和抗氧化剂。以干物质为基础，半湿性宠物食品粗蛋白质含量34%～40%，粗脂肪含量10%～15%。多以密封袋、真空包装，不需冷藏，能在常温下保存一段时间，但保存期不宜过长。每包的量是以一只猫一餐的食量为标准；打开后应及时饲喂，尽快喂完，以免腐败变质，尤其在炎热的夏季。一般半湿性犬食品的可消化性为80%～85%。

半湿性猫食品有时还会被当作“点心”或是奖赏喂给猫，而半湿性犬食品由于通常含有高比例碳水化合物或糖分，不宜喂患糖尿病的犬。

一般情况下，由于半湿食品的气味比罐装食品小，独立包装也更加方便，因此，受到一些宠物主人的青睐。以干物质为基础进行比较时，通常半湿性宠物食品的价格介于干性食品和湿性食品之间。

（三）湿性宠物食品

产品形式多为罐头，所以也称为罐装宠物食品或犬（猫）罐头，目前袋装湿性宠物食品的产量也在逐渐增大。湿性宠物食品的含水量与新鲜肉类相近，一般为75%～80%，主要原料有动物性产品、水产品、谷类或其副产品、豆制品、脂肪或油类、矿物质及维生素等。由于含水量较高，犬湿性食品代谢能仅为4.18MJ/kg。以干物质为基础，湿性宠物食品粗蛋白质含量为35%～41%，粗脂肪为9%～18%。湿性食品营养齐全，适口性好，如湿性犬食品的可消化性为75%～85%。

湿性食品分为两类：一类是营养全价的湿性食品，含各种原料如谷类及其副产品、精肉、禽类或鱼的副产品、豆制品、脂肪或油类、矿物质及维生素等；也有只含1～2种精肉或动物副产品，并加入足量的维生素和矿物质添加剂的罐装食品。另一类是作为饲粮的补充，或以罐装肉、肉类副产品的形式用于医疗方面的食品，通常是以某一类饲料为主的单一型罐头食品，以罐装肉产品较为常见，如肉罐头、鱼罐头、肝罐头等，即全肉型，此类食品不含维生素或矿物质添加剂，只是用作饲粮的补充或用于医疗方面，以保证宠物日粮的全价与均衡。

可根据犬（或猫）的口味及营养需要，选择和搭配罐装食品的种类。罐装食品在烹调过程已经杀死了所有细菌，且罐装密封可以防止污染，通常不必特别防腐保存。此类食品不含防腐剂，开封后如未马上用完，需冷藏保存。

罐装食品加工成本较高，因而价格也较高。

不同类型宠物商品性食品中干物质和水分含量见表2-24；犬的干性食品与罐头食品营养成分比较见表2-25（杨久仙和刘建胜，2007）。

表2-24　不同类型宠物食品干物质和水分含量（%）

产品类型	水分	干物质
干性食品	8～12（规定：水分<14）	88～92
半干性食品	30～60（规定：14≤水分≤60）	40～70
罐头食品	75～80	15～25
新鲜肉类	50～75	25～50

表2-25　犬干性食品和罐头食品的营养成分（%）

营养成分	干性食品	罐头食品
水分	10.0	80.0
蛋白质	25.0	8.5
脂肪	12.0	4.0
天然纤维	3.0	0.5
灰分	8.0	2.5

二 宠物食品加工原料处理

肉类是宠物食品的主要原料之一，宠物对畜肉和禽肉的利用无明显差别。尽管宠物可以采食生肉，但为了保证食品卫生和安全，最好进行适当的加工，尤其是血液、骨骼、内脏等。对于宠物猫来说，可适当喂些经过检疫的无病生肉，以满足猫对某些维生素的需要。例如，在猫的发育阶段、妊娠期和哺乳期，需要大量的烟酸，而猫不能自身合成，只能从肉类中获得，但烟酸遇热会很快分解。

使用冻结肉时应采用正确的解冻方法，避免微生物大量繁殖；按照国家和地区标准对肉进行分割，并去掉碎骨、软骨、淋巴结、脓包等。

冷冻水产品解冻的最佳方法是在低温下短时间进行。在进行大量快速处理时，常采用流水解冻，水温控制在15～20℃，水流速度一般在1m/min以上，在水槽中充气可加速解冻。解冻程度以中心部位有冷硬感的半解冻状态为好。

鱼肉营养丰富，但饲喂鱼肉也有不利影响，如鱼肉的适口性稍差；犬一般较难接受鱼的气味和外观；鱼肉有时会有寄生虫；鱼肉中含有硫胺酶，会降解硫胺素。不能喂猫过多的鱼肉，否则会消耗猫体内的维生素E。

动物骨骼是一种很好的钙源食品，饲喂骨骼要慎重，防止卡住食道或刺伤消化道，可以将骨头加工成骨粉后使用。

大多数犬喜食乳制品，且消化利用率较高；鲜乳最好加热消毒后饲喂。

蛋类营养丰富，利用率高，但生食可能会引起部分宠物腹泻，且熟食利于蛋白质的消化。

谷类及其副产品是宠物主要的能量来源。一般来说，经过加工的谷类产品比谷粒或粗粉更易被宠物利用。

脂肪和植物油也是很好的能量来源，消化利用率较高，但反复多次加工后的脂肪和植物油可能对宠物产生危害（王景芳和史东辉，2008）。

三 宠物食品加工工艺

宠物食品加工工艺是饲料生产工艺和食品生产工艺的结合。

（一）全价配合饲料生产

全价配合饲料生产一般分为先粉碎后配料加工工艺和先配料后粉碎加工工艺两类。

1. 先粉碎后配料加工工艺　将不同原料分别粉碎后贮入不同配料仓，按配方比例称量，充分混匀后为粉状全价配合饲料，可进一步制成颗粒料或膨化料。其工艺流程为：

原料→清理除杂→原料仓→粉碎→配料仓→配料称量→混合→计量包装

该工艺可按需要将不同原料粉碎成不同粒度，粉碎机运转效率高，维修保养不影响正常生产；配料较准确；但原料仓和配料仓分开布置，增加了建设规模和投资；不适合谷物原料含量少、原料品种多的配方生产。

2. 先配料后粉碎加工工艺　将各种需要粉碎的原料按配方比例称量，混合后一起粉碎，然后加入不需粉碎的原料，再次混合均匀后为粉状全价配合饲料，可进一步制成颗粒料或膨化料。其工艺流程为：

原料→清理除杂→配料仓→配料称量→粉碎→混合→计量包装

此工艺中的原料仓也是配料仓，可减少投资；不需要更多料仓，可适应物料品种的变化；粉碎机工作情况会直接影响全厂工作。

选择哪种工艺主要取决于所用原料的性质。国内外正在开发集先粉碎后配料和先配料后粉碎为一体的综合工艺，已取得一定的进展。

（二）添加剂预混合饲料加工

添加剂预混料是全价配合饲料的重要组成部分，是将宠物需要的微量成分如维生素和微量元素以及抗氧化剂、防腐剂、生长促进剂等，分别或一起与一定量的载体或稀释剂均匀混合。

添加剂一般都在生产厂进行过预处理，对达不到预混料生产要求的，预混料生产厂要进行预处理。

1. 载体和稀释剂的预处理　载体是接受和承载活性微量组分的非活性物质。载体与活性微量组分混合后，微量组分能够被吸附或镶嵌在载体上面，同时改变微量成分的混合特性和外观形状。稀释剂是用来稀释微量组分，但不改变其混合特性的可饲物质。载体与稀释剂的预处理主要是烘干和粉碎。

（1）烘干　载体和稀释剂的水分含量越低越好，水分超过10%就需烘干去水。

（2）粉碎与分级　载体和稀释剂粒度分别为30目（590μm）～80目（170μm）和30目～200目（74μm）较理想，稀释剂粒度为稀释成分的2倍较好。载体和稀释剂的粒度要集中、均匀，粒度不均匀的须过筛分级，粒度大的需再次粉碎。

2. 微量元素添加剂原料的预处理　微量元素添加剂多为氧化物及盐类，以硫酸盐居多，易吸湿返潮，影响后序加工、设备寿命和维生素等的稳定性。常用的处理方法有：

（1）烘干　去除全部游离水及部分结晶水。

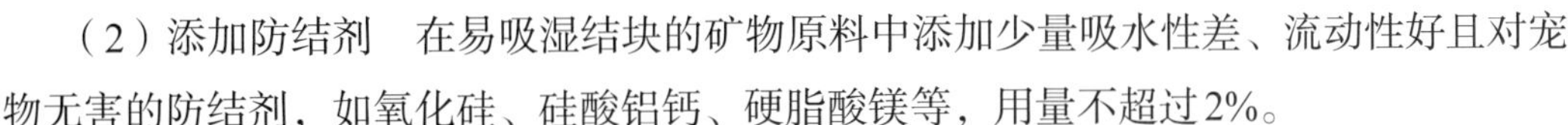

（2）添加防结剂　在易吸湿结块的矿物原料中添加少量吸水性差、流动性好且对宠物无害的防结剂，如氧化硅、硅酸铝钙、硬脂酸镁等，用量不超过2%。

（3）涂层包被　如将矿物油按0.06%的比例添加在混合机内与微量元素混合，达到包被保护的目的；也可使用石蜡，主要是蜂蜡和巴西棕榈蜡。

（4）络合或螯合　使用多糖复合物或矿物质蛋白盐类，目前使用单一的氨基酸螯合物，如蛋氨酸锌、蛋氨酸铁等。

（5）粉碎　将上述处理后的微量元素添加剂原料进行粉碎。矿物元素的添加比例差异较大，比例越小，要求粒度越小。一般的微量元素要达到0.1mm，而碘、硒、钴等极微量元素则要粉碎至0.03mm，或按重量比1∶（15～20）溶解于水，均匀喷洒在10倍量的载体上，快速烘干后粉碎。

3. 添加剂预混合饲料生产工艺　生产工艺流程见图2-8。

图2-8　预混合饲料加工工艺

预混合饲料原料种类繁多，用量差异较大。对于微量组分，先按一定配比稀释混合后再拌入主配料。混合机的进料顺序为先加80%的载体或稀释剂和油脂混匀，再加微量组分和剩余20%的载体或稀释剂进行充分混合（王景芳和史东辉，2008；杨久仙和刘建胜，2007）。

（三）颗粒宠物食品加工

通过机械作用将单一原料或配合料压实并挤压出模孔形成颗粒状饲料的过程称为制粒。可以将细碎、易扬尘、适口性差和难装运的饲料，利用加工过程中的热、水分和压力作用制成颗粒料。颗粒宠物食品加工主要包括原料准备、制粒成型、后处理三个阶段，具体流程如图2-9。

图2-9　颗粒宠物食品加工工艺

制粒工艺有一次调质、二次调质、二次制粒、膨胀制粒等多种组合方式。

一次调质工艺是粉料进入待制仓、调质器后，经制粒、冷却、破碎、分级后喷涂油脂和其他液体，制得成品。

二次调质工艺是原料经调质后进入熟化器，再次调质后制粒、冷却，后续工艺与一次调质工艺相同。此工艺生产的颗粒产粉化率低，能提高液体原料的添加量，但能耗增加。

二次制粒工艺是原料经调质后第一次制粒，压模孔径比第二次制粒大50%，第二次制粒，后序工艺与上述基本相同。颗粒品质高，但能耗比一次制粒高20%。

膨胀制粒工艺是物料预先高温膨胀后制粒，此工艺可增加油脂等液体添加量、淀粉糊化、灭菌、提高生产率等，但能耗比二次制粒高20%。

影响颗粒饲料质量的因素主要有配方、调质、制粒、冷却等。不同原料的黏合性差别显著，因而应控制谷物等黏合性差的原料比例。原料粉碎粒度应均匀细致，利于提高成品质量。调质过程是制粒的关键步骤，温度一般控制在85～98℃，蒸汽的供给既要保证对水蒸气温度和量的要求又不能使水分过高。制粒机的环模规格和速度要与配方相适应，否则影响制粒的质量和效率。干燥和冷却要均匀彻底，否则会导致颗粒松散和霉变（韩丹丹和王景方，2007；韦良开等，2022；杨强，2020）。

1. 制粒的特点

（1）提高饲料消化率　制粒过程中水分、温度和压力的综合作用，使淀粉糊化，酶活增强等。与粉料相比，全价颗粒料喂养宠物的转化率可提高10%～12%。

（2）避免动物挑食和减少损失　通过制粒能够使各种粉料成为一体；另外，颗粒饲料在贮运和饲喂过程中可减少8%～10%的损失。

（3）储存运输更经济　制粒后，粉料的散装密度增加40%～100%。

（4）避免饲料成分的自动分级，且颗粒不易起尘　在饲喂过程中对空气和水质的污染较小。

（5）杀灭沙门氏菌　采用蒸汽高温调质再制粒的方法能杀灭饲料原料中的沙门氏菌，减少病原的传播。

颗粒饲料也存在一些不足，如电耗高、所用设备多、需要蒸汽、机器易损坏、消耗大等。在加热、挤压过程中，不稳定的营养成分会受到破坏。综合经济技术指标优于粉状饲料，所以制粒是现代饲料加工中必备的加工工艺。颗粒饲料的产量及产品质量在不断提高。

2. 颗粒产品分类

（1）硬颗粒　调质后的粉料经压模和压辊的挤压通过模孔成型，产品多为圆柱形，水分一般低于13%，相对密度为1.2～1.3，颗粒较硬，适用于多种动物，是目前产量最大的颗粒饲料。

（2）软颗粒　含水量大于20%，多为圆柱形，一般即做即用，也可风干使用。

（3）膨化颗粒　粉料经调质后，在高温高压下挤出模孔，骤然降压后形成膨松多孔的颗粒饲料。膨化颗粒饲料形状多样，适用于多种动物。

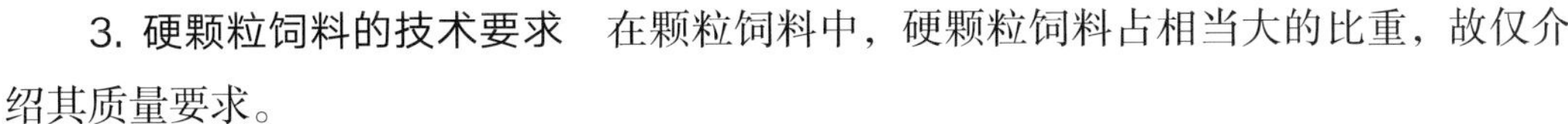

3. 硬颗粒饲料的技术要求 在颗粒饲料中，硬颗粒饲料占相当大的比重，故仅介绍其质量要求。

（1）感官指标 大小均匀，表面有光泽，无裂纹，结构紧密，手感较硬。

（2）物理指标

①颗粒直径：直径或厚度为1～20mm，根据饲喂动物种类而不同。

②颗粒长度：通常其长度为直径的1.5～2倍。

③颗粒水分：我国南方的颗粒饲料水分应≤12.5%，北方地区可≤13.5%。

④颗粒密度：颗粒结构越紧，密度越大，越能承受包装运输过程中的冲击而不破碎，产生的粉末越少，其商品价值越有保证，但过硬会使制粒机产量下降，动力消耗增加，动物咀嚼费力。通常颗粒密度以1.2～1.3g/cm³为宜，能承受90～2 000kPa的压强，体积容量为0.60～0.75t/m³。

4. 调质

（1）调质的意义

①提高制粒机的制粒能力：通过添加蒸汽使物料软化，利于挤压成型，并减少对制粒机（环模和压辗）的磨损。调质条件适宜时，产量较不调质提高1倍左右，且能提高颗粒密度，降低粉化率，提高产品质量。

②提高饲料消化率：在热和水分共同作用下，粉料吸水膨胀直至破裂，淀粉变成黏性很大的糊化物，颗粒内部黏结；物料中的蛋白质变性，分子呈纤维状，肽键伸展，分子表面积增大，黏度增加，利于颗粒成型。据报道，此时淀粉糊化率达到35%～45%，而无调质时的淀粉糊化度小于15%。

③改善产品质量：适当的蒸汽调质可提高颗粒饲料密度、强度和水中稳定性。

④杀灭有害病菌：调质过程的高温作用可杀灭原料中的有害微生物，提高产品的储存性能，利于畜禽健康。

⑤利于液体添加：调质技术可提高颗粒饲料液体添加量，满足不同动物需要。

（2）调质的要求

①物料粒度：原料粉碎得太细或太粗对制粒效率或颗粒质量都有不良影响。

②对蒸汽要求：在制粒过程中虽可适当加水，但经验证明，利用蒸汽的效果更好。蒸汽由锅炉产生，需保持管路中蒸汽压力的稳定，进入制粒机的蒸汽应是高温、少水的过饱和蒸汽。蒸汽压力为0.2～0.4MPa，蒸汽温度130～150℃。

③调质温度和水分：谷物淀粉糊化温度一般为70～80℃。调质温度主要靠蒸汽获得，一般按制粒机最大生产率的4%～6%计算蒸汽添加量。蒸汽量小，粉料糊化度低，产量低，压模、压辊磨损加剧，产品表面粗糙，粉化率高、电耗大；反之，易堵塞模孔，影响颗粒饲料质量。使用饱和蒸汽，物料每吸收1%水分温升大约11℃。

④调质时间：调质时间越长效果越好，一般为10～45s。

5. 影响制粒的因素

（1）原料

①原料粒度和容重：粒度大的粉料吸水能力低，调质效果差。据经验，压制直径8.0mm的颗粒，粉料粒径应不大于2.0mm；压制4.0mm的颗粒，粉料粒径不大于1.5mm；压制2.4mm的颗粒，粉料粒径不大于1.0mm。通常用1.5～2.0mm孔径的粉碎机筛片粉碎物料。一般颗粒料容重为750kg/m³左右，粉料容重为500kg/m³左右，制成同样的颗粒，容重大的物料制粒产量高、功率消耗小。

②原料组成：

淀粉质：生淀粉微粒表面粗糙，对制粒的阻力大，含量高时制粒产量低、压模磨损严重；与其他组分结合能力差，产品松散。熟淀粉即糊化淀粉经调质吸水后呈凝胶状，有利于物料通过模孔，制粒产量高；凝胶干燥冷却后能黏结其他组分，颗粒产品质量较好。调质过程中淀粉颗粒受到蒸汽的蒸煮，压辗后部分破损及糊化产生黏性，制得的颗粒致密、质量好。糊化程度除受温度、水分及作用时间的影响外，还与淀粉种类、粉料细度有关，如大麦、小麦淀粉的黏着力比玉米、高粱好，以玉米、高粱为主要原料时应注意粉碎粒度（Jeong等，2021）。

蛋白质：经加热变性增强了黏结力。对于含天然蛋白质较高（25%～45%）的鱼虾等特种饲料，可制得高质量颗粒；因体积质量大，制粒产量也高，但颗粒质地松散。

油脂：原料原有的油脂对制粒影响不大，但外加油脂对颗粒产量和质量有明显影响。物料中添加1%油脂会使颗粒变软，制粒产量明显提高，降低对压模、压辊的磨损。含油量高会导致颗粒松散，其添加量应控制在3%内。

糖蜜：添加量通常小于10%，作为黏结剂能增强颗粒硬度。

纤维质：本身没有黏结力，与其他有黏结力的组分配合使用。但纤维质太多，阻力过大，产量减少，压模磨损。粗纤维含量高的物料内部松散多孔，应控制入模水分，如制备叶粉颗粒，水分12%～13%，温度55～60℃为宜。如果水分过高，温度也高，则颗粒出模后会迅速膨胀而易于开裂。

热敏性原料：某些维生素、调味料等遇热易受破坏，应适当降低制粒温度，并超量添加以保证这些成分在成品中的有效含量。

③黏结剂：某些饲料含淀粉、蛋白质或其他具有黏结作用的成分不多时难以制粒，需添加黏结剂使颗粒达到一定的结实程度，添加时需考虑成本及营养价值等。常用的黏结剂有以下几种：

α-淀粉：又称预糊化淀粉，是将淀粉浆加热处理后迅速脱水制得，价格较贵，主要用于特种饲料。

海藻酸钠：海带经浸泡、碱消化、过滤、中和、烘干等加工而得。将一定量的海带下脚料配入饲料，也可得到较好的颗粒。

膨润土：具有较高的吸水性，吸水后膨胀，增加润滑作用，可用作不加药饲料的黏结剂与防结剂，用量不超过成品的2%。膨润土需粉碎得很细，90% ～ 95%及以上的粉粒通过200目（75μm）筛孔。

木质素：黏结性能较好，能提高颗粒硬度，降低电耗，添加量一般为1% ～ 3%。

（2）环模几何参数

①模孔的有效长度：是指物料挤压成形的模孔长度，有效长度越长，物料在模孔内的挤压时间越长，制得的颗粒就越坚硬，强度越好。

②模孔的粗糙度：粗糙度低，物料在模孔内易于挤压成形，生产率高，成形后的颗粒表面光滑，不易开裂，颗粒质量好。

③模孔孔径：孔径越大，则模孔长度与孔径之比越小，物料易于挤出成形。

④模孔形状：主要有直形孔、阶梯孔、外锥形孔和内锥形孔4种。以直形孔为主；阶梯孔减小了模孔的有效长度，缩短了物料在模孔中的阻力；外锥形孔和内锥形孔主要用于纤维含量高、难成形的物料（王昊等，2017）。

（3）操作因素

①喂料量：依据主电机的电流值调节喂料量，一般每种功率的主电机都有标定的额定电流。喂料量增加，主电机电流就大，生产能力也高。喂料量要根据原料成分、调质效果和颗粒直径等进行调节。

②蒸汽：蒸汽质量及进汽量对颗粒质量影响较大。调质后物料升温，淀粉糊化、蛋白质及糖塑化，并增加了水分，利于制粒及提高颗粒质量。蒸汽应是不带冷凝水的干饱和蒸汽，压力为0.2 ～ 0.4MPa，温度130 ～ 150℃。蒸汽压力越大则温度越高，调质后物料温度一般为65 ～ 85℃，最佳水分14% ～ 18%，便于颗粒成形和提高颗粒质量。蒸汽量过多会导致颗粒变形，料温过高会破坏部分营养成分，甚至会在挤压过程产生焦化现象，堵塞环模。生产中应正确控制蒸汽量。

③环模线速度：主要受环模内径、模孔直径和深度、碾轧数及其直径，以及物料的物理机械特性、模辊摩擦系数、物料容重等影响。当颗粒料粒径小于6mm时，环模的线速度以4 ～ 8m/s为佳。

④模辊间隙：间隙过大，产量低，有时还会不出粒；间隙过小，机械磨损严重。合适的模辊间隙是0.05 ～ 0.3mm，目测压模与压辊刚好接触。

⑤切刀：切刀不锋利时，从模孔出来的柱状料是被撞断而非切断的，此时颗粒呈弧形且两端面较粗糙，颗粒含粉率增大，质量降低。刀片锋利时，颗粒两端面平整，含粉率低，颗粒质量好。切刀位置会影响颗粒长度，但切刀与环模的最小距离不小于3mm，

以免切刀碰撞环模（王景芳和史东辉，2008）。

（四）膨化宠物食品加工

膨化技术在宠物食品生产中应用十分广泛，分为干法膨化和湿法膨化。干法膨化是利用摩擦产生的热量使物料升温，在挤压螺旋的作用下强迫物料通过模孔，压力骤降，水分蒸发，物料内部形成多孔结构，体积增大，达到膨化目的（Vens-Cappell，1984）。湿法膨化的原理与干法膨化大体相同，但湿法膨化物料的水分常高于20%甚至达到30%以上，而干法膨化物料的水分一般为15%～20%。膨化宠物食品是犬猫食品市场的典型产品，分为干膨化食品、半湿食品、软膨化食品，制备方法见图2-10。

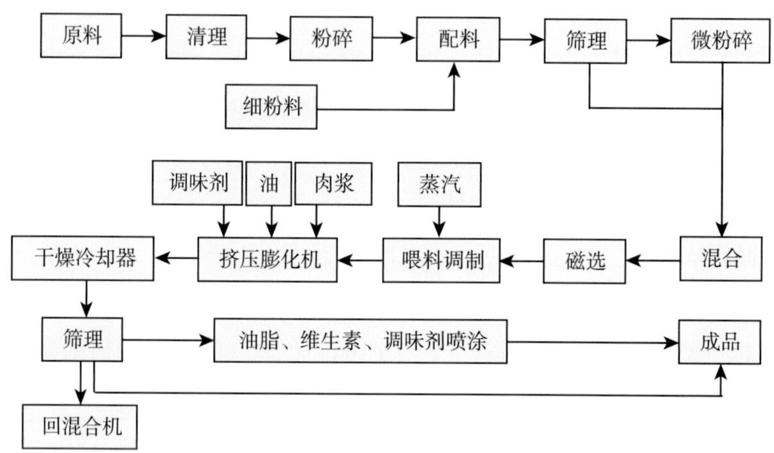

图2-10　膨化宠物食品加工工艺

1. 干膨化宠物食品加工

（1）干膨化技术工艺

①原料混合、粉碎：一般选用谷物及副产品、大豆产品、动物产品、油脂、矿物质及维生素预混料等多种原料，将原料混合、粉碎，通过16目（1.18mm）筛孔后进入挤压膨化机，最终被加工成所需大小和形状的产品。

②熟化：当物料通过挤压系统时，加入蒸汽和水，物料受到摩擦、剪切、温度及螺筒内压力的综合作用而发生糊化。当物料黏团从挤压膨化机螺筒模孔被挤出时，由于压力的急剧下降而使物料迅速膨胀，膨化产品的形状与大小因模孔的不同而异。最后由旋转着的刀片将其切割成所需长度。通过高温、高压、成形使膨胀、糊化的效果达到最佳，最终实现熟化目的。

③干燥：将膨化后的产品进行干燥、冷却和打包。一般采用带有独立冷却器的连续干燥机或干燥-冷却机组去除产品中的蒸汽和水分，最终水分降到8%～10%时才能进

行包装和贮存。

④喷涂：在干燥、冷却和筛分后，将产品送入正在旋转的圆筒，向产品喷洒雾化的液体脂肪或粉状的调味剂，增加产品的适口性。

（2）膨化设备 挤压膨化机是目前使用最多的膨化设备，有单螺杆和双螺杆两种类型，单螺杆结构简单，价格较低；双螺杆对物料的作用力强且均匀，但结构复杂，投资高。生产一般食品选用单螺杆挤压机即可满足要求，一些难以膨化的品种需用双螺杆挤压机。

（3）干膨化食品的特点

①适口性好，易消化，成品体积大，粪便中无谷物颗粒残留。玉米、高粱加工后淀粉的消化率可达70%～100%。

②制品是干燥的膨胀颗粒料，可直接给宠物食用，也可用水浸泡湿喂。

③利用不同形状的筛孔可生产出适用于不同宠物的制品。

④改变原料中的添水量，可制成不同比重的半湿性饲料。

⑤加工过程中，蒸汽加温及摩擦生热可达到消毒作用（杨久仙和刘建胜，2007；韩丹丹和王景方，2007）。

2. 半湿性宠物食品加工

（1）加工要求 主要原料是新鲜或冷冻的动物组织、谷物、脂肪和单糖，其质地比干性食品柔软，更易被动物接受，适口性较好。

①蒸煮：同干性食品一样，大多数半湿性食品在加工过程中也要经过挤压处理。根据原料组成不同，可以在挤压前先将食物进行蒸煮。

②添加其他成分：半湿食品含水量较高，须添加防止产品变质的成分，如为了固定产品中的水分使其不被细菌利用，需添加食糖、玉米糖浆和盐。许多半湿性宠物食品中含有大量的单糖，有助于提高其适口性和消化率。防腐剂山梨酸钾可以防止酵母菌和霉菌的生长。少量的有机酸可降低产品的pH，也具有防止细菌生长的作用。

（2）加工特点 这类产品也是典型的挤压熟化产品，加工工艺与干膨化产品相似。然而，由于配方不同，这两类产品在加工上存在明显差异，具体如下。

①原料：基础原料大多相同，但半湿产品除使用干谷物混合物外，在挤压前要加入肉类或其副产品的浆液与干原料混合，干、湿原料的比例为1∶（1～4）。

②混合：湿料在挤压前加入混合机，当干料明显多于湿料时（4∶1），可将两种原料分批混合，然后输送到挤压装置进行熟化。当干、湿料比例达到3∶2至1∶1时，须采用连续法混合原料，即在位于挤压机之前的连续混合装置中进行混合。一般先加入干料，同时以适当的比例泵入湿料混合。另外，还可注入蒸汽和水，以便形成混合均匀的物料，再将物料送入挤压熟化机的螺筒内进行最后的加工。

③挤压、熟化：与干膨化产品不同的是，半湿产品物料通过挤压机压模的目的不是为了“膨化”，而是为了能形成与模孔相似的料束或形状，同时通过挤压使物料尽可能充分地熟化。通常，由于肉类原料的加入而使混合物料的油脂含量较高，不可能使产品高度膨化，但若挤压机螺筒的形状适当，则可以使混合物料得到充分熟化。

④水分处理：半湿产品与干膨化产品的另一个主要区别在于挤压时物料的水分含量以及加工后对这些水分的处理。半湿产品挤压时适宜的水分含量为30%～35%，挤压后不去除水分，其原因一是为了保证贮存稳定性而在原料中添加了某种防腐剂，二是为了使成品保持与肉类相似的柔软性。

⑤容重：干膨化产品在干燥前后的容重分别为352～400kg/m^{3}与320～352kg/m^3，半湿产品挤压时的容重为480～560kg/m^3，包装时容重也大致如此。生产半湿产品的主要目的是在保证产品质量的同时，尽可能使产品含较多水分。

（3）半湿宠物食品加工设备要求　除需软膨化宠物食品的生产设备外，需增加浆液罐、接受罐（供选）、冻肉绞碎机及计量泵用来将肉浆液泵送到挤压机的预调质圆筒中。半湿宠物食品在挤压后仅需冷却便可进行包装（杨久仙和刘建胜，2007）。

3. 软膨化宠物食品加工

（1）加工要求　软膨化宠物食品是宠物食品市场的新型产品之一，在某些方面与半湿食品极相似，都含有较多的肉类或其副产品，因而油脂含量一般都高于干膨化食品。

宠物软膨化食品加工中必须使用绞肉机（模板孔径Ø 3mm）对原料进行初步加工，减小粒度。将物料在蒸汽夹套容器中加热到50～60℃，既可消除温度差异，又可杀灭沙门氏菌和其他微生物，还可分离出部分油脂，降低物料黏度，减少运输阻力。主要工艺流程见图2-11。

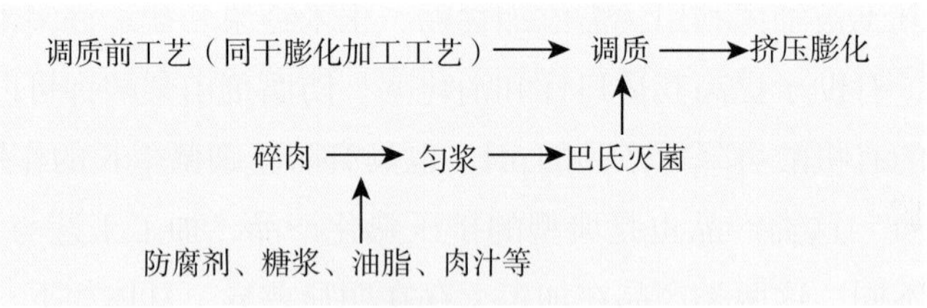

图2-11　软膨化宠物食品加工工艺

软膨化食品的基本挤压过程与干膨化食品相似，在挤压前都要用蒸汽和水进行调质，且成品经过压模都得到膨化。然而，软膨化食品的原料组成特性与半湿食品相似，成品虽经过膨化，但仍具有软而柔韧的特性。

软膨化食品经过膨化，其容重小于半湿食品，但仍保持着较高的水分含量，这一特点是与半湿食品相似的。典型的软膨化食品的水分含量为27%～32%，终产品容重为417～480kg/m^3。与生产半湿食品一样，软膨化食品也不进行干燥处理，因而应在原料中加入防腐剂。此外，挤压后的产品在包装前需要冷却。

（2）影响软膨化工艺效果的因素　主要有配方、调质、挤压工艺参数等。原料的粉碎粒度控制在原料筛网孔径的1/3以下，即粒径≤1.5mm。脂肪含量≤12%，对产品质量无影响；脂肪为12%～17%（不含12%和17%）时，每增加1%，产品体积质量增大16kg/m^3；脂肪含量≥17%时，产品就不再膨胀。由于抗氧化剂、抗菌剂、增味剂等受到热量的损害会降低效果，因而在添加方式上常采用喷涂的方式。挤压膨化的加工温度一般为95～120℃，含水量25%～35%，淀粉糊化度较制粒工艺高很多。

（3）加工设备特殊要求　软膨化宠物食品的生产除了需要干膨化宠物食品的生产设备之外，还需增加液态添加剂罐与泵、集尘器和冷却器，可使用增设的接受罐与计量泵将动物脂肪与防腐剂（如丙二醇、山梨酸钾及酸类）泵吸到挤压机的调质圆筒内。与干膨化宠物食品相比，软膨化宠物食品生产所需的干燥机的干燥量要小得多。在某些情况下，可不用干燥机而用冷却机（杨久仙和刘建胜，2007；王景芳和史东辉，2008）。

（五）实罐罐头及软罐头生产工艺

宠物食品罐头生产工艺与人类食品罐头的生产工艺基本一致，其工艺流程见图2-12。

洗罐⟶装罐⟶预封⟶排气⟶密封⟶杀菌⟶冷却⟶检测⟶包装

图2-12　宠物食品罐头生产工艺

实罐罐头的排气方法主要有热力排气法、真空封罐排气法和蒸汽喷射法。

软罐头食品是指用高压杀菌锅经100℃以上的湿热灭菌，用塑料薄膜与铝箔复合的薄膜密封包装的食品。其包装材料主要有普通蒸煮袋（耐100～121℃）、高温蒸煮袋（耐121～135℃）、超高温杀菌蒸煮袋（耐135～150℃）。蒸煮袋的材质主要有聚乙烯薄膜、聚丙烯薄膜、聚酯薄膜、尼龙薄膜、聚偏二氯乙烯薄膜、铝箔等。软罐头生产工艺流程见图2-13。

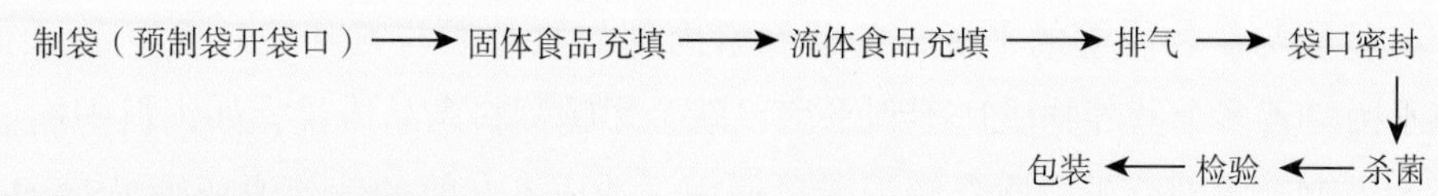

图2-13　宠物食品软罐头生产工艺

软罐头的排气方法主要有蒸汽喷射法、真空排气法、抽气管法、反压排气法等。软罐头具有重量轻、体积小、杀菌时间短、不受金属离子污染等优点，但其容量限制在50～500g，蒸煮袋价格高，且不适于带骨食品（王景芳和史东辉，2008）。

第五节 宠物食品配方

全价犬粮和猫粮是宠物食品中的主流，设计配方的时候，既要考虑各营养素（能量、蛋白质、维生素和矿物质）的含量，还要考虑各营养素间的全价与平衡，如能量与蛋白间的平衡、维生素与矿物质间的平衡、氨基酸和氨基酸间的平衡等。当能量水平偏低时，宠物会分解部分体内的蛋白质用于供能，造成不必要的营养浪费和能蛋比失衡；同时要考虑营养素之间的拮抗。制作犬猫粮配方时，还要考虑不同犬猫品种，不同生理阶段的营养需要量，根据不同原料特点和当地资源优势，在满足营养配比的同时，做到配方成本最优，同时兼顾卫生和安全。

一 宠物食品配方设计原则

宠物的营养状况关系着宠物的健康及寿命，也关系着主人在照顾宠物时所花费的精力及财力。因此，在饲养宠物时应给予优质的配合日粮来改善宠物的营养，提高宠物的健康水平与生产性能。宠物日粮应根据科学原则、经济原则和卫生原则进行配制。

（一）科学原则

饲料配方设计是一个综合性很强的复杂过程，要体现它的科学性必须解决好以下几个问题。

1. 配合日粮的营养性和全面性 配合日粮不是各种原料的简单组合，而是一种有比例、复杂的营养配合，这种配合越接近饲养对象的营养需要，越能发挥其综合效益。因此，设计配方时不仅要考虑各营养物质（如能量、蛋白质、维生素、矿物质等）的含量，还需考虑各营养物质的全价性与综合平衡性，即营养物质的含量应符合饲养标准，且营养物质要齐全。营养素的平衡不仅是各营养物质之间如能量与蛋白质、氨基酸与维生素、氨基酸与矿物质等的平衡，各营养素内部如氨基酸与氨基酸、维生素与维生素等也应平衡。若多个营养物质达不到平衡，就会影响饲料产品质量，如饲料中能量水平偏低，犬猫就会将部分蛋白质降解为能量使用，造成不必要的营养浪费等（Sgorlon等，2022；Wehrmaker等，2022）。

（1）明确原料的营养组成 饲料的营养成分与含量是进行配方设计的依据。因此，在设计配方前要清楚各原料的营养成分及含量，理想方法是将各种原料按规定进行分析测定，得到准确的数据。在实际生产中，大多是参照常用饲料营养成分与营养价值表，结合产地取其具有代表性的平均数值。对于营养组成不明确的原料，需要送有关部门进行检测。

（2）饲料的组成　实践表明，通过饲料原料的合理配合可以发挥各原料间的营养互补作用。因此，目前提倡多种饲料原料配合后加工成宠物日粮，保证日粮营养全面。同时，为了使配方营养素达到全价和平衡，还应根据需要采用各类添加物以补充矿物质、微量元素、维生素等宠物健康生长必不可少的成分。

2. 根据饲养标准进行配制　宠物饲养标准规定了不同宠物品种、遗传特性、生理条件下，宠物对各种营养物质的需要量。宠物只有摄取均衡的营养才能保证其个体正常发育、增强免疫力和抵抗外界恶劣环境的能力，因此，配方设计应考虑宠物的营养需求。宠物的饲养标准是配制宠物配合饲料的重要依据，但目前国家对有关宠物的饲养标准不够完善，甚至有些宠物的饲养标准尚未制定，因此，在选用国外饲养标准或有关资料的基础上，可根据饲养实践中宠物的健康、生长或生产性能等加以修正与灵活应用。一般可按宠物的膘情或季节等条件的变化，对饲养标准作10%左右的调整。

3. 配合日粮须适合宠物的生理特性　不同品种的宠物其生理特性不同，因此在设计宠物配合日粮时应根据其生理特性选择饲料原料。幼犬对粗纤维的消化能力很弱，日粮中不宜采用含粗纤维较高的原料；另外，粗纤维具有降低日粮能量浓度的作用，实践中应予以重视，对成犬可适当提高日粮粗纤维含量。

4. 配合日粮须注意适口性　各种宠物均有不同的嗜好，因此须重视日粮的适口性。虽然日粮中含有极丰富的各种营养物质，但如果适口性很差，宠物也不愿摄食。恶臭或霉腐的原料要禁止使用，该原料不但适口性不好，而且会严重损害宠物的健康。

所谓适口性，是指日粮的色、香、味对宠物各类感觉器官的刺激所引起的一种反应。如果该反应属于兴奋性的，则日粮的适口性好；如果属于抑制性的，则日粮的适口性差。因此，适口性表示宠物对某种食物或日粮的喜好程度。只有适口性好的食物，才能达到营养需要的采食量。设计日粮配方时，应选择适口性好、无异味的原料，有些原料营养价值虽高，但适口性差，则应限制其用量。特别是在为幼年宠物和妊娠宠物设计日粮配方时更应注意。也可以与其他食物适当搭配或添加风味剂，以提高其适口性，促使宠物增加采食量。除此之外，食物要多样化，避免长期饲喂一种营养配方日粮，否则会引起宠物厌食。

5. 配合日粮须注意可食性　配合日粮的可食性在于保证饲养对象既吃得下，又吃得饱，还能满足营养需要。由于不同种类宠物的消化器官结构差异很大，日粮类型必须要适合饲喂对象消化器官的特点。犬是杂食性动物，消化道短，但消化腺发达，易消化蛋白质，不易消化粗纤维。因此，配制犬粮时，配方中纤维素的比例不能过高。

为了确保宠物能够吃进每天所需要的营养物质，须考虑宠物的采食量与日粮中干物质含量间的关系。日粮的体积要合适：若体积过大，能量浓度低，不仅会造成消化道负担过重而影响宠物对食物的消化，而且不能满足宠物的营养需要；反之，食物的体积过小，虽然能满足其营养需要，但宠物常达不到饱感而处于不安状态，影响其生长发育及生产性能。

6. 配合日粮须注意其消化性 饲料易消化才利于各种营养物质的吸收与利用。然而，吃进体内的食物并不能全部被消化吸收与利用，如干型饲粮消化率为65%～75%，其中25%～35%是不能被利用的。因此，设计配方时应注意宠物对各种原料中养分的消化率，如能应用饲料中可消化养分的数据，则更具科学性。在配制宠物配合日粮时，日粮中的各种营养物质含量一般应高于宠物的营养需要。

7. 配合日粮须注意热量配比 饲料热量过高会导致宠物发胖，体形不匀，食欲不振或偏食。应注意的是，人有人的营养需要，宠物有宠物的营养标准。如果经济条件允许，最好购买市场上出售的宠物不同生长阶段、营养全价、安全卫生的宠物食品，并按说明书进行饲喂。

（二）经济原则

日粮配方的设计应同时兼顾饲养效果和饲养成本，在确保宠物健康生长的前提下，提高日粮配方的经济性。应尽量使用本地资源充足、价格低廉而营养丰富的原料，尽量减少粮食比重，增加农副产品以及优质青、粗饲料的比重，如动物内脏或屠宰场及罐头厂的下脚料（肺、脾、碎肉、肠等）、加工副产品（血粉、羽毛粉、肉骨粉、贝壳粉）等；应用宠物营养学原理，采用现代新技术，优化饲料配方，降低饲养成本。

（三）卫生原则

目前，在各花鸟宠物市场基本都存在卖散装犬粮的现象。由于一般犬粮中蛋白质和脂肪含量都比较高，而且蛋白质和脂肪中尤以动物性蛋白和动物油脂用量居多，所以散装犬粮如果保存条件不当，极易发生变质；家庭宠物自配的日粮除部分干型日粮可在适宜温度下保存1～3d外，其他配制的日粮应现喂现配制，保证饲料原料新鲜、清洁，易于消化，不发霉变质（王景芳和史东辉，2008）。

二 宠物食品配方设计的其他注意事项

（一）配方中油脂含量与膨化度

一般情况下，配方中的动物性原料如肉粉为20%左右，当增加肉粉比例时，也同时增加了脂肪含量，此时需要考虑到膨化机的膨化能力。因为油脂包裹在物料表面会阻

止蒸汽的渗透，油脂还会降低物料与钢模间的摩擦力，随之降低了淀粉的糊化率。通常双螺杆膨化机可以通过调整蒸汽压力和膨化机的参数来实现高肉粉配方日粮的膨化度，但是当采用单螺杆膨化机时，就会出现膨化度不够的问题。有经验的配方师在制作高肉粉和高脂肪日粮时，会选用一些淀粉含量高的原料来达到理想的膨化度。因此在设计配方时，要考虑到膨化机性能和日粮中的淀粉含量。通常配方中油脂含量在7%以下时，对膨化度影响不大；在7% ～ 12%时，油脂每增加1%，产品容重增加16g/L；超过12%时，膨化度很低或不膨化，颗粒不成形，易粉化。

（二）配方中淀粉与膨化度

淀粉对宠物食品的膨化起重要作用，淀粉的来源和种类对膨化度也有影响。通常配方中支链淀粉比直链淀粉含量高时，颗粒膨化度也高。已有研究表明，淀粉源对膨化度具有一定的影响，如木薯作为唯一淀粉源配方的颗粒膨化度（99.3%）和淀粉糊化度（99.2%）最高，而采用玉米淀粉的颗粒膨化度（56.3%）和淀粉糊化度（92.9%）最低。配方中支链淀粉的含量与糊化度和膨胀度呈正相关。因此在设计配方时，要注意淀粉的来源与含量。通常在生产鲜肉粮时，要增加淀粉的含量，尤其是选用支链淀粉含量高的原料时，同时要配合一定比例的面粉，因为面粉对颗粒的黏结性高于玉米（王金全，2018）。

三 宠物食品配方实例

犬为杂食性动物，其日粮配方中谷类比例较高，而猫为肉食性动物，对蛋白尤其是动物性蛋白要求较高，但不同生长阶段的宠物，其日粮配方不同。犬猫常见配方见表2-26至表2-29（王金全，2018）。

表2-26 幼犬日粮配方（%）

原料	配方1	配方2	原料	配方1	配方2
玉米	36	40	鱼粉	5	4
次粉	4	5	肉粉	15	12
碎米	8	5	肉骨粉	5	5
麸皮	2	3	蛋粉	1. 5	0. 5
豆粕	15	17	添加剂	1	1
甜菜颗粒	1	2	食盐	0. 5	0. 5
油脂	6	5	合计	100	100

注：幼犬日粮配方要选用消化率高的优质动物蛋白原料，如鱼粉、全蛋粉等，同时配比一定的粗纤维。

表2-27 成犬日粮配方（%）

原料	配方1	配方2	原料	配方1	配方2
玉米	40	62	甜菜渣	2	3
碎米	20		肉粉	5	5
花生饼	12	7	肉骨粉	4	4
麸皮	4	9	添加剂	1	1
菜籽饼	4. 5	2. 5	食盐	0. 5	0. 5
油脂	7	6	合计	100	100

注：成犬日粮配方可使用一些常规的蛋白原料，如肉骨粉、普通肉粉、豆粕等，为保持粪便成型适当增加纤维比例。

表2-28 幼猫日粮配方（%）

原料	配方1	配方2	原料	配方1	配方2
玉米	25	26	肉粉	13	15
小麦面	20	22	鸡肝	5	3
玉米蛋白粉	10	2	多维矿物质	4	3
豆粕	9	10	鱼浸膏	3	3
鱼粉	5	10	食盐	0. 3	0. 3
油脂	6	6	合计	100	100

注：幼猫日粮配方要注意优质蛋白原料鱼粉、鱼浸膏的使用，同时应该选择蛋白含量在65%以上的优质鸡肉粉，并注意牛磺酸的添加。

表2-29 成猫日粮配方（%）

原料	配方1	配方2	原料	配方1	配方2
玉米	36	30	肉粉	10	12
小麦面	18	24	鸡肝	3	1
玉米蛋白粉	5	10	多维矿物质	3	2
豆粕	12	8	鱼浸膏	2	2
鱼粉	4	4	食盐	0. 3	0. 3
油脂	7	7	合计	100	100

注：成猫日粮配方可使用一些常规原料，但也应偏重鱼类等优质蛋白原料，要注意牛磺酸的添加，日粮中添加必要的纤维以促进毛球吐出。

参考文献

付弘赟，李吕木，2006．矿物质对动物营养与免疫的影响［J］．饲料工业（18）：49-51．

韩丹丹，王景方，2007．宠物营养与食品［M］．哈尔滨：东北林业大学出版社．

贾红敏，韩冰，刘向阳，等，2020．赖氨酸及其在鸡、猪营养上的研究进展［J］．动物营养学报，32（3）：989-997．

马馨，冯国亮，郑建婷，2014．宠物犬脂溶性维生素营养研究进展［J］．山西农业科学，42（6）：650-652．

沈坤银，2000．矿物质对动物的营养作用［J］．四川畜牧兽医（12）：35．

田颖，时明慧，2014．赖氨酸生理功能的研究进展［J］．美食研究，31（3）：60-64．

王昊，于纪宾，于治芹，等，2017．环模模孔参数对颗粒饲料加工质量及肉鸡生长性能的影响［J］．动物营养学报，29（9）：3352-3358．

王金全，2018．宠物营养与食品［M］．北京：中国农业科学技术出版社．

王秋梅，唐晓玲，2021．动物营养与饲料［M］．北京：化学工业出版社．

韦良开，郑斌，兰志鹏，等，2022．饲料配方及加工工艺对饲料品质的影响［J］．饲料研究，45（4）：149-153．

吴任许，谢国怀，卢本基，2005．维生素及其对动物生理的影响［J］．畜牧兽医科技信息（7）：67-68．

吴艳波，李仰锐，2009．影响宠物犬蛋白质需要的因素［J］．畜牧兽医科技信息（10）：83-84．

杨久仙，刘建胜，2007．宠物营养与食品［M］．北京：中国农业出版社．

杨强，2020．不同加工技术对硬颗粒饲料加工质量的影响研究［D］．郑州：河南工业大学．

张冬梅，陈钧辉，2021．普通生物化学［M］．6版．北京：高等教育出版社．

张益凡，徐颖，胡良宇，2022．动物机体精氨酸和赖氨酸功能互作效应与机制的研究进展［J］．畜牧与动物医学，58（6）：105-110，116．

AAFCO，2018．Official Publication．Atlanta（GA）：Association of American Feed Control Officials．

Alvarenga I，Qu Z，Thiele S，et al.，2018．Effects of milling sorghum into fractions on yield，nutrient composition，and their performance in extrusion of dog food［J］．Journal of Cereal Science，82：121-128．

Barnett K，Burger I，1980．Taurine deficiency retinopathy in the cat［J］．Journal of Small Animal Practice，21：521-534．

Cecchetti M，Crowley S，Goodwin C，et al.，2021．Provision of high meat content food and object play reduce predation of wild animals by domestic cats *Felis catus*［J］．Current Biology，31（5）：1107-1111．

Chandler M，2008．Pet food safety：Sodium in pet foods［J］．Topics in Companion Animal Medicine，23：148-153．

Coltherd J，Staunton R，Colyer A，et al.，2019．Not all forms of dietary phosphorus are equal：an evaluation of postprandial phosphorus concentrations in the plasma of the cat [J]. British Journal of Nutrition, 121: 270–284.

Dobenecker B, Webel A, Reese S, et al., 2018. Effect of a high phosphorus diet on indicators of renal health in cats [J]. Journal of Feline Medicine and Surgery, 20: 339–343.

Donfrancesco B, Koppel K, Aldrich C, 2018. Pet and owner acceptance of dry dog foods manufactured with sorghum and sorghum fractions [J]. Journal of Cereal Science, 83: 42–48.

Gordon D, Rudinsky A, Guillaumin J, et al., 2020. Vitamin C in health and disease: A companion animal focus [J]. Topics in Companion Animal Medicine, 39: 100432.

Grant C, Rotherham B, SHARPE S, et al., 2005. Randomized, double-blind comparison of growth in infants receiving goat milk formula versus cow milk infant formula [J]. Journal of Paediatrics and Child Health, 41 (11): 564–568.

Gubler C, Lahey M, Cartright G, et al., 1953. Studies on copper metabolism. IX. The transportation of copper in blood [J]. Journal of Clinical Investigation, 32: 405–414.

Hussaina A, Kausar T, Sehar S, et al., 2022. A Comprehensive review of functional ingredients, especially bioactive compounds present in pumpkin peel, flesh and seeds, and their health benefits [J]. Food Chemistry Advances, 1: 100067.

Jeong S, Khosravi S, Lee S, et al., 2021. Evaluation of the three different sources of dietary starch in an extruded feed for juvenile olive flounder, *Paralichthys olivaceus* [J]. Aquaculture, 533: 736242.

Li P, Yin YL, Li D, et al., 2007. Amino acids and immune function [J]. British Journal of Nutrition, 98: 237–252.

Mccluney K, 2017. Implications of animal water balance for terrestrial food webs [J]. Current Opinion in Insect Science, 23: 13–21.

Monti M, Gibson M, Loureiro B, et al., 2016. Influence of dietary fiber on macrostructure and processing traits of extruded dog foods [J]. Animal Feed Science and Technology, 220: 93–102.

Nuttall W, 1986. Iodine deficiency in working dogs [J]. New Zealand Veterinary Journal, 34: 72.

Pion P, Kittleson M, Thomas W, et al., 1992. Clinical findings in cats with dilated cardiomyopathy and relationship of findings to taurine deficiency [J]. Journal of the American Veterinary Medical Association, 201: 267–284.

Raditic D, 2021. Insights into commercial pet foods [J]. Veterinary Clinics of North America: Small Animal Practice, 51: 551–62.

Schweigert F, Raila J, Wichert B, et al. 2002. Cats absorb β-carotene, but it is not converted to vitamin A [J]. The Journal of Nutrition. 132 (6): 1610S–1612S.

Sgorlon S, Sandri M, Stefanon B, et al., 2022. Elemental composition in commercial dry extruded and moist canned dog foods [J]. Animal Feed Science and Technology, 287: 115287.

Sinclair L, Howden A, Brenes A, et al., 2019. Antigen receptor control of methionine metabolism in T cells [J]. Elife Sciences, 8: e44210.

Singh M, Thompson M, Sullivan N, et al., 2005. Thiamine deficiency in dogs due to the feeding of sulphite preserved meat [J]. Australian Veterinary Journal. 83 (7): 412–417.

Stockman J, Villaverde C, Corbee R, 2021. Calcium, phosphorus, and vitamin D in dogs and cats beyond the bones [J]. Veterinary Clinics of North America: Small Animal Practice, 51 (3): 623-634.

Sturman J, Gargano A, Messing J, et al., 1986. Feline maternal taurine deficiency: Effect on mother and offspring [J]. Journal of Nutrition, 116: 655667.

Thompson T, Hutt L, 1979. Iodine-deficiency goitre in a bitch [J]. New Zealand Veterinary Journal, 27: 113.

Twomey L, Pluskea J, Roweb J, et al., 2003. The replacement value of sorghum and maize with or without supplemental enzymes for rice in extruded dog foods [J]. Animal Feed Science and Technology, 108 (1-4): 61-69.

Van-Vleet J, 1975. Experimentally-induced vitamin E-selenium deficiency in the growing dog [J]. Journal of the American Veterinary Medical Association, 166: 769-774.

Vens-Capperll B, 1984. The effects of extrusion and pelleting of feed for trout on the digestibility of protein, amino acids and energy and on feed conversion [J]. Aquacultural Engineering, 3 (1): 71-89.

Wehrmaker A, Draijer N, Bosch G, et al., 2022. Evaluation of plant-based recipes meeting nutritional requirements for dog food: The effect of fractionation and ingredient constraints [J]. Animal Feed Science and Technology, 290: 115345.

第三章

宠 物 零 食

随着全球经济的快速发展，人们的养宠观念逐渐改变，宠物饲养的环境条件也越来越好。越来越多的宠物主人将宠物看作是自己的“孩子”或者“亲人”，因此宠物主人在各方面都愿意为宠物提供更高品质的服务与消费。宠物不仅需要主食为其提供最基础的生命保证和生长发育所需的营养物质，还需要各种零食提高其幸福指数和健康指数。

宠物零食是专门为宠物制作的、介于人类食品与传统畜禽饲料之间的高档动物食品，可用于促进主人与宠物之间的情感交流。宠物零食种类繁多，不同的零食有着不同的作用，可适合宠物的各种不同需求。在挑选宠物零食时，宠物主人对食物的营养成分和功能非常重视，希望爱宠不仅要吃出幸福，还要吃得健康。因此，健康的宠物零食一方面需要具有营养全面、配方科学、消化吸收率高、质量标准、饲喂使用方便等优点；另一方面，随着宠物拟人化经济的崛起，宠物零食的功能作用也备受关注，如磨牙洁齿、脱除口臭、增强食欲、调理肠胃、训练行为和消磨时光等（李欣南等，2021；Cerbo等，2017）。

宠物零食的营养功能与其原料选择、营养搭配和加工工艺密切相关，深入研究不同原料的营养价值、功能成分的物质基础及不同零食的生产工艺与方法是宠物零食制作的重要内容，对营养又健康的功能性宠物零食的开发利用具有重要价值。

第一节 宠物零食行业现状与发展前景

随着科学技术的不断进步以及消费观念的转型升级，宠物零食不仅在宠物行业细分领域中渗透率极高，而且在整个宠物食品消费中增速最快，宠物零食市场正逐渐发展成为较大规模的独立市场。口味单一、形式单一的宠物零食已经不能满足宠物的需求。为

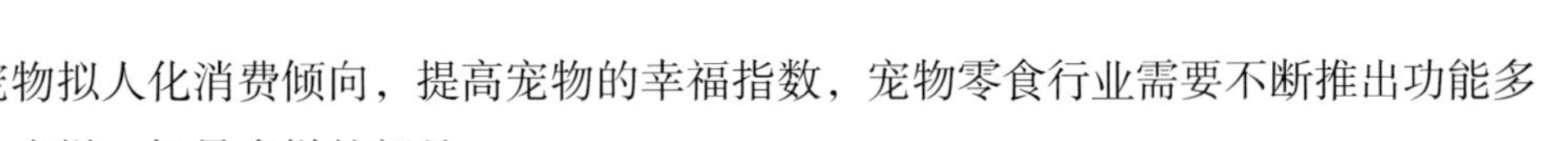

了顺应宠物拟人化消费倾向，提高宠物的幸福指数，宠物零食行业需要不断推出功能多样、品类多样、场景多样的新品。

一 宠物零食行业现状分析

宠物主粮出现时间较长，已成为宠物饲养的必需品，目前占据宠物食品市场的主要份额。近年来，随着科学养宠意识的崛起，宠物的地位迅速上升，宠物零食市场也因此开始兴起，在宠物食品中宠物零食消费增长最为显著。2021年中国宠物消费趋势白皮书显示，宠物零食的购买频次高于主粮，一个月购买2～3次的比例为35%，高于主粮对应比例27%；宠物零食的消费渗透率为75%，与宠物主粮的83%最为接近（图3-1、图3-2）。可见，宠物零食市场具有较大的市场潜力与进入空间，有望逐渐发展成为较大规模的独立市场。

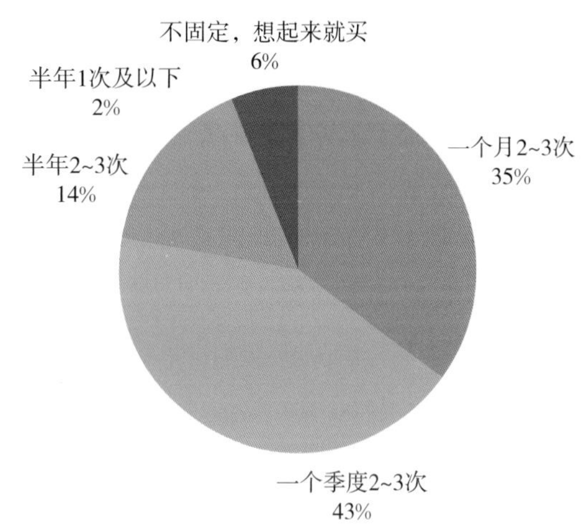

图3-1　2021年宠物零食购买频次分布

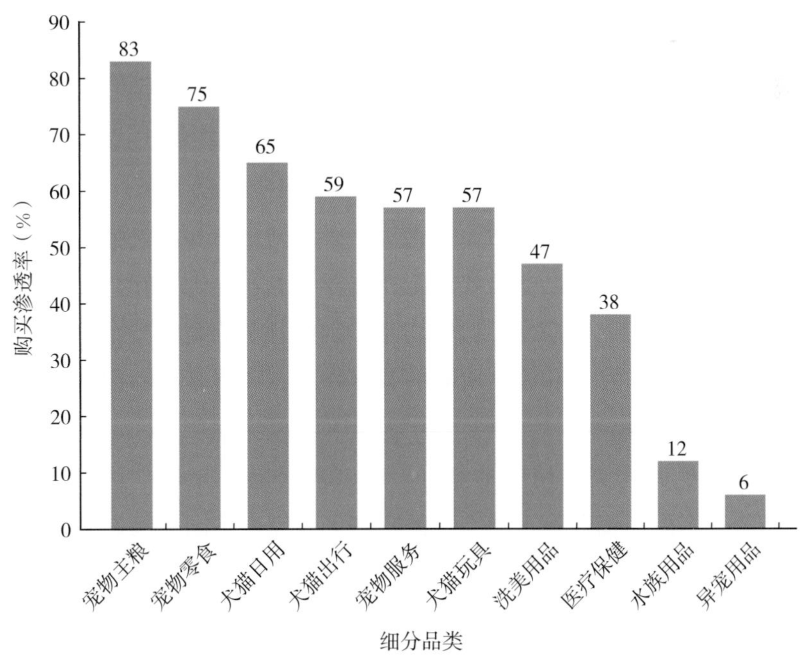

图3-2　2021年宠物行业主要细分品类购买渗透率

目前全球最大的宠物食品加工企业是美国的玛氏公司，也是较早进入中国市场的宠物食品制造商。21世纪初，国内宠物食品和宠物零食加工业开始发展，越来越多的宠物主人倾向于给予爱宠拟人化的美食享受，使宠物零食的增速领跑宠物食品。近年来，中国宠物零食加工企业开始拉近与国外宠物零食之间的距离，在宠物零食质量方面严控，并且从包装以及营销手段上越来越具有时尚国际化的特色，逐步走出了国门，走向了世界。

从宠物零食市场格局来看，2021年我国宠物零食市场在宠物食品中所占比例为32.6%，国内企业乖宝、中宠等份额领先，市场份额占比均为10%左右，其他品牌市场份额占比均在5%以下，尚未形成垄断格局，行业内的其他公司均有机会追赶。由于宠物零食领域进入壁垒较低，本土企业起步时以此为切入点，与外资企业形成错位竞争，目前国内头部企业在宠物零食领域已具有一定的优势，未来拥有做大做强的机会，并推动宠物零食格局走向集中。

二 宠物零食发展方向与前景

近年来，国内的宠物零食行业已经取得了很大的进步，在原料选择和营养搭配等方面都有较高的质量控制标准，但是单纯的质量已经不能满足人们对宠物零食的需求。随着全球经济的快速发展和宠物拟人化经济的崛起，宠物零食开始迈向健康化、功能化、多元化，并逐渐向较大规模的细分品类独立市场发展（马峰等，2022）。

1. 健康化的宠物零食 越来越多的宠物主人以为其购买零食来表达自己对宠物的热爱，宠物零食的主食化趋势愈加明显。宠物主人希望宠物们吃出幸福的同时，也吃得健康，所以他们希望零食的营养更丰富、配比更科学。近年来，消费者越来越关注以“天然”为主题的宠物零食，包括原料天然新鲜、高蛋白和肉含量、自然加工、无添加剂等。宠物零食的营养设计制造需要由宠物营养学专业人士指导，宠物零食中的各类营养物质都要有着严格的比例搭配。营养均衡、制作科学的高品质宠物零食不仅能够给宠物提供生命保证、生长发育和健康所需的营养物质，还要具有消化吸收率高、质量标准、饲喂使用方便等优点。

宠物主人在为宠物购买和使用零食时，应该根据宠物自身的生理特点和生长阶段选择，并进行合理搭配与饲喂。不同宠物的喜好可能完全不同，例如家庭饲养的宠物犬和宠物猫，它们对水分、脂肪、粗纤维、蛋白质的需求量都有区别。猫咪的肠胃比较脆弱，消化功能有限，适合吃富含蛋白质产品，不适合吃脂肪含量高的产品。不同年龄段宠物的营养需求、食量以及消化功能都有所不同。例如宠物犬出生的前几周，它们都会从犬妈妈那里吸取乳汁来获取营养；断奶之后，年幼的宠物犬可能无法消化牛乳中的乳糖，这时要避免喂食牛乳类零食，防止犬肠胃不适而腹泻。

2. 功能化的宠物零食 随着宠物在家庭中地位的不断提升，宠物主人愿意花费更多精力和金钱采用科学喂养宠物标准，确保宠物健康快乐成长。科学喂养要求宠物零食在满足宠物营养需求的同时具有多元化功能，如磨牙、洁齿、增强食欲、调理肠胃和增强免疫力等。

宠物零食的功能研究可以从以下几个方面加大力度。①口腔护理：宠物饮食不当或肠胃不适，容易出现牙结石、牙周炎、牙龈红肿以及口臭等多种口腔问题，严重影响宠物的健康状态。可在零食中添加有效成分如膳食纤维、低聚糖、茶多酚等，使宠物在咀嚼过程中既能清除有害物质，又能保持口气清新（田维鹏等，2021）。②增强食欲：食物若是气味不佳，会显著影响宠物的采食量。宠物零食中添加咸味剂、鲜味剂、酸味剂、甜味剂等诱食剂有助于改善零食的适口性，达到增强食欲的效果（刘策等，2019；Donfrancesco等，2018）。③调理肠胃：宠物喂养不当、营养不良或是年老体弱时，肠道菌群会失调，表现出食欲不佳、腹胀、便秘等不适反应。零食中益生菌、益生元、植物活性物质的添加有助于抑制肠道腐生菌的生长，调节改善肠道细菌的组成（孙青云等，2021；Swanson等，2002；Sabchuk等，2017）。④美毛亮毛：宠物的毛既具有保护作用，又具有观赏特征，蛋白质、维生素、矿物质、脂肪等营养物质均影响皮毛的生长，尤其是蛋白质和氨基酸的摄入量影响最为显著（Gordon等，2020；付弘赟和李吕木，2006）。在宠物零食中添加蛋氨酸可增加毛纤维强度，促进毛纤维生长。⑤增强免疫力：免疫力对宠物的健康状态具有重要影响。食物中添加益生菌、核苷酸、精氨酸、不饱和脂肪酸可刺激宠物的特异性和非特异性免疫，达到促进淋巴细胞产生抗体的作用（Chew等，2011；夏青等，2021；江移山，2021）。

3. 多元化的宠物零食 随着经济的发展，目前市场上存在的口味单一、形式单一的宠物零食已经不能满足宠物的需求。为了顺应宠物拟人化消费倾向，提高宠物的幸福指数，宠物零食行业需要不断推出品类多样、场景多样的新品。只要人类可以享受的快乐，宠物主人们也希望宠物一起享受，那么势必需要越来越多的拟人化零食来符合不同场景需求，比如消磨时光、庆祝生日、过节和训练等。

宠物和人类一样，既有采食的积极性，又有好玩的天性，若将零食和玩具有效结合起来，则更容易被宠物接受。宠物主人白天需要工作，在家里陪伴宠物的时间很少，宠物往往会感到很寂寞，容易引发焦虑，如果有玩具和零食陪伴，让宠物有吃中玩的乐趣，宠物的幸福指数将会大大提升。宠物犬喜欢吃骨头，则可以将犬零食做成骨头形状；宠物猫喜欢玩球，则可以将猫咪零食做成球形。例如，市场上的一种漏食球，就是为宠物量身打造的益智健身玩具，它能让宠物在玩耍中获得零食补给：一方面可以做到边吃边玩，缓解宠物的情绪，有助于消磨时光；另一方面还可以让宠物在零食的诱导下，加强锻炼，提升关注力。

与一般传统宠物食品不同的是，宠物零食需要秉承食材天然、营养均衡、功能定制等为基础的核心价值，其产品不仅绿色、环保、健康，而且具有高适口性。由于不同的宠物处于不同的生长阶段时，其喜好可能完全不同，为了推进宠物主人科学省心的养宠生活，针对养宠人士遇到的困扰，根据宠物的不同品种、不同时期、不同生理阶段提供针对性的宠物零食配比方案可能是未来的发展趋势。总之，宠物零食不仅要承接人类情感的投射，还要满足宠物自身的需求，最后能够真正在宠物市场站稳脚跟的品牌及产品必定是建立在宠物与人共同快乐的基础之上。

第二节　宠物零食的分类与选择

宠物零食种类繁多，富含多种营养物质，适合宠物的各种营养需求，如肉干类、咬胶类和大骨头类等可有效补充蛋白质、钙等。不同的零食有着不同的作用，常见的有磨牙、洁齿、除口臭、增进食欲和调节肠道功能等。同时，宠物零食也是宠物和主人之间的情感纽带，可作为与宠物交流、培养感情的辅助食品。宠物零食多种多样，用处也各不相同，可以从原料组成、生理功能、饲喂场景和加工工艺等方面进行分类。

一 宠物零食的分类

（一）根据原料组成分类

宠物零食种类繁多，根据其原料组成可以分为肉干类、混合肉类、乳制品类、淀粉类、骨头类、咬胶类和果蔬类。

1. 肉干类零食　是由新鲜的牛肉、鸡肉和鱼肉等经过脱水烤干之后的零食，是比较常见的一种零食，由于口感较好，所以是宠物最喜欢的零食之一。肉干类零食蛋白质含量高，水分含量低，可保证单位重量的产品蕴含更多的营养物质，同时还韧爽耐嚼，是优质的宠物零食。常见的鸡肉、三文鱼和牛肉的冻干肉主要营养成分见表3-1。肉干类零食不但营养丰富，还具有一定的洁齿作用，当宠物享受这些肉干美味时，它的牙齿会完全进入肉干中并与之密合，再通过多次咀嚼达到清洁牙齿的功效，其功能就好像牙线清洁牙齿一样，而且肉干的美味及韧爽的口感使宠物愿意花更多时间咀嚼，从而使其清洁动作的时间也更长，保证能有较好的洁牙效果，减少牙斑及牙结石的蓄积，让宠物的口气清新，靠近时不容易有难闻的口臭。

表3-1 不同冻干肉主要成分含量

项目	主要成分含量（%）		
	鲜肉冻干鸡肉	鲜肉冻干三文鱼	鲜肉冻干牛肉
粗蛋白	≥86.0	≥86.0	≥75.0
粗脂肪	≤7.0	≤6.0	≤14.0
粗纤维	≤1.0	≤1.0	≤1.0
水分	≤3.0	≤3.0	≤3.0
粗灰分	≤6.0	≤6.0	≤6.0

2. 混合肉类零食 特点就是用肉类和其他食物搭配制作，如肉泥，它利用新鲜质好的猪、牛或鸡的瘦肉，加适量的脱脂乳粉、粮谷粉制成；还有犬吃的三明治，把肉干卷在面粉做的饼干或是奶酪条上，利用肉干的香味诱惑宠物吃一些其他的营养物质。为了达到更长的储存期，这类零食几乎都是独立包装的，所以价格偏高。

3. 乳制品类零食 指以牛乳和羊乳等为原料制作的零食，常见的有酸奶、奶片和奶酪条等，乳制品对于调节宠物的肠胃有好处。但是有的宠物肠胃对牛乳敏感，不适合喂食乳制品类零食，以免引起腹泻。

4. 淀粉类零食 主要指饼干类，它以淀粉为主要原料，与少量乳粉和糖混合制备而成，主要作用是提供热量。淀粉类零食甜味很淡，相对于肉类零食来说，更容易被宠物消化。肉干类的零食，宠物如果不充分咀嚼会引起消化不良的问题，而淀粉类零食就不容易出现这些问题。

5. 骨头类零食 一般是猪、牛、羊身上的大骨，通常是用来给宠物犬啃咬、磨牙的。骨头含有磷酸钙等矿物质营养成分，这些营养成分可以为宠物的生长发育提供充足的支持，促进其骨骼系统的成长和再生。此外，除了骨质本身，骨髓和骨脂也是优秀的能量和营养物质的来源。

6. 咬胶类零食 主要由牛皮、猪皮和其他成分等经过特殊加工制造而成的一种供宠物食用的高蛋白肉食营养品，适用于宠物磨牙和消磨时间。咬胶的形状不仅适合宠物玩耍的特点，还具有清洁口腔、减慢牙菌斑和牙垢形成的作用。

7. 果蔬类零食 是素食类的宠物零食，富含维生素和矿物质，在价格上会比肉类宠物零食略低。水果蔬菜中含有大量纤维素，其中不溶性膳食纤维可刺激肠道蠕动帮助排便，可溶性膳食纤维可以增加肠道益生菌的数量。

（二）根据生理功能分类

宠物零食不仅是用来给宠物们补充营养和消磨时光的，还具有许多重要的生理功能，如磨牙、洁齿、除口臭、增进食欲和调理肠胃等。因此，市场上销售的许多宠物零食常以此进行分类。

1. 补充营养类零食　宠物零食为介于人类食品与传统畜禽饲料之间的高档动物食品，通常具有很高的营养价值，可以辅助主食均衡营养，让宠物的营养结构更加完善。例如，利用鸡肉、牛肉、三文鱼、鳕鱼、猪肉等新鲜肉类制作的零食含有丰富的蛋白质、维生素和微量元素，利用牛乳发酵制得的零食奶酪含有多种维生素、蛋白质、脂肪、钙、磷等营养，这些对于宠物营养补充和促进钙质吸收、帮助肠胃消化等有很好的作用。

2. 磨牙类零食　犬猫在换牙期可能会有疼痛、发痒等表现，从而产生乱啃和撕咬的习惯，喂食磨牙类零食可以舒缓这些不适感。磨牙类零食一般以食用胶、牛皮/猪皮、骨头、面粉、少量诱食剂和其他食品添加剂制作而成，质地坚硬，干燥。常见的磨牙类零食有磨牙棒、磨牙骨和咬胶等。高质量的磨牙棒中含有的骨头和肉成分能额外补充钙元素、牛磺酸等营养物质，有的磨牙棒还具有清洁口腔异味、减少牙结石的作用，更有助于宠物的健康。磨牙骨是由羊骨、牛骨等经过洗净、煮熟和风干等过程制作而成。磨牙类零食还有娱乐的作用，是能食用的玩具，有利于宠物和主人建立良好关系。

3. 洁齿类零食　宠物在进食的时候，唾液混合食物会形成沉积物，这些沉积物柔软、黏性强，覆盖在牙龈周围容易滋生细菌，导致牙菌斑和牙结石的产生。洁齿类零食，例如适合宠物猫用的洁齿棒和宠物犬用的洁齿骨，不但可以满足它们的“馋虫”，还可以有效预防牙菌斑、牙结石。这类零食由肉干和洁牙成分如褐藻提取物组成，具有天然健康的特点，并且是多孔结构，可以物理摩擦牙齿去除牙齿软垢，所以洁齿类零食也具有磨牙的作用。

4. 除口臭类零食　宠物如果常吃湿粮、罐头，其口腔内部的食物残渣易滋生大量细菌，还会有口腔疾病或消化不良等问题，这些都会导致宠物产生严重的口臭。干燥的除臭类零食能有效清洁宠物口腔，保护牙齿及清除口腔异味，使宠物的排泄物及身体上的异味明显改善，直至消失。除臭饼干是常见的除口臭类零食，它能让宠物的牙齿更清洁，牙龈更健康，口气更清新。这类饼干以面粉、奶油和白砂糖等为主要原料，添加消臭成分如金银花等，使宠物摄入的营养更均衡，发育更完善。同时还能理气消食，增加食欲和提高机体免疫力。

5. 增进食欲类零食　当宠物身体状态不佳或是天气炎热时，容易表现为食欲不振，

经常吃不下东西。许多宠物零食肉香浓郁、鲜味诱人，对无肉不欢的宠物猫和宠物犬来说，是最有诱惑力的美味佳肴，可以轻松打开宠物胃口、刺激宠物食欲，还可以掺拌主粮食用，解决宠物们不爱吃饭的问题。

6. 调理肠胃类零食 宠物如果长时间吃一些不容易消化的食物，容易出现胃酸、胃疼、胃胀等消化不良问题。调理肠胃类零食不仅适口性好，还会添加一些具有调理肠胃、促进消化和改善食欲的有效成分，例如在食物中添加乳酸菌素来调理肠胃，以达到增进食欲和调理肠胃的作用（Garcia-mazcoro等，2017）。

（三）根据饲喂场景分类

宠物零食不仅含有丰富的营养物质和一定的生理功能，还有助于主人和宠物交流、培养感情，是连接宠物和宠物主人的情感纽带，根据饲喂场景可将其分为互动交流类、辅助训练类和调节情绪类。

1. 互动交流类 人类和宠物之间无法用语言进行交流，零食有助于促进人类与宠物的情感交流。宠物也有情感，也会难过、孤独或沮丧，它们很难主动地告诉我们，宠物主人可以通过投喂零食来与宠物互动交流。主人用零食和宠物互动的过程中，还充分掌握了主导权力，有助于树立主人的权威地位，让宠物更加依赖主人。营养高、适口性好的宠物零食均可用于促进主人和宠物之间的互动交流。

2. 辅助训练类 对于宠物而言，主人的耐心和鼓励很重要。在它正确的时候及时给它奖励，得到积极的反馈会让它更快地领悟到主人的意图，久而久之就会养成很多好习惯。在枯燥的训练过程中，零食可以大大提高宠物的兴奋指数，让它更乐意接受主人的指令，让宠物形成条件反射，进而达成训练的目的。行为训练奖励类零食多为规格相对较小或手持方便的样式，如冻干、肉粒、肉条、香肠、饼干等。

3. 调节情绪类 宠物的情绪和心理健康也在逐步被宠物主人所关注。长时间的分离有可能引发宠物的分离焦虑症。当宠物独处时，使用一些激发宠物玩耍/捕猎行为的耐咬零食，能很好地转移宠物的注意力，缓解它们的分离焦虑症。磨牙类食品硬度高，消耗慢，可以帮助宠物消磨时间。

（四）根据加工工艺分类

目前市场上宠物零食根据食品加工的工艺流程可分为热风干燥类、高温杀菌类、冷冻干燥类、挤出成型类、烘焙加工类、酶解反应类、保鲜储存类、冷冻储存类。

1. 热风干燥类 指采用在烘箱或烘干室内吹入热风使空气流动加快的干燥方法制造而成的零食，如肉干、肉条、肉缠绕类等。其工艺流程为：原料解冻→选杂→调味腌制→成型摆网→热风干燥→下网→挑选→计量→金属探测→封口→装箱→入库。

2. 高温杀菌类 指以经过121℃或以上高温杀菌工艺为主而制成的零食，如软包罐头、马口铁罐头、铝盒罐头、高温肠等。其工艺流程为：原料解冻→选杂→调味腌制→灌装成型→高温杀菌→恒温观察→挑选→入库。

3. 冷冻干燥类 指利用真空升华的原理使物料脱水干燥而制成的零食，如冻干禽肉、鱼肉、水果、蔬菜等。其工艺流程为：原料解冻→选杂→调味腌制→冷冻→切型→真空冷冻干燥→挑选→计量装袋→金属探测→封口装箱→入库。

4. 挤出成型类 指以挤出成型加工工艺为主而制成的零食，如咬胶类、肉类、洁齿骨类等。其工艺流程为：原料解冻→选杂→调味腌制→挤出成型→热风干燥→挑选→计量装袋→金属探测→封口装箱→入库。

5. 烘焙加工类 指以烘焙工艺为主而制成的零食，如饼干、面包、月饼等。其工艺流程为：和面→醒发→成型→烘焙→冷却→挑选→计量装袋→金属探测→封口装箱→入库。

6. 酶解反应类 以酶解反应工艺为主而制成的零食，如营养膏、舔食等。其工艺流程为：动、植物原料→加水混合→酶解→酶解液（或喷雾干燥）→计量装袋→金属探测封口装箱→入库。

7. 保鲜储存类 指以保鲜储存工艺为主，采用保鲜处理措施而制成的保鲜食品，如冷鲜肉类、冷鲜肉类与蔬果混合食品等。其工艺流程为：原料解冻→选杂→调味腌制→计量灌装→巴氏杀菌→金属探测→装箱→入保鲜库。

8. 冷冻储存类 指以冷冻储存工艺为主、采取冷冻处理措施（−18℃以下）而制成的零食，如冷冻肉类、冷冻肉类与蔬果混合类等。其工艺流程为：原料解冻→选杂→调味腌制→计量包装→金属探测→装箱→入冷冻库。

二 宠物零食的选择

调查显示，超过70%的宠物主人用零食促进与宠物的情感交流，接近50%的宠物主人用零食来给宠物补充营养、增强食欲、训练行为、清洁和锻炼牙齿等。科学配比、制作的宠物零食不仅具有消化吸收率高、配方科学、质量标准、饲喂方便等优点，还具有多种生理功能和作用（刘新达等，2021）。市场上宠物零食种类丰富，形式多样，为了确保零食不搅乱宠物的营养需求，同时又能达到维护和促进宠物健康的目的，科学选择宠物零食十分重要。

（一）根据生理需要选择零食

不同宠物在不同的成长期和年龄阶段，对零食的功能需求也不相同。例如，5月龄

左右的宠物犬正处于换牙期，会有疼痛等不适的感觉，为了让它们健康度过磨牙期，避免其在家里撕咬家具等，则可以通过磨牙棒等零食来帮助它们减轻换牙产生的不适，同时还能帮助新牙齿顺利穿出牙龈；还有长毛类的宠物在春夏交际会发生掉毛现象，除了选择一些低盐健康的主食外，还可以制作蛋黄含量较高的零食，减少宠物脱毛现象；老年和幼小宠物的牙齿和牙床不如年轻时那么坚固，要避免选择硬质零食，否则会损伤牙齿。因此，根据宠物自身的生理特点、生长阶段选择零食十分重要。

（二）选择食材天然健康的零食

宠物主人在挑选和购买零食时，注意选择食材新鲜、天然、无添加、安全、健康的零食，尽量避免太香、颜色太亮眼、形状不自然和保质期过长的零食，这类零食可能过多添加对宠物有害的化学物质，如色素、香精、防腐剂等，长期食用会影响宠物的健康。所以，购买时应该注意仔细查看成分标示及内容物，选择有完整的厂商资料及来源介绍的产品。

（三）选择适合宠物消化吸收的零食

一款零食是否适合自己的宠物，还要看消化情况，可以通过观察宠物的大便是否有较大的颗粒来确定其消化程度，如果消化不彻底，说明不适合宠物食用。还有很多人类的食物不适合宠物食用，不适合宠物犬的食物有牛油果、坚果、洋葱、葡萄干、巧克力、生肉、生鸡蛋、酒精饮料等，不适合宠物猫吃的有巧克力、葡萄干、海苔、各类骨头、咖啡和酒精饮料等。这些食物有的摄入一点点就可能引起宠物中毒，严重时会危及宠物的生命。

（四）按标准投喂零食

零食的营养成分不能完全取代主食，给宠物零食时要注意控制总量，有规律地投喂，不能影响正餐，否则会造成营养不均衡。不同体型的宠物，每天能吃的零食量有限，像猫咪、小型犬，一天能吃的肉干量要小于大型犬的量。只有按时、按量、按标准喂宠物零食，才能给宠物一个良好健康的体魄。

第三节 宠物零食的营养

宠物和人类一样，在成长过程中需要补充各种营养物质才能够保证健康成长。宠物零食是专门为宠物制作的零食，它虽然不如宠物主食营养全面、配方科学，但是宠物零食也具有很高的营养价值，可以辅助主食均衡营养，让宠物的营养结构更加完善，是宠物日常饮食中不可缺少的一部分。宠物零食的原料主要包括肉类、鱼类、奶类、谷类和果蔬类，不同原料制作的零食，其营养成分和功能各不相同（Viana等，2020）。

一 肉类零食的营养

肉类零食是用新鲜的猪、牛、羊、鸡和鸭等动物的肉组织及其内脏加工而成，新鲜肉类含水量较高，零食制作多数将其加工成含水量低的肉干。肉类零食营养丰富，其主要化学组成成分包括蛋白质、脂肪、碳水化合物、矿物质和维生素等（杨九仙，2007）。

（一）蛋白质

肉类蛋白质的化学组成与宠物体的蛋白质组成很接近，所以吸收率较高。肉类蛋白质多数为完全蛋白质，含有的必需氨基酸种类齐全，含量充足，相互比例适当，营养价值超过绝大多数植物性食物，在宠物的生命活动中具有重要的营养作用。肌肉组织蛋白富含赖氨酸和蛋氨酸，这两种氨基酸刚好是谷类和豆类最缺乏的，所以肉类与谷类或豆类搭配食用，可充分发挥蛋白质互补作用。结缔组织中含有的胶原蛋白和弹性蛋白缺乏蛋氨酸和色氨酸等必需氨基酸，营养价值相对较低，但其生理功能不可忽视。肉类蛋白质是犬猫生命阶段必不可少的营养素之一，在维持宠物健康、促进生长发育、保证组织修复等方面起着十分重要的作用（刘公言等，2021）。

（二）脂肪

肉类通常含有较多脂肪，它不仅使肉具有较好的口感，还可以补充宠物身体所需的脂肪酸，使皮、毛保持健康美观。肥肉部分脂肪含量可高达80%，瘦肉的脂肪含量低至8%。脂肪的组成主要是各种脂肪酸和甘油三酯，还有少量卵磷脂、胆固醇、游离脂肪酸及脂溶性色素。畜肉类如猪肉、牛肉、羊肉中的脂肪多由高饱和脂肪酸组成，饱和脂肪酸含量占总量的40%～60%，主要为棕榈酸和硬脂酸，熔点较高，常温下多呈现固态，性质稳定，较难消化吸收。畜肉脂肪的不饱和脂肪酸含量较低，因此肉类的必需脂肪酸含量极少，所以其营养价值相对较低。禽肉的饱和脂肪酸和胆固醇含量一般较畜肉低，亚油酸含量较高，占脂肪总量的20%左右，熔点低，易于消化，禽肉脂肪营养价值略高于畜肉脂肪。脂肪对犬猫中的能量浓度起到关键作用，包括提供必需脂肪酸、合成激素、组成神经系统、构成细胞膜等，是皮肤和激素正常运作的重要元素。脂肪除了作为能量的来源外，还有重要的功能，如作为脂溶性维生素的载体，以及帮助脂溶性维生素A、维生素D、维生素E和维生素K的吸收。

（三）碳水化合物

碳水化合物是动物不可缺少的营养物质，是动物获取能量最主要的来源，也是构成机体组织的重要物质（金磊等，2018；Jha R和Leterme，2012）。肉类中碳水化合物的含量都很低，在各种肉类中主要是以糖原的形式存在于肌肉和肝脏，其含量与动物的种类、营养及健壮情况有关。瘦猪肉的碳水化合物含量为1%～2%，瘦牛肉为2%～6%，羊肉为0.5%～0.8%，兔肉为0.2%左右。各种禽肉碳水化合物的含量都不足1%，鸡肉中0.9%，鸭肉中0.2%。动物被宰杀后保存过程中由于酶的分解作用，糖原含量逐渐下降，乳酸含量上升，pH逐渐下降，对肉的风味和保存有利。

（四）矿物质

肉类普遍含有丰富的矿物质，尤其是微量元素铁、锌、铜、硒的含量较高。肉类的矿物质含量约1%，瘦肉中的含量高于肥肉，特别是内脏肉中含量很丰富。铁的含量以鸭肝和猪肝最为丰富，每100g肝含铁约25mg。肉类中的铁，有一部分是以血红素铁的形式存在，所以是膳食铁的良好来源。牛肾和猪肾中硒的含量较高，是其他一般食物的数十倍。禽肉中钙、磷、铁等的含量均高于畜肉，微量元素锌和硒的含量也较高。各种禽肉和猪肉、牛肉、羊肉的矿物质元素含量见表3-2（邓宏玉等，2017）。矿物质元素在维持宠物身体健康和生长发育的过程中具有重要的意义，是机体组织的重要构成物质，参与机体的各项生命活动（任向楠，2020）。

表3-2　肉类矿物质元素含量（mg，每100g中）

矿物质元素	猪肉	牛肉	羊肉	老母鸡肉	鹌鹑肉	鸽鸪肉
钙	58.41	3.39	7.03	9.25	22.94	185.73
钾	328.56	281.49	191.71	238.19	238.29	203.32
钠	54.10	43.34	43.53	69.54	77.37	58.46
镁	24.65	21.27	14.16	21.16	20.12	25.58
铁	0.40	2.51	0.90	0.94	2.49	0.87
锌	1.35	4.81	1.82	1.69	0.95	1.15
铜	0.046	0.106	0.063	0.075	0.099	0.069
锰	0.000	0.012	0.010	0.021	0.021	0.139
碘	3.69	4.76	4.62	6.75	6.64	8.00
硒	9.99	18.11	10.99	28.15	33.94	26.42
钼	0.000	3.085	0.000	2.27	5.68	4.34

（五）维生素

肉类含有丰富的B族维生素，如维生素B_1、维生素B_2、尼克酸等，维生素A和维生素D的含量较低。猪肉中B族维生素的含量比牛羊肉高，而牛肉中的叶酸含量比猪肉高。猪肉平均每100g含维生素B_1 0.53mg、维生素B_2 0.12mg、尼克酸4.2mg。内脏的维生素含量更高，尤其是肝脏：每100g猪肝约含维生素B_2 2.11mg，比肌肉中多15～20倍；尼克酸含量为16.2mg，比肌肉多4～5倍。维生素既不是动物能量的来源，也不是动物新陈代谢的必需物质，它主要作为生物活性物质，在代谢中起调节和控制作用（任桂菊等，2004）。

二 鱼虾类零食的营养

鱼虾（水产品）含有丰富的营养，蛋白质含量高，维生素与畜禽肉类相比相当或略高，矿物质含量则明显高于畜禽肉类（吴曼铃等，2020）。鱼虾类零食是营养价值很高的食品，对宠物强化补充营养物质起着重要作用。鱼虾的化学组成因鱼类的种类、性别、年龄、营养状况和捕获季节等不同而有较大的差异。

（一）蛋白质

鱼虾肉蛋白质主要由肌原纤维蛋白和肌浆蛋白组成，结缔组织含量较少，肌纤维较细短，所以组织柔软，易被消化吸收。鱼虾肉的蛋白质是优质蛋白质，其氨基酸组成类似肉类，生物学价值高。鱼肉蛋白质中赖氨酸和亮氨酸含量丰富，而甘氨酸相对不足；甲壳类肌肉蛋白质中的缬氨酸和赖氨酸含量低于鱼肉；贝类的蛋氨酸、苯丙氨酸、组氨酸含量较鱼类和甲壳类低，但精氨酸和胱氨酸含量却远比其他水产动物高。鱼肉中含有的牛磺酸对宠物具有重要的作用，牛磺酸能维持犬猫细胞膜的电位平衡，帮助电解质如钠、钾、钙等离子进出细胞，可以加速神经元的增生和延长，从而加强宠物脑部神经机能，还可以调节视网膜功能。

（二）脂肪

与畜禽肉类相比，鱼虾类最大优势在于脂肪方面。不同种类鱼，脂肪含量差异很大，如鳕鱼脂肪含量只有0.5%，而鳀鱼的脂肪含量达到10.4%。鱼类脂肪主要分布在皮下和内脏周围，其组成以多不饱和脂肪酸为主，且富含必需脂肪酸花生四烯酸。在海鱼的脂肪中，不饱和脂肪酸含量高达70%～80%，其中还含有两种特殊的多不饱和脂肪酸——二十二碳六烯酸（DHA）和二十碳五烯酸（EPA），其含量可达10%～37%，

这两种脂肪酸具有降血脂、防止动脉粥样硬化等作用。几种水产动物脂肪中的EPA和DHA含量见表3-3。由于不饱和脂肪酸含量高，鱼脂通常呈液态，消化吸收率高，是必需脂肪酸的重要来源（钟耀广，2020）。

表3-3 几种水产动物脂肪中的EPA和DHA含量

来源	EPA含量（%）	DHA含量（%）	来源	EPA含量（%）	DHA含量（%）
沙丁鱼	8.5	16.0	海条虾	11.8	15.6
鲐鱼	7.4	22.8	梭子蟹	15.6	12.2
马鲛	8.4	31.1	草鱼	2.1	10.4
带鱼	5.8	14.4	鲤鱼	1.8	4.7
海鳗	4.1	16.5	鲫鱼	3.9	7.1
鲨	5.1	22.5	鲫鱼卵	3.9	12.2
小黄鱼	5.3	16.3	鳍鱼	10.8	19.5
白姑鱼	4.6	13.4	鱿	11.7	33.7
银鱼	11.3	13.0	乌贼	14.0	32.7

（三）碳水化合物

鱼肉中的碳水化合物含量也较低，约1.5%左右。鱼捕获后，由于糖酵解作用强，鱼类肌肉中的糖原几乎全部变为乳酸。乳酸的产生，使得肌肉中pH下降到5.6～5.8。软体动物的贝类含糖原达1%～8%。此外，鱼类肌肉中还含有琥珀酸，尤其在贝类肌肉中含量更为丰富。

（四）矿物质

鱼肉中矿物质含量为1%～2%，高于畜肉，磷含量最高，钙、钠次之。此外，鱼肉中钾、镁、铁、锌、硒等都较丰富，其中钙、硒含量明显高于畜禽肉类。虾、蟹及贝类都富含多种矿物元素，如牡蛎是含锌、铜最高的海产品，其中铜含量高达每100g中30mg。

（五）维生素

鱼类是宠物所需维生素的良好来源。鱼肉中维生素种类很丰富，海鱼肝脏富含维生素A、维生素E。鱼肉中的B族维生素含量也较丰富。螃蟹及鳝鱼体内含有较多的核黄素和尼克酸，如每100g鳝鱼中核黄素的含量为1～2mg，是猪肉中核黄素含量的10倍。

三 乳制品类零食的营养

乳制品类零食是指用牛乳、羊乳等制作而成的零食，如奶片、奶酪条之类的零食。不同来源奶类的营养成分类似，主要由水分、蛋白质、脂肪、乳糖、矿物质、微生物以及酶、生物活性物质等组成，但是营养成分的含量和比例略有差异（表3-4）（范琳琳等，2021）。

表3-4 几种乳营养成分比较

乳类	干物质（%）	蛋白质（%）	脂肪（%）	乳糖（%）	矿物质（%）
人乳	12.42	2.01	3.74	6.37	0.30
牛乳	12.75	3.39	3.68	4.94	0.72
山羊乳	12.97	3.53	4.21	4.36	0.84
绵羊乳	18.40	5.70	7.20	4.60	0.90

（一）蛋白质

牛乳中蛋白质的含量比较多，每100g牛乳含有2.5～4g蛋白质。羊乳比牛乳酪蛋白含量低、乳清蛋白含量高，酪蛋白在胃酸的作用下可形成较大凝固物，其含量越高蛋白质消化越低，所以羊乳蛋白质的消化率比牛乳高。

（二）脂肪

牛乳中的脂类主要以甘油三酯为主，并含有少量磷脂和胆固醇。乳脂肪中脂肪酸组成复杂，短链脂肪酸（如丁酸、己酸、辛酸）含量较高，是乳脂肪具有良好风味及易于消化的原因。羊乳中的脂肪球只有牛乳的1/3，而且颗粒均匀，较易消化吸收。

（三）碳水化合物

纯乳中的主要碳水化合物是乳糖，它具有调节胃酸、促进肠蠕动和促进消化腺分泌的作用。纯羊乳和纯牛乳中的碳水化合物含量相差不大。

（四）矿物质

牛乳中含有大量的矿物质，例如钙、磷、钾、镁、铁、锌、硒、铜、锰，其中以钙和钾含量最为丰富。牛乳钙容易吸收，因为它与乳清蛋白和酪蛋白形成易于吸收的络合物，从而避免牛乳中的钙和铁在小肠中沉淀。羊乳矿物质含量比牛乳高0.14%。羊乳比牛乳含量高的元素主要是钙、磷、钾、镁、氯和锰等。

（五）维生素

牛乳中的维生素包括维生素A、维生素B_1、维生素B_2、维生素C、维生素E以及烟酸等，牛乳中维生素的含量因奶牛的饲养条件、季节和加工方式不同而有所差异。一般来说每100g牛乳中含大约24μg维生素A、0.03μg维生素B_1、0.14μg维生素B_2、1μg维生素C、0.21μg维生素E及0.1μg烟酸等。羊乳中12种维生素的含量比牛乳的高，特别是维生素B和尼克酸含量要高1倍。

四 谷物类零食的营养

谷物类零食是指由大麦、小麦、玉米、大米、小米和燕麦等为原料制作的零食。谷物类来源广泛，价格低廉，含有较多的纤维素。犬类对粗纤维不易消化，但是纤维素对犬的正常生理代谢具有重要作用，它可刺激胃肠蠕动、减少腹泻和便秘的发生。粗纤维含量高的零食还可以帮助猫类吐出毛球、清洁牙齿（王景芳和史东辉，2008）。

（一）蛋白质

谷物类的粗蛋白含量较低，为7%～13%，其氨基酸组成不平衡，赖氨酸含量少，苯丙氨酸、色氨酸和蛋氨酸等含量也比较低，所以谷物蛋白的营养品质相对较低。

（二）脂肪

谷物类脂肪含量低，大米、小麦为1%～2%，玉米和小米可达4%。谷类中的脂肪多为不饱和脂肪酸，亚油酸和亚麻酸的含量比较高。

（三）碳水化合物

谷物类的碳水化合物主要为淀粉，含量在70%以上，易消化，故谷类食品的有效能值高。粗纤维也是碳水化合物，含量一般在5%之内，带颖壳的大麦、燕麦等粗纤维可达10%左右。碳水化合物是生命细胞结构的主要成分及主要供能物质，并且有调节细胞活动的重要功能，此外还有调节脂肪代谢、提供膳食纤维、节约蛋白质和增强肠道功能的作用。

（四）矿物质

谷物类的矿物质含量为1.5% ～ 3%，其中主要是磷和钙，磷含量相对较高，由于多以植酸盐形式存在，所以犬猫等宠物对其利用率很低。

（五）维生素

谷物类含有丰富的B族维生素，如硫胺素、核黄素、泛酸和吡哆醇。谷类维生素主要分布在糊粉层和谷胚中，因此，谷类加工越细，维生素损失就越多。

五 蔬菜瓜果类零食的营养

蔬菜瓜果类零食由蔬菜和瓜果类加工而成，以脱水形成果蔬干最为常见。新鲜的蔬菜、瓜果含水量在90%以上，少数品种含有淀粉和糖，蛋白质和脂肪的含量很低，但是可以为宠物提供维生素、胡萝卜素、矿物质等，在宠物食品中具有重要意义。宠物常用蔬菜瓜果的营养价值见表3-5（王景芳和史东辉，2008）。

表3-5 宠物常用蔬菜瓜果的营养价值（%）

营养物质	苜蓿草粉	胡萝卜	马铃薯	菠菜	大白菜	小白菜	苋菜	西洋菜	甘蓝	冬瓜	南瓜	橘	苹果	葡萄	香蕉
干物质	87.0	8.6	19.8	6.5	4.6	4.7	7.6	5.5	7.1	3.1	10.3	11.9	13.3	7.8	25.8
粗蛋白质	19.1	0.8	2.6	2.1	1.1	1.6	1.8	2.9	1.3	0.3	1.3	1.0	0.3	0.7	1.3
粗脂肪	2.3	0.1		0.4	0.1	0.3	0.1	0.5	0.2	0.1	0.1	0.2	0.1	0.2	0.2
粗纤维	22.7	1.2	0.6	2.3	1.1	1.0	1.1	1.2	1.0	0.7	0.7	0.4	0.9	0.6	0.6
无氮浸出物	35.3	5.7	15.8	0.4	1.8	1.0	3.4	0.3	4.1	1.7	7.6	9.9	11.9	6.1	23.1
粗灰分	8.3	0.8	0.8	1.3	0.5	0.8	1.2	0.6	0.5	0.3	0.6	0.4	0.1	0.2	0.6
钙	1.40	0.03	0.01	0.10	0.02	0.07	0.2	0.03	0.03	0.02	0.01	0.03	0.01	0.01	0.01
磷	0.51	0.03	0.04	0.03	0.03	0.03	0.05	0.03	0.04	0.01	0.04	0.01	0.01	0.01	0.03
赖氨酸	0.82	0.05	0.12	0.13	0.05	0.08	0.08	0.15	0.07	0.01	0.04	0.04	0.01	0.01	0.07
蛋氨酸	0.21	0.01	0.02	0.01	0.01	0.01	0.01	0.02	0.02	0.00	0.01	0.01	0.00	0.00	0.04
胱氨酸	0.22	0.02	0.02	0.02	0.01	0.03	0.01	0.04	0.02	0.00	0.01	0.01	0.01	0.01	0.01

（续）

营养物质	苜蓿草粉	胡萝卜	马铃薯	菠菜	大白菜	小白菜	苋菜	西洋菜	甘蓝	冬瓜	南瓜	橘	苹果	葡萄	香蕉
色氨酸	0.37	0.01	0.04	0.03	0.01	0.02	0.02	0.00	0.02	0.00	0.02	0.00	0.00	0.01	0.01
苏氨酸	0.74	0.02	0.09	0.09	0.04	0.04	0.05	0.10	0.06	0.01	0.02	0.03	0.01	0.01	0.06
异亮氨酸	0.68	0.04	0.08	0.09	0.03	0.04	0.08	0.09	0.05	0.01	0.03	0.02	0.01	0.01	0.04
组氨酸	0.39	0.01	0.05	0.04	0.02	0.02	0.05	0.15	0.04	0.00	0.02	0.01	0.01	0.01	0.09
缬氨酸	0.91	0.05	0.12	0.14	0.04	0.07	0.13	0.12	0.05	0.02	0.04	0.03	0.02	0.02	0.07
亮氨酸	1.2	0.05	0.12	0.18	0.04	0.08	0.14	0.17	0.07	0.01	0.03	0.04	0.02	0.02	0.08
精氨酸	0.78	0.04	0.13	0.14	0.04	0.07	0.09	0.21	0.11	0.01	0.04	0.10	0.01	0.06	0.07
苯丙氨酸	0.82	0.03	0.07	0.10	0.03	0.05	0.08	0.12	0.04	0.02	0.02	0.03	0.02	0.02	0.06
酪氨酸	0.58	0.02	0.07	0.05	0.02	0.04	0.08	0.08	0.03	0.01	0.03	0.03	0.01	0.01	0.03

（一）碳水化合物

蔬菜瓜果类所含的碳水化合物主要有淀粉、纤维素、果糖、蔗糖和葡萄糖等。马铃薯、山药等的碳水化合物含量相对较高，为14%～25%，主要为淀粉；多数新鲜水果如苹果、西瓜等的碳水化合物含量8%～12%，含有较多的双糖和单糖。蔬菜和水果中含有丰富的纤维素、半纤维素和果胶等，虽然犬猫不能消化这些碳水化合物，但是它们有助于促进胃肠蠕动，吸附有毒有害物质，使之排出体外。纤维素还可以被结肠中的微生物发酵分解，生成短链脂肪酸，如乙酸、丁酸等，可以保护结肠黏膜的健康，所以具有其他营养成分不可替代的作用。

（二）矿物质

蔬菜瓜果类含有丰富的矿物质，如钙、磷、钾、铁、镁、铜、硒等，绿叶蔬菜中的钙、铁、镁等元素含量较多，水果中的相对较少。

（三）维生素

蔬菜瓜果类是维生素的重要来源。蔬菜中含有丰富的维生素C，绿叶蔬菜含量为200～400mg/kg，青椒的维生素C含量高达1 600mg/kg。各种绿色、黄色和红色蔬菜中还含有较多胡萝卜素。

第四节 功能性宠物零食的物质基础与配方

功能性宠物食品是一类预防疾病、调节生理功能、促进康复的食品。它不以治疗为目的，不能取代药物对宠物的治疗作用，但是能改善并提升宠物某方面的机能，以达到宠物保持健康免受疾病侵害的目的。随着消费升级以及宠物拟人化经济的崛起，宠物的消费模式逐渐由生存型消费向享受型消费发展，功能性宠物零食的需求也从纯粹追求口感向多元化方向发展，个性化消费需求层出不穷，市场细分化成为显著趋势。在充分了解宠物新陈代谢的基础上，优化它们的营养和健康状况，是宠物零食功能开发的关键所在。

一 补充营养的功能零食

宠物在生长和维持各种生命活动过程中需要不断从环境中摄取营养物质，如蛋白质、脂肪、矿物质、碳水化合物和维生素等，营养需求是指宠物为达到期望生长性能时，每天对各种营养物质的需要量。不同种类、性别、年龄和生理阶段的宠物有不同的营养需求。虽然宠物主粮可为宠物提供最基础的生命保证、生长发育和健康所需的营养物质，但是受各种因素的影响，如活动量、气候、健康、应激等，宠物对营养的需求量不是绝对不变的。一般来说，宠物在站立比睡卧时多消耗9%的能量，行走和跑步时消耗的能量更多，冬天比夏天的营养需求多，宠物健康状况不良时需要更多的营养，更换饲料及主人等应激过程也要增加营养需要。以上几种情况均可以通过宠物零食补充更多的营养。

（一）具有营养补充功能的物质

1. 补充蛋白质的物质 蛋白质对宠物的生长发育具有非常重要的作用，它不仅可以为宠物提供能量，还是机体组织和激素、抗体及各种酶的形成所必需的原料。食品蛋白质对构成宠物体蛋白和机体组织损坏的修复及维持酸碱平衡起着重要作用。如果日粮中蛋白质不足或者缺乏某些必需氨基酸，就会引起宠物体内氨基酸缺乏，宠物体内蛋白质的合成就会停止，从而影响到宠物正常生长，导致宠物出现生长缓慢、抵抗力下降、容易生病的现象。当日粮中蛋白质含量满足需要时，过多的蛋白质将转化为脂肪贮存于体内，目前没有数据表明过量的蛋白质摄入会影响犬猫的健康或是引起犬猫的肝肾功能紊乱。蛋白质的供给原料物质包括动物性蛋白、植物性蛋白和微生物蛋白，不同的蛋白质其生物学利用率不同，鸡蛋是生物学价值最高的蛋白质，其效价可以定为100，鱼肉是90以上，小麦是48，其他不同类型蛋白质的生物学价值见图3-3（王金全，2018）。

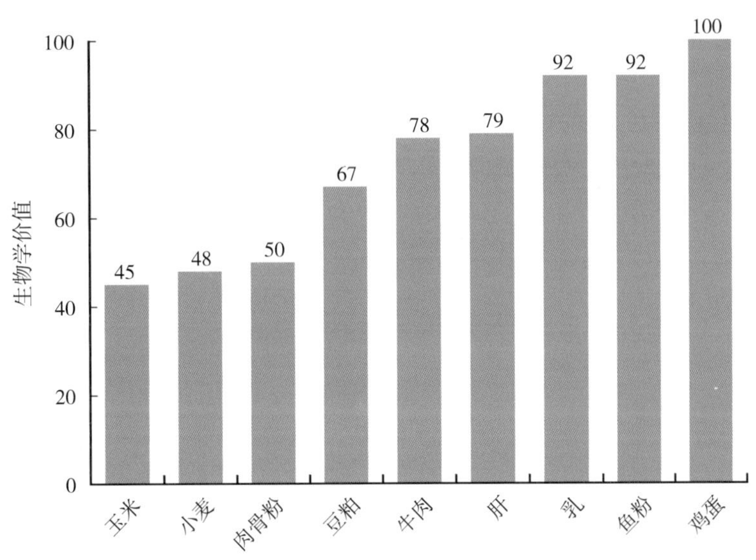

图3-3　不同来源蛋白质的生物学价值

动物性蛋白原料包括鸡肉、猪肉、鱼肉、牛肉、动物内脏、蛋类以及牛乳等。这类物质的蛋白质含量高，一般为40%～85%，氨基酸组成较为平衡，蛋白质品质好，并且含有促动物生长因子；碳水化合物含量低，一般不含粗纤维；钙、磷含量高，比例合理，利用率高；维生素含量丰富。缺点为脂肪含量高，容易氧化酸败，不宜长期保存。

植物性蛋白原料主要包括大豆、豌豆、大豆粕、花生粕、玉米蛋白粉等，其蛋白质含量为20%～50%。饼粕类的蛋白质含量虽然高，但是其适口性差，有的还会对犬猫有不良影响，如肠道过敏而导致腹泻，因此，需要与其他饲料搭配，使用量必须严格控制，一般不超过15%。

微生物蛋白，又称单细胞蛋白质，是通过细菌、酵母、丝状真菌或小球藻等单细胞生物的发酵生产而得到蛋白质。酵母含粗蛋白质40%～50%，生物学价值介于动物蛋白质与植物蛋白质之间，赖氨酸含量高。微生物蛋白添加到零食中时，需要考虑毒性、必需氨基酸含量、核酸含量、口味和加工条件等因素。

2. 补充脂肪的物质　脂肪既是细胞增殖、更新、修补的原料，也是参与细胞内某些代谢调节物质合成的重要物质。在宠物零食制作过程中，脂肪还具有提高食品风味、改善颗粒外观、提高宠物食品能量浓度和适口性的作用。若脂肪摄入不足，会造成宠物皮毛枯涩、暗淡无光，而且加速蛋白质的消耗，长期缺乏会出现消瘦、生长缓慢。当宠物摄入体内的能量超过实际需要的量时，多余的能量主要以脂肪的形式储存在体内，而且脂肪能以较小的体积储存较大的能量，是宠物储存能量的最好形式。当然，过量的脂肪也会引起肥胖，产生一些负面影响。

脂肪的来源有动物油和植物油，动物油包括鸡油、牛油、猪油、鱼油、虾油等，植物油包括豆油、亚麻油、植物籽实油、棕榈油等。不同油脂，其脂肪酸的组成和含量不同（表3-6），植物油中亚油酸含量高于动物油，动物油中的饱和脂肪酸含量较高。这些油脂不仅是必需脂肪酸的良好来源，喷涂或包裹于零食的表面还可提高宠物食品的适口性，同时有利于脂溶性维生素的运输和吸收利用。油脂容易氧化酸败，宠物用油脂必须符合质量才能添加于零食中，其相关标准见表3-7（王金全，2018）。

表3-6　几种食用油脂的主要脂肪酸组成、熔点和碘值*

油脂	熔点（℃）	碘值	脂肪酸组成（g，每100g总脂肪酸中）			
			棕榈酸	硬脂酸	油酸	亚油酸
奶油	28～33	26～45	23～26	10～13	30～40	4～5
牛油	40～50	31～47	24～32	14～32	35～48	2～4
羊油	42～48	32～50	25	31	36	4.3
猪油	28～48	46～68	25～28	12～18	43～52	7～9
大豆油	20～30	122～134	7～10	2～5	22～30	50～60
花生油	0～3	88～98	6～10	3～6	40～64	18～38
麦籽油	−10	94～103	3～10	3～10	14～29	12～24
葵花籽油	−16～18	129～136	10～13	10～13	21～39	51～68
玉米油	−15～−10	111～128	8～13	1～4	24～50	34～61
芝麻油	−5	106～117	8～9	4～6	35～49	38～48

* 碘值：每100g油吸取碘的质量，g。

3. 补充碳水化合物的物质　宠物的正常生命活动都需要以能量为支撑，如维持体温的恒定和各个组织器官的正常活动、机体的运动等均需要消耗大量能量。宠物所需能量中约80%由碳水化合物提供。碳水化合物是自然界存在的一大类具有生物功能的有机化合物，它广泛存在于植物性饲料中。谷物类来源广泛，价格低廉，为宠物所需碳水化合物的主要原料，包括玉米、小麦、大米、燕麦等，其中主要碳水化合物是淀粉，不同谷物类干物质中的淀粉含量见表3-8。

表3-7 饲料级混合油质量标准

标准类别	项目	指标
质量标准	碘值	50～90
	皂化值（皂化1g油脂所需要的氢氧化钾的质量，mg）	≥190
	水分及挥发物（%）	≤1
	不溶性杂质（%）	≤0.5
	非皂化值（%）	≤1
卫生标准	酸价（中和1g油脂样品中游离脂肪酸所需要的氢氧化钾的质量）（mg）	≤20
	过氧化值（样品中活性氧的物质的量）（mmol/kg）	≤15
	羰基价（mmol/kg）	≤50
	极性组分（%）	≤27
	游离棉酚（%）	≤0.02
	黄曲霉毒素（μg/kg）	≤10
	苯并（α）芘（μg/kg）	≤10
	砷（以As计）（mg/kg）	≤7

表3-8 常见谷物类干物质中的淀粉含量

谷物	淀粉（%）
玉米	73
冬小麦	65
高粱	71
大麦	60
燕麦	45
糙米	75

4. 补充矿物质的物质 矿物质对宠物骨骼形成、新陈代谢、神经信号传导、肌肉合成和免疫机能有重要作用，所有矿物质都能影响其他矿物质的消化和代谢，因此在确保矿物质足量的同时还要保持矿物质的平衡。动物体内矿物质的组成见图3-4。钙、磷、钾、硫、钠、镁、氯等是宠物的常量矿物元素，其中钙、磷是含量较多的元素，宠物钙缺乏会引发食欲减退、毛发粗糙、口臭、关节变形等多种问题，磷缺乏会引发精神错乱、厌食和关节僵硬等现象。常见食品中钙磷的含量见表3-9（钟耀广，2020；王金全，2018）。

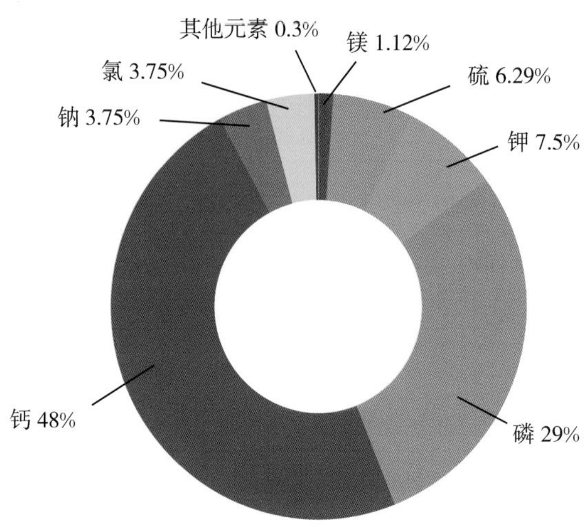

图3-4 动物体内矿物质组成

表3-9 食品中钙、磷含量（mg，每100g食物中）及比值

品名	钙	磷	钙磷比	品名	钙	磷	钙磷比
人乳	34	15	2.3/1	海带	1 177	216	5.4/1
牛乳	120	93	1.3/1	发菜	767	45	17/1
乳酪	590	393	1.5/1	大白菜	61	37	1.6/1
鸡蛋	55	210	1/3.8	小白菜	93	50	1.8/1
鸡蛋黄	134	532	1/4	标准粉	38	268	1/7.1
虾皮	2 000	1 005	2/1	标准米	8	164	1/20.5
黄豆	367	571	1/1.6	瘦猪肉	11	177	1/16.1
豆腐（南）	240	64	3.8/1	瘦牛肉	16	168	1/10.5
豆腐（北）	277	57	4.9/1	瘦羊肉	15	233	1/15.5
豆腐丝	284	291	1/1	鸡（肉及皮）	11	190	1/17.3
芝麻酱	870	530	1.6/1	鲤鱼	25	175	1/7
豌豆	84	400	1/4.8	鲫鱼	54	203	1/3.8
蚕豆	61	560	1/9.2	带鱼	24	160	1/6.7
花生仁（炒）	67	378	1/5.6	大黄鱼	33	135	1/4.1
西瓜子	237	751	1/3.2	青鱼	25	171	1/6.8
核桃仁（炒）	93	386	1/4.2				

5. 补充维生素的物质 维生素虽然含量很少，但却是宠物生长不可缺少的营养物质，每种维生素都有其重要的生理功能，如维生素A与视觉、生长和抗病力有关，维生素C可促进铁、钙、叶酸的吸收利用。蔬菜和水果是维生素补充的良好原料，常作为宠物零食添加的原料有胡萝卜、番茄、马铃薯、甘薯、南瓜、苹果、葡萄、西瓜等。这类物质水分含量高达70%～90%，粗纤维含量低，是维生素C和胡萝卜素的重要来源。肉类食物中也还有丰富的维生素，不同的维生素功能不同，一些重要维生素的生理功能及来源见表3-10（朱圣庚，2017）。

表3-10 一些重要维生素的生理功能及来源

名称	主要生理功能	来源
维生素A（抗干眼病维生素、视黄醇）	构成视紫红质； 维持上皮组织结构健全与完整； 参与糖蛋白合成； 促进生长发育，增强机体免疫力	肝、蛋黄、鱼肝油、奶汁、绿叶蔬菜、胡萝卜、玉米等
维生素D（抗佝偻病维生素、钙化醇）	调节钙磷代谢，促进钙磷吸收； 促进成骨作用	鱼肝油、肝、蛋黄、日光照射皮肤可制造维生素D_3
维生素E（抗不育维生素、生育酚）	抗氧化作用，保护生物膜； 与动物生殖功能有关； 促进血红素合成	植物油、莴苣、豆类及蔬菜
维生素K（凝血维生素）	与肝合成凝血因子Ⅱ、Ⅶ、Ⅸ和Ⅹ有关	肝、鱼、肉、苜蓿、菠菜等，肠道菌可以合成
维生素B_1（硫胺素、抗脚气病维生素）	α-酮酸氧化脱羧酶及转酮酶的辅酶； 抑制胆碱酯酶活性	酵母、豆、瘦肉、谷类外皮及胚芽
维生素PP（烟酸、烟酰胺、抗糙皮病维生素）	构成脱氢酶辅酶成分，参与生物氧化体系	肉、酵母、谷类及花生等，人体可自合成一部分色氨酸
维生素B_2（核黄素）	构成黄酶的辅基成分，参与生物氧化体系	酵母、蛋黄、绿叶蔬菜等
泛酸（遍多酸）	构成CoA的成分，参与体内酰基转移作用	动植物细胞中均含有
维生素B_6（吡哆醇、吡哆醛、吡哆胺）	参与氨基酸的转氨作用，脱羧作用； 氨基酸消旋作用； β-和γ-消除作用	米糠、大豆、蛋黄、肉、鱼、酵母等，肠道菌可合成

（二）补充营养类零食的配方

营养类功能零食的配方设计既要考虑营养素的含量，还要考虑零食的适口性，当然还有一个重要的因素便是安全性。为了生产高质量的宠物零食，需要保证高质量原料供应，原料的选择对营养性、适口性和安全性有很大的影响，注意避免使用细菌、霉菌污染的原料。适口性还可以通过使用宠物食品风味剂来进行调节，风味剂是一种专门为宠物食品、零食、营养补充剂提供更好口味的复合成分体系，它和宠物零食的配方一样重要，都是核心成分。如果宠物不喜欢吃一种食品，不管它的配方搭配多健康，都会造成宠物营养缺乏，从而造成一系列严重的后果。因此，宠物行业的龙头企业在研发上都是不惜重金，确保能准确测试宠物零食的适口性。

以犬用零食薄切肉脯为例，该零食原料肉的来源包括牛肉、鸡肉和鸭肉，配合马铃薯淀粉和复合调味料，并添加了一定量的维生素，让宠物垂涎三尺。薄切牛肉脯的配方为冻牛肉（30%）、鲜鸭肉、鲜鸡肉、马铃薯淀粉、牛皮、宠物饲料复合调味料、三聚磷酸钠（0.03%）、丙三醇、山梨糖醇、维生素E。该零食含有丰富的优质蛋白质，适合给宠物补充蛋白质和维生素。小型犬每天饲喂2～3片，中型犬每天饲喂3～5片，大型犬每天饲喂5～10片。

市场上补充营养的猫咪零食也有很多，如猫条，其原料组成为金枪鱼（60%）、葵花籽油、牛磺酸（0.1%）、羟丙基淀粉、刺槐豆胶维生素E、红曲红。该零食的产品成分分析显示，粗蛋白质≥5%，粗脂肪≥1.5%，粗纤维≤1%，粗灰质≤1.9%，水分≤86%。该产品具有较好的补充蛋白质、牛磺酸和维生素的作用。还有一些犬猫通用的鸡肉冻干，其蛋白质含量高达80%以上，冻干肉中还富含维生素A，有助于改善视力低下、腹泻和免疫力低等问题。

二 磨牙洁齿的功能零食

多数宠物在换牙期时因牙齿痛痒而啃咬家具，有些犬类还会因为消化不好，积食在胃中反复蠕动而刺激肠胃神经和中枢神经，引起磨牙。磨牙类零食不仅可以舒缓以上症状，还可以锻炼宠物的咀嚼能力。另外，宠物口腔中的细菌、菜屑、食物残渣及唾液等成分容易残留在牙齿和牙龈之间，并形成一层白色软膜，最终成为牙菌斑或牙结石，从而引起口臭等口腔问题，所以宠物洁齿十分必要（蔡皓璠，2021）。市场上洁齿棒均具有一定的磨牙作用，而且许多磨牙棒也具有洁齿的功能，磨牙和洁齿的界限越来越不明显。

（一）磨牙洁齿的功能物质基础

对于磨牙和洁齿类零食，有的是以零食为主，磨牙洁齿功能为次；有的主要以磨牙洁齿为主，零食的功效为辅。目前市售的相关产品包括狗咬胶、洁齿骨、猫饼干和口腔处方粮等。它们大多遵循机械摩擦去除牙菌斑和牙结石、螯合钙离子减少牙结石、改善口腔微生物菌群组成、抑制细菌生长的原理（Bellows等，2019；Giboin等2012；张环等，2021）。

1. 物理摩擦　磨牙零食的基本原理是通过牙齿与质地较硬的物体之间的摩擦来缓解痛痒并帮助乳牙生长。物理摩擦最为常见，它通过咀嚼与摩擦去掉牙齿上的结石，破坏牙菌斑生物膜的形成从而达到抑制牙菌斑的作用。磨牙洁齿零食要求食物硬度适中，太坚硬宠物会咬不动，而质地较软的磨牙食物虽能起到一些磨牙的作用，但吃下太多不容易消化，容易影响主粮的食用。常见的咬胶、磨牙棒、饼干和骨头等牙科零食就是通过这种机械作用起到保护牙齿的作用。能否起到机械摩擦作用，与食物的质地、形状、大小等均有关系。

2. 化学抑菌　是指通过加入化学物质或是抗生素等抑制口腔细菌和牙结石的生长。乳酸在食品中常常用于防腐和调节酸度，宠物零食中的乳酸有助于抑制沙门氏菌、荧光假单胞菌和小肠结肠炎耶尔森菌等微生物的生长，防止牙菌斑的生成。具有抗菌抗炎的天然物质也被广泛用于抑制口腔微生物，清新口气，如蜂胶含有高良姜素、咖啡酸和白杨素等抑菌活性成分，对口腔微生物具有较好的抗菌活性，且对牙龈成纤维细胞无细胞毒性。

3. 钙螯合剂　可以通过螯合唾液中的钙，减少牙菌斑矿化成牙结石。如三聚磷酸钠和六偏磷酸钠对钙离子具有较强的螯合作用，可有效降低牙菌斑矿化生成牙结石的速度。

4. 生物分解　是依靠生物酶分解食物残渣，切断有害细菌生存来源，且渗入生物膜，软化和分解已经产生的牙垢。该类生物酶有蛋白酶、纤维素酶等。

5. 调节口腔菌群　通过引入益生菌来调节口腔菌群从而改善口腔健康是一个新的办法。常见的细菌属益生菌包括乳杆菌属、双歧杆菌属、肠球菌属、链球菌属、片球菌属、明串珠菌属、芽孢杆菌属和大肠杆菌属。益生菌的作用包括产生具有抗菌活性的有机酸和细菌素，与病原菌竞争黏性附着到牙齿表面，调节氧化还原电位，分化和增强宿主细胞和体液免疫系统等。目前国内市面上已有一些添加益生菌的口腔护理产品，如益生菌洁齿水等。

（二）磨牙洁齿类功能零食的配方

磨牙骨和洁齿骨为宠物犬的天然磨牙洁齿零食，由羊骨、牛骨等经过洗净、煮熟和风干等过程制作而成，没有添加剂，还具有补钙功能。

为了达到更好的磨牙洁齿效果，市场上有的产品聚物理摩擦、化学抑菌和生物酶解于一体，如适合宠物犬的复合酶洁齿零食，其配方组成为红薯粉、豌豆粉、鸡肉、啤酒酵母粉、西兰花粉、纤维素、干薄荷、丙三醇、轻质碳酸钙、三聚磷酸钠、六偏磷酸钠、迷迭香提取物、茶多酚、蛋白酶、纤维素酶。该零食形状为牙刷状，有助于增大与牙齿的接触面积；添加了三聚磷酸钠、蛋白酶、纤维素酶等化学与生物洁齿成分，能够减缓牙垢沉积、抑制牙菌斑滋生。产品大小型号根据宠物犬的体重选择，宠物早晚餐后喂食洁齿效果较好。

市场可供猫咪使用的具有洁牙功效的宠物零食也比较多，如猫咪洁齿棒，它的配方含有洁牙成分如褐藻提取物等，天然健康，并且是多孔结构，可以通过物理摩擦牙齿去除牙齿软垢，其具体配方组成为冻鲜鳕鱼、冻鲜鸡胸肉、褐藻粉、牦牛骨粉、薄荷精油、溶菌酶、半乳岩藻聚糖、芦荟多糖、焦磷酸钠、硫酸锌、维生素B_6、维生素B_{12}、甘油磷酸钙。该产品建议猫咪每天喂食3根。

三 脱除口臭的功能零食

口腔健康对宠物的健康至关重要，良好的口腔护理可以延长宠物20%的寿命，而严重的口腔问题可能会造成系统性疾病，如心内膜炎、肾小球肾炎、肝炎等（Yachida等，2019；Kitamoto等，2020）。口臭是宠物健康的一个信号，引起口臭的原因较多，主要包括以下几个方面：①宠物在进食时，如果食物塞在牙齿里没有及时清理，细菌大量滋生，时间长了就会发出恶臭味；②当宠物因细菌感染患牙周病或口腔溃疡，也会表现为口臭；③如果宠物肠胃系统不好、消化不良，除了会出现腹胀、腹泻、呕吐等症状，也会引发口臭（Harvey，2022）。所以，治疗口臭需要对症下药。

（一）脱除口臭的功能物质

宠物在吃较甜或柔软的食物时，口腔及牙齿之间容易产生食物残渣，并滋生大量细菌，引起严重口臭问题。此时，可以给宠物选择坚硬的零食，延长咀嚼和摩擦时间，有助于去除口腔食物残渣，并脱除口臭。如果长时间给宠物吃一些不容易消化的食物，食物酸败产生的胃气到口腔后会散发出口臭，这种情况就要吃容易消化的食物，并在食物中补充乳酸菌素和益生元等来调节肠道，具体见调节肠胃的功能零食。对于由于细菌滋生和感染引起的口臭问题，可以通过在零食中加入以下物质进行改善。

1. 多元醇糖 宠物食品中碳水化合物（蔗糖、葡萄糖等）是导致口腔疾病的根源，这些糖类会促进口腔细菌微生物的滋生而侵蚀牙齿。木糖醇、山梨糖醇等多元醇糖不能提供口腔微生物利用的碳水化合物来源，从而可以保护口腔健康。木糖醇等功能性糖具有取代葡萄糖、蔗糖，促进宠物牙齿健康，降低血糖和保护肝脏的作用（Utami等，2018）。

2. 纤维类物质 是宠物天然的“牙刷”。宠物咀嚼高纤维物质，包括蔬菜、水果等，可以有效清除附着在牙齿表面的微生物，因此适量的纤维类食品可以作为宠物口腔的护理素（Monti等，2016）。

3. 植物提取物 植物中的有效成分也具有保护牙齿的作用，天然植物提取物迷迭香、绿茶多酚、金银花、黄芩等是目前使用比较广泛的一类提取物，它们具有抑制微生物生长、保持口气清新的作用（Chen等，2016；Rizzo等，2021）。

（二）脱除口臭功能零食的配方

基于脱除口臭的功能物质基础，可制作犬用除臭饼干，其原料主要组成为小麦粉、白砂糖、植物油、淀粉、全脂乳粉、卵磷脂、低聚麦芽糖、碳酸钙、明胶、碳酸氢铵、绿茶提取物、红曲红、叶绿素铜钠盐。其中，绿茶提取物不仅可以使宠物犬口气清新，还有助于消除犬排泄物异味；低聚糖可改善宠物肠胃系统消化功能。该零食适合3月龄以上的宠物犬食用，小型犬建议每天4～6块，中型犬建议每天7～10块，大型犬建议每天11～16块。

还有猫咪用的洁齿粒也具有较好的脱臭功能，其主要成分为马铃薯淀粉、纤维素、鱼粉、啤酒酵母粉、酪蛋白、鱼油、椰子油、薄荷、褐藻。该产品为咀嚼质，有助于通过咀嚼动作清除牙齿上的残留食物，其中薄荷和褐藻具有较好的清爽口腔和赶走口气的作用，膳食纤维可帮助肠胃消化。建议猫咪每天食用该零食10～30g，具体用量取决于猫的大小和体重。

四 调理肠胃的功能零食

在长期的进化过程中，宠物与其体内寄生的微生物之间形成了相互依存、相互制约的最佳生理状态，双方保持着物质、能量和信息的流转，因而机体携带的微生物与其自身的生理、营养、消化、吸收、免疫及生物拮抗等具有密切关系。健康宠物的胃肠道内寄居着大量不同种类的微生物，这些微生物称为肠道菌群，它们可抑制病原生长，还具有激活胃肠免疫系统、防腹泻与便秘以及调节血脂等作用。当宠物喂养不当、营养不良或年老体弱时，肠道菌群会失调，从而产生消化吸收功能与食欲不佳、腹胀、便秘等不适反应。合理的膳食结构有利于益生菌的增殖并可有效抑制腐败菌与致病菌的生长。

（一）具有调节肠胃功能的物质

1. 益生菌 是对宠物肠道有益的活性微生物，具有很好的宠物保健和治疗作用，在自然环境下宠物可以通过摄取零食来补充益生菌。常见的宠物益生菌有动物双歧杆菌、植物乳杆菌、嗜酸乳杆菌、嗜热链球菌、干酪乳杆菌、枯草芽孢杆菌等，它们能够抑制肠道腐生菌的生长，减少腐生菌代谢产生的有毒物质数量及其对机体组织的毒害，调节改善肠道细菌的组成、分布及功能（Wang等，2019；Xu等，2019）。

2. 益生元 指一些不被宿主消化吸收却能够选择性地促进体内有益菌的代谢和增殖的有机物质，它可以有效改善宿主的健康。近年来，各国对益生元的研究和开发主要集中于一些低聚糖，如菊粉、低聚半乳糖、乳果糖、低聚果糖等。这些低聚糖能被双歧杆菌、乳杆菌等吸收利用，但是不能被宠物消化吸收（Wang等，2022；李桂伶，2011；王君岩和黄健，2018；Poolsawat等，2021）。

3. 膳食纤维 是不能被哺乳动物消化系统内源消化酶水解的植物性结构碳水化合物和木质素的总和，主要包括纤维素、半纤维素、木质素、抗性淀粉等。膳食纤维虽然不能被宠物消化和吸收，但是它可促进肠道蠕动，使食物能快速地通过肠道，从而促进排便。膳食纤维还可以在体内发酵，促进肠道内益生菌生长，维持肠道屏障的正常功能（Sabchuk等，2017；杨娜等，2021）。

4. 脂肪酶 是饲用酶制剂的一种。幼年宠物分泌的内源酶较少，成年动物处于病理、应激状态时，内源酶也会发生分泌障碍或分泌减少。零食中添加该酶能释放出脂肪酸，提高油脂类食材原料的能量利用率，增加和改进宠物零食的香味和风味，改进犬猫的食欲，并对局部炎症有一定的治疗功效。

5. 天然植物及其提取物 作为一类新型饲料添加剂，具有改善宠物肠道菌群、维持肠道健康的保健功能。研究表明，宠物食品中添加茶多酚对动物肠道黏膜屏障有着积极的调控作用，食用香菇、黄粉虫对宠物肠道有益菌群有明显的促进作用（刘苗等，2021；童彦尊等，2019）。

（二）调理肠胃功能零食的配方

肠胃功能不佳的宠物经常表现为食欲不振，吃不下东西。调理肠胃的功能零食不仅需要添加功能成分促进肠道益生菌的生长，还需要有较好的适口性（朱厚信等，2021）。对宠物来说，肉类零食香气浓郁、鲜味诱人，对无肉不欢的宠物猫和宠物犬来说，是最有诱惑力的美味佳肴之一，可以轻松打开宠物胃口、刺激宠物食欲，因此，零食以肉类为原料，添加益生菌及其增殖促进剂，可达到改善食欲和调理肠胃的作用。

以犬猫通用的冻干酸奶块为例，其配方组成为全脂牛乳87%、冻鸡肉12%、果寡糖、德氏乳杆菌保加利亚亚种、嗜热链球菌。该配方蛋白质含量高达18%；德氏乳杆菌保加利亚亚种和嗜热链球菌可分解糖产生乳酸，刺激肠胃蠕动，帮助宠物对食物的消化，促进对牛乳中蛋白质、钙和镁的吸收；加入的鸡肉可提高食物的适口性。

具有调理肠胃功能的猫条配方组成可以为鲜鸡肉70%、鳕鱼籽10%、双歧杆菌、凝结芽孢菌、果寡糖（益生元）、牛磺酸。产品中的双歧杆菌可增强免疫力，改善肠道功能；果寡糖（益生元）可促益生菌的生长，优化肠道微生物的平衡。

第五节 宠物零食的生产工艺

根据宠物食品原料的分类，宠物零食主要分为咬胶、肉干零食、混合肉类、饼干、乳制品、果蔬干等，本节将根据以上分类对常见宠物零食的生产方法与工艺进行介绍。

一 咬胶类零食的生产方法与工艺

在宠物零食中，狗咬胶是养犬家庭不可或缺的一类产品。宠物通过日常啃咬狗咬胶产品可以使牙齿受到摩擦从而去除牙垢，保持口腔健康（刘小楠等，2013）。目前市场上很大一部分是由猪皮或牛皮等制作的皮制咬胶，主流的咬胶产品一般由挤压成型或压铸成型工艺加工而成，在此基础上还有一些夹肉或缠肉咬胶等其他种类可供消费者选择（牛付阁等，2018）。

（一）皮制咬胶

皮制咬胶是最早出现并且使用最广泛的咬胶类宠物零食产品。皮制咬胶是以猪或牛的二层皮为原料，经一系列工序制成的不同形状大小、满足各种犬需要的产品。起到磨牙和适当补充动物蛋白的功能，目前占据国内市场的主导地位。

皮制咬胶的制作工艺：猪皮/牛皮的二层皮→去灰→清洗→脱脂→消毒杀菌→切割/切块→扭结/多层压合→成品

在后期加工过程中需要继续干燥以延长保质期，通常采用烟熏入味上色的工艺，做法是在加热容器中放置混合的米糠和糖，加热容器的屉架上放置咬胶并加盖，加热容器下生火使米糠和糖经烘烤释放烟雾，熏制后的咬胶呈红棕色，色泽光亮并带有烟熏风味。

（二）挤出成型咬胶棒

近年来，挤出成型咬胶棒逐渐受到宠物零食市场的欢迎，该类产品主要是将畜皮颗粒、植物颗粒等混合明胶等产品进行捏合，或者以淀粉、植物蛋白粉、动物蛋白粉为主要原料，适当添加软骨素、不饱和脂肪酸等功能性成分，通过螺杆挤出机将混合好的原料挤出，利用淀粉遇热糊化的特点成型。通过更换模具可以生产出不同形状的咬胶棒，如麻花样式、夹心咬胶软糖、夹心棒等各种样式形状。该类产品价格实惠，营养丰富，占据一定的市场份额。

1. 挤出成型咬胶棒制作的工艺流程　原料配制→拌料→输送→挤压成型→冷却输送→切断→输送→干燥→成品→包装。

2. 制作步骤

（1）原料配制及拌料　将原料添加一定比例的水分使用拌粉机混合均匀。

（2）输送　以电机为动力进行螺旋式输送，将拌好的原料输送到挤压机的喂料斗，确保上料方便快捷。

（3）挤压成型　在高温高压环境螺杆的挤压下将原料熟化并挤压成连续长条状，长条状的粗细与形状可以通过更换模具调整。如果要做夹心咬胶，需要两台挤压机。

（4）冷却输送　挤出的原料在牵引机的动力下冷却输送。

（5）切断　根据所需产品尺寸将连续长条状咬胶切断。

（6）输送　将切割好的咬胶输送至烤箱干燥。

（7）干燥　对物料进行干燥处理，减少物料水分，促进熟化率，延长保质期。

（三）压铸成型咬胶棒

压铸成型咬胶棒是通过挤出机先把原料熟化压制成小颗粒，再通过压铸机，配合不同形状的模具配置，生产出的骨头形状、牙刷状的咬胶棒产品。

1. 压铸成型咬胶棒的工艺流程　原料配制→拌料→输送→挤压→冷却输送→压铸成型→输送→干燥→包装。

2. 具体步骤

（1）原料配制及拌料　将原料添加一定比例的水分使用拌粉机混合均匀。

（2）输送　以电机为动力进行螺旋式输送，将拌好的原料输送到挤压机的喂料斗，确保上料方便快捷。

（3）挤压　在高温高压环境和螺杆的挤压下将原料熟化并挤压成小颗粒。

（4）冷却输送　挤出的原料在牵引机的动力下冷却输送。

（5）压铸成型　利用压铸机将咬胶根据要求压制成不同形状。

（6）输送　将压铸好的咬胶输送至烤箱干燥。

（7）干燥　对物料进行干燥处理，减少饲料颗粒水分，促进熟化率，延长保质期。

狗咬胶设备的选型需要根据物料配方选择合适的生产配置，在混合或拌料时，可选用低速混合机和高速混合机；上料机可选用皮带上料机和螺旋式上料机；生粉添加量较高时可以选用二次连续压制，做出的产品韧性更好，熟化率及可塑性更高。

挤出机又称捏合机，是咬胶类零食加工的关键设备，物料在挤出机内经历升温软化、恒温胶化、高温杀菌、降温稳定四个不同的温度阶段，挤出机可以配备不同的加热方式，如电加热、蒸汽加热、循环热油加热等。目前市场上挤出机品种较为全面，有真空型、螺杆挤出型、胶型挤出机等，能够满足用户多种需求。

（四）真骨洁齿骨

真骨洁齿骨一般以牛羊骨为主，也有部分用鹿角、牛角、鹿筋为原料，经过低温热风烘制而成，质地坚硬，呈现肉褐色或骨白色。风干工艺可以保留筋骨的营养和风味，另外也可以增加烟熏工艺，提高适口性和色泽。因为骨头耐咬，中型犬和大型犬会比较喜欢。小型犬可以选择牛膝盖骨或用骨粉压制而成的小块洁齿骨等。真骨洁齿骨由于本身较硬，最好不要长期让犬啃咬，否则不仅不洁牙反而会导致牙齿折断，碎骨也可能会卡住犬喉咙、牙缝，真骨洁齿能力一般，更适合作消遣打发时间用。

（五）夹肉咬胶

夹肉咬胶是在传统咬胶的制作基础上，在外皮或内芯中涂抹或夹入肉片、肉泥而制作出的能明显看到动物肉的咬胶产品。夹肉的工艺可提高产品外观的美感，刺激购买欲望，提高营养含量，蛋白质含量远超普通狗咬胶80%以上。夹肉咬胶产品在制作过程中经过75～80℃烘干、30min杀菌处理，提高了产品的安全卫生性和保存期；加入动物肉，提高营养性，同时增加了宠物犬的食欲和咀嚼兴趣，以及狗咬胶的使用率。

夹肉咬胶的生产工艺：传统咬胶→夹入肉片/涂抹肉泥→烘干→杀菌→成品→包装。

二 肉类零食的生产方法与工艺

肉类零食主要分为烘干肉零食、鲜肉罐头、冻干以及其他肉类零食（见表3-11）。

烘干肉类零食包括的种类很多，只要是适合宠物食用的肉类都能制作成烘干肉零食，如烘干鸡肉干、烘干牛髓骨、烘干鸭肉干、烘干鹿肉条等。烘干肉零食制作工艺简单，营养丰富，符合宠物原始食肉特征，在市场上受到消费者的欢迎。

表3-11 烘干肉零食的种类和功能

种类	功能
烘干羔羊小排	羔羊肋排骨中含有大量的软骨素，软骨素可以重建关节软骨并有利于关节灵活性，使犬腿骨骨力加强，更健康
烘干牛腱肉	经过工艺加工腌制，口感对偏食厌食的犬很有吸引力
烘干牛肉粒	牛肉中含内毒碱、钾和蛋白质，产生支链氨基酸，是对犬增长肌肉起重要作用的一种氨基酸
烘干羊肺粒	羊肺含有丰富的蛋白质、铁、硒等营养元素，犬长期吃羊肺可以增强肺功能，缓解犬脱毛和皮肤病的问题
烘干牛髓骨	骨质酥脆易咬碎，是犬类磨牙和补钙的很好选择，骨头可促进犬肠道消化和乳牙生长发育，补充钙质；骨头也是天然的洁齿棒

（一）烘干鸡肉条

烘干鸡肉条可以用来满足宠物日常生长所需的营养，也可以在训练宠物做出动作或养成某一习惯时作为奖励，需求量较高。下面以烘干鸡胸肉为例介绍其生产工艺（陈立新，2013）。

1. 烘干鸡肉条的生产工艺 原料解冻→原料挑选→绞制→称重混合→称重→摆盒→烘干→冷却→切丝→装袋杀菌→金属探测→包装成品。

2. 具体制作步骤

（1）原料解冻 鸡小胸肉必须是经卫生检验检疫合格的肉，自然解冻，解冻温度≤15℃，解冻后肉温控制在0～5℃。

（2）原料挑选 观察外包装是否完整，有无破损，如有则需要检测包装袋碎片是否残留在小胸肉上，剔除风干点、淤血点、碎骨等一切外来可见杂质。

（3）绞制 小胸肉用8mm的孔板搅碎，小胸肉温度不超过10℃。

（4）称重混合 将称好的按照一定配比的原料和辅料倒入搅拌机内搅拌，使原料和辅料混合均匀。

（5）称重摆盒 将原料肉摆在特质的不锈钢小盒内，每盒250g，盒内用塑料薄膜垫底防止倒扣时粘连。放入原料肉后铺平，用不锈钢盖下压，使产品表面光滑平整，厚度基本一致，之后将原料肉倒扣在帘上。

（6）烘干 要求温度控制在60～65℃，水分16%～18%，时间24h左右。烘干时尤其要注意温度的控制，温度过高会使产品易变色，烘干时间长会使水分过低，产品出品率低，颜色也不符合要求，因此在烘干过程中要时刻注意水分变化情况。

（7）冷却　产品出炉后，必须冷却到常温才可以落料，否则会造成产品状态不良。落料过程中如发现有未烘干的产品要拣出，进行二次烘干。

（8）切丝　按照成品要求，调整切丝机，将产品切成所需的宽度。

（9）装袋杀菌　装填物料于塑料白袋内，放入吸氧剂一袋，封口后进行杀菌。

（10）金属探测　将产品均匀撒在金属探测器的传送带上，防止产品中混入金属杂质。

（11）包装成品　要求封口平整、紧密、牢固。再将包好的产品放入外包装袋中，再次封口，打上生产日期，装箱，入成品库。

（二）猫罐头和妙鲜包

猫罐头和妙鲜包都是肉类的湿粮产品，区别在于包装类型不同。由于猫主粮的含水量很低，通常在8%以下，而猫的天然食物如老鼠和小鸟，其水分含量高达80%，因此猫需要经常饮水补充水分，可是猫的渴觉并不发达，它们可能在已经很缺水的情况下才喝水。妙鲜包和猫罐头中水分含量通常在80%以上，与天然食物接近，并且富含蛋白质，可以同时补充营养和水分，因此近年来很受欢迎。该类产品是以鸡肉、鱼肉、植物蛋白粉、淀粉等为主要原料，加水蒸煮后罐装，经高温灭菌后进行销售。此类产品具有宠物适口性好、价格适中的特点，在各类肉制品中属于高档宠物零食。

1. 猫罐头和妙鲜包的生产工艺　原料配方→粉碎→绞肉→混合→乳化→成型→蒸煮→切割→灌装→冷却贴标→检验。

2. 制作步骤

（1）原料配方　以动物肉或其副产品为主，包括动物肝、肾、肺及其他副产品。副产品以新鲜或冷冻状态到达工厂。

（2）粉碎　冷冻肉解冻后倒入粉碎机粉碎成颗粒状。

（3）绞肉　较大颗粒的肉经过缓冲进入绞肉机，研磨呈较细的肉泥。

（4）混合　与其他原料，如油脂、维生素、矿物质、谷物、面粉、蔬菜等混合。

（5）乳化　将混合好的物料乳化成更为细腻的肉泥。

（6）成型　将肉泥通过管道挤出形成条状肉泥，并排进入蒸箱。

（7）蒸煮切割　条状的物料进行蒸煮后切割成一定厚度的肉片。在蒸煮过程中需要把控好温度和时间，以防产品在保质期内变质。

（8）灌装　将肉片加入汤汁装入罐头或耐热袋中密封后进行高温灭菌。

（9）冷却贴标　产品自然冷却后贴标签或包装。

（10）检验　通过金属毛发探测仪逐个检测产品，确保无异物。

（三）冻干鸡肉条

冻干技术在宠物食品领域应用广泛，常见的有冻干鹌鹑、冻干鸡肉、冻干鸭肉、冻干鱼、冻干蛋黄、冻干牛肉等宠物零食。冻干零食具有适口性高、营养保留全面、复水性好等优点，深受饲主和宠物的喜爱。下面以冻干鸡胸肉为例介绍其生产工艺。

1. 冻干鸡肉条的生产工艺　原料挑选→清洗→沥干→切块→真空冷冻干燥→包装。

2. 制作步骤

（1）原料挑选　选用新鲜食材，以鸡胸肉最佳。

（2）清洗　清洗机进行清洗。

（3）沥干　清洗后采用吹风沥干机沥干鸡肉表面水分。

（4）切块　用切块机将鸡胸肉根据产品需求进行分切整形，一般切割为1～2cm小块。

（5）摆盘　将切好的鸡胸肉平整摆放到冻干机的物料托盘内。

（6）真空冷冻干燥　将装有鸡肉的托盘放入冻干机的冻干舱内，关闭舱门，开启冷冻程序，进行真空冷冻干燥。

（7）包装　冻干结束后打开舱门取出干鸡肉，用称重包装机密封包装保存。

冻干后的产品一定要密封保存，可以用密封罐或抽真空袋，因为冻干食品本身不添加防腐剂且容易吸水，一旦吸水就容易滋生细菌霉菌，腐败变质。

三 饼干类零食的生产方法与工艺

（一）消除口臭类韧性饼干

消除口臭类韧性饼干主要利用饼干与牙齿间的摩擦作用清除宠物口腔内的牙垢，从而达到清洁牙齿、去除口臭的目的。韧性饼干的特点是先加油后加粉，因此制作出的饼干孔隙分明、断面清晰、口感好、不沾牙（付小琴等，2022）。目前市场上采用全自动饼干生产线，能够实现从进料、成型、烘烤到喷油、冷却的全自动化作业，配备的饼干成型机使用变频联控，便于操作更换饼干形状。在烘烤阶段利用低温烘焙技术能够同时达到灭菌、熟化的作用，避免饼干成品因多次高温作业出现焦糊现象。

1. 韧性饼干的工艺流程　原料预处理→面团调质→辊轧→成型→烘烤→冷却→过筛→包装→成品。

2. 制作步骤

（1）面团调制　低筋面粉、玉米淀粉、蔬菜粉、食糖、维生素矿物质等混合均匀，加入玉米油、水、蛋揉成面团。

（2）辊轧、成型　将面团辊轧成所需形状，再装入不粘烤盘中烘烤。

（3）烘烤、冷却　设定烤箱上下火温度在150℃左右，烘烤20min，取出冷却至室温，过筛称量后包装。

烘焙好的产品可以进一步涂上风味物质以增强其适口性。饼干主要成分包括面粉、植物/动物油、淀粉、食糖等物质，为达到不同目的可加入各种营养补充剂，如茶多酚、低聚糖、木糖醇、小麦胚芽、奶酪、维生素、矿物质、乳酸菌等。消除口臭的同时达到营养增强的目的。

（二）营养膨化类酥性饼干

传统的烘焙饼干的加工特点决定了其中谷物含量须高于50%，因而限制了肉类的添加量。采用挤压膨化工艺可生产高脂肪及肉含量的饼干，并且产品外形更加精密。

1. 酥性饼干的制备工艺流程　原料预处理→粉碎过筛→混合→面团调质→挤压膨化→切割成型→干燥冷却→喷涂→包装→成品。

2. 制作步骤

（1）粉碎过筛　粗原料经粉碎机粉碎后过20目（0.85mm）筛后备用。

（2）混合　按照所需配方将原料在搅拌机中匀速搅拌混合均匀。

（3）调质　在搅拌机中搅拌使水分与原料混合均匀，静置使水分完全被物料吸收。

（4）挤压膨化　将调制完全的物料加入喂料机中按照一定的参数进行挤压膨化。

（5）切割成型　挤压膨化后在模具处以适当的速度将挤出物切割成型。

（6）干燥冷却　膨化后的物料松软易吸水，需将其输送至烘干机烘干去除多余水分。烘干温度过高产品会过脆，易破碎。冷却的目的是使物料内外水分平衡，包装后不易滋生细菌和霉菌。一般设定干燥温度70℃，在恒温干燥箱干燥至水分含量为8%～10%。

（7）喷涂　烘干后物料进入间歇式喷涂机，可喷涂油脂、肉浆、味剂等。在饼干表面喷涂油脂和味剂，可提高其适口性以及改善饼干的营养、外观和风味。

四 乳制品类零食的生产方法与工艺

（一）奶酪棒

奶酪不同于牛乳，宠物不建议喂食牛乳主要是由于牛乳中含有较高的乳糖成分，容易导致宠物发生乳糖不耐受，但宠物可以食用奶酪，因为奶酪在生产过程中，大多数乳糖随乳清排出，剩下的乳糖通过发酵作用变成乳酸，奶酪中乳糖含量很低。作为零食可以给宠物喂食奶酪，宠物喜欢其特殊风味，并且奶酪富含钙、蛋白质及多种维生素、乳酸菌等，且脂肪含量低，对心血管健康有益。

1. 奶酪的工艺流程　原料乳验收→筛选→杀菌→发酵剂→凝乳→成型→切段→加热搅拌→加盐→成熟→包装→入库→检验合格→出厂。

2. 制作步骤

（1）原料乳验收　严格选用不含抗生素的鲜牛乳。

（2）杀菌条件　采用巴氏杀菌60 ～ 65℃，1 ～ 1.5h。

（3）发酵剂　发酵剂决定凝乳的风味、质构特征及酸度。可采用乳酸菌发酵剂或混合菌发酵剂。

（4）加热搅拌、排乳清、堆积、压榨　加热可以促进凝块粒的进一步收缩，增加奶酪的硬度和强度，通常加热温度应缓慢上升，上升越快，奶酪硬度越大。加热时间一般为1 ～ 2h。

（5）加盐　不同种类的奶酪加盐方式不同，主要有拌盐和盐渍两种。拌盐法主要是预防盐中的杂质带入的危害；盐渍法除了要预防杂质外，盐水的卫生状况直接影响到奶酪的成熟和成品的安全性，另外盐渍的时间根据奶酪的种类需要一般为几十分钟至几小时不等。

（6）成熟　奶酪在成熟的过程中会发生一系列物理、化学、生物学变化，其组织结构、风味和营养价值大大提高。成熟过程中需要保持一定的温度、湿度，注意控制成熟期间微生物霉变情况。

（二）冻干酸奶块

酸奶由于乳酸菌的发酵，营养成分得到改善，其中的益生菌调节肠胃的效果更好，但由于乳酸菌活性要求高，需要在2 ～ 8℃保鲜保存，且保存期短，因此不太方便储存和携带。将酸奶冻干成酸奶块，可以在保有原营养成分的同时更加便于携带，且可密封常温保存，食用方便，受到消费者的喜爱。

冻干酸奶块的生产工艺：鲜奶→标准化→调配→杀菌均质→发酵→冷却→灌装→预冻→真空冷冻干燥→冷却脱模→金属探测→检验、包装。

（三）冻干羊奶肉棒

冻干羊奶肉棒为一款专门为断奶后小奶猫准备的产品，以解决猫咪抵抗力不足、快速发育营养需求大、消化系统不完善等问题。

1. 冻干羊奶肉棒的生产工艺　鲜奶→标准化→调配→杀菌均质→鲜鸡胸肉→乳化→混合→灌装→预冻→真空冷冻干燥→冷却脱模→金属探测→检验、包装。

2. 具体实例　以70%全脂羊乳搭配30%微米级乳化鲜鸡肉，经混合后−36℃急速冷冻，形成多孔洞结构，酥脆易啃咬，可顺利让小奶猫从母乳向肉食过渡。

五 果蔬干类零食的生产方法与工艺

宠物日常需要从水果蔬菜中摄入多种维生素和纤维素。果蔬干是一种很好的选择，果蔬干的制作主要分为烘干和冻干两种制作工艺。

（一）烘干果蔬干

1. 烘干果蔬干工艺流程　原料选择→清洗切片→护色、硬化烫漂→烘干→冷却→包装。

2. 制作步骤

（1）原料选择、洗涤　去除霉烂、虫害的原料，使用清水洗涤，分拣和清洗过程注意不要弄伤原料。

（2）去皮、去核、切分　根据原料种类做预处理，如将胡萝卜、地瓜、紫薯等去皮，苹果、梨等去核，切小块或薄片。

（3）热烫（杀青）处理　将果蔬原料放在热水或热蒸汽中进行短时间的加热处理，然后立即冷却。热烫可以破坏果蔬的氧化酶系统，防止酶的氧化褐变。热烫也可以使细胞内原生质凝固，失水而质壁分离，增加细胞壁的渗透性，有利于组织的水分蒸发，加速烘干速度。热烫时间一般控制在2～8min。

（4）烘干　烘干过程可分为一阶段或多阶段烘干，一般以55～75℃烘干15～20h效果最好，直至果蔬干含水量为10%～15%。

（二）真空冷冻干燥果蔬干

1. 冻干果蔬干工艺流程　分拣→去皮→去核→切片/切粒→护色清洗→沥干→装盘→预冻→真空冷冻干燥→后处理→称重装袋→密封包装→成品入库。

2. 制作步骤

（1）预冻　把经前处理后的原料进行冷冻处理，是冻干的重要工序。由于果蔬在冷冻过程中会发生一系列复杂的生物化学及物理化学变化，因此预冻的效果将直接影响到冻干果蔬的质量。

（2）真空冷冻干燥　重点考虑被冻结物料的冻结速率对其质量和干燥时间的影响。

（3）后处理　包括卸料、半成品选别、包装等工序。冻干结束后，往干燥室内注入氮气或干燥空气破除真空，然后立即移出物料至相对湿度50%以下、温度22～25℃、尘埃少的密闭环境中卸料，并在相同环境中进行半成品的选别及包装。因为冻干后的物料具有庞大的表面积，吸湿性非常强，因此需要在一个较为干燥的环境下完成这些工序的操作。

（4）包装与贮存　常用PE袋及复合铝铂袋，PE袋常用于大包装，复合铝铂袋常用于小包装。外包装选用牛皮瓦楞纸板箱。

干料需要达到酥脆不硬、外形平整不塌陷、不变色、不破坏营养成分、复水性好的标准。

六 宠物零食的家庭制作方法

除购买市售的零食外，饲主也可以选择自己在家中自制宠物零食。自制宠物零食可以保证食材的新鲜健康，无食品添加剂，也可以根据宠物的喜好、生理状态随时调整，另外在价格上也更加经济划算，促进主人和宠物之间的感情。下面介绍几款简单的家庭自制宠物零食供读者参考。

（一）牛骨磨牙棒

将骨头洗净，晾干水分，放入烤箱上下火150℃，烤0.5h，等牛油烤出来（避免发臭）直至烤干，拿出来晾凉，用吸油纸控油即可。

（二）鸡肉脆骨条

牛脆骨切成条，鸡肉切成薄片，牛脆骨冷水下锅焯水，捞出后再次清洗；将鸡胸肉缠绕在牛脆骨上；放入烘干机中70℃，烘烤9h即可。烘干后硬度较大，可以满足犬平时磨牙用。

（三）蛋黄溶豆

准备7个鲜鸡蛋敲碎，收集蛋黄，放入无水容器内；用打蛋器充分打发蛋黄，直到蛋黄液画“8”字短时间不消失的状态为宜；每克蛋黄加入0.25～0.35g宠物专用羊乳粉，用切拌或翻拌的手法快速搅拌均匀；搅拌好的蛋液装入裱花袋中，在烘焙油纸上间隔挤出一个个溶豆，直径1～2cm；放入烤箱80℃烘干2h即可。

（四）蔬菜鸡肉饼干

将鸡胸肉、马铃薯、紫薯、西蓝花、胡萝卜、南瓜洗净去皮切厚片，鸡蛋煮熟；分别将鸡胸肉和西蓝花过水煮熟，紫薯、马铃薯、胡萝卜、南瓜蒸约15min；将鸡胸肉加蛋黄用料理机搅碎，可分多次搅碎均匀，呈松散状；西蓝花搅碎，马铃薯、紫薯、胡萝

卜、南瓜压碎成泥状；将食材按照自己的喜好搭配，如鸡胸肉搭配马铃薯、鸡胸肉搭配紫薯等，混合后放入骨头形状模具定型。没有模具的话可以手工捏制成1 ～ 2cm厚度的圆片，放入烤箱设定上下温度为180℃烤40min，可依据厚度调节温度和时间；也可使用风干机风干，风干时设定温度为70℃，风干12h左右。

烤箱制成的小骨头饼干外焦里嫩，风干机制成的饼干香脆可口，营养搭配健康，放入自封袋中常温可保存1周，冰箱冷冻可保存1个月。

参考文献

蔡皓璠，2021. 一例贵宾犬拔牙与洁牙的诊治报告［J］. 畜牧兽医科技信息（11）：162-163.

陈立新，2013. 宠物食品鸡肉条的加工工艺［J］. 肉类工业（10）：23-24.

邓宏玉，刘芳芳，张秦蕾，等，2017. 5种禽肉中矿物质含量测定及营养评价［J］. 食品研究与开发，38（6）：21-23，103.

范琳琳，李慧颖，姚倩倩，等，2021. 牛奶中活性蛋白和活性脂肪酸生物活性研究进展［J］. 中国畜牧兽医（1）：395-405.

付弘赟，李吕木，2006. 矿物质对动物营养与免疫的影响［J］. 饲料工业（18）：49-51.

付小琴，刘庆庆，向达兵，等，2022. 竹荪饼干产品研发及加工工艺［J］. 食品工业，43（2）：1-4.

江移山，2021. 宠物食品行业存在的问题和对策探讨［J］. 行业综述（7）：54-56.

金磊，王立志，王之盛，等，2018. 肠道微生物与碳水化合物及代谢产物关系研究进展［J］. 饲料工业，39（22）：55-59.

李桂伶，2011. 半乳甘露寡糖对犬营养消化率和肠道主要菌群的影响［J］. 饲料广角（16）：30-32.

李欣南，阮景欣，韩镌竹，等，2021. 宠物食品的研究热点及发展方向［J］. 中国饲料（19）：54-59.

刘策，林振国，陈雪梅，等，2019. 宠物食品添加剂及其研究进展［J］. 山东农业科学，51（8）：155-159.

刘公言，刘策，白莉雅，等，2021. 饲粮中营养物质对宠物肠道健康影响的研究进展［J］. 山东畜牧兽医，42（11）：66-71.

刘苗，张龙林，宋泽和，等，2021. 茶多酚对肠黏膜屏障功能的调控作用研究进展［J］. 中国畜牧杂志，57（6）：47-52.

刘小楠，钟芳，李玥，等，2013. 宠物狗咬胶配方及工艺的优化［J］. 食品工业科技，34（4）：239-242，248.

刘新达，刘耀庆，陈金发，等，2021. 宠物零食测试方法的探讨［J］. 养殖与饲料（12）：136-137.

马峰，周启升，刘守梅，等，2022. 功能性宠物食品发展概述［J］. 中国畜牧业（10）：123-124.

牛付阁，李萌雅，潘伟春，等，2018. 碎牛皮生产狗咬胶的两种成型工艺比较［J］. 食品工业科技，39（17）：139-144，151.

任桂菊，李士举，任岩峰，等，2004. 维生素和微量元素对动物免疫的影响［J］. 河北畜牧兽医（8）：50-51.

任向楠，2020. 矿物元素有多大功劳［J］. 饮食科学（15）：20-21.

孙青云，赵敏孟，吕鑫，等，2021. 功能性寡糖调控动物肠道健康机理的研究进展［J］. 饲料工业，42（3）：8-12.

田维鹏，陈金发，刘耀庆，等，2021. 犬常见洁齿类产品的分类［J］. 中国动物保健（10）：100-104.

童彦尊，2019. 不同蛋白源制备犬粮诱食剂的研究与应用［D］. 上海：上海应用技术大学.

王金全，2018. 宠物营养与食品［M］. 北京：中国农业科学技术出版社.

王景芳，史东辉，2008. 宠物营养与食品［M］. 北京：中国农业科学技术出版社.

王君岩，黄健，2018. 功能性低聚糖在犬饲料中应用研究进展［J］. 家畜生态学报，39（6）：74-78，96.

吴曼铃，时瑞，胡锦鹏，等，2020. 提高鱼蛋白溶解性的改性技术研究进展［J］. 食品科技（11）：138-142.

夏青，梁馨元，张琳依，等，2021. 功能性寡糖调控肠道健康的研究进展［J］. 食品工业科技，42（21）：428-434.

杨九仙，刘建胜，2007. 宠物营养与食品［M］. 北京：中国农业出版社.

杨娜，王金荣，王朋，等，2021. 抗性淀粉对动物生长性能和肠道健康的影响［J］. 饲料研究，44（20）：114-117.

张环，尹利娟，陆瑜，等，2021. 益生菌在口腔中的应用研究［J］. 口腔护理用品工业，31（2）：18-20.

钟耀广，2020. 功能性食品（第2版）［M］. 北京：北京化学工业出版社.

朱厚信，王芳，李守乐，2021. 宠物食品添加剂及其研究进展［J］. 食品安全导刊（8）：28.

朱圣庚，2017. 生物化学［M］. 4版. 北京：高等教育出版社.

Bellows J，Berg M L，Dennis S，et al，2019. AAHA dental care guidelines for dogs and cats［J］. Journal of the American Animal Hospital Association，55（2）：49-69.

Cerbo AD，Morales-Medina JC，Palmieri B，et al，2017. Functional foods in pet nutrition：Focus on dogs and cats［J］. Research in Veterinary Science，112：161-166.

Chen M，Chen X，Cheng W，et al，2016. Quantitative optimization and assessments of supplemented tea olyphenols in dry dog food considering palatability，levels of serum oxidative stress biomarkers and fecal pathogenic bacteria［J］. RSC Advances，6（20）：16802-16807.

Chew BP，Mathison BD，Hayek MG，et al，2011. Dietary astaxanthin enhances immune response in dogs［J］. Veterinary Immunology and Immunopathology，140：199-206.

Donfrancesco B，Koppel K，Aldrich CG，2018. Pet and owner acceptance of dry dog foods manufactured with sorghum and sorghum fractions［J］. Journal of Cereal Science，83：42-48.

Garcia-mazcoro J F，Barcenas-Walls J R，Suchodolski J S，et al，2017. Molecular assessment of the fecal microbiota in healthy cats and dogs before and during supplementation with fructo-oligosaccharides（FOS）and inulin using high-throughput 454-pyrosequencing［J］. PeerJ，5：3184-3210.

Giboin H，Becskei C，Civil J，et al，2012. Safety and efficacy of cefovecin（Convenia）as an adjunctive treatment of periodontal disease in dogs［J］. Open Journal of Veterinary Medicine，2（3）：89-97.

Gordon DS，Rudinsky AJ，Guillaumin J，et al，2020. Vitamin C in health and disease：A companion animal focus［J］. Topics in Companion Animal Medicine，39：100432.

Harvey C，2022. The relationship between periodontal infection and systemic and distant organ disease in dogs[J]. Veterinary Clinics of North America: Small Animal Practice, 52 (1): 121-137.

Jha R, Leterme P, 2012. Feed ingredients differing in fermentable fibre and indigestible protein content affect fermentation metabolites and faecal nitrogen excretion in growing pigs[J]. Animal, 6 (4): 603-611.

Kitamoto S, Nagao-Kitamoto H, Hein R, et al, 2020. The bacterial connection between the oral cavity and the gut diseases[J]. Journal of Dental Research, 99 (9): 1021-1029.

Monti M, Gibson M, Loureiro B, et al, 2016. Influence of dietary fiber on macrostructure and processing traits of extruded dog foods[J]. Animal Feed Science and Technology, 220: 93-102.

Poolsawat L, Li X, Xu X, et al, 2021. Dietary xylooligosaccharide improved growth, nutrient utilization, gut microbiota and disease resistance of tilapia (Oreochromis niloticus x O. aureus)[J]. Animal Feed Science and Technology, 275, 114872.

Rizzo V, Ferlazzo N, CurròM, et al, 2021. Baicalin-induced autophagy preserved LPS-stimulated intestinal cells from inflammation and alterations of paracellular permeability[J]. International Journal of Molecular Sciences, 22 (5): 2315-2326.

Sabchuk TT, Lowndes FG, Scheraiber M, et al, 2017. Effect of soyahulls on diet digestibility, palatability, and intestinal gas production in dogs[J]. Animal Feed Science and Technology, 225: 134-142.

Swanson KS, Grieshop GM, Flickinger EA, et al, 2002. Supplemental fructooligosaccharides and mannanoligosaccharides influence immune function ileal and total tract nutrient digestibilities, microbial popula tions and concentrations of protein catabolites in the large bowel of dogs[J]. The Journal of Nutrition, 132 (5): 980-989.

Utami KC, Hayati H, Allenidekania, 2018. Chewing gum is more effective than saline-solution gargling for reducing oral mucositis[J]. Enfermeri a Clinica, 28 (Supplement): 5-8.

Viana LM, Mothé CG, Mothé MG, 2020. Natural food for domestic animals: A national and international technological review[J]. Research in Veterinary Science, 130: 11-18.

Wang G, Huang S, Wang Y, et al, 2019. Bridging intestinal immunityand gut microbiota by metabolites[J]. Cellular and Molecular Life Sciences, 76 (20): 3917-3937.

Wang Q, Wang X F, Xing T, et al, 2022. The combined impact of xylo-oligosaccharides and gamma-irradiated astragalus polysaccharides on the immune response, antioxidant capacity, and intestinal microbiota composition of broilers[J]. Poultry Science, 100 (3): 100909.

Xu H, Huang W, Hou Q, et al, 2019. Oral administration of compound probiotics improved canine feed intake, weight gain, immunityand intestinal microbiota [J]. Frontiers in Immunology, 10: 666-669.

Yachida S, Mizutani S, Shiroma H, et al, 2019. Metagenomic and metabolomic analyses reveal distinct stage-specific phenotypes of the gut microbiota in colorectal cancer[J]. Natural Medcine, 25 (6): 968-976.

第四章

宠物保健食品

宠物保健食品是指根据宠物的生理和健康状况开发的营养健康食品，此类食品主要用于调节宠物生理机能，有利于其健康发育和成长，同时具有预防或减缓疾病的发生，但不以治疗疾病为目的，对宠物不产生任何急性、亚急性或慢性危害的食品。宠物保健食品是宠物食品的一个类型。

伴随着“精致养宠”的趋势，当代宠物主人在养宠观念上完成了由“生存”到“生活”的转变，喂养则由“吃饱”向“吃好”转变。健康已经是养宠家庭最关心的问题。从世界宠物食品的发展趋势看，天然健康的保健食品将带来新消费要求的提升和发展，宠物保健食品必将走进千家万户的养宠家庭（Alexander等，2021）。虽然宠物的保健食品不能促使宠物基本蛋白质、能量等营养需求得到充分满足，但是其对于宠物健康，如增强免疫力、调节胃肠道功能、维持骨及关节健康、抗氧化、减肥、口腔护理、毛皮护理等方面却有着诸多裨益（Cerboa等，2017）。所以选择品质上乘、保健成分明确、营养价值高、口味好的保健食品喂养宠物，可以预防宠物诸多不良性状、反应及其疾病的发生，起到“治未病、保健康”的目的（Churchill和Eirmann，2021）。所以，宠物食品品牌只有专注宠物健康生活，精准捕捉养宠家庭对于健康喂养的核心需求，并持续研发更加关注和重视宠物饮食健康的产品，才有可能从白热化的市场竞争中脱颖而出。

因此，本章在对我国宠物保健食品行业市场现状分析及展望的基础上，针对宠物保健食品分类、保健食品中功能因子的开发基础研究、保健食品配方设计以及保健食品的功能及安全性评价体系等进行归纳总结，并予以介绍，期望为我国宠物保健食品的产品开发提供参考。

第一节 中国宠物保健食品行业市场现状及展望

从20世纪90年代我国开始掀起宠物热，宠物饲养热度逐年攀升，宠物主人消费需求主要包括主粮、零食、保健品等（马峰等，2022）。2018—2021年中国宠物猫、犬数量整体呈现增长趋势。宠物主人对宠物关爱的细化，将催生出更多对于宠物保健食品的需求。中国宠物保健品行业市场规模由2014年的28.0亿元增长到2018年的85.1亿元，年复合增长率达到11.4%。随着宠物主人数量的增长，以及居民消费能力的上升，中国宠物保健品行业仍将继续增长，预计市场规模在2023年突破200.0亿元（中国宠物食品行业研究报告，2021）。

迄今，国内宠物保健品市场仍然与主粮市场一样，本土企业占有率低，高端市场被国外品牌占据（Alexander等，2021）。其中缘由，一方面是因品牌知名度仍待提高，而另一方面则由于本土企业的研发水平与国外企业有较大差距。目前，宠物保健食品类型丰富多样，主要包括补充营养、提高免疫力、调节胃肠功能、抗氧化、调节代谢功能（血糖、血脂、血压等）、调节泌尿系统功能、护肤美毛等保健食品（图4-1）（Cerboa等，2017；严毅梅，2017）。这些保健产品能够满足不同年龄、长期挑食、预防疾病等

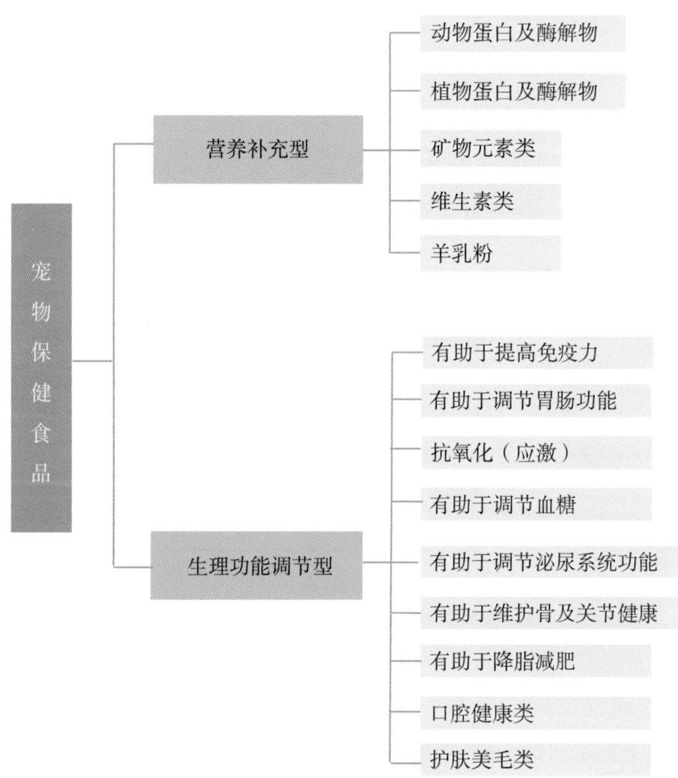

图4-1 宠物保健品类型

不同情况的宠物需求（董忠泉，2021）。从2014—2021年宠物食品的消费结构看，宠物保健食品的消费逐年升高，但占比仍然偏低，占宠物总食品支出的比例不足2%（周佳，2018），宠物保健食品的消费潜力仍有待挖掘。

一 中国宠物保健食品市场品牌及消费数据

（一）宠物保健食品市场品牌

尽管目前中国宠物保健品市场的规模较小，占宠物食品的比例较低，但是行业内已经涌现出一批企业身先士卒，率先开启中国宠物保健品市场的大门。行业内已经涌现出一批优秀品牌，如卫仕、红狗、IN麦德氏、维斯、美格、耐威克、发育宝、宠儿香、雷米高、安贝、宠一、麦富迪、宝路、疯狂小狗等数十种。通过资料收集整理，经人工智能和品牌研究专业测评，根据企业行业出名、规模、影响力、经济实力等市场和参数条件变化计算机程序汇编生成，网评选出了2022年宠物保健食品十大品牌排行榜，前十名分别是卫仕、红狗、麦德氏、美格、雷米高、维克、谷登、麦富迪、俊宝、宠儿香（2022年宠物营养品十大品牌榜https://www.maigoo.com/maigoo/1159cw_index.html）。

（二）宠物营养品消费数据

本部分数据引自2022年宠物营养品十大品牌榜https://www.maigoo.com/maigoo/1159cw_index.html。

1. 主动预防是宠物主人喂食营养品的首要动因 在宠物主人的营养品消费动因上，“认为宠物应当吃营养品”和“避免患常见病”占比合计为63.7%，远远高于其他动因（图4-2）。

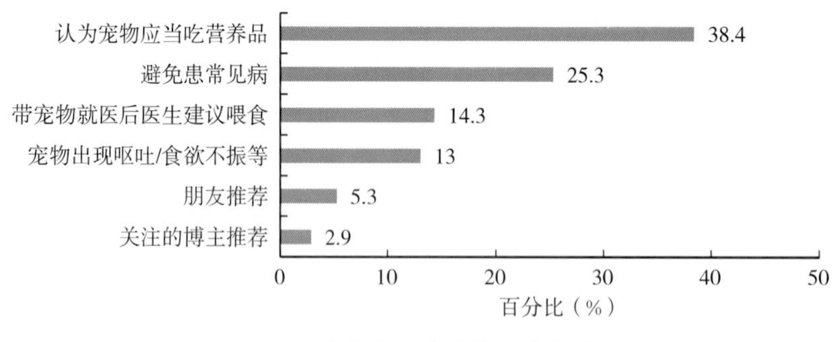

图4-2 宠物主人的营养品消费动因

2. 宠物医生对宠物主购买营养品的决策有明显影响 在宠物医生对宠物主人营养品购买决策的影响上，有41.2%的宠物主人在宠物医生建议后会选择立即在宠物医院购买，26.1%宠物主人在宠物医生建议的基础上会自行查询相关信息后再决定是否要购买，

宠物主受到宠物医生影响的比例达到了67.3%（图4-3）。

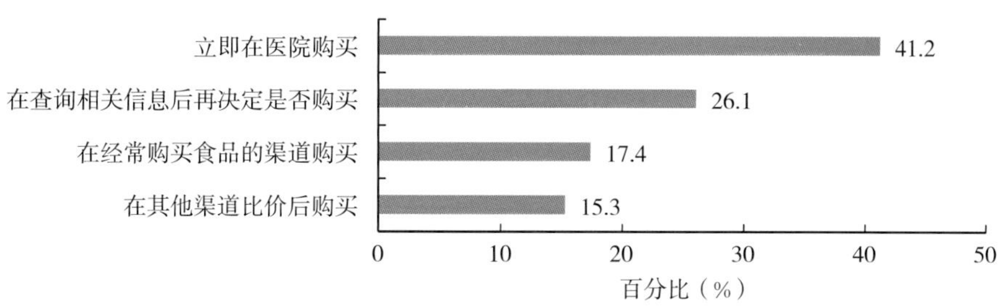

图4-3 宠物医生对宠物主人购买营养品的决策有明显影响

3. 85.8%的宠物主人在购买营养品时会遇到不同的消费痛点 宠物主人购买营养品面临各种消费痛点，其中，85.8%的宠物主人面临"功效不好判断""不确定成分是否符合标识""不知道是否有不良反应""不知道如何辨别产品真伪""产品质量出现问题"和"售后维权困难"消费痛点，只有14.2%的宠物主人不存在以上问题（图4-4）。

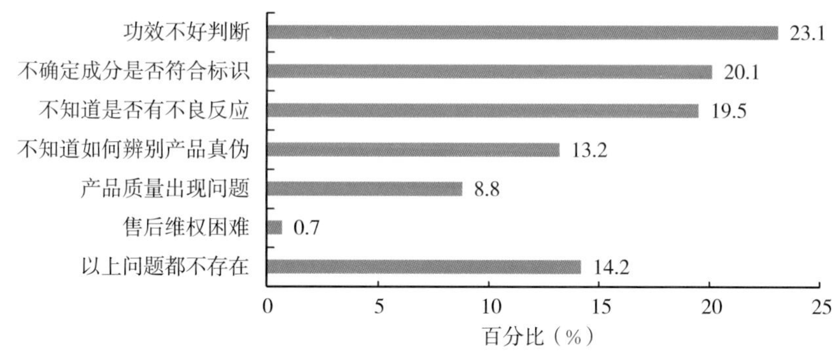

图4-4 宠物营养品消费痛点

4. 在品牌使用率方面犬猫营养品品牌重合度极高 犬营养品的品牌使用率主要集中IN麦德氏、红狗、卫仕（前三名），猫营养品的品牌使用率主要集中在红狗和卫仕。综合来看，犬猫品牌重合度较高，IN麦德氏、红狗、卫仕为排名前三的品牌（图4-5）。

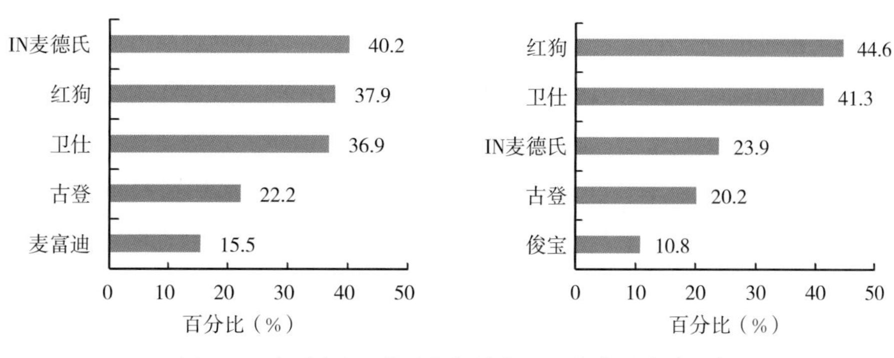

图4-5 犬（左）、猫（右）营养品品牌使用率前5名

二 中国宠物保健品行业产业链分析

中国宠物保健品行业的产业链，主要指产业层次、产业关联程度、资源加工深度以及满足需求程度的表达，包括上游、中游及下游。

（一）上游市场的参与者主要为宠物保健品原料供应商

常见的宠物保健品原料有谷物、油料籽、豆科作物籽实、块茎块根、乳制品及其加工产品等，以及饲料添加剂等；宠物保健品生产企业直接用这些原料或者从原料中提取出维生素、蛋白质、纤维等营养物质，再进一步加工为宠物保健品产品。宠物保健品的原料质量直接影响到宠物保健品企业的提取成本和产品质量，因此原料供应商对中游的宠物保健品企业议价能力较强。

（二）产业链中游主体是宠物保健品企业

宠物保健品行业的进入门槛相对较低，导致行业中小型企业众多。根据农业农村部2018年发布的《宠物饲料管理办法》，宠物保健品属于“宠物添加剂预混合饲料”，宠物保健品企业获得宠物添加剂预混合饲料的生产许可即可从事宠物保健品生产，宠物添加剂预混合饲料生产许可获取难度较低，行业进入门槛低。由于宠物保健品、宠物主食、宠物零食均属于宠物饲料范围，宠物保健品企业在生产宠物保健品产品的同时，也会生产宠物主食、零食等产品。

（三）产业链下游涉及宠物保健品的销售渠道和终端消费者

宠物保健品的销售渠道可分为线上渠道和线下渠道，其销售渠道、特点和代表等见表4-1和图4-6。

1. 线上渠道　已成为中国宠物保健品最主要的销售渠道之一，为消费者提供了更多的选择。艾媒咨询调查结果表明，干粮市场地位稳定，是宠物食品行业的重要组成部分；功能性的宠物食品受益于饲养者对科学喂养认知的提高，有着较大发展潜力；而宠物营养品作为宠物食品的补充，迎合了宠物消费升级的需求。宠物保健品线上渠道销售额占宠物保健品行业整体销售的比例接近65%～70%。中国宠物保健品的线上渠道主要集中在淘宝、天猫、京东等大型电商平台。电商平台能够为消费者提供更多的产品选择，提升消费者的购物便利性，受到了消费者的青睐，众多消费者因此养成网络购物习惯。各电商平台中，天猫、淘宝、京东作为中国电商行业中的头部平台，凭借其规模优势，成为宠物保健品最主要的线上销售渠道。天猫、淘宝、京东电商平台的宠物保健品

表 4–1　宠物食品的销售渠道

渠道种类	特点	代表	品牌类别
线上渠道	流量大、增速高、便捷性好、体验性弱、进驻门槛低、市场竞争压力大	淘宝、天猫、京东等大型电商平台，波奇网、E宠网、犬民网等专业平台	进驻门槛低、品种多样、高中低端均有覆盖
宠物店	目标用户精准、推广成本合理	宠物家、宠宠熊、库迪宠物等	以中高端为主，对品牌知名度、品牌保障要求极高
宠物医院	专业性强、经营面积大	瑞派、瑞鹏、关联合中等	处方粮、中高端品牌产品
商超百货等零售渠道	依托大型商场、营业面积大、客流量大而稳定、消费者信赖度高	家乐福、沃尔玛、华联、大润发等	门槛较高，品牌需要具有一定的品牌知名度、用户知名度

资源来自：前瞻产业研究院，华安证券研究所。

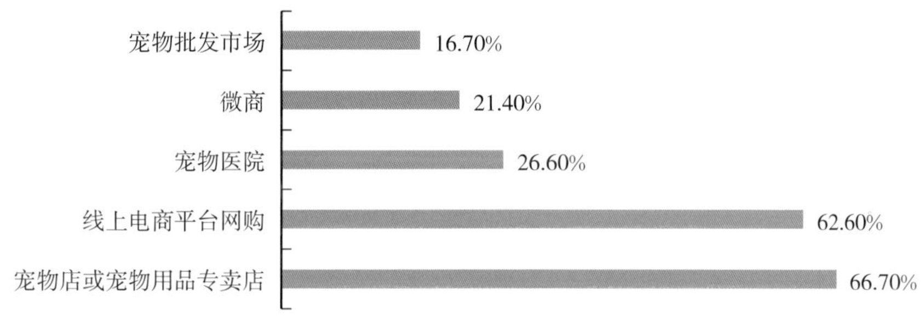

图 4-6　2022 年中国宠物食品消费者主要购买途径及占比（来自艾媒数据中心）

销售额占线上渠道总销售额的89%左右。

2. 线下渠道　包括宠物服务店、宠物医院、商超百货等零售渠道等。宠物服务店在为消费者提供宠物美容、宠物培训等各项服务的同时，向客户推荐宠物保健品产品。中国宠物服务店数量众多，接触的客户群体庞大，因此是宠物保健品最主要的线下销售渠道；宠物医院为宠物提供专业的医疗服务，专业性强。宠物医院在提供医疗服务的同时，向消费者推荐保健品产品。凭借其专业性，宠物医院更容易获得宠物主人的信赖，其产品的推荐成功率高；宠物活体繁殖户主要通过搭售的方式售卖保健品。宠物活体繁殖户在养殖宠物活体时，喂养固定品牌的保健品。待宠物活体售卖给宠物主人后，宠物主人通常会在活体繁殖户的推荐下，购买同品牌的保健品喂养宠物。不少宠物保健品厂家采用宣传人类保健品的手段，大力宣传宠物关节、美肤亮毛等功能性保健品。可事实上，市面上不少相关产品的成分中都只是简单复合物的随意搭配，实际效果并没有通过长久的实验进行检验；并且，因为没有足够的时间进行沉淀发展，而市场的诱惑又太大，因此在几乎无门槛的情况下，滋生出了一大批水平参差不齐的小作坊式厂家，既无法对产品的质量做出保证，更是让整个行业的声誉受损。

综上所述，宠物食品现阶段不再局限于简单饱腹，还涉及有关宠物的神经系统、免疫系统、骨骼关节等的保健功能。功能性宠物食品逐渐向人类保健品靠拢，变得越来越精细化、多样化。所以，中国宠物数量的增加，将会推动宠物保健品需求快速增长以及产品更加精细化，但是目前宠物保健品消费占比仍然较低，市场潜力有待继续挖掘。在已经进入市场的企业中，卫仕、红狗等已经拥有一定的知名度，并通过线上线下的布局不断开拓市场。CBNData消费大数据显示，对比主粮，犬猫保健品消费连续两个滚动年的消费占比上升明显。CBNData数据分析师认为，宠物保健品不仅是对宠物食品品类的补充，也是对宠物医疗保健品类的拓展。可以说宠物医疗保健的场景不止被局限在宠物医院或门店，而是逐渐渗透入日常的家庭场景。

三 中国宠物保健食品行业痛点

（一）研发基础薄弱

宠物保健品企业发展较晚，能独立产品研发的企业较少；对产品研发重视程度不够，资金投入不足；研发主力高校和研究院所较少，对宠物保健品的涉猎少。

（二）宠物保健品行业的准入门槛低

行业准入门槛低造成市场中小品牌林立，市场混乱。门槛低主要体现在以下几方面。①政策门槛低：根据相关政府规定，企业只需获得宠物添加剂预混合饲料证的生产许可即可进入行业。相比于人类服用的保健品的严格要求，政府对宠物保健品的要求过低。②技术门槛低：宠物保健品生产的技术含量相对较低，生产原料、过程与宠物主食、零食类似，宠物主食生产企业均有能力生产宠物保健品。③政府对宠物保健品行业的监管有待加强。

（三）行业法规尚需完善

目前国内宠物食品行业的法规仍在不断完善的过程中，对宠物保健品的质量标准要求更是空白，急需制定和调整。

四 中国宠物保健食品未来发展趋势

宠物主人对宠物健康的关注度逐渐上升，主要得益于宠物主人的可支配收入增加、保健意识增强，以及对宠物健康的重视程度提高。未来，宠物营养保健补充剂在宠物食品市场中的份额将继续提高，进一步挤占宠物主食的市场份额。随着消费者对饮食趋

势和营养常识的了解越来越多，他们对宠物产品的选购也越来越挑剔（陈世奥，2019）。基于这种市场消费需求，宠物营养保健补充剂厂家将会不断推出更健康及具有特定应用成分的产品（Cerboa等，2017）。

（一）营养功能性可替代原料更受青睐

宠物食品市场中的很多产品依赖于填充物成分和添加剂，它们具有某种结构性效果，但缺乏营养效益，例如糖醇类物质甘油就是这类成分之一。在宠物食品配方中，甘油起着甜味剂、保湿剂和黏合剂的作用。尽管甘油拥有公认安全的身份认证，但是它不一定提供任何额外的营养或健康好处。所以宠物食品品牌正在研究把某些甜味剂、黏合剂和保湿剂换成营养丰富的保健成分，这些成分可以达到同样的结构性效果。

（二）替代蛋白产品市场将快速发展

蛋白质预计将成为未来几年动物健康的一个重要增长市场。就像在人用营养市场，替代蛋白成分正在获得市场的吸引力。随着消费者通过吃更多的植物性食物转向自己的弹性素食饮食，他们也会为宠物寻找合适的替代蛋白质。宠物主人希望给宠物伴侣的食物既健康又有营养，这使得人们对豆类、酵母和以肉类为基础的犬粮和猫粮中添加的"代谷物"等替代成分越来越感兴趣。2020年，英敏特发布的报告称，年轻的宠物主人对宠物的植物性选择特别感兴趣。具体来说，16～24岁的犬粮买家中，40%的人更喜欢植物性犬粮，而55岁以上的买家中，这一比例仅为21%。随着这种兴趣的增长，生产商也在探索为人类和宠物提供蛋白质的其他来源，包括蘑菇和真菌中的蛋白、昆虫蛋白以及基于发酵的合成蛋白和细胞蛋白。

（三）免疫健康将成为新焦点

全球新冠肺炎疫情的暴发使得免疫类健康产品市场飞速增长，消费者将这种对免疫力的关注也转移到宠物身上，因此免疫健康产品也开始成为宠物保健产品的新焦点。虽然关节和灵活性仍是犬主人的主要担忧，但免疫支持和消化问题正迅速得到关注。此外，信任度和透明度是宠物主人选择宠物营养产品的关键，他们越来越多地定义高质量宠物保健食品和宠物产品含有天然的、可识别的和经过验证的成分。消费者对具有基础研究支持的宠物产品更感兴趣，这也是宠物食品公司进行宠物食品研究的主要原因之一。

（四）预防宠物氧化应激的产品将会受欢迎

宠物在断奶、更换日粮、运输及改变生存环境等因素的影响下容易产生应激，其对宠物的伤害较大，容易引发各种与氧化应激相关的疾病。同时，减少氧化应激可以延缓宠物衰老及其相关症状的发生。因此，有效预防氧化应激的产生对于提高宠物健康水平具有重要意义。维生素C和维生素E、谷胱甘肽、褪黑素，以及铜、锌、硒等微量元素；天然植物提取物，如迷迭香提取物、多酚类物质、抗氧化肽以及一些可食用色素等。目前市场上用于预防氧化应激的宠物保健食品非常紧缺。

（五）预防肥胖的宠物保健食品开发

目前，宠物的肥胖症问题日益突出，肥胖会缩短宠物的寿命，且更容易激发某些疾病，如骨骼和关节疾病、呼吸困难、充血性心力衰竭、糖尿病、高血压、高脂血症等，也会严重影响其欣赏性。膳食纤维作为一种管理宠物肥胖、改善肠道和宿主健康的手段，在宠物肠道疾病的预防和粪便质量改善方面发挥着重要作用，对宠物的心血管疾病和氧化应激也具有保护作用。谷物、全谷物和水果的纤维来源越来越受到宠物食品行业和宠物主人的关注。添加适口纤维可以降低饮食能量，同时保持正常的食物摄入量。

（六）预防和改善宠物消化问题的保健食品将持续受到关注

宠物的消化问题比较常见和多发，益生元和益生菌在解决这一问题上表现突出，可以促进机体消化、吸收营养物质、调节免疫功能等，具有安全无污染、无药物残留、不易产生耐药性等特点，是良好的抗生素替代产品。因此，宠物肠道菌群结构的研究将为新型益生菌的开发奠定良好的基础。针对不同的胃肠消化问题，开发精准预防或改善型保健食品配方是未来的主要发展方向。

（七）老年宠物营养保健产品将成为关注重点

购买宠物营养产品的消费者通常是在为年老的宠物寻求支持。如前面所提及的那样，关节健康仍然是宠物补充剂市场上最受欢迎的类别之一，因为宠物每天的活动量很大，势必会对关节造成损伤。除关节健康外，骨骼肌肉也是宠物健康的一个关键决定因素，特别是随着宠物年龄的增长，能帮助宠物保持肌肉健康的成分一直是人们的兴趣所在。目前，品牌商和有顾虑的消费者都越来越重视他们提供给动物伴侣原料的安全性和来源的可持续性。

（八）更挑剔的宠物主人将推动高品质保健食品产品开发

有远见的宠物主人正在推动高质量、健康、精心研究的产品发展。由于消费者追求透明性和健康属性，缺乏营养的填充物正迅速失宠。有机、非转基因和清洁标签产品继续成为趋势。随着天然和替代配料的创新，味道/适口性也变得越来越重要。宠物主人把宠物当作家庭成员，他们在购买宠物营养保健产品的思路会模仿人用的方向。这些应用包括关节和运动灵活性、肠道和消化、压力和情绪、免疫和口腔。宠物营养保健市场通常要求在成分耐受性、溶解度和剂量方面具有灵活性，因此，配方师应准备好根据需要随时调整成分配比。

五 中国宠物保健品行业市场发展趋势

随着国民经济的高速发展，生活节奏加快，环境压力增大，空巢老人增多，伴侣动物的数量逐年攀升，也预示着中国宠物保健品行业仍将继续增长，预计市场规模在2023年突破200.0亿元。宠物保健品小型企业将逐渐被淘汰，跨界大型企业增多；宠物保健品产品将朝着多样化和专业化发展，在宠物食品中的地位会得到大幅提升（管言，2016；聂姗姗等，2019）。

（一）小型企业逐渐被淘汰，跨界大型企业增多

中国宠物保健品行业中监管力度弱，进入门槛低，导致市场参与者多，小型企业多。未来行业内小企业的数量将会越来越少，跨界进入的大型企业将会增多。随着监管加强，资本的涌入以及跨界企业的进入，中国宠物保健品行业的准入门槛将提高，头部企业的实力得到增强。竞争力弱、规模偏小的企业逐渐被淘汰，大型企业逐渐增多已成为行业趋势（黄荣春，2021）。

（二）宠物保健品产品朝多样化、专业化发展

宠物主人对保健品的要求日益提升，促使产品向着多样化、专业化发展，如对改善睡眠、减肥、改善视力等提高宠物生活质量产品的需求逐渐上升，促使企业开发更多此类产品；发展多样化、专业化产品有利于提升宠物保健品企业的竞争力；丰富产品种类、提升产品专业化水平成为宠物保健品企业建立差异化竞争优势、保持竞争力的必然选择（李娅，2008）。

（三）宠物保健品在宠物食品中地位上升

2014年宠物主粮在宠物食品中的占比达到61.0%，到2018年，宠物主粮占比已下滑至51.3%。而宠物零食与宠物保健品的占比则稳步提升，宠物保健品的占比从2014年的11.9%增长至2018年的12.9%，年复合增长率达到11.0%以上。预计市场规模在2023年突破200.0亿元。由于宠物主食、宠物零食并不能为宠物提供全面的营养补给，因此，

宠物保健品是宠物健康成长的重要保障（陈思含，2019）。

面对宠物保健品这个朝阳产业，我国的龙头企业仍然虚位以待，行业集中度仍需提升。即便是卫仕、俊宝、红狗等耳熟能详的国内头部品牌，也在长久以来存在着产品同质化、缺乏竞争力的问题。在无人登顶的前提下，宠物主人心中的品牌依赖度并不高。因此，头部品牌们如果拿不出高质量的差异化产品，未来依旧存在掉队的可能性。总的来说，国内宠物保健品市场的健康发展仍然一边需要宠物主人加强宠物养护知识水平，一边需要行业规范的诞生和产品从质量到价格的竞争力提升（董忠泉，2021）。

第二节 宠物保健食品的分类

宠物保健食品根据产品含水量、配方、形态、功能等的不同，有不同的分类方法。宠物保健品可分为营养补充类、骨关节健康类、肠胃健康类、皮毛健康类、替代母乳类、口腔健康类等。犬猫的营养和生理需要不同，其保健品也会有差异，例如猫对牛磺酸有特殊需要，而补钙对于幼犬尤为重要。宠物保健品的种类还会根据年龄阶段进行划分，对于幼年和老年犬猫而言，常见的有乳粉、补钙产品、肠胃调理产品等；对于成年犬猫，常见的有微量元素补充剂、氨基酸补充剂、护肤美毛产品等。

一 按水分含量分类

根据宠物保健食品含水量的不同，可分为固体、半固体和液体三种类型产品，其中固体宠物保健食品占比最大。

（一）固体宠物保健食品

水分含量小于14%的产品为固体宠物保健食品，如片剂、粉剂、颗粒剂。

（二）半固体宠物保健食品

水分含量为14%～60%的产品为半固体宠物保健食品，如营养膏、颗粒营养补充剂。

（三）液体宠物保健食品

水分含量大于60%的产品为液体宠物保健食品，如营养膏等。

二 按配方组成及作用分类

根据宠物保健食品配方及作用不同，可分为四代产品。

（一）第一代产品

以维生素为主，属于营养补充类，如多种维生素的复合粉末、片剂、胶囊、丸剂等。

（二）第二代产品

以补充蛋白质、微量元素等为主，属营养补充类，如补钙的钙粉、钙片等，再比如针对幼犬、幼猫脱离母乳以后替代母乳喂养的羊乳粉、牛乳粉等。

（三）第三代产品

以营养功能性成分为主，属于营养加强类，如促进皮肤健康的卵磷脂，呵护皮肤和关节的深海鱼油（ω-3）或海藻粉等单品。

（四）第四代产品

以药食同源成分为主，属于保健调理类，如黄芪、党参、山楂、莲子、山药、迷迭香、紫苏等的提取物，根据不同犬猫的需求针对性调理，不同的配方起不同的作用，有的同时具备辅助治疗、促进恢复、预防疾病的功效。此类保健食品需要专业的中医药养生保健理论和宠物保健食品开发经验。

三 按产品形态分类

按照宠物保健食品的产品形态（剂型）不同，分为片剂、粉剂、膏剂、颗粒剂、液体制剂、胶囊等。

（一）片剂

片剂是采用粉末制片、颗粒压片工艺生产制成的圆形或异形的片状宠物保健食品，如营养补充剂，钙片、微量元素片等。片剂是宠物保健食品中常见的剂型，它是将对犬猫有效的营养性物质或功效成分与辅料混匀后压制而成，最大优点是剂量准确、理化性质稳定、贮存期较长、价格低廉。但片剂宠物营养补充剂适口性会较差，一般会在片剂中加一些乳粉或者其他的风味剂来增加对宠物的吸引力，建议消费者整片饲喂宠物，不要掰开，以免破碎的片剂损伤宠物的食道。

（二）粉剂

粉剂是采用粉碎、混合工艺生产制成的干燥粉末状或均匀颗粒状的宠物保健食品，如钙磷粉、维生素粉、益生菌粉和乳粉等。通过粉碎、过筛、混合、分剂量、质量检查和包装等程序，粉状保健产品即制作完成。粉剂制作工艺比较简单，使用方便，一般直接拌入粮食或者用水冲调服用。粉剂对适口性要求更高，口感上更为细腻，宠物的喜好程度更高。

（三）膏剂

膏剂是采用均质乳化工艺生产制成的半固态软膏状宠物保健补充剂，如营养补充膏、美毛膏等。膏剂通常是采用分次加料均质乳化的工艺来制备。膏状宠物保健补充剂稳定性好，便于服用。膏状制剂对于犬猫来说均适用，但在成本上稍高于片状制剂，保存条件更为严苛。由于猫喜欢舔食，膏剂相对来说更适合猫的采食习惯，方便消费者日常使用，所以在猫保健品上应用得比较多。

（四）颗粒剂

颗粒剂是采用粉碎、均匀混合或挤出等工艺生产制成的干燥均匀的固态柱状颗粒的宠物保健补充剂，如卵磷脂颗粒、海藻颗粒等。

（五）液体制剂

液体制剂是采用杀菌灌装工艺生产制成的液态宠物保健补充剂，如液态钙、维生素E胶囊等。液体状的保健食品主要涉及饮品、奶饮品及其果蔬饮品，以奶饮品居多。

（六）胶囊

胶囊状的保健品在市场上比较少见，通常需要融入水中食用。主要是针对补充深海鱼油和脂溶性维生素的产品。

四 按功能声称分类

根据宠物的生理和健康状况，在宠物食品中添加某种营养素或者功能成分，起到维持和增强宠物生长、发育、生理功能或者机体健康的作用，或者对非疾病性问题具有

预防性作用，并标示适用宠物种类和生命阶段。适用宠物种类可以具体至犬猫品种或者体型，如不标示则默认为适用于所有品种和体型；生命阶段包括幼年期、成长期、成年期、老年期、妊娠期、哺乳期等，如不标示则默认为适用于所有生命阶段。

宠物添加剂预混合饲料本身就是功能性调料，里边添加了各种营养素或者功能因子，因此大部分宠物添加剂预混合饲料都应该属于功能性宠物食品。宠物的健康与人类具有相似之处，又有别于人类。依据人类保健食品的类型对宠物保健食品功能声称进行划分，《允许保健食品声称的保健功能目录 非营养素补充剂（2022年版）》中列举的人类保健食品有24项功能声称，但迄今宠物保健食品功能划分尚不如人类保健食品精细明确，大体归纳有9类：增强免疫力、抗氧化、调节胃肠道功能（肠道微生态）、促进骨发育和维持骨健康、口腔健康、护肤美毛、与代谢有关的降脂减肥、降糖、泌尿系统功能（Cerboa等，2017）。以“宠物食品”为主题词搜索专利共用3 747项，再以“免疫”为“篇关摘”搜索获得相关专利29项；以“抗氧化”和“延缓衰老”为“篇关摘”搜索获得相关专利28项；以“肠道”为“篇关摘”搜索获得相关专利63项，肥胖（有助于降脂减肥）17项，骨160项，口腔64，皮毛29项，毛球6项（图4-7）。按标示出的具体功能声称可分为以下类型。

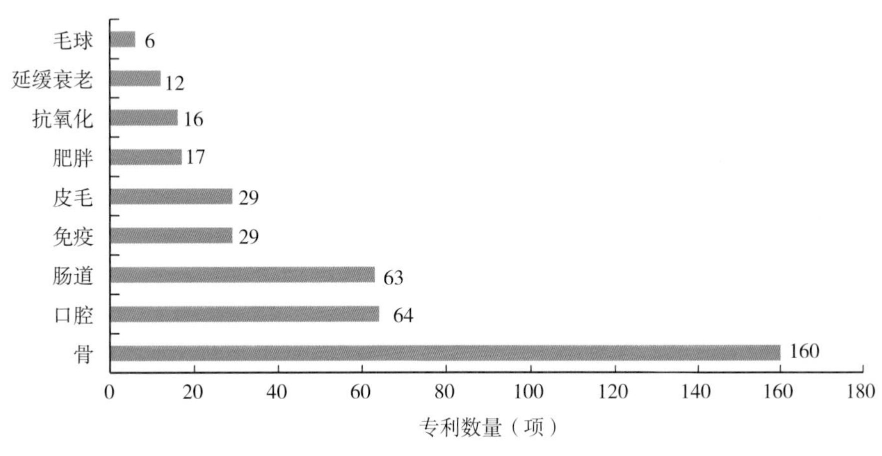

图4-7 各功能声称专利数量

（一）有助于增强免疫力

免疫力是机体自身的防御机制，是机体识别和抵抗生物、理化、环境等外来因素侵入的能力，也是机体对抗疾病的能力（Farber等，2016）。生物因素主要包括细菌和病毒以及自身机体衰老、损伤、死亡、变性、突变的细胞等；理化因素包括各种物理因素（如电场、磁场、辐射等）和化学因素（各种对机体有毒害的化学物质）；环境因素主要指淋雨、受风、着凉、炎热等。宠物健康的免疫系统才能为其提供强大的免疫力。

具有足够强的免疫力，才能有效抵抗各种外来因素对机体的侵害（Sun 等，2022）。宠物犬猫因品种、性别、年龄、饮食等的不同，其免疫系统强弱各不相同，预防或抵抗感染、过敏、炎症等的能力也存在差异。随着现代医学、细胞生物学及分子生物学的快速发展，人们对免疫系统的认识越来越深入。若机体免疫系统紊乱引起免疫功能低下，则很容易遭受各种外来因素的侵入，导致衰老和多种疾病的发生等终生健康问题。因此，提高宠物的免疫力对维持宠物生命健康具有重要意义。目前，具有调节宠物免疫力的保健食品成分主要包括氨基酸及其盐类、蛋白及其水解肽类、维生素及其类维生素类、矿物元素及其络合物、益生类（益生元、益生菌、合生元）、着色色素类（虾青素、β-胡萝卜素、番茄红素等）。常用的饲料原料提取物中具有调节机体免疫能力的活性成分，如活性多糖类、黄酮类、多酚类等（中华人民共和国农业农村部公告，第20号）。

（二）有助于抗氧化

宠物体内存在两类抗氧化系统，一类是酶抗氧化系统，包括超氧化物歧化酶（SOD）、过氧化氢酶（CAT）、谷胱甘肽过氧化物酶（GSH-Px）等；另一类是非酶抗氧化系统，包括维生素C、维生素E、谷胱甘肽、褪黑素、微量元素铜、锌、硒等（张德华等，2015）。正常情况下，宠物体内的抗氧化和氧化处于动态平衡，但当宠物长期受到物理、化学、生物以及不良饮食刺激后，会产生氧化应激反应，刺激大量活性氧/氮自由基（ROS/RNS）的生成，使体内抗氧化与氧化作用失衡，导致中性粒细胞炎性浸润，蛋白酶分泌增加，产生大量氧化中间产物，并被认为是诱发机体衰老和疾病发生的重要因素（Churchill and Eirmann，2021）。因此，及时补充抗氧化物质，保持体内抗氧化与氧化的动态平衡关系，是预防因氧化应激诱发的衰老和多种疾病发生的有效策略之一，对于维持宠物健康水平具有重要的意义。

依据饲料添加剂目录，现有用于宠物犬猫食品的抗氧化剂主要有迷迭香提取物、甘草抗氧化物、硫代二丙酸二月桂酯、D-异抗坏血酸、D-异抗坏血酸钠、植酸（肌醇六磷酸）。此外，还有具有抗氧化活性的其他植物提取物，如多酚类物质（包括黄酮类、酚酸类）、活性多糖、多不饱和脂肪酸类、甾醇类、抗氧化肽类、抗氧化色素（如虾青素、姜黄素、胡萝卜素类）等。但目前市场上专门用于宠物抗氧化活性和延缓衰老保健食品种类相当稀缺。

（三）调节肠道微生态（有助于调节肠道菌群、消化、润肠通便）

作为宠物体内最大的微生态体系，肠道微生态平衡也具有生理性、动态性、系统性的特点，因宠物的不同品种、年龄、生存环境、分娩方式、喂养方式等均具有一定的差异，呈现明显的群体个性化特征。宠物微生态与机体代谢有着密切关系，通过影响神

经、内分泌、免疫或血液系统等影响着机体的新陈代谢。微生态平衡可通过调节、抑菌、保护、免疫、平衡、营养等多维度维持宠物健康（Masuoka等，2017）。调节宠物肠道微生态类保健食品功效物质主要包括以下几种。

1. 益生菌 通过改善宿主肠道微生物菌群的平衡而发挥作用的活性微生物，能够产生确切健康功效从而改善宿主的微生态平衡、发挥有益作用（黄磊和陈君石，2017）。维持肠道菌群正常状态，可抑制肠道内有害菌株和过路菌株的繁殖，维持正常菌群平衡；维持正常肠蠕动，改善粪便成分及肠道运输功能，缩短粪便在远端结肠直肠内的滞留时间，从而缓解便秘；建立生物和化学屏障，减少肠内毒素生成，限制肠道病原微生物及毒素与肠道黏膜上皮接触；合成维生素；增强机体免疫功能；保护肝脏，减少内毒素和肝损伤，减少分解尿素的细菌数量，降低血氨水平；激活机体细胞内超氧化物歧化酶、过氧化氢酶和谷胱甘肽过氧化物酶，从而减轻自由基对机体的伤害；促进有毒药物降解和排泄（马嫄等，2011）。此外，部分益生菌的代谢产物被称为"后生素"，可纠正肠道菌群紊乱。用于宠物的主要益生菌有嗜酸乳杆菌、枯草芽孢杆菌、地衣芽孢杆菌、乳链球菌、粪肠球菌、酿酒酵母（布拉迪酵母菌、红酒酵母菌、啤酒酵母菌等）等30余种（董忠泉，2022），益生菌均可直接添加到宠物食品中作为胃肠调节剂和免疫力增强剂使用。

2. 益生元 是一种膳食补充剂，以未经消化的形式进入胃肠道内，给益生菌提供食物，被肠道内的有益细菌分解、吸收，通过降低肠道酸性来促进双歧杆菌等有益菌生长，调节菌群，有益于益生细菌的生长与繁殖，从而促进有益菌进一步发挥作用，而且能够为胃肠道内有益菌的定殖提供能量供应，有助于改善胃肠道便秘、腹泻、胀气或消化不良等不适症状（毛爱鹏等，2022）。双歧因子其实就是促进肠内双歧杆菌生长的益生元。常见的益生元主要有低聚木糖、低聚半乳糖、低聚果糖、低聚壳聚糖、甘露寡糖、β-1,3-葡聚糖（来自酿酒酵母）、菊粉等（张丽，2016），其具有稳定性好、热量低、服用量小等特点。此外，部分研究证明益生元还具有排毒素、调节免疫、抗皮肤炎、降低血脂、促进脂类物质排出、促进矿物质元素吸收等作用。

3. 合生元 是益生菌和益生元的组合，是由能被宿主微生物选择利用的物质与微生物群组成，且对机体健康有益的混合物。既能为肠道补充有益菌群，又能促进肠道固有菌群增殖，起到双重益生作用（毛爱鹏等，2022）。其产品主要是益生菌和益生元的不同配比组成添加到食品中，发挥调节肠道健康的作用。

4. 膳食纤维 宠物日粮中的纤维主要包括纤维素、半纤维素、木质素、果胶、树胶和植物黏液，部分益生元也属于膳食纤维范畴（徐燕等，2021）。膳食纤维类在肠道发酵产物的数量受纤维在肠道中的停留时间、日粮的组成和纤维的类型影响。例如，纤维素、刺梧桐树胶和黄原胶在犬猫的肠道中几乎不可被发酵，果胶和瓜尔豆胶在犬猫的结肠中会被结肠微生物快速发酵，甜菜粕和米糠的发酵程度较为适中。发酵程度适中的纤维包括甜菜粕、菊粉、米糠和阿拉伯树胶。

5. 蒙脱石　对犬猫消化道内的毒素、病毒、细菌及其产生的毒素、气体等有极强的固定、抑制作用，使其失去致病作用。此外，对消化道黏膜还具有很强的覆盖保护能力，修复、提高黏膜屏障对攻击因子的防御功能，具有平衡正常菌群和局部止痛的作用。

饲料原料目录中允许使用具有调节肠道微生态活性的原料及其加工产品，该类产品能通过调节肠道pH、水分、短链脂肪酸以及微生物菌群结构等多角度维持肠道健康，如丝兰粉、杜仲叶提取物、苜蓿提取物、紫苏籽提取物等。

（四）维持骨及关节健康

骨骼是机体重要的结构组成部分，为犬猫的正常活动提供支持。关节在骨骼之间起到减震器作用，能保护骨骼表面，让骨骼之间有弹性和一定的活动范围。随着年龄的增加，骨健康会受到不同程度的威胁，如宠物犬3个月后运动量逐渐增加，关节压力大；成年期日积月累行动造成关节磨损；7岁以上老年期关节退化等（曹峻岭，2012）。特定犬种都有一些常见的关节问题，如泰迪犬、比熊犬髌骨脱位，柯基犬、法斗犬腰椎间盘突出，金毛犬、拉布拉多犬髋关节发育不良等，这些都是因为遗传、骨发育不良或后天养护不当等导致的骨健康问题。目前允许使用的对骨健康有益的饲料添加剂有葡萄糖胺盐酸盐、软骨素或硫酸软骨素、透明质酸及其盐、胶原蛋白及其肽类，以及其他可允许使用的饲料原料加工物质，如姜黄等（刘茵等，2013）。

（五）有助于控制体内脂肪

一般在猫咪体重超过理想体重的15%（或超过10%～20%）为超重，超过30%（或超过20%～30%）为肥胖（German, 2006）。造成肥胖原因诸多，如品种、遗传、情绪、缺乏运动、阉割、疾病、衰老、代谢变差等。①品种原因造成的肥胖：如小型犬中吉娃娃犬、短毛腊肠犬、斗牛犬等。②遗传因素造成的肥胖：如拉布拉多寻回犬、比格犬、短腿腊肠犬（Basset）；后天易胖型如凯恩猎犬（cairnterriers）、小型牧羊犬等。③饮食造成的肥胖：主要是由于能量代谢不平衡，能量摄入超过能量消耗，如食物中含有大量碳水化合物和脂肪。④负面情绪造成的肥胖：如情绪不稳、苦闷、无聊、压力，都会使宠物过量进食。⑤运动不足造成的肥胖：如果运动量不足，转化不足，摄入的过多养分就会转化为脂肪。⑥阉割造成的肥胖：很多人以为阉割手术直接导致宠物肥胖，实际上是阉割之后活动意欲降低，身体不需要太多能量，但如果仍然照阉割前的分量进食，则会致肥胖。⑦疾病造成的肥胖：患上甲状腺分泌失调的宠物，垂体腺和脑下丘会出现异常，宠物会经常因饥饿而大量进食，最终导致肥胖。⑧年龄大的宠物容易发胖：因为老龄宠物体内的新陈代谢变慢、不爱运动等原因都会造成肥胖。宠物体重过重非常容易引起心血管疾病、糖尿病、骨关节等重大疾病，最终对宠物生命造成严重威胁。

帮助宠物犬猫降低体重的主要方式是更换能量较低的减肥用商品粮，遵循高蛋白（≥40%）、低脂肪（10%～20%）、低碳水三大原则。另外，要避免减肥的同时猫咪肌肉过度流失，导致基础代谢率降低。减肥用商品粮一般含有能量较低的营养物质或具有降脂减肥的功能成分。具有降脂减肥的功能成分主要包括富含混合膳食纤维、多酚类物质、生物碱类、苹果酸、柠檬酸等有机酸等的饲料原料或者添加剂（Bartges等，2017）。

嗜黏蛋白阿克曼菌，是存在于动物肠道中、参与宿主肥胖调节的常见菌，服用该菌可以明显降低肽分泌机体内毒素和肠道内炎症水平，增强肠道屏障和促进肠肽分泌，有效改善宠物肥胖。脂肪含量高的食物会直接对宠物肠道环境产生较大的负面影响，适当补充益生菌可以缓解肠道炎症，调节宠物体内的血脂和胆固醇，有效改善宠物肥胖问题。

（六）维持健康血糖水平，预防糖尿病

犬类血糖正常值范围为3.3～6.7，不同品种的犬标准血糖值是不同的，需要具体分析。猫血糖正常值范围为4.4～6.1。猫血糖值超过7.0，就要将其带到宠物医院进一步检查，查看是否为糖尿病（周其琛，2018）。

糖尿病是由于多种原因引起宠物的胰岛素相对缺乏和程度不同的胰岛素抵抗，从而导致碳水化合物代谢异常的疾病（Mcknight等，2015）。引起宠物糖尿病的主要因素有以下五点。①胰岛β细胞损伤：糖尿病是由胰岛β细胞分泌机能降低引起的一种综合征。有很多因素可导致宠物糖尿病，其中最主要的原因就是胰岛β细胞损伤，而使其损伤的原因最常见的则是胰腺炎、手术外伤、肿瘤等使胰岛素分泌减少。②遗传因素（品种因素）：由遗传因素导致的宠物糖尿病，在临床上并不常见。但针对犬糖尿病流行病学研究发现，除某些品种犬，如德国牧羊犬、京巴、可卡犬、柯利犬、拳师犬、雪纳瑞犬、比熊犬等家族性糖尿病少见外，凯恩猎犬、小鹿犬都有可能患有家族性糖尿病。③营养过量、肥胖导致：如果喂宠物过多的零食、主粮或保健品，导致宠物营养过剩，那么宠物很有可能因为肥胖导致可逆性胰岛素分泌减少。④年龄因素：相比较而言，中年或老年的犬患上糖尿病的情况会更加常见。⑤性别因素：母犬患糖尿病的风险较高，且随着年龄的增长，风险会更高。

当糖代谢紊乱时，糖在血液中堆积，血糖增高，而起着激素调节作用的胰岛β细胞受到破坏，功能缺陷，导致胰岛素分泌减少，血糖不能被利用，胰岛素受体抵抗不

足，糖尿病逐渐形成。在维持血糖稳定的过程中，血糖、胰岛素、胰岛素受体等发挥着重要作用（Adolphe等，2015）。一旦得了糖尿病，则将伴随终生，但是可以通过健康饮食或药物控制来稳定病情。健康、均衡的饮食对血糖异常或者糖尿病的宠物非常重要。

可以选择给宠物摄入一些营养物质来改善体质，起到辅助调节血糖的作用，如维生素B_6、维生素C、维生素E、α-硫辛酸、ω-3脂肪酸、精氨酸、甘氨酸等；一些植物提取物，如食用菌多糖、蓝莓提取物、花青素、原花青素等，这些营养成分都可以修复胰岛β细胞，增强胰岛素的敏感性，起到控制血糖、提高胰岛素活力的作用。除此之外，适当的运动量、控制患宠的体重在正常健康范围也是必要的。目前涉及预防宠物血糖异常和糖尿病的保健食品甚少。

（七）改善泌尿系统功能

宠物的泌尿系统包括肾、输尿管、膀胱、尿道。在泌尿系统产生的结石统称为泌尿系统结石，也称为尿结石（伯伊德，2007）。结石主要是指动物尿路中无机盐或有机盐类结晶的凝集物，刺激尿路黏膜而引起泌尿道出血、炎症、阻塞的一种泌尿系统疾病，凝聚物结石、积石或多量结晶。根据结石停留部位不同，可将泌尿系统结石分为肾结石、输尿管结石、膀胱结石和尿道结石（Ferenbach和Bonventre，2016）。

根据结石的化学成分，可将结石分为以下几类。①磷酸盐结石：呈白或灰白色，生成迅速，可形成鹿角状结石，常发生于碱性尿液中，多为磷酸铵镁结石，又称鸟粪石。②草酸盐结石：呈棕褐色，表面粗糙有刺，质坚硬，易于损伤尿路而引起血尿，发生于酸性尿液内，有单纯的草酸钙结石、草酸钙和磷酸钙混合性结石，容易损伤尿路黏膜引起血尿。③碳酸盐结石：呈白色，质地松脆，发生于碱性尿液中，在酸性溶液中易溶解。④尿酸盐结石：呈浅黄色，表面光滑，质坚硬，常发生酸性尿液中，可为单纯性尿酸结石或与草酸钙、磷酸钙等形成混合结石。⑤胱氨酸盐结石：表面光滑，能透过X射线，不易显影，又称为“透光性结石”，发生于酸性尿液中，但不是所有胱氨酸盐尿的犬猫都会形成胱氨酸结石或结晶（徐林楚和冯富强，2020），见图4-8。

磷酸铵镁结石

磷酸钙结石

草酸钙结石

尿酸盐结石

胱氨酸盐结石

图4-8　泌尿系统结石类型

在临床犬猫80%以上的结石由鸟粪石或草酸钙组成，其中鸟粪石结石是最常见的、占43.8%，草酸盐结石位居第二、占41.5%，尿酸盐结石占4.8%，磷酸钙结石占2.2%，硅酸型结石占0.9%，胱氨酸盐型结石占0.4%，黄嘌呤型结石占0.05%。宠物结石形成的具体原因尚未完全阐明，但多数学者认为尿结石与食物单调或矿物质含量过高、饮水不足、矿物质代谢紊乱、尿液pH改变、尿路感染以及病变等有关（陈沛林，2014）。在正常尿液中含有多种溶解状态的晶体盐类（磷酸盐、尿酸盐、草酸盐、胱氨酸盐等）和一定量的胶体物质（黏蛋白、核酸、黏多糖、胱氨酸等），它们之间保持着相对的平衡状态，此平衡一旦失调，即晶体超过正常的饱和浓度时，或胶体物质不断地丧失分子间的稳定性结构时，尿液中即会发生盐类析出和胶体沉着，进而凝结成为结石。此外，机体代谢紊乱，如甲状旁腺机能亢进、甲状旁腺激素分泌过多等，使体内矿物质代谢紊乱，也可引起尿钙过高现象。机内雌性激素水平过高也可引起结石的形成。临床上，结石症是一种典型的成年动物疾病，而且复发率高。大多数猫在2～6岁时首次确诊，4岁以下的猫更易患鸟粪石结石，7岁以上的猫患草酸钙结石的风险更高。在犬中诊断结石症时的平均年龄在6～7岁。较年轻的成年犬猫多发鸟粪石结石、尿酸盐结石和胱氨酸盐结石，老年犬猫多发草酸钙结石（陈沛林，2014；Buffington等，1990）。

科学的饮食及喂养方式可以有效预防宠物泌尿系统结石。为了预防和改善泌尿系统结石，营养干预的目标包括降低尿液中的镁、胺、磷酸盐、钙和草酸浓度，维持尿液pH为6.3～6.9，多饮水，增加排尿次数和量。含有高脂肪、低蛋白质、低钾和增加潜在酸化尿液能力的饮食，可能减少猫鸟粪石的形成。结合饲料原料和添加剂目录以及市场出售用于预防泌尿系统结石的添加剂成分或原料包括维生素C、维生素E、柠檬酸钾、D-甘露糖、N-乙酰氨基葡萄糖、L-茶氨酸(绿茶提取物)、木槿花（芙蓉花）提取物，以及车前子、茯苓、蔓越橘（酸果蔓）、青口贝等（Buffington等，1990）。

（八）口腔护理

宠物犬猫健康的口腔和牙齿，对于其机体健康有着至关重要作用，如防止牙齿脱落、口臭、口腔疼痛、器官损伤、牙科疾病恶化等（孙姝等，2014）。宠物犬猫引发口炎口臭的原因可能是口腔留有食物残渣、肠胃消化能力弱、异食癖、乳牙无法脱落、牙菌斑、饮食不当、牙齿污垢细菌多、异物刺激、缺乏微量元素、病毒性疾病引发的并发症状等。因此，宠物口腔护理具有重要的意义。目前宠物的口腔护理主要是刷牙，使用洁齿粉、喷剂，清除牙菌斑，以及用磨牙棒零食等起到清新口气和预防口腔疾病的作用（Harris等，2016；张怡和逯茂洋，2018）。

口腔护理类的保健品除清除牙菌斑外，其他几种产品均可食用。通过拌粮的方式饲喂的有效成分一般为绿茶提取物（茶多酚类）、薄荷提取物（薄荷黄酮类）、丝兰抗氧化物、蘑菇提取物、甘草提取物、维生素C、多肽类（酪蛋白磷酸酯肽等）、天然沸石、锌、金属螯合剂（多聚磷酸盐等）、口腔益生菌类等物质（田维鹏等，2021）。将这些功效成分添加到各类口腔护理类产品中可联合发挥作用，达到清洁牙齿、抗菌杀菌、清洗口气、减少牙石、缓解炎症的功效。

（九）毛皮护理

猫的皮肤与毛发总量占其总体重的12%，而犬的皮毛在生长过程中需要消耗营养素中30%的比例。因此，在宠物食品当中添加促进宠物皮毛健康与生长的添加剂极为必要（杜鹏，2018）。毛皮护理类的保健食品功能成分主要包括蛋白质、氨基酸（含硫氨基酸、精氨酸、色氨酸等非含硫氨基酸）、脂肪（鱼油、卵磷脂、ω-3脂肪酸、花生油酸等）、矿物质（锌）、维生素等物质，这些物质对于宠物皮毛生长有着直接影响。日粮中添加含硫氨基酸能够有效促进水貂、獭兔、绒毛用羊等动物皮毛产量。同时，精氨酸、色氨酸等非含硫氨基酸物质对于宠物皮毛与新陈代谢也有着一定促进作用。故而，在皮毛宠物日粮中添加此类物质能够有效促进其毛纤维生长，增加强度和被毛密度（刘公言等，2021）。

去毛球产品类包括化毛膏（天然高品质动物油脂、植物油）、粗纤维成分、车前子和丝兰粉成分、啤酒酵母粉、苜蓿粉、猫草（大麦苗、小麦苗、犬尾巴草等）等多种。

五 按功能因子结构分类

根据国家标准《食品安全国家标准　保健食品》（GB 16740—2014），人类保健食品中功能因子是指能通过激活酶的活性或其他途径调节机能的物质。显然功能因子是在宠物保健食品中真正起生理作用的成分，是生产宠物保健食品的关键。迄今按照功能因子类型不同大体分为蛋白质和氨基酸、维生素、矿物元素、酶制剂、微生态制剂、抗氧化剂、多糖和寡糖，以及其他植物源和动物源的提取物等类别。

（一）氨基酸

氨基酸是动物体合成蛋白质的主要成分。添加氨基酸是提高日粮蛋白质利用率的有效手段，是宠物保健食品配方中用量最大的一类功能因子。添加氨基酸的主要作用是弥补氨基酸不足，使其他氨基酸得到充分利用。宠物常用的氨基酸为蛋氨酸、精氨酸、赖氨酸、色氨酸、苯丙氨酸、牛磺酸、苏氨酸、组氨酸、亮氨酸、异亮氨酸等。

（二）蛋白质

蛋白质既可作为营养补充剂，也可作为功效成分添加到宠物保健食品中，是宠物保健食品中必不可少的重要组成成分。宠物保健食品中常使用的蛋白质来源主要有植物性蛋白质、动物性蛋白质、单细胞蛋白质和非蛋白氮四种。植物性蛋白质包括豆类籽实

及其加工副产品、油料籽实及其加工副产品，以及某些谷类籽实的加工副产品等。动物性蛋白质来自动物机体及其副产品，包括畜禽肉、内脏、血粉、肉粉（肉骨粉）、鱼肉、鱼粉、蛋、奶类等。动物性蛋白质原料含蛋白质较高，必需氨基酸含量多，组成比例合理，生物学价值高，是优质蛋白质原料（廖品凤等，2020）。新兴的蛋白资源有以下几种。①昆虫蛋白：如黑水虻幼虫、粉虫幼虫以及蟋蟀等，由于在可持续性、饲料转化效率、市场定位和免疫性等方面具有优势，所以昆虫蛋白正在得到推广。②单细胞蛋白：通常产生于酿酒酵母菌、念珠菌或球拟酵母菌，以及因其能够将选定生物质转化为特定化合物而选择的其他菌属。③微藻：脱脂微藻包含的有益氨基酸蛋白质可达到20%～45%。④豆类蛋白：最常见的是豌豆浓缩蛋白和分离蛋白。豆类蛋白能充分补充蛋白质，而且消化率高，但蛋氨酸含量有限，需要人为补充（符华林，2006）。

（三）维生素

维生素类是最常用也是最重要的添加剂之一。在各种维生素添加剂中，氯化胆碱、维生素A、维生素E及烟酸的使用量所占比例最大。维生素添加剂种类很多，按照其溶解性可分为脂溶性和水溶性两类，通常需要添加维生素A、维生素D_3、维生素E、维生素K、维生素B_2、烟酸、泛酸、氯化胆碱及维生素B_{12}等。

（四）矿物元素

宠物需要的微量元素主要有铁、铜、锌、锰、碘和硒。这些微量元素除了为动物提供必需的养分之外，还能激活或抑制某些维生素、激素和酶，对保证宠物的正常生理机能和物质代谢有极其重要的作用，具有调节机体新陈代谢、促进生长发育、增强抗病能力等功能。常用的微量元素添加剂有氯化钾、硫酸铁、硫酸铜、硫酸锌、碘化钾、亚硒酸钠等。

（五）酶制剂

酶制剂是指一种或者多种利用生物技术生产的酶与载体和稀释剂采用一定生产工艺制成的一种添加剂，可以提高宠物消化能力，提高消化率和养分利用率，转化和消除饲料中的抗营养因子，并充分利用新的资源。酶制剂包括蛋白酶、淀粉酶、脂肪酶、纤维素酶、木聚糖酶、β-聚葡糖酶、甘露聚糖酶、植酸酶。宠物食品中常见的酶制剂有蛋白酶、脂肪酶和淀粉酶。

（六）微生态制剂

宠物常用微生态制剂主要用于调节消化系统微生态环境，改善胃肠功能，提高营养物质的消化和吸收能力，从而促进或维持宠物健康。微生态制剂主要包括益生菌、益生元和合生元。

（七）药食同源食物原料提取物

药食同源食物原料提取物的作用主要表现在防病保健、提高宠物生产性能、改善宠物食品产品质量等方面。同时这些提取物含有许多具有生理调节作用的物质，可以促进宠物的生长和提高免疫功能、调节胃肠功能、降脂减肥、预防关节疾病、抑菌、抗氧化等诸多功能。部分提取物可以改善和提高宠物食品的适口性，促进宠物胃肠腺体分泌，有利于消化吸收，提高食品转化率，增强机体抗病能力，促进生长，改善组织沉积等（刘吉忠，2016）。

1. 生物活性肽 是一类由20种天然氨基酸以不同的组成和排列方式构成的从二肽到复杂的线性、环形结构的不同肽类的总称，是源于蛋白质的多功能化合物。活性肽按原料划分主要有乳肽、大豆肽、玉米肽、豌豆肽、畜产肽、水产肽、丝蛋白肽和复合肽等。这些多肽除了可以为宠物提供营养素外，还具有：①提高宠物生产性能。对宠物的消化机能、蛋白质代谢、脂类代谢、免疫机能等均有生理活性作用。饲粮中添加少量肽类可以显著提高生产性能和饲料利用率。②提高机体免疫力。免疫活性肽能够增强机体免疫力，刺激淋巴细胞的增殖。增强巨噬细胞的吞噬功能，提高机体抵御外界病原体感染的能力，降低发病率。③提高宠物食品的风味及诱食作用。某些生物活性肽可改善风味，提高适口性。具有不同氨基酸序列的活性肽可产生多种不同风味，如酸、甜、苦、咸。因此，可有选择地添加调味肽，根据需要调节风味。④提高矿物质元素的利用率。促进骨骼生长，这类肽主要来源于酪蛋白。⑤替代抗生素。一些环状肽、糖肽和脂肽具有抗生素和抗病毒样作用，可作为健康促进剂取代抗生素。另外，抗菌肽的热稳定性一般较高，这一特性使其成为宠物食品中理想的防腐剂替代品。⑥抗氧化、降血压、抑菌及调味作用。一些蛋白酶解物具有清除自由基和抗氧化活性，抑制血管紧张素转移酶活性发挥降血压活性，抑制宠物有害致病菌活性，保护动物肠道形态和功能，提高动物的免疫力，改善动物健康状况等功能（Picariello等，2013）。

2. 活性多糖 是指具有某种特殊生理活性的多糖类化合物。随着多糖化学和多糖生物学研究的不断深入，活性多糖具有免疫调节、抗肿瘤、抗氧化、降血糖、降血脂、抗辐射、抗菌、抗病毒、延缓衰老等多种生物学功能，已广泛用于保健食品、医药品及日用化学品等各领域（董琛琳等，2021）。植物活性多糖提高机体免疫功能是其最重要的活性之一。其对免疫系统的调节作用，主要表现为免疫增强或免疫刺激，能激活巨噬细胞、自然杀伤细胞等固有性免疫细胞；促进T、B淋巴细胞的增殖、抗体的生成；促进细胞因子的分泌，如白细胞介素-1和白细胞介素-2和肿瘤坏死因子-α、干扰素-γ

等。这些细胞因子通过结合细胞表面的相应受体，经不同途径激活补体系统或经典的免疫途径发挥其抗细菌、抗病毒作用，调节适应性免疫反应等生物学活性。在宠物保健食品中应用最多的是食用菌类多糖和植物多糖，如黄芪多糖、云芝多糖、灵芝多糖、茯苓多糖、银耳多糖、香菇多糖、黑木耳多糖、虫草多糖、海带多糖、姬松茸多糖、螺旋藻多糖、杜仲多糖、松花粉多糖等。上述多糖同时还具有预防宠物糖尿病、心血管疾病、抗氧化和延缓衰老、改善胃肠功能等（Maity等，2021）。此外，酵母多糖在宠物保健食品中有较多应用。

3. 脂肪酸　脂肪酸中的多不饱和脂肪酸是宠物食品功能性脂肪酸研究和开发的主体与核心，根据其结构又分为ω-3和ω-6两大主要系列（吴洪号等，2021）。在宠物生理中起着极为重要的代谢作用，与宠物诸多疾病病的发生与调控息息相关。目前认为ω-3/ω-6脂肪酸功能的突出重要性，是宠物身体内不可缺少但又不能自己产生的必需脂肪酸，可改善机体的新陈代谢速度，所以宠物在服用ω-3/ω-6脂肪酸后，皮肤、毛质、体质会有极其明显的改善及提高；亚油酸是n-6长链多不饱和脂肪酸，作为功能性多不饱和脂肪酸中被最早认识的一种，具有降低血清胆固醇水平的作用，可预防高血压等心血管疾病；花生四烯酸的代谢产物对中枢神经系统有重要影响，包括神经元跨膜信号的调整、神经递质的释放以及葡萄糖的摄取，花生四烯酸在体外能显著杀灭肿瘤细胞；γ-亚麻酸具有降血脂、预防心血管疾病、预防肥胖等作用；α-亚麻酸是ω-3系列多不饱和脂肪酸的母体，在体内代谢可生成DHA和EPA，具有降低血清中总胆固醇和LDL-胆固醇水平、提高HDL-胆固醇/LDL-胆固醇比值、预防心血管疾病、增强机体免疫效应等作用；DHA和EPA可维持和改善视力，提高记忆、学习等能力。此外，DHA和EPA对宠物皮毛、发质的改善有显著功效（Gill等，1997；高宗颖等，2011）。

4. 多酚类物质　是指广泛存在于植物内的具有多个羟基酚的一大类酚类物质的总称，是植物体内重要的刺激代谢产物，具有多元酚结构，主要通过莽草酸和丙二酸途径合成。多酚类物质主要存在于植物的皮、根、壳、叶和果中，包括：简单的酚类化合物，如酚酸类、苯丙烷类、酚酮类（黄酮类等）；多聚体类化合物，如木酚素类、黑色素类、单宁类。宠物保健食品中常用的植物多酚类物质有茶多酚、花色苷类物质、苹果多酚、葡萄多酚、大豆黄酮等（Leri等，2020），其中茶多酚应用最多。这些植物多酚类物质在宠物保健食品中发挥维护消化系统健康（口腔卫生健康和肠道健康）、降低宠物粪便臭味及体味、保护宠物皮肤被毛、抗氧化和延缓宠物衰老、有助于宠物减肥等功效。此外，多酚类物质具有天然高效的抗氧化和抑菌功能，被广泛用作宠物食品的保鲜剂和抗氧化剂，以延长商品的货架期（Wang等，2020），如茶多酚。

5. 植物甾醇　是以环戊全氢菲为骨架的3-羟基化合物，是结构与胆固醇相似的一类活性物质。植物甾醇以游离态、酯化态及糖苷的形式存在于植物细胞膜上。植物甾醇具有降低胆固醇、抗氧化、促生长、免疫调节、预防心血管疾病、类激素等重要的生理功能，植物甾醇被科学家们称为“生命的钥匙”。人们对植物甾醇的研究已有上百年的历史，早期已被证实其具有降低胆固醇、预防心血管疾病等生理功能。目前科技迅猛发展，这类生命活性成分的重要生理作用也逐渐被深入认识。此外，植物甾醇的安全性也得到了世界上多个地方的认同。在饲料领域，因其促生长、抗氧化、免疫调节、类激素等功能，农村部在2008年将植物甾醇批准为一种新型的功能性饲料添加剂。目前用于宠物保健食品中常用的植物甾醇类主要包括源于大豆油/菜籽油的β－谷甾醇、菜油甾醇、豆甾醇（张沙等，2022）。

根据中华人民共和国农业农村部第2045号公告及后续修订公告汇总标注，适用于宠物食品营养性添加剂品种目录见表4-2。

表4-2　标注适用于宠物食品营养性添加剂品种目录

类别	通用名称
氨基酸、氨基酸盐及其类似物	L-赖氨酸、液体L-赖氨酸（L-赖氨酸含量不低于50%）、L-赖氨酸盐酸盐、L-赖氨酸硫酸盐及其发酵副产物（产自谷氨酸棒杆菌、乳糖发酵短杆菌，L-赖氨酸含量不低于51%）、DL-蛋氨酸、L-苏氨酸、L-色氨酸、L-精氨酸、L-精氨酸盐酸盐、甘氨酸、L-酪氨酸、L-丙氨酸、天（门）冬氨酸、L-亮氨酸、异亮氨酸、L-脯氨酸、苯丙氨酸、丝氨酸、L-半胱氨酸、L-组氨酸、谷氨酸、谷氨酰胺、缬氨酸、胱氨酸、牛磺酸、L-半胱氨酸盐酸盐、蛋氨酸羟基类似物、蛋氨酸羟基类似物钙盐
维生素类及类维生素	维生素A、维生素A乙酸酯、维生素A棕榈酸酯、β-胡萝卜素、盐酸硫胺（维生素B_1）、硝酸硫胺（维生素B_1）、核黄素（维生素B_2）、盐酸吡哆醇（维生素B_6）、氰钴胺（维生素B_{12}）、L-抗坏血酸（维生素C）、L-抗坏血酸钙、L-抗坏血酸钠、L-抗坏血酸-2-磷酸酯、L-抗坏血酸-6-棕榈酸酯、维生素D_2、维生素D_3、天然维生素E、DL-α-生育酚、DL-α-生育酚乙酸酯、亚硫酸氢钠甲萘醌（维生素K_3）、二甲基嘧啶醇亚硫酸甲萘醌、亚硫酸氢烟酰胺甲萘醌、烟酸、烟酰胺、D-泛醇、D-泛酸钙、DL-泛酸钙、叶酸、D-生物素、氯化胆碱、肌醇、L-肉碱、L-肉碱盐酸盐、甜菜碱、甜菜碱盐酸盐、L-肉碱酒石酸盐、维生素K_1、酒石酸氢胆碱
矿物元素及其络（螯）合物	氯化钠、硫酸钠、磷酸二氢钠、磷酸氢二钠、磷酸二氢钾、磷酸氢二钾、轻质碳酸钙、氯化钙、磷酸氢钙、磷酸二氢钙、磷酸三钙、乳酸钙、葡萄糖酸钙、硫酸镁、氧化镁、氯化镁、柠檬酸亚铁、富马酸亚铁、乳酸亚铁、硫酸亚铁、氯化亚铁、氯化铁、碳酸亚铁、氯化铜、硫酸铜、碱式氯化铜、氧化锌、氯化锌、碳酸锌、硫酸锌、乙酸锌、碱式氯化锌、氯化锰、氧化锰、硫酸锰、碳酸锰、磷酸氢锰、碘化钾、碘化钠、碘酸钾、碘酸钙、氯化钴、乙酸钴、硫酸钴、亚硒酸钠、钼酸钠、蛋氨酸铜络（螯）合物、蛋氨酸铁络（螯）合物、蛋氨酸锰络（螯）合物、蛋氨酸锌络（螯）合物、赖氨酸铜络（螯）合物、赖氨酸锌络（螯）合物、甘氨酸铜络（螯）合物、甘氨酸铁络（螯）合物、酵母铜、酵母铁、酵母锰、酵母硒、氨基酸铜络合物（氨基酸来源于水解植物蛋白）、氨基酸铁络合物（氨基酸来源于水解植物蛋白）、氨基酸锰络合物（氨基酸来源于水解植物蛋白）、氨基酸锌络合物（氨基酸来源于水解植物蛋白或）、烟酸铬、酵母铬、蛋氨酸铬、吡啶甲酸铬、丙酸铬、甘氨酸锌、碳酸钴、乳酸锌（α-羟基丙酸锌）、葡萄糖酸铜、葡萄糖酸锰、葡萄糖酸锌、葡萄糖酸亚铁、焦磷酸铁、碳酸镁、甘氨酸钙、二氢碘酸乙二胺（EDDI）

（续）

类别	通用名称
酶制剂	β-半乳糖苷酶（产自黑曲霉）、菠萝蛋白酶（源自菠萝）、木瓜蛋白酶（源自木瓜）、胃蛋白酶（源自猪、小牛、小羊、禽类的胃组织）、胰蛋白酶（源自猪或牛的胰腺）、溶菌酶（源自鸡蛋清）
微生物	地衣芽孢杆菌、枯草芽孢杆菌、两歧双歧杆菌、粪肠球菌、屎肠球菌、乳酸肠球菌、嗜酸乳杆菌、干酪乳杆菌、德式乳杆菌乳酸亚种（原名：乳酸乳杆菌）、植物乳杆菌、乳酸片球菌、戊糖片球菌、产朊假丝酵母、酿酒酵母、沼泽红假单胞菌、婴儿双歧杆菌、长双歧杆菌、短双歧杆菌、青春双歧杆菌、嗜热链球菌、罗伊氏乳杆菌、动物双歧杆菌、黑曲霉、米曲霉、迟缓芽孢杆菌、短小芽孢杆菌、纤维二糖乳杆菌、发酵乳杆菌、德氏乳杆菌保加利亚亚种（原名：保加利亚乳杆菌）、凝结芽孢杆菌
抗氧化剂	丁基羟基茴香醚（BHA）、二丁基羟基甲苯（BHT）、没食子酸丙酯、特丁基对苯二酚（TBHQ）、茶多酚、维生素E、L-抗坏血酸-6-棕榈酸酯、迷迭香提取物、硫代二丙酸二月桂酯、甘草抗氧化物、D-异抗坏血酸、D-异抗坏血酸钠、植酸（肌醇六磷酸）
着色剂	β-胡萝卜素（着色剂）、天然叶黄素（源自万寿菊）、虾青素、柠檬黄、日落黄、诱惑红、胭脂红、靛蓝、二氧化钛、焦糖色（亚硫酸铵法）、赤藓红、胭脂虫红、氧化铁红、高粱红、红曲红、红曲米、叶绿素铜钠（钾）盐、栀子蓝、栀子黄、新红、酸性红、萝卜红、番茄红素
调味和诱食物质	海藻糖、琥珀酸二钠、甜菊糖苷、5’-呈味核苷酸二钠、食品用香料、谷氨酸钠、5’-肌苷酸二钠、5’-鸟苷酸二钠、大蒜素
多糖和寡糖	低聚木糖（木寡糖）、低聚壳聚糖、低聚异麦芽糖、果寡糖、甘露寡糖、低聚半乳、壳寡糖［寡聚β-（1-4）-2-氨基-2-脱氧-D-葡萄糖］（$n=2\sim10$）、β-1,3-D-葡聚糖（源自酿酒酵母）
其他	二十二碳六烯酸（DHA）、苜蓿提取物（有效成分为苜蓿多糖、苜蓿黄酮、苜蓿皂苷）、共轭亚油酸、紫苏籽提取物（有效成分为α-亚油酸、亚麻酸、黄酮）、硫酸软骨素、植物甾醇（源于大豆油/菜籽油，有效成分为β-谷甾醇、菜油甾醇、豆甾醇）、透明质酸、透明质酸钠、乳铁蛋白、酪蛋白磷酸肽（CPP）、酪蛋白钙肽（CCP）、二十碳五烯酸（EPA）、二甲基砜（MSM）、硫酸软骨素钠

第三节 宠物保健食品功能因子开发的基础研究

功能因子的原料筛选、提取、分离、结构、功能活性及其构效关系等一系列基础信息的阐明，是宠物保健食品开发及其功能发挥的关键理论基础。因此，加大理论研究仍是宠物保健食品产品开发迫切需要解决的问题。

一 功能因子原料及其新资源发掘

功能因子的原料主要来源于植物、动物、藻类，此外，还有微生物。目前在中国专利数据库以“宠物食品”为主题词，再以“植物”“动物”“藻类”为“篇关摘”搜索，获得专利数量见图4-9。宠物保健食品强化不同功能因子专利数共计623项。其中，添加维生素强化营养的专利最多，达271项，占总数的43.5%；其次是强化蛋白质和钙的食品，分别为占26.5%和21.0%（图4-10）。动物源肉类及其下脚料专利共计397项，具体分布见图4-11。不同来源的肉主要是为了强化宠物食品中的蛋白质，其中，鸡肉来源最多，为172项，占总数的43.3%；其次是牛肉和鱼肉，分别占20.4%和16.9%。

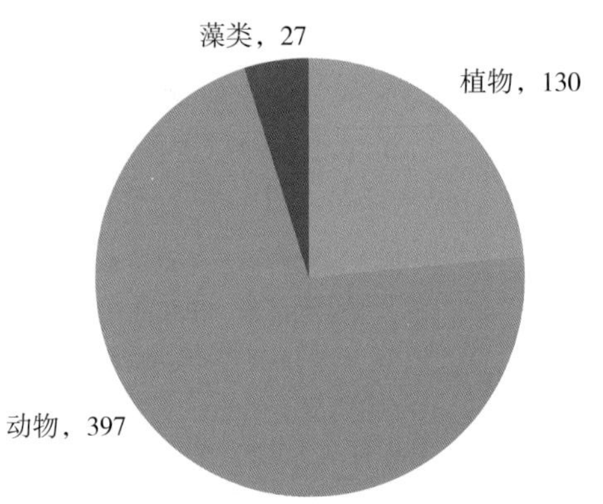

图4-9　宠物保健食品原料来源专利数量分布

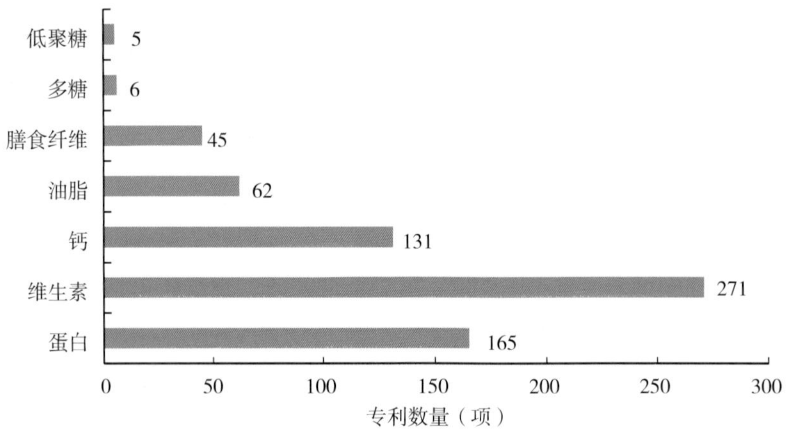

图4-10　宠物保健食品不同功能因子专利数量

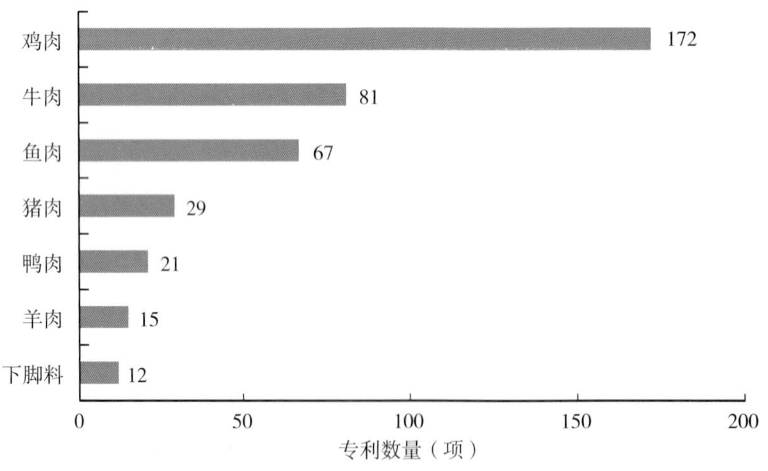

图4-11　强化宠物食品中蛋白质的肉类来源专利数量

从以上数据及表4-2营养性宠物食品添加剂目录可以看出，我国宠物保健食品营养因子（功能因子）开发还有很大空间，尤其是植物源的保健食品原料，可以参考人类保健（功能）食品原料筛选和挖掘宠物用保健食品原料。我国2021版药食同源目录中共有210种既是食物也是药物的可开发资源。

（一）谷物及其加工产品

全谷物的主要来源是小麦、玉米、燕麦、大麦和黑麦等11种，富含膳食纤维、微量矿物质、B族维生素和维生素E、生物活性物质（生育三烯酚、木脂素和多酚、胆碱、蛋氨酸、甜菜碱、肌醇和叶酸等），具体来源如表4-3。谷物主要用于动物饲料，其总膳食纤维占营养成分的21%～27%、粗蛋白质的12%～16%、粗脂肪的18%～22%。玉米是另一种有价值的纤维来源，因为它不仅对适口性和养分消化率没有不利影响，还会调节成犬的血糖水平。虽然玉米纤维含有酚类化合物，具有已知的抗氧化、抗突变和降低胆固醇的作用，可以降低人类结肠癌的发病率，但这些作用尚未在犬和猫身上进行研究。米糠富含含硫氨基酸、微量营养素（如镁、锰和B族维生素）、生物活性分子（如生育酚、生育三烯、多酚类物质、植物甾醇、γ-谷维素和类胡萝卜素（如胡萝卜素、番茄红素、叶黄素和玉米黄质），因此米糠是必需氨基酸的极好来源，在心血管疾病、2型糖尿病、肥胖症等慢性疾病的管理和预防中，这些成分具有较强的抗氧化、抗炎和化学预防特性（Ryan，2011）。此外，米糠油含有良好的脂肪酸组成，主要包括单不饱和脂肪酸和多不饱和脂肪酸［油酸（38.4%）、亚油酸（34.4%）和α-亚麻酸（2.2%）］，以及约1.5%的γ-谷维素。正如在啮齿动物、兔子、非人灵长类动物和人类中观察到的那样，所有这些脂肪酸都具有很强的抗氧化能力。

表4-3 可用于宠物保健食品的谷物及其加工产品原料

原料名称	特征描述	强制性标识要求
大麦及其加工产品	大麦包括皮大麦（*Hordeum vulgare* L.）和裸大麦（青稞）（*Hordeum vulgare* var. *nudum*）籽实	淀粉、粗蛋白质、粗纤维、水分、淀粉糊化度
	大麦次粉，以大麦为原料经制粉工艺产生的副产品之一，由糊粉层、胚乳及少量细麸组成	淀粉、粗蛋白质、粗纤维
	大麦蛋白粉，大麦分离出麸皮和淀粉后以蛋白质为主要成分的副产品	粗蛋白质
	大麦粉，大麦经制粉工艺加工形成的以大麦粉为主、含有少量细麦麸和胚的粉状产品	淀粉、粗蛋白质
	大麦粉浆粉，大麦经湿法加工提取蛋白、淀粉后的液态副产物经浓缩、干燥形成的产品	粗蛋白质

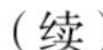
（续）

原料名称	特征描述	强制性标识要求
大麦及其加工产品	大麦麸，以大麦为原料碾磨制粉过程中所分离的麦皮层	粗纤维
	大麦壳，大麦经脱壳工艺除去的外壳	粗纤维
	大麦糖渣，大麦生产淀粉糖的副产品	粗蛋白质、水分
	大麦纤维，从大麦籽实中提取的纤维，或者生产大麦淀粉过程中提取的纤维类产物	粗纤维
	大麦纤维渣（大麦皮），大麦淀粉加工的副产品，主要成分为纤维素，含有少部分胚乳	粗纤维
	大麦芽，大麦发芽后的产品	粗蛋白质、粗纤维
	大麦芽粉，大麦芽经干燥、碾磨获得的产品	粗蛋白质、粗纤维
	大麦芽根，发芽大麦或大麦芽清理过程中的副产品，主要由麦芽根、大麦细粉、外皮和碎麦芽组成	粗蛋白质、粗纤维
	烘烤大麦，大麦经适度烘烤形成的产品	淀粉、粗蛋白质
	喷浆大麦皮，大麦生产淀粉及胚芽的副产品喷上大麦浸泡液干燥后获得的产品	粗蛋白质、粗纤维
	膨化大麦，大麦在一定温度和压力条件下经膨化处理获得的产品	淀粉、淀粉糊化度
	全大麦粉，不去除任何皮层的完整大麦籽粒经碾磨获得的产品	淀粉、粗蛋白质
	压片大麦，去壳大麦经汽蒸、碾压后的产品，其中可含有少部分大麦壳，可经瘤胃保护	淀粉、粗蛋白质
	大麦苗粉，大麦的幼苗经干燥、粉碎后获得的产品	粗蛋白质、粗纤维、水分
稻谷及其加工产品	稻谷，禾本科草本植物栽培稻（*Oryza sativa* L.）的籽实	
	糙米，稻谷脱去颖壳后的产品，由皮层、胚乳和胚组成	淀粉、粗纤维
	糙米粉，糙米经碾磨获得的产品	淀粉、粗蛋白质、粗纤维
	米，稻谷经脱壳并碾去皮层所获得的产品。产品名称可标称大米，可根据类别标明籼米、粳米、糯米，可根据特殊品种标明黑米、红米等	淀粉、粗蛋白质
	大米次粉，由大米加工米粉和淀粉（包含干法和湿法碾磨、过筛）的副产品之一	淀粉、粗蛋白质、粗纤维
	大米蛋白粉，生产大米淀粉后以蛋白质为主的副产物，由大米经湿法碾磨、筛分、分离、浓缩和干燥获得	粗蛋白质
	大米粉，大米经碾磨获得的产品	淀粉、粗蛋白质

（续）

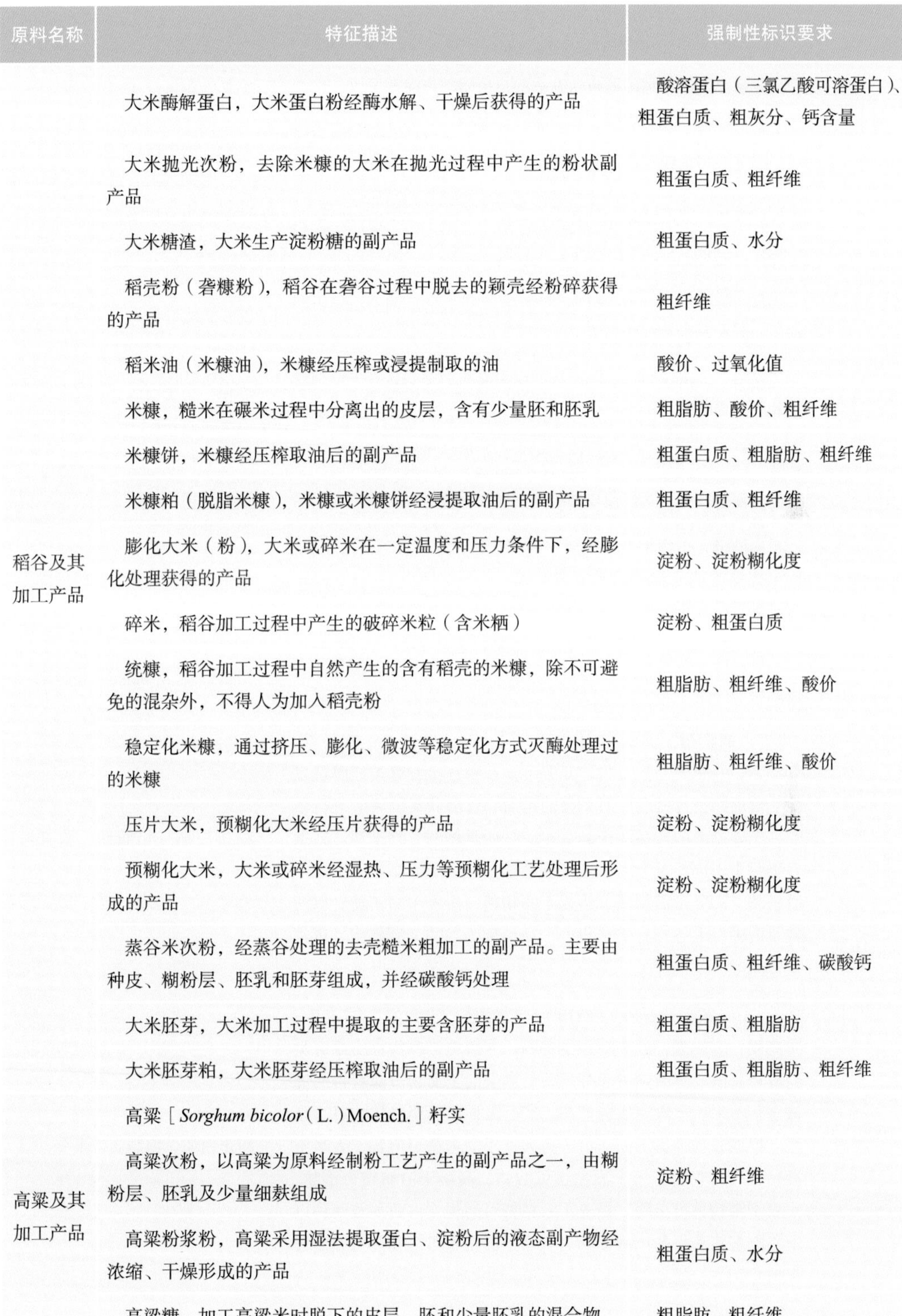

原料名称	特征描述	强制性标识要求
稻谷及其加工产品	大米酶解蛋白，大米蛋白粉经酶水解、干燥后获得的产品	酸溶蛋白（三氯乙酸可溶蛋白）、粗蛋白质、粗灰分、钙含量
	大米抛光次粉，去除米糠的大米在抛光过程中产生的粉状副产品	粗蛋白质、粗纤维
	大米糖渣，大米生产淀粉糖的副产品	粗蛋白质、水分
	稻壳粉（砻糠粉），稻谷在砻谷过程中脱去的颖壳经粉碎获得的产品	粗纤维
	稻米油（米糠油），米糠经压榨或浸提制取的油	酸价、过氧化值
	米糠，糙米在碾米过程中分离出的皮层，含有少量胚和胚乳	粗脂肪、酸价、粗纤维
	米糠饼，米糠经压榨取油后的副产品	粗蛋白质、粗脂肪、粗纤维
	米糠粕（脱脂米糠），米糠或米糠饼经浸提取油后的副产品	粗蛋白质、粗纤维
	膨化大米（粉），大米或碎米在一定温度和压力条件下，经膨化处理获得的产品	淀粉、淀粉糊化度
	碎米，稻谷加工过程中产生的破碎米粒（含米粞）	淀粉、粗蛋白质
	统糠，稻谷加工过程中自然产生的含有稻壳的米糠，除不可避免的混杂外，不得人为加入稻壳粉	粗脂肪、粗纤维、酸价
	稳定化米糠，通过挤压、膨化、微波等稳定化方式灭酶处理过的米糠	粗脂肪、粗纤维、酸价
	压片大米，预糊化大米经压片获得的产品	淀粉、淀粉糊化度
	预糊化大米，大米或碎米经湿热、压力等预糊化工艺处理后形成的产品	淀粉、淀粉糊化度
	蒸谷米次粉，经蒸谷处理的去壳糙米粗加工的副产品。主要由种皮、糊粉层、胚乳和胚芽组成，并经碳酸钙处理	粗蛋白质、粗纤维、碳酸钙
	大米胚芽，大米加工过程中提取的主要含胚芽的产品	粗蛋白质、粗脂肪
	大米胚芽粕，大米胚芽经压榨取油后的副产品	粗蛋白质、粗脂肪、粗纤维
高粱及其加工产品	高粱［*Sorghum bicolor*（L.）Moench.］籽实	
	高粱次粉，以高粱为原料经制粉工艺产生的副产品之一，由糊粉层、胚乳及少量细麸组成	淀粉、粗纤维
	高粱粉浆粉，高粱采用湿法提取蛋白、淀粉后的液态副产物经浓缩、干燥形成的产品	粗蛋白质、水分
	高粱糠，加工高粱米时脱下的皮层、胚和少量胚乳的混合物	粗脂肪、粗纤维

（续）

原料名称	特征描述	强制性标识要求
高粱及其加工产品	高粱米，高粱籽粒经脱皮工艺去除皮层后的产品	淀粉、粗蛋白质
	去皮高粱粉，高粱籽粒去除种皮、胚芽后，将胚乳部分研磨成适当细度获得的粉状产品	淀粉、粗蛋白质
	全高粱粉，不去除任何皮层的完整高粱籽粒经碾磨获得的产品	淀粉、粗蛋白质
黑麦及其加工产品	黑麦，黑麦（*Secale cereale* L.）籽实	
	黑麦次粉，以黑麦为原料经制粉工艺形成的副产品之一，由糊粉层、胚乳及少量细麸组成	淀粉、粗纤维
	黑麦粉，黑麦经制粉工艺制成的以黑麦粉为主、含有少量细麦麸和胚的粉状产品	淀粉、粗蛋白质
	黑麦麸，以黑麦为原料碾磨制粉过程中所分出的麦皮层	淀粉、粗纤维
	全黑麦粉，不去除任何皮层的完整黑麦籽粒经碾磨获得的产品	淀粉、粗蛋白质
酒糟类	干白酒糟，白酒生产中，以一种或几种谷物或者薯类为原料，以稻壳等为填充辅料，经固态发酵、蒸馏提取白酒后的残渣，再经烘干粉碎的产品	粗蛋白质、粗灰分、粗纤维
	干黄酒糟，黄酒生产过程中，原料发酵后过滤获得的滤渣经干燥获得的产品	粗蛋白质、粗脂肪、粗纤维
	___干酒精糟（DDG）：①大麦；②大米；③玉米；④高粱；⑤小麦；⑥黑麦；⑦谷物；⑧薯类。谷物籽实或薯类经酵母发酵、蒸馏除去乙醇后，对剩余的釜溜物过滤获得的滤渣进行浓缩、干燥制成的产品。产品名称应标明具体的谷物来源。根据谷物种类不同，可分为大麦干酒精糟、大米干酒精糟、玉米干酒精糟、高粱干酒精糟、小麦干酒精糟、黑麦干酒精糟。以两种及两种以上谷物籽实获得的产品标称为谷物干酒精糟。可经瘤胃保护	粗蛋白质、粗脂肪、粗纤维、水分
	___干酒精糟可溶物（DDS）：①大麦；②大米；③玉米；④高粱；⑤小麦；⑥黑麦；⑦谷物；⑧薯类。谷物籽实或薯类经酵母发酵、蒸馏除去乙醇后，对剩余的釜溜物过滤获得的滤液进行浓缩、干燥制成的产品。产品名称应标明具体的谷物来源。根据谷物种类不同，可分为大麦干酒精糟可溶物、大米干酒精糟可溶物、玉米干酒精糟可溶物、高粱干酒精糟可溶物、小麦干酒精糟可溶物、黑麦干酒精糟可溶物。以两种及两种以上谷物籽实获得的产品标称为谷物干酒精糟可溶物。可经瘤胃保护	粗蛋白质、粗脂肪、水分
	干啤酒糟，以大麦为主要原料生产啤酒的过程中，经糖化工艺后过滤获得的残渣，再经干燥获得的产品	粗蛋白质、粗脂肪、粗纤维

（续）

原料名称	特征描述	强制性标识要求
酒糟类	含可溶物的___干酒精糟［___干全酒精糟］（DDGS）：①大麦；②大米；③玉米；④高粱；⑤小麦；⑥黑麦；⑦谷物；⑧薯类。谷物籽实或薯类经酵母发酵、蒸馏除去乙醇后，对剩余的全釜溜物（酒糟全液，至少含四分之三固体成分）进行浓缩、干燥制成的产品。产品名称应标明具体的谷物来源。根据谷物种类不同，可分为含可溶物的大麦干酒精糟、含可溶物的大米干酒精糟、含可溶物的玉米干酒精糟、含可溶物的高粱干酒精糟、含可溶物的小麦干酒精糟、含可溶物的黑麦干酒精糟。以两种及两种以上谷物籽实获得的产品标称为含可溶物的干谷物酒精糟。可经瘤胃保护	粗蛋白质、粗脂肪、粗纤维、水分
	___湿酒精糟（DWG）：①大麦；②大米；③玉米；④高粱；⑤小麦；⑥黑麦；⑦谷物；⑧薯类。谷物籽实或薯类经酵母发酵、蒸馏除去乙醇后，剩余的釜溜物经过滤后获得的滤渣。产品名称应标明具体的谷物来源。根据谷物种类不同，可分为大麦湿酒精糟、大米湿酒精糟、玉米湿酒精糟、高粱湿酒精糟、小麦湿酒精糟、黑麦湿精酒糟。以两种及两种以上谷物籽实获得的产品标称为谷物湿酒精糟	粗蛋白质、粗脂肪、粗纤维、水分
	___湿酒精糟可溶物（DWS）：①大麦；②大米；③玉米；④高粱；⑤小麦；⑥黑麦；⑦谷物；⑧薯类。谷物籽实或薯类经酵母发酵、蒸馏除去乙醇后，剩余的釜溜物经过滤后获得的滤液。产品名称应标明具体的谷物来源。根据谷物种类不同，可分为大麦湿酒精糟可溶物、大米湿酒精糟可溶物、玉米湿酒精糟可溶物、高粱湿酒精糟可溶物、小麦湿酒精糟可溶物、黑麦湿酒精糟可溶物。以两种及两种以上谷物籽实获得的产品标称为谷物湿酒精糟可溶物	
	谷物酒糟糖浆，酿酒生产中谷物发酵蒸馏后的酒糟醪液经蒸发浓缩获得的产品	粗蛋白质、水分
荞麦及其加工产品	荞麦，蓼科一年生草本植物栽培荞麦（*Fagopyrum esculentum* Moench.）的瘦果	
	荞麦次粉，以荞麦为原料经制粉工艺形成的副产品之一，由糊粉层、胚乳及少量细麸组成	淀粉、粗纤维
	荞麦麸，荞麦经制粉工艺所分离出的麦皮层	淀粉、粗纤维
	全荞麦粉，以不去除任何皮层的完整荞麦经碾磨获得的产品	淀粉、粗蛋白质
	筛余物：①大麦；②大米；③玉米；④高粱；⑤小麦；⑥黑麦；⑦荞麦；⑧黍；⑨粟；⑩小黑麦；⑪燕麦，谷物籽实清理过程中筛选出的瘪的或破碎的籽实、种皮和外壳。因谷物种类不同，可分为大麦筛余物、大米筛余物、玉米筛余物、高粱筛余物、小麦筛余物、黑麦筛余物、荞麦筛余物、黍筛余物、粟筛余物、小黑麦筛余物、燕麦筛余物	粗纤维、粗灰分

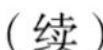
（续）

原料名称	特征描述	强制性标识要求
黍及其加工产品	黍（黄米），禾本科草本植物栽培黍（*Panicum miliaceum* L.）的籽实	
	黍米粉，黍米（脱皮或不脱皮）经制粉工艺加工而成的粉状产品	淀粉、粗蛋白质
	黍米糠，黍糙米在碾米过程中分离出的皮层，含有少量胚和胚乳	粗脂肪、粗纤维、酸价
粟及其加工产品	粟（谷子）［*Setaria italica*（L.）var.*germanica*（Mill.）Schred］的籽实	
	小米，粟经脱皮工艺除去皮层后的部分。按粒质不同分为粳性小米和糯性小米	淀粉、粗脂肪
	小米粉，小米经碾磨获得的粉状产品	淀粉、粗蛋白质
	小米糠，碾米机碾下的糙小米的皮层	粗脂肪、粗纤维
小黑麦及其加工产品	小黑麦（*Triticum* × *Secale cereale*）籽实，小麦与黑麦通过杂交和杂种染色体加倍而形成的新果实	淀粉糊化度
	全小黑麦粉，以完整小黑麦籽实不去除任何皮层经碾磨获得的产品	淀粉、粗蛋白质
	小黑麦次粉，以小黑麦为原料经制粉工艺形成的副产品之一。由糊粉层、胚乳及少量细麸组成	淀粉、粗纤维
	小黑麦粉，小黑麦经制粉工艺制成的以小黑麦粉为主、含有少量细麦麸和胚的粉状产品	淀粉、粗蛋白质
	小黑麦麸，以小黑麦为原料碾磨制粉过程中所分出的麦皮层	淀粉、粗纤维
小麦及其加工产品	小麦（*Triticum aestivum* L.）的籽实。可经瘤胃保护	
	发芽小麦（芽麦），发芽的小麦	粗蛋白质、粗纤维
	谷朊粉（活性小麦面筋粉、小麦蛋白粉），以小麦或小麦粉为原料，去除淀粉和其他碳水化合物等非蛋白质成分后获得的小麦蛋白产品。由于水合后具有高度黏弹性，又称活性小麦面筋粉	粗蛋白质、吸水率
	喷浆小麦麸，将小麦浸泡液喷到小麦麸皮上并经干燥获得的产品	粗蛋白质、粗纤维
	膨化小麦，小麦在一定温度和压力条件下，经膨化处理获得的产品	淀粉、粗蛋白质、淀粉糊化度
	全小麦粉，不去除任何皮层的完整小麦籽粒经碾磨获得的产品	淀粉、粗蛋白质、面筋量
	小麦次粉，以小麦为原料经制粉工艺生产面粉的副产品之一，由糊粉层、胚乳及少量细麸组成	淀粉、粗纤维
	小麦粉，小麦经制粉工艺制成的以面粉为主、含有少量细麦麸和胚的粉状产品	淀粉、粗蛋白质、面筋量

（续）

原料名称	特征描述	强制性标识要求
小麦及其加工产品	小麦粉浆粉，小麦提取淀粉、谷朊粉后的液态副产物经浓缩、干燥获得的产品	粗蛋白质、水分
	小麦麸，小麦在加工过程中所分出的麦皮层	粗纤维
	小麦胚，小麦加工时提取的胚及混有少量麦皮和胚乳的副产品	粗蛋白质、粗脂肪
	小麦胚芽饼，小麦胚经压榨取油后的副产品	粗蛋白质、粗脂肪
	小麦胚芽粕，小麦胚经浸提取油后的副产品	粗蛋白质
	小麦胚芽油，小麦胚经压榨或浸提制取的油脂。产品须由有资质的食品生产企业提供	酸价、过氧化值
	小麦水解蛋白，谷朊粉经部分水解后获得的产品	粗蛋白质
	小麦糖渣，小麦生产淀粉糖的副产品	粗蛋白质、水分
	小麦纤维，从小麦籽实中提取的纤维，或者生产小麦淀粉过程中提取的纤维类产物	粗纤维
	小麦纤维渣（小麦皮），小麦淀粉加工副产品。主要成分为纤维素，含有少部分胚乳	粗纤维、水分
	压片小麦，去壳小麦经汽蒸、碾压后的产品。其中可含有少量小麦壳。可经瘤胃保护	淀粉、粗蛋白质
	预糊化小麦，将粉碎或破碎小麦经湿热、压力等预糊化工艺处理后获得的产品	淀粉、粗蛋白质、淀粉糊化度
	小麦苗粉，小麦的幼苗经干燥、粉碎后获得的产品	粗蛋白质、粗纤维、水分
燕麦及其加工产品	燕麦，燕麦（*Avena sativa* L.）的籽实	
	膨化燕麦，碾磨或破碎燕麦在一定温度和压力条件下，经膨化处理获得的产品	淀粉、淀粉糊化度
	全燕麦粉，不去除任何皮层的完整燕麦籽粒经碾磨获得的产品	淀粉、粗蛋白质
	脱壳燕麦，燕麦的去壳籽实，可经蒸汽处理	淀粉
	燕麦次粉，以燕麦为原料经制粉工艺形成的副产品之一，由糊粉层、胚乳及少量细麸组成	淀粉、粗纤维
	燕麦粉，燕麦经制粉工艺制成的以燕麦粉为主、含有少量细麦麸和胚的粉状产品	淀粉、粗蛋白质
	燕麦麸，以燕麦为原料碾磨制粉过程中所分离出的麦皮层	粗纤维
	燕麦壳，燕麦经脱皮工艺后脱下的外壳	粗纤维
	燕麦片，燕麦经汽蒸、碾压后的产品。可包括少部分的燕麦壳	淀粉、粗蛋白质
	燕麦苗粉，燕麦的幼苗经干燥、粉碎后获得的产品	粗蛋白质、粗纤维、水分

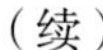
（续）

原料名称	特征描述	强制性标识要求
玉米及其加工产品	玉米，玉米（*Zea mays* L.）籽实。可经瘤胃保护	
	喷浆玉米皮，将玉米浸泡液喷到玉米皮上并经干燥获得的产品	粗蛋白质、粗纤维
	膨化玉米，玉米在一定温度和压力条件下，经膨化处理获得的产品	淀粉、淀粉糊化度
	去皮玉米，玉米籽实脱去种皮后的产品	淀粉、粗蛋白质
	压片玉米，去皮玉米经汽蒸、碾压后的产品。其中可含有少部分种皮	淀粉、淀粉糊化度
	玉米次粉，生产玉米粉、玉米碴过程中的副产品之一。主要由玉米皮和部分玉米碎粒组成	淀粉、粗纤维
	玉米蛋白粉，玉米经脱胚、粉碎、去渣、提取淀粉后的黄浆水，再经脱水制成的富含蛋白质的产品，粗蛋白质含量不低于50%（以干基计）	粗蛋白质
	玉米淀粉渣，生产柠檬酸等玉米深加工产品过程中，玉米经粉碎、液化、过滤获得的滤渣，再经干燥获得的产品	淀粉、粗蛋白质、粗脂肪、水分
	玉米粉，玉米经除杂、脱胚（或不脱胚）、碾磨获得的粉状产品	淀粉、粗蛋白质
	玉米浆干粉，玉米浸泡液经过滤、浓缩、低温喷雾干燥后获得的产品	粗蛋白、二氧化硫
	玉米酶解蛋白，玉米蛋白粉经酶水解、干燥后获得的产品	酸溶蛋白（三氯乙酸可溶蛋白）、粗蛋白质、粗灰分、钙含量
	玉米胚，玉米籽实加工时所提取的胚及混有少量玉米皮和胚乳的副产品	粗蛋白质、粗脂肪
	玉米胚芽饼，玉米胚经压榨取油后的副产品	粗蛋白质、粗脂肪、粗纤维
	玉米胚芽粕，玉米胚经浸提取油后的副产品	粗蛋白质、粗纤维
	玉米皮，玉米加工过程中分离出来的皮层	粗纤维
	玉米糁（玉米碴），玉米经除杂、脱胚、碾磨和筛分等系列工序加工而成的颗粒状产品	淀粉、粗蛋白质
	玉米糖渣，玉米生产淀粉糖的副产品	淀粉、粗蛋白质、粗脂肪、水分
	玉米芯粉，玉米的中心穗轴经研磨获得的粉状产品	粗纤维
	玉米油（玉米胚芽油），由玉米胚经压榨或浸提制取的油。产品须由有资质的食品生产企业提供	粗脂肪、酸价、过氧化值
	玉米糠，加工玉米时脱下的皮层、少量胚和胚乳的混合物	粗脂肪、粗纤维

（续）

原料名称	特征描述	强制性标识要求
其他	藜麦，藜麦（*Chenopodium quinoa* Willd.）的籽实。种子外皮含有的皂素已去除	
	薏米（薏苡仁、苡仁），禾本科植物薏苡（*Coix chinensis* Tod.）的种仁	淀粉、粗蛋白质

（二）油料籽实及其加工产品原料

油料籽实及其加工产品原料主要有菜籽、大豆、花生、葵花籽、亚麻籽、芝麻、亚麻籽、葡萄籽、番茄籽、红花籽、花椒籽等21种油料籽实及其加工产品原料（表4-4）。这些油料籽实中富含蛋白质、氨基酸、多不饱和脂肪酸、粗纤维、矿物元素和维生素等诸多营养素，以及多酚、黄酮、色素、多糖、甾醇和挥发油等诸多调节生理活性的功能因子。同时，油料籽实具有特殊的风味，对保健食品的风味和适口性具有较好的调节作用。这些原料既可以作为宠物保健食品的原材料，也可以作为提取功能因子的原料，可根据其营养成分、功效成分含量和功效来选择。

表4-4　可用于宠物保健食品的油料籽实及其加工产品原料

原料名称	特征描述	强制性标识要求
扁桃（杏）及其加工产品	扁桃（*Amygdalus Communis* L.）仁或杏（*Armeniaca vulgaris* Lam.）仁制油或经压榨取油后的副产品	粗蛋白质、粗脂肪、粗纤维
	扁桃（杏）仁粕，扁桃仁或杏仁饼经浸提取油后的副产品	粗蛋白质、粗纤维
	扁桃（杏）仁油，扁桃仁或杏仁经压榨或浸提制取的油脂。产品须由有资质的食品生产企业提供	酸值、过氧化值
菜籽及其加工产品	菜籽（油菜籽），十字花科栽培油菜（*Brassica napus* L.），包括甘蓝型、白菜型、芥菜型油菜的小颗粒球形种子。可经瘤胃保护	
	菜籽饼（菜饼），菜籽经压榨取油后的副产品。可经瘤胃保护	粗蛋白质、粗脂肪
	菜籽蛋白，利用菜籽或菜籽粕生产的蛋白质含量不低于50%（以干基计）的产品	粗蛋白质
	菜籽皮，油菜籽经脱皮工艺脱下的种皮	粗脂肪、粗纤维
	菜籽粕（菜粕），油菜籽经预压浸提或直接溶剂浸提取油后获得的副产品，或由菜籽饼浸提取油后获得的副产品。可经瘤胃保护	粗蛋白质、粗纤维
	菜籽油（菜油），菜籽经压榨或浸提制取的油。产品须由有资质的食品生产企业提供	酸价、过氧化值

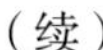
（续）

原料名称	特征描述	强制性标识要求
菜籽及其加工产品	膨化菜籽，菜籽在一定温度和压力条件下，经膨化处理获得的产品。可经瘤胃保护	粗蛋白质、粗脂肪
	双低菜籽，油菜籽中油的脂肪酸中芥酸含量不高于5.0%，饼粕中硫苷含量不高于45.0μmol/g的油菜籽品种。可经瘤胃保护	芥酸、硫苷
	双低菜籽粕（双低菜粕），双低菜籽预压浸提或直接溶剂浸提取油后获得的副产品，或由双低菜籽饼浸提取油后获得的副产品。可经瘤胃保护	粗蛋白、粗纤维、硫苷
大豆及其加工产品	大豆，豆科草本植物栽培大豆（*Glycine max*.L.Merr.）的种子	
	大豆分离蛋白，以低温大豆粕为原料，利用碱溶酸析原理，将蛋白质和其他可溶性成分萃取出来，再在等电点下析出蛋白质，蛋白质含量不低于90%（以干基计）的产品	粗蛋白质
	大豆磷脂油，在大豆原油脱胶过程中分离出的、经真空脱水获得的含油磷脂	丙酮不溶物、粗脂肪、酸价、水分
	大豆酶解蛋白，大豆或大豆加工产品（脱皮豆粕/大豆浓缩蛋白）经酶水解、干燥后获得的产品	酸溶蛋白（三氯乙酸可溶蛋白）、粗蛋白质、粗灰分、钙
	大豆浓缩蛋白，低温大豆粕除去其中的非蛋白成分后获得的蛋白质含量不低于65%（以干基计）的产品	粗蛋白质
	大豆胚芽粕（大豆胚芽粉），大豆胚芽脱油后的产品	粗蛋白质、粗纤维
	大豆胚芽油，大豆胚芽经压榨或浸提制取的油。产品须由有资质的食品生产企业提供	酸价、过氧化值
	大豆皮，大豆经脱皮工艺脱下的种皮	粗蛋白质、粗纤维
	大豆筛余物，大豆籽实清理过程中筛选出的瘪的或破碎的籽实、种皮和外壳	粗纤维、粗灰分
	大豆糖蜜，醇法大豆浓缩蛋白生产中，萃取液经浓缩获得的总糖不低于55%、粗蛋白质不低于8%的黏稠物（以干基计）	总糖、蔗糖、粗蛋白质、水分
	大豆纤维，从大豆中提取的纤维物质	粗纤维
	大豆油（豆油），大豆经压榨或浸提制取的油。产品须由有资质的食品生产企业提供	酸价、过氧化值
	豆饼，大豆籽粒经压榨取油后的副产品。可经瘤胃保护	粗蛋白质、粗脂肪
	豆粕，大豆经预压浸提或直接溶剂浸提取油后获得的副产品，或由大豆饼浸提取油后获得的副产品。可经瘤胃保护	粗蛋白质、粗纤维
	豆渣，大豆经浸泡、碾磨、加工成豆制品或提取蛋白后的副产品	粗蛋白质、粗纤维
	烘烤大豆（粉），烘烤的大豆或将其粉碎后的产品。可经瘤胃保护	

（续）

原料名称	特征描述	强制性标识要求
大豆及其加工产品	膨化大豆（膨化大豆粉），全脂大豆经清理、破碎（磨碎）、膨化处理获得的产品	粗蛋白质、粗脂肪
	膨化大豆蛋白（大豆组织蛋白），大豆分离蛋白、大豆浓缩蛋白在一定温度和压力条件下，经膨化处理获得的产品	粗蛋白质
	膨化豆粕，豆粕经膨化处理后获得的产品	粗蛋白质、粗纤维
番茄籽及其加工产品	番茄（*Lycopersicon esculentum* Mill.）籽经压榨或浸提取油后的副产品	粗蛋白质、粗纤维
	番茄籽油，番茄籽经压榨或浸提制取的油。产品须由有资质的食品生产企业提供	酸价、过氧化值
橄榄及其加工产品	橄榄饼（油橄榄饼），木樨科常绿乔木油树的椭圆形或卵形黑果油橄榄（*Olea europaea* L.）果实经压榨取油后的副产品	粗蛋白质、粗脂肪、粗纤维
	橄榄粕（油橄榄粕），油橄榄饼经浸提取油后获得的副产品	粗蛋白质、粗纤维
	橄榄油，橄榄经压榨或浸提制取的油。产品须由有资质的食品生产企业提供	酸价、过氧化值
核桃及其加工产品	核桃仁饼，脱壳或部分脱壳（含壳率≤30%）的核桃（*Juglans regia* L.）经压榨取油后的副产品	粗蛋白质、粗脂肪、粗纤维
	核桃仁粕，核桃仁经预压浸提或直接溶剂浸提取油后获得的副产品，或由核桃仁饼浸提取油后获得的副产品	粗蛋白质、粗纤维
	核桃仁油，核桃仁经压榨或浸提制取的油。产品须由有资质的食品生产企业提供	酸价、过氧化值
红花籽及其加工产品	红花籽，菊科植物红花（*Carthamus tinctorius* L.）的种子	
	红花籽饼，红花籽（仁）经压榨取油后的副产品	粗蛋白质、粗脂肪、粗纤维
	红花籽壳，红花籽脱壳取仁后的产品	粗纤维
	红花籽粕，红花籽（仁）经浸提取油后的副产品	粗蛋白质、粗纤维
	红花籽油，红花籽（仁）经压榨或浸提制取的油。产品须由有资质的食品生产企业提供	酸价、过氧化值
花椒籽及其加工产品	花椒籽，芸香科花椒属植物青花椒（*Zanthoxylun schinifolium* Sieb. et Zucc.）或花椒（*Zanthoxylum bungeanum* Maxim.var.*bungeanum*）的干燥成熟果实中的籽	
	花椒籽饼（花椒饼），花椒籽经压榨取油后的副产品	粗蛋白质、粗脂肪、粗纤维
	花椒籽粕（花椒粕），花椒籽经预压浸提或直接溶剂浸提取油后获得的副产品，或由花椒饼浸提取油获得的副产品	粗蛋白质、粗纤维
	花椒籽油花椒籽经压榨或浸提制取的油。产品须，由有资质的食品生产企业提供	酸价、过氧化值

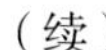
（续）

原料名称	特征描述	强制性标识要求
花生及其加工产品	花生，豆科草本植物栽培花生（*Arachis hypogaea* L.）荚果的种子，椭圆形，种皮有黑、白、紫红等色	
	花生饼（花生仁饼），脱壳或部分脱壳（含壳率≤30%）的花生经压榨取油后的副产品	粗蛋白质、粗脂肪、粗纤维
	花生蛋白，由花生及花生粕生产的蛋白质含量不低于65%（以干基计）的产品	粗蛋白质、粗纤维
	花生红衣，花生仁外衣，含有丰富单宁和硫胺	粗纤维
	花生壳，花生的外壳	粗纤维
	花生粕（花生仁粕），花生经预压浸提或直接溶剂浸提取油后获得的副产品，或由花生饼浸提取油获得的副产品	粗蛋白质、粗脂肪、粗纤维
	花生油，花生（仁）经压榨或浸提制取的油。产品须由有资质的食品生产企业提供	酸价、过氧化值
可可及其加工产品	可可饼（粉），脱壳后的可可（*Theobroma cacao* L.）豆经压榨取油后的副产品，可经粉碎	粗蛋白质、粗脂肪、粗纤维
	可可油（可可脂），可可豆经压榨或浸提制取的油。产品须由有资质的食品生产企业提供	酸价、过氧化值
葵花籽及其加工产品	葵花籽（向日葵籽），菊科草本植物栽培向日葵（*Helianthus annuus* L.）短卵形瘦果的种子。可经瘤胃保护	
	葵花头粉（向日葵盘粉），葵花盘脱除葵花籽后剩余物粉碎烘干的产品	粗纤维、粗灰分
	葵花籽壳（向日葵壳），向日葵籽的外壳	粗纤维
	葵花籽仁饼（向日葵籽仁饼），部分脱壳的向日葵籽经压榨取油后的副产品	粗蛋白质、粗脂肪、粗纤维
	葵花籽仁粕（向日葵籽仁粕），部分脱壳的向日葵籽菜籽经预压浸提或直接溶剂浸提取油后获得的副产品。可经瘤胃保护	粗蛋白质、粗纤维
	葵花籽油（向日葵籽油），向日葵籽经压榨或浸提制取的油。产品须由有资质的食品生产企业提供	酸价、过氧化值
棉籽及其加工产品	棉籽，锦葵科草木或多年生灌木棉花（*Gossypium* spp.）蒴果的种子。不得用于水产饲料。可经瘤胃保护	
	棉仁饼，按脱壳程度，含壳量低的棉籽饼称为棉仁、饼	粗蛋白质、粗脂肪、粗纤维
	棉籽饼（棉饼），棉籽经脱绒、脱壳和压榨取油后的副产品	粗蛋白质、粗脂肪、粗纤维
	棉籽蛋白，由棉籽或棉籽粕生产的粗蛋白质含量在50%以上的产品	粗蛋白质、游离棉酚

（续）

原料名称	特征描述	强制性标识要求
棉籽及其加工产品	棉籽壳，棉籽剥壳，以及仁壳分离后以壳为主的产品	粗纤维
	棉籽酶解蛋白，棉籽或棉籽蛋白粉经酶水解、干燥后获得的产品	酸溶蛋白（三氯乙酸可溶蛋白）、粗蛋白质、粗灰分、游离棉酚、钙
	棉籽粕（棉粕），棉籽经脱绒、脱壳、仁壳分离后，经预压浸提或直接溶剂浸提取油后获得的副产品，或由棉籽饼浸提取油获得的副产品。可经瘤胃保护	粗蛋白质、粗纤维
	棉籽油（棉油），棉籽经压榨或浸提制取的油。产品须由有资质的食品生产企业提供	酸价、过氧化值
	脱酚棉籽蛋白（脱毒棉籽蛋白），以棉籽为原料，在低温条件下，经软化、轧胚、浸出提油后并将棉酚以游离状态萃取脱除后得到的粗蛋白含量不低于50%、游离棉酚含量不高于400mg/kg、氨基酸占粗蛋白比例不低于87%的产品	粗蛋白质、粗纤维、游离棉酚、氨基酸占粗蛋白比例
木棉籽及其加工产品	木棉籽饼，木棉（*Bombax malabaricum* DC.）籽经压榨取油后的副产品	粗蛋白质、粗脂肪、粗纤维
	木棉籽粕，木棉籽经预压浸提或直接溶剂浸提取油后获得的副产品，或由木棉籽饼浸提取油获得的副产品	粗蛋白质、粗纤维
	木棉籽油，木棉籽经压榨或浸提制取的油。产品须由有资质的食品生产企业提供	酸价、过氧化值
葡萄籽及其加工产品	葡萄籽粕（*Vitis vinifera* L.）籽经浸提取油后的副产品	粗蛋白质、粗纤维
	葡萄籽油，葡萄籽经浸提制取的油。产品须由有资质的食品生产企业提供	酸价、过氧化值
沙棘籽及其加工产品	沙棘籽饼，沙棘（*Hippophae rhamnoides* L.）籽经压榨取油后的副产品	粗蛋白质、粗脂肪、粗纤维
	沙棘籽粕，沙棘籽经浸提或超临界萃取取油后的副产品	粗蛋白质、粗纤维
	沙棘籽油，沙棘籽经压榨或浸提制取的油。产品须由有资质的食品生产企业提供	酸价、过氧化值
酸枣及其加工产品	酸枣粕，酸枣［*Ziziphus jujube* Mill. var. *spinosa*（Bunge）Hu ex H. F. Chou］果仁经浸提取油后的副产品	粗蛋白质、粗纤维
	酸枣油，酸枣果仁经浸提制取的油。产品须由有资质的食品生产企业提供	酸价、过氧化值
文冠果加工产品	文冠果粕，文冠果（*Xanthoceras sorbifolia* Bunge.）种子经压榨取油后的副产品	粗蛋白质、粗纤维
	文冠果油，文冠果种子经压榨制取的油。产品须由有资质的食品生产企业提供	酸价、过氧化值

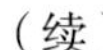
（续）

原料名称	特征描述	强制性标识要求
亚麻籽及其加工产品	亚麻籽，亚麻（*Linum usitatissimum* L.）的种子。可经瘤胃保护	
	亚麻饼（亚麻籽饼，亚麻仁饼，胡麻饼），亚麻籽经压榨取油后的副产品	粗蛋白质、粗脂肪、粗纤维
	亚麻粕（亚麻籽粕，亚麻仁粕，胡麻粕），亚麻籽经浸提取油后的副产品	粗蛋白质、粗纤维
	亚麻籽油，亚麻籽经压榨或浸提制取的油。产品须由有资质的食品生产企业提供	酸价、过氧化值
	亚麻籽粉，亚麻籽经制粉工艺获得的粉状产品	粗蛋白质、粗脂肪、粗纤维
椰子及其加工产品	椰子饼，以干燥的椰子（*Cocos nucifera* L.）胚乳（即椰肉）为原料，经压榨取油后的副产品	粗蛋白质、粗脂肪、粗纤维
	椰子粕，以干燥的椰子胚乳（即椰肉）为原料，经预榨以及溶剂浸提取油后的副产品	粗蛋白质、粗纤维
	椰子油，椰子胚乳（即椰肉）经压榨或浸提制取的油。产品须由有资质的食品生产企业提供	酸价、过氧化值
油棕榈及其加工产品	棕榈果，棕榈（*Trachycarpus fortunei* Hook.）果穗上的含油未加工脱脂和未分离果核的果（肉）实	粗蛋白质、粗脂肪、粗纤维
	棕榈饼（棕榈仁饼），棕榈仁经压榨取油后的副产品	粗蛋白质、粗脂肪、粗纤维
	棕榈饼（棕榈仁饼），棕榈仁经压榨取油后的副产品	粗蛋白质、粗脂肪、粗纤维
	棕榈仁，油棕榈果实脱壳后的果仁	
	棕榈仁油，棕榈仁经压榨或浸提制取的油。产品须由有资质的食品生产企业提供	酸价、过氧化值
	棕榈油，棕榈果肉经压榨或浸提制取的油。产品须由有资质的食品生产企业提供	酸价、过氧化值
	棕榈脂肪粉，棕榈油经加热、喷雾、冷却获得的颗粒状粉末。产品不得添加任何载体，粗脂肪≥99.5%。产品须由有资质的食品生产企业提供	酸价、过氧化值
	棕榈脂肪酸粉，棕榈油经精炼、水解、氢化、蒸馏、喷雾、冷却制取的颗粒状棕榈脂肪酸粉。产品中总脂肪酸（包括棕榈酸、油酸和其他脂肪酸）含量不低于99.5%，其中棕榈酸（C16：0）含量大于60.0%，油酸（C18：1）含量小于25.0%。棕榈油须由有资质的食品生产企业提供	酸价、过氧化值、碘价 总脂肪酸、棕榈酸

（续）

原料名称	特征描述	强制性标识要求
月见草籽及其加工产品	月见草籽，月见草（*Oenothera biennis* L.）籽实	
	月见草籽粕，月见草籽经冷榨、浸提取油后的副产品	粗蛋白质、粗纤维
	月见草籽油，月见草籽经冷榨、浸提制取的油。产品须由有资质的食品生产企业提供	酸价、过氧化值
芝麻及其加工产品	芝麻籽，芝麻（*Sesamum indicum* L.）种子	
	芝麻饼（油麻饼），芝麻籽经压榨取油后的副产品	粗蛋白质、粗脂肪、粗纤维
	芝麻粕，芝麻籽经预压浸提或直接溶剂浸提取油后的副产品，或芝麻籽饼浸提取油后的副产品	粗蛋白质、粗纤维
	芝麻油、芝麻籽经压榨或浸提制取的油。产品须由有资质的食品生产企业提供	酸价、过氧化值
紫苏及其加工产品	紫苏籽，紫苏（*Perilla frutescens* L.）的籽实	粗蛋白质、粗脂肪、粗纤维、酸价、过氧化值
	紫苏饼（紫苏籽饼），紫苏籽经压榨取油后的副产品	粗蛋白质、粗脂肪、粗纤维
	紫苏粕（紫苏籽粕），紫苏籽或紫苏籽饼经浸提取油后的副产品	粗蛋白质、粗纤维
	紫苏油，紫苏籽经压榨或浸提制取的油。产品须由有资质的食品生产企业提供	酸价、过氧化值
其他	氢化脂肪，植物油脂经氢化反应获得的产品。产品须由有资质的食品生产企业提供	酸价、过氧化值
	琉璃苣籽油，琉璃苣（*Borago officinalis* L.）籽经压榨或浸提制取的油	酸价、过氧化值

（三）豆科作物籽实及其加工产品原料

豆科作物籽实主要包括扁豆、菜豆、蚕豆、瓜尔豆、红豆、绿豆、大豆（在油料作为籽实中介绍）等10余种豆类及其加工产品（表4-5）。豆科作物籽实原料粗蛋白质含量高（20%～40%），无氮浸出物较禾本科籽实低（28%～62%），蛋白质品质好，赖氨酸较多，而蛋氨酸等含硫氨基酸相对不足，必需氨基酸（除蛋氨酸外）近似动物性蛋白质。无氮浸出物明显低于能量饲料，豆类的有机物消化率为85%以上，含脂肪丰富。大豆和花生的粗脂肪含量超过15%，因此能量含量较高，可兼作蛋白质和能量饲料使用。豆科籽实的矿物质和维生素含量与谷实类饲料相似或略高，钙含量稍高，但磷含量较低，维生素B_1与烟酸含量丰富，维生素B_2、胡萝卜素与维生素D缺乏。豆科籽实含有一些抗营养因子，如胰蛋白酶抑制因子、糜蛋白酶抑制因子、血凝集素、皂素等，影响饲料的适口性、消化率及动物的一些生理过程。但适当的热处理，可使其失去活性，提高其利用率。这些籽实加工的产品是提取保健食品功能因子的较好原料，可从中提取蛋白质、活性肽和氨基酸、黄酮类物质、多糖、果胶、粗纤维等营养素或功能因子。

表4-5　可用于宠物保健食品的油料籽实及其加工产品原料

原料名称	特征描述	强制性标识要求
扁豆及其加工产品	扁豆，豆科蝶形花亚科扁豆属扁豆（*Lablab purpureus* L.）的籽实	
	去皮扁豆，扁豆籽实去皮后的产品	粗蛋白质、粗纤维
菜豆及其加工产品	菜豆（芸豆），豆科菜豆属菜豆（*Phaseolus vulgaris* L.）的籽实	
蚕豆及其加工产品	蚕豆，豆科野豌豆属蚕豆（*Vicia faba* L.）的籽实	
	蚕豆粉浆蛋白粉，用蚕豆生产淀粉时，从其粉浆中分离出淀粉后经干燥获得的粉状副产品	粗蛋白质
	蚕豆皮，蚕豆籽实经去皮工艺脱下的种皮	粗纤维、粗灰分
	去皮蚕豆，蚕豆籽实去皮后的产品	粗蛋白质、粗纤维
	压片蚕豆，去皮蚕豆经汽蒸、碾压处理获得的产品	粗蛋白质
瓜尔豆及其加工产品	瓜尔豆，豆科瓜尔豆属瓜尔豆（*Cyamopsis tetragonoloba* L.）籽实	
红豆及其加工产品	红豆（赤豆、红小豆），豆科豇豆属红豆［*Vigna angulari*（Willd.）Ohwi et H. Ohashi］的籽实	
	红豆皮，红豆籽实经脱皮工艺脱下的种皮	粗纤维、粗灰分
	红豆渣，红豆经湿法提取淀粉和蛋白后所得的副产品	粗纤维、粗灰分、水分
角豆及其加工产品	角豆粉，豆科长角豆属长角豆（*Ceratonia siliqua* L.）的籽实和豆荚一起粉碎后获得的产品	粗蛋白质、粗纤维、总糖
绿豆及其加工产品	绿豆，豆科豇豆属绿豆（*Vigna radiata* L.）的籽实	
	绿豆粉浆蛋白粉，用绿豆生产淀粉时，从其粉浆中分离出淀粉后经干燥获得的粉状副产品	粗蛋白质
	绿豆皮，绿豆籽实经去皮工艺脱下的种皮	粗纤维、粗灰分
	绿豆渣，绿豆经湿法提取淀粉和蛋白后所得的副产品	粗纤维、粗灰分、水分
豌豆及其加工产品	豌豆，豆科豌豆属豌豆（*Pisum sativum* L.）的籽实。可经瘤胃保护	
	去皮豌豆，豌豆籽实去皮后的产品	粗蛋白质、粗纤维
	豌豆次粉，豌豆制粉过程中获得的副产品，主要由胚乳和少量豆皮组成	粗蛋白质、粗纤维

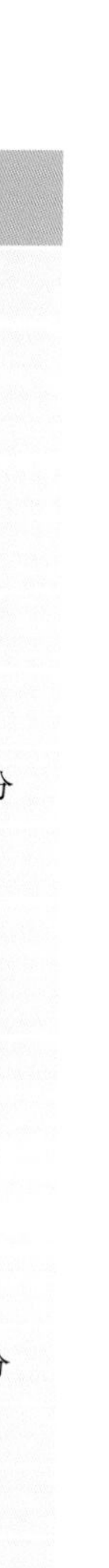

（续）

原料名称	特征描述	强制性标识要求
豌豆及其加工产品	豌豆粉，豌豆经粉碎所得的产品	粗蛋白质、粗纤维
	豌豆粉浆蛋白粉，用豌豆生产淀粉时，从其粉浆中分离出淀粉后经干燥获得的粉状副产品	粗蛋白质
	豌豆粉浆粉，豌豆经湿法提取淀粉和蛋白后所得的液态副产物，经浓缩、干燥获得的粉状产品。主要由可溶性蛋白和碳水化合物组成	粗蛋白质 水分
	豌豆皮，豌豆籽实经去皮工艺脱下的种皮	粗纤维、粗灰分
	豌豆纤维，从豌豆中提取的纤维物质	粗纤维
	豌豆渣，豌豆经湿法提取淀粉和蛋白后所得的副产品	粗纤维、粗灰分、水分
	压片豌豆，去皮豌豆经汽蒸、碾压获得的产品	粗蛋白质
鹰嘴豆及其加工产品	鹰嘴豆，豆科鹰嘴豆属鹰嘴豆（*Cicer arietinum* L.）的籽实	
羽扇豆及其加工产品	羽扇豆，苦味物质含量低的豆科羽扇豆属多叶羽扇豆（*Lupinus polyphyllus* Lindl.）的籽实	
	去皮羽扇豆，羽扇豆籽实经去皮后的产品	粗蛋白质、粗纤维
	羽扇豆皮，羽扇豆籽实经去皮工艺脱下的种皮	粗纤维、粗灰分
	羽扇豆渣，羽扇豆提取蛋白或寡糖组分后获得的副产品	粗纤维、粗灰分、水分
其他	___豆荚，本目录所列豆科植物籽实的豆荚，产品名称应标明原料的来源，如豌豆荚	粗纤维
	___豆荚粉，本目录所列豆科植物籽实的豆荚经粉碎获得的产品，产品名称应标明原料的来源，如角豆荚粉	粗纤维
	烘烤___豆，豆科菜豆属（*Phaseolus* L.）或豇豆属（*Vigna Savi*）植物的籽实经适当烘烤后的产品。产品名称应标明原料的来源，如烘烤菜豆。可经瘤胃保护	粗蛋白质
兵豆及其加工产品	兵豆（小扁豆），豆科兵豆属兵豆（*Lens culinaris*）的籽实	

（四）块茎、块根及其加工产品原料

块茎、块根类保健食品原料主要包括甘薯、马铃薯、萝卜、菊苣、木薯、魔芋、甜菜、甘蓝、菊芋及南瓜等10种以上（表4-6）。从营养成分看，这类原料水分含量达到70%～90%，干物质中主要是无氮浸出物，且多为易消化的淀粉或糖分，能值也较高，而粗蛋白质、粗脂肪、粗纤维、粗灰分等较少。这类原料具有很好或较好的适口性，新鲜饲喂时宜切块，避免引起食管梗阻。在国外，这类原料有不少被干制成粉后用作宠物食品（保健）原料。

表4-6　可用于宠物保健食品的块茎、块根及其加工产品原料

原料名称	特征描述	强制性标识要求
白萝卜及其加工产品	萝卜（*Raphanus sativus* L.）经切块、干燥、粉碎工艺获得的不同形态的产品。产品名称应注明产品形态，如白萝卜干	水分
大蒜及其加工产品	大蒜粉（片），百合科葱属蒜（*Allium sativum* L.）经粉碎或切片获得的白色至黄色粉末或片状物	
	大蒜渣，大蒜取油后的副产品	粗纤维、水分
甘薯及其加工产品	甘薯（红薯、白薯、番薯、山芋、地瓜、红苕）干（片、块、粉、颗粒），旋花科番薯属甘薯（*Ipomoea batatas* L.）植物的块根，经切块、干燥、粉碎工艺获得的不同形态的产品。产品名称应注明产品形态，如甘薯干	水分
	甘薯渣，甘薯提取淀粉后的副产品	粗纤维、粗灰分、水分
	紫薯干（片、块、粉、颗粒），旋花科番薯属紫薯［*Ipomoea batatas*（L.）Lam］的块根，经切块、干燥、粉碎工艺获得的不同形态的产品。产品名称应注明产品形态，如紫薯干	水分
胡萝卜及其加工产品	胡萝卜（*Daucus carota* L.）干（片、块、粉、颗粒），胡萝卜经切块、干燥、粉碎工艺获得的不同形态的产品。产品名称应注明产品形态，如胡萝卜干	水分
	胡萝卜渣，胡萝卜经榨汁或提取胡萝卜素后获得的副产品	粗纤维、粗灰分、水分
菊苣及其加工产品	菊苣根干（片、块、粉、颗粒），菊科菊苣属菊苣（*Cichorium intybus* L.）的块根，经干燥、粉碎工艺获得的不同形态的产品。产品名称应注明产品形态，如菊苣根粉	水分、总糖
	菊苣渣，菊苣制取菊糖或香料后的副产品，由浸提或压榨后的菊苣片组成	粗纤维、粗灰分、水分
菊芋及其加工产品	菊糖，菊科向日葵属菊芋（*Helianthus tuberosus* L.）的块根中提取的果聚糖。产品须由有资质的食品生产企业提供	菊糖
	菊芋渣，菊芋提取菊糖后的副产物	粗纤维、粗灰分、水分
马铃薯及其加工产品	马铃薯（土豆、洋芋、山药蛋）干（片、块、粉、颗粒），马铃薯（*Solanum tuberosum* L.）经切块、切片、干燥、粉碎等工艺获得的不同形态的产品。产品名称应注明产品形态，如马铃薯干	水分
	马铃薯蛋白粉，马铃薯提取淀粉后经干燥获得的粉状产品。主要成分为蛋白质	粗蛋白质
	马铃薯渣，马铃薯经提取淀粉和蛋白后的副产物	粗纤维、粗灰分、水分

（续）

原料名称	特征描述	强制性标识要求
魔芋及其加工产品	魔芋干（片、块、粉、颗粒），天南星科魔芋属魔芋（*Amorphophalms konjac*）的块根经切块、切片、干燥、粉碎等工艺，获得的不同形态的产品。产品名称应注明产品形态，如魔芋干	水分
木薯及其加工产品	木薯干（片、块、粉、颗粒），木薯（*Manihot esculenta* Crantz.）经切块、切片、干燥、粉碎等工艺获得的不同形态的产品。产品名称应注明产品形态，如木薯干	水分
	木薯渣，木薯提取淀粉后的副产物	粗纤维、粗灰分、水分
藕及其加工产品	藕（莲藕）干（片、块、粉、颗粒），莲藕经切块、切片、干燥、粉碎等工艺获得的不同形态的产品。产品名称应注明产品形态，如莲藕干	水分
甜菜及其加工产品	甜菜粕（渣），藜科甜菜属甜菜（*Beta vulgaris* L.）的块根制糖后的副产品，由浸提或压榨后的甜菜片组成	粗纤维、粗灰分、水分
	甜菜粕颗粒，以甜菜粕为原料，添加废糖蜜等辅料经制粒形成的产品	粗纤维、粗灰分、水分
	甜菜糖蜜，从甜菜中提糖后获得的液体副产品	总糖、粗灰分、水分
蔗糖	见表4-14	
食用瓜类及其加工产品	___瓜，可食用瓜类或其去除瓜籽后的产品。可鲜用或对其进行干燥加工处理，产品名称应标明使用原料的来源，如南瓜	水分
	___瓜籽，可食用瓜类的籽实经干燥等工艺加工获得的产品，产品名称应标明使用原料的来源，如南瓜籽	粗蛋白

（五）其他籽实、果实类产品及其加工产品原料

该类原料主要包括辣椒、水果或坚果、枣及其加工产品（表4-7）。辣椒及其加工产品主要是从辣椒中提取辣椒红色素，作为宠物保健食品中功能色素。鳄梨经切片、切块、干燥、粉碎等工艺获得的不同形态的产品，主要是补充水果中含有的营养素，包括蛋白质、粗纤维、糖分等；可食用的坚果仁或水果仁，除了含有基本营养素外，还有一定的美毛功能。枣及其加工产品除了为宠物提供基本营养功能外，还有提高免疫力，预防或调节代谢性相关疾病的发生，如减少结石、促进消化、增进食欲等功效。

表4-7　可用于宠物保健食品的块茎、块根及其加工产品原料

原料名称	特征描述	强制性标识要求
辣椒及其加工产品	辣椒粉，辣椒（*Capsicum annuum* L.）经干燥、粉碎后所得的产品	粗蛋白质、粗灰分

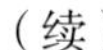
（续）

原料名称	特征描述	强制性标识要求
辣椒及其加工产品	辣椒渣，辣椒皮提取红色素后的副产品	粗蛋白质、粗灰分
	辣椒籽粕，辣椒籽取油后的副产品	
	辣椒籽油，辣椒籽经压榨或浸提制取的油。产品须由有资质的食品生产企业提供	酸价、过氧化值
水果或坚果及其加工产品	鳄梨（牛油果）干（片、块、粉），鳄梨（*Persea americana* Mill.）经切片、切块、干燥、粉碎等工艺获得的不同形态的产品。产品名称应注明产品形态，如鳄梨干	总糖、水分
	鳄梨（牛油果）浓缩汁，鳄梨压榨后的汁液经浓缩后获得的产品。产品须由有资质的食品生产企业提供	总糖、水分
	___果仁，可食用的坚果仁或水果仁，产品名称应标明使用原料的来源	粗蛋白质、粗脂肪
	___果渣，可食用水果榨汁或果品加工过程中获得的副产品，产品名称应标明使用原料的来源，如柑橘渣	粗纤维、粗灰分、水分
	___果（汁、泥、片、干、粉），可食用水果鲜果，或对其进行加工后获得的果汁、果泥、果片、果干、果粉等。不得使用变质原料。产品名称应标明原料来源，如苹果	总糖、水分
枣及其加工产品	枣，食用枣（*Ziziphus jujuba* Mill.）	粗纤维、粗灰分
	枣粉，食用枣经干燥、粉碎获得的产品	
蔬菜及其加工产品	___菜（汁、泥、片、干、粉），可食用蔬菜鲜菜，或对其进行加工后获得的蔬菜汁、蔬菜泥、蔬菜片、蔬菜干、蔬菜粉等。不得使用变质原料。产品名称应标明原料来源，如菠菜	粗纤维、水分

（六）其他植物、藻类及其加工产品原料

其他植物、藻类及其加工产品原料有115种，主要是农产品、药食同源植物、藻类及其加工产品或副产品等（表4-8）。这些原料中含有丰富的七大营养素，既可以作为保健食品的原料，也可以作为基料。同时，也含有调节生理功能的活性成分，如黄酮类、多酚类、多糖类、挥发油、不饱和脂肪酸等。

表4-8 可用于宠物保健食品的其他植物、藻类及其加工产品原料

原料名称	特征描述	强制性标识要求
甘蔗加工产品	甘蔗糖蜜，甘蔗（*Saccharum officinarum* L.）经制糖工艺提取糖后获得的黏稠液体或甘蔗糖蜜精炼提取糖后获得的液体副产品	蔗糖、水分
	甘蔗渣，甘蔗提取糖后剩余的植物部分，主要由纤维组成蔗糖，见表4-14	粗纤维、水分

（续）

原料名称	特征描述	强制性标识要求
丝兰及其加工产品	丝兰粉，丝兰（*Yucca schidigera* Roezl.）干燥、粉碎后得到的粉状产品	吸氨量、水分
甜叶菊及其加工产品	甜叶菊渣，甜叶菊［*Stevia rebaudiana*（Bertoni）Hemsl L.］提取甜菊糖后的副产物	粗蛋白质、粗纤维、粗灰分、水分
万寿菊及其加工产品	万寿菊渣，万寿菊（*Tagetes erecta* L.）提取叶黄素后副产品	粗蛋白质、粗纤维、粗灰分、水分
藻类及其加工产品	___藻，可食用大型海藻（如海带、巨藻、龙须藻）或食品企业加工食用大型海藻剩余的边角料，可经冷藏、冷冻、干燥、粉碎处理。产品名称应标明海藻品种和产品物理性状，如海带粉	粗蛋白质、粗灰分
	___藻渣，可食用大型海藻经提取活性成分后的副产品，产品名称应标明使用原料的来源，如海带渣	总糖、粗灰分、水分
	裂壶藻粉，以裂壶藻（*Schizochytrium* sp.）种为原料，通过发酵、分离、干燥等工艺生产的富含DHA的藻粉	粗脂肪、DHA
	螺旋藻粉，螺旋藻（*Spirulina platensis*）干燥、粉碎后的产品	粗蛋白质、粗灰分
	拟微绿球藻粉，以拟微绿球藻（*Nannochloropsis* sp.）种为原料，通过培养、浓缩、干燥等工艺生产的富含EPA的藻粉	粗脂肪、EPA
	微藻粕，裂壶藻粉、拟微绿球藻粉或小球藻粉浸提脂肪后，经干燥得到的副产品	粗蛋白、粗灰分
	小球藻粉，以小球藻（*Chlorella* sp.）种为原料，通过培养、浓缩、干燥等工艺生产的富含EPA和DHA的藻粉	粗脂肪、EPA、DHA
其他可饲用天然植物（仅指所称植物或植物的特定部位经干燥或提纯或干燥、粉碎获得的产品）		
八角茴香	木兰科八角属植物八角（*Illicium verum* Hook.）的干燥成熟果实	
白扁豆	豆科扁豆属（*Lablab* Adans.）植物的干燥成熟种子	
百合	百合科百合属植物卷丹（*Lilium lancifolium* Thunb.）、百合（*Lilium brownii* F. E. Brown var. *viridulum* Baker）或细叶百合（*Lilium pumilum* DC.）的干燥肉质鳞叶	
白芍	毛茛科芍药亚科芍药属植物芍药（*Paeonia lactiflora* Pall.）的干燥根	
白术	菊科苍术属植物白术（*Atrctylodes macrocephala* Koidz.）的干燥根茎	
柏子仁	柏科侧柏属植物侧柏［*Platycladus orientalis*（L.）Franco］的干燥成熟种仁	
薄荷	唇形科薄荷属植物薄荷（*Mentha haplocalyx* Briq.）的干燥地上部分	
补骨脂	豆科补骨脂属植物补骨脂（*Psoralea corylifolia* L.）的干燥成熟果实	
苍术	菊科苍术属植物苍术［*Atractylodes lancea*（Thunb.）DC.］或北苍术［*Atractylodes chinensis*（DC.）Koidz］的干燥根茎	

（续）

其他可饲用天然植物（仅指所称植物或植物的特定部位经干燥或提纯或干燥、粉碎获得的产品）	
侧柏叶	柏科侧柏属植物侧柏［*Platycladus orientalis*（L.）Franco］的干燥枝梢和叶
车前草	车前科车前属植物车前（*Plantago asiatica* L.）或平车前（*Plantago depressa* Willd.）的干燥成熟种子
车前子	车前科车前属植物车前（*Plantago asiatica* L.）或平车前（*Plantago depressa* Willd.）的干燥成熟种子
赤芍	毛茛科芍药亚科芍药属植物芍药（*Paeonia lactiflora* Pall.）或川赤芍（*Paeonia veitchii* Lynch）的干燥根
川芎	伞形科藁本属植物川芎（*Ligusticum chuanxiong* Hort.）的干燥根茎
刺五加	五加科五加属植物刺五加［Acanthopanax senticosus（Rupr.et Maxim.）Harms］的干燥根和根茎或茎
大蓟	菊科蓟属植物蓟（*Cirsium japonicum* Fisch.ex DC.）的干燥地上部分
淡豆豉	豆科大豆属植物大豆［*Glycine max*（L.）Merr.］的成熟种子的发酵加工品
淡竹叶	禾本科淡竹叶属植物淡竹叶（*Lophatherum gracile* Brongn.）的干燥茎叶
当归	伞形科当归属植物当归［*Angelica sinensis*（Oliv.）Diels］的干燥根
党参	桔梗科党参属植物党参［*Codonopsis pilosula*（Franch.）Nannf.］、素花党参［*Codonopsis pilosula* Nannf.var.*modesta*（Nannf.）L. T. Shen］或川党参（*Codonopsis tangshen* Oliv.）的干燥根
地骨皮	茄科枸杞属植物枸杞（*Lycium chinense* Mill.）或宁夏枸杞（*Lycium barbarum* L.）的干燥根皮
丁香	桃金娘科蒲桃属植物丁香［*Syzygium aromaticum*（L.）Merr. et Perry］的干燥花蕾
杜仲	杜仲科杜仲属植物杜仲（*Eucommia ulmoides* Oliv.）的干燥树皮
杜仲叶	杜仲科杜仲属植物杜仲（*Eucommia ulmoides* Oliv.）的干燥叶
榧子	红豆杉科榧树属植物榧树（Torreya grandis Fort.）的干燥成熟种子
佛手	芸香科柑橘属植物佛手［*Citrus medica* L.var.*sarcodactylis*（Noot.）Swingle］的干燥果实
茯苓	多孔菌科茯苓属真菌茯苓［*Poria cocos*（Schw.）Wolf］的干燥菌核
甘草	豆科甘草属植物甘草（*Glycyrrhiza uralensis* Fisch.）、胀果甘草（*Glycyrrhiza inflata* Batal.）或洋甘草（*Glycyrrhiza glabra* L.）的干燥根和根茎
干姜	姜科姜属植物姜（*Zingiber officinale* Rosc.）的干燥根茎
高良姜	姜科山姜属植物高良姜（*Alpinia officinarum* Hance）的干燥根茎
葛根	豆科葛属植物葛［*Pueraria lobata*（Willd.）Ohwi］的干燥根
枸杞子	茄科枸杞属植物枸杞（*Lycium chinense* Mill.）或宁夏枸杞（*Lycium barbarum* L.）的干燥成熟果实

（续）

其他可饲用天然植物（仅指所称植物或植物的特定部位经干燥或提纯或干燥、粉碎获得的产品）	
骨碎补	骨碎补科骨碎补属植物骨碎补（*Davallia mariesii* Moore ex Bak.）的干燥根茎
荷叶	睡莲科莲亚科莲属植物莲（*Nelumbo nucifera* Gaertn.）的干燥叶
诃子	使君子科诃子属植物诃子（*Terminalia chebula* Retz.）或微毛诃子［*Terminalia chebula* Retz. var.*tomentella*（Kurz）C.B.Clarke］的干燥成熟果实
黑芝麻	胡麻科胡麻属植物芝麻（*Sesamum indicum* L.）的干燥成熟种子
红景天	景天科红景天属植物大花红景天［*Rhodiola crenulata*（Hook. F. et Thoms.）H.Ohba］的干燥根和根茎
厚朴	木兰科木兰属植物厚朴（*Magnolia officinalis* Rehd.et Wils.）或凹叶厚朴［*Magnolia officinalis* subsp.biloba（Rehd.et Wils.）Cheng.］的干燥干皮、根皮和枝皮
厚朴花	木兰科木兰属植物厚朴（*Magnolia officinalis* Rehd.et Wils.）或凹叶厚朴［*Magnolia officinalis* subsp.*biloba*（Rehd.et Wils.）Cheng.］的干燥花蕾
胡芦巴	豆科植物胡芦巴（*Trigonella foenum-graecum* L.）的干燥成熟种子
花椒	芸香科花椒属植物青花椒（*Zanthoxylum schinifolium* Sieb.et Zucc.）或花椒（*Zanthoxylum bungeanum* Maxim）的干燥成熟果皮
槐角（槐实）	豆科槐属植物槐（*Sophora japonica* L.）的干燥成熟果实
黄精	百合科黄精属植物滇黄精（*Polygonatum kingianum* Coll. et Hemsl.）、黄精（*Polygonatum sibiricum* Delar.）或多花黄精（*Polygonatum cyrtonema* Hua）的干燥根茎
黄芪	豆科植物蒙古黄芪［*Astragalus membranaceus*（Fisch.）Bge.var.*mongholicus*（Bge.）Hsiao］或膜荚黄芪［*Astragalus membranaceus*（Fisch.）Bge.］的干燥根
藿香	唇形科藿香属植物藿香［*Agastache rugosa*（Fisch. et Mey.）O. Ktze］的干燥地上部分
积雪草	伞形科积雪草属植物积雪草［*Centella asiatica*（L.）Urb.］的干燥全草
姜黄	姜科姜黄属植物姜黄（*Curcuma longa* L.）的干燥根茎
绞股蓝	葫芦科绞股蓝属（*Gynostemma* Bl.）植物
桔梗	桔梗科桔梗属植物桔梗［*Platycodon grandiflorus*（Jacq.）A. DC.］的干燥根
金荞麦	蓼科荞麦属植物金荞麦［*Fagopyrum dibotrys*（D. Don）Hara］的干燥根茎
金银花	忍冬科忍冬属植物忍冬（*Lonicera japonica* Thunb.）的干燥花蕾或带初开的花
金樱子	蔷薇科蔷薇属植物金樱子（*Rosa laevigata* Michx.）的干燥成熟果实
韭菜籽	百合科葱属植物韭菜（*Allium tuberosum* Rottl.ex Spreng.）的干燥成熟种子
菊花	菊科菊属植物菊花［*Dendranthema morifolium*（Ramat.）Tzvel.］的干燥头状花序
橘皮	芸香科柑橘属植物橘（*Citrus Reticulata* Blanco）及其栽培变种的成熟果皮
决明子	豆科决明属植物决明（*Cassia tora* L.）的干燥成熟种子

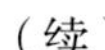
（续）

其他可饲用天然植物（仅指所称植物或植物的特定部位经干燥或提纯或干燥、粉碎获得的产品）	
莱菔子	十字花科萝卜属植物萝卜（*Raphanus sativus* L.）的干燥成熟种子
莲子	睡莲科莲亚科莲属植物莲（*Nelumbo nucifera* Gaertn.）的干燥成熟种子
芦荟	百合科芦荟属植物库拉索芦荟（*Aloe barbadensis* Miller）叶。也称“老芦荟”
罗汉果	葫芦科罗汉果属植物罗汉果［*Siraitia grosvenorii*（Swingle）C. Jeffrey ex Lu et Z. Y. Zhang］的干燥果实
马齿苋	马齿苋科马齿苋属植物马齿苋（*Portulaca oleracea* L.）的干燥地上部分
麦冬（麦门冬）	百合科沿阶草属植物麦冬［*Ophiopogon japonicus*（L.f）Ker-Gawl.］的干燥块根
玫瑰花	蔷薇科蔷薇属植物玫瑰（*Rosa rugosa* Thunb.）的干燥花蕾
木瓜	蔷薇科木瓜属植物皱皮木瓜［*Chaenomeles speciosa*（Sweet）Nakai.］的干燥近成熟果实
木香	菊科川木香属植物川木香［*Dolomiaea souliei*（Franch.）Shih］的干燥根
牛蒡子	菊科牛蒡属植物牛蒡（*Arctium lappa* L.）的干燥成熟果实
女贞子	木樨科女贞属植物女贞（*Ligustrum lucidum* Ait.）的干燥成熟果实
蒲公英	菊科植物蒲公英（*Taraxacum mongolicum* Hand.Mazz.）、碱地蒲公英（*Taraxacum borealisinense* Kitam.）或同属数种植物的干燥全草
蒲黄	香蒲科植物水烛香蒲（*Typha angustifolia* L.）、东方香蒲（*Typha orientalis* Presl）或同属植物的干燥花粉
茜草	茜草科茜草属植物茜草（*Rubia cordifolia* L.）的干燥根及根茎
青皮	芸香科柑橘属植物橘（*Citrus reticulata* Blanco）及其栽培变种的干燥幼果或未成熟果实的果皮
人参及叶	五加科人参属植物人参（*Panax ginseng* C. A. Mey.）干燥根及根茎
人参叶	五加科人参属植物人参（*Panax ginseng* C. A. Mey.）的干燥叶
肉豆蔻	肉豆蔻科肉豆蔻属植物肉豆蔻（*Myristica fragrans* Houtt.）的干燥种仁
桑白皮	桑科桑属植物桑（*Morus alba* L.）的干燥根皮
桑葚	桑科桑属植物桑（*Morus alba* L.）的干燥果穗
桑叶	桑科桑属植物桑（*Morus alba* L.）的干燥叶
桑枝	桑科桑属植物桑（*Morus alba* L.）的干燥嫩枝
沙棘	胡颓子科沙棘属植物沙棘（*Hippophae rhamnoides* L.）的干燥成熟果实
山药	薯蓣科薯蓣属植物薯蓣（*Dioscorea opposita* Thunb.）的干燥根茎
山楂	蔷薇科山楂属植物山里红（*Crataegus pinnatifida* Bge. var. *major* N. E. Br.）或山楂（*Crataegus pinnatifida* Bge.）的干燥成熟果实
山茱萸	山茱萸科山茱萸属植物山茱萸（*Cornus officinalis* Sieb. et Zucc.）的干燥成熟果肉

（续）

其他可饲用天然植物（仅指所称植物或植物的特定部位经干燥或提纯或干燥、粉碎获得的产品）	
生姜	姜科姜属植物姜（*Zingiber officinale* Rosc.）的新鲜根茎
升麻	毛茛科升麻属植物大三叶升麻（*Cimicifuga heracleifolia* Kom.）、兴安升麻［*Cimicifuga dahurica*（Turcz.）Maxim.］或升麻（*Cimicifuga foetida* L.）的干燥根茎
首乌藤	蓼科何首乌属植物何首乌［*Fallopia multiflora*（Thunb.）Harald.］的干燥藤茎
酸角	豆科酸豆属植物酸豆（*Tamarindus indica* L.）的果实
酸枣仁	鼠李科枣属植物酸枣［*Ziziphus jujuba* Mill.var.*spinosa*（Bunge）Hu ex H. F. Chow］的干燥成熟种子
天冬（天门冬）	百合科天门冬属植物天门冬［*Asparagus cochinchinensis*（Lour.）Merr.］的干燥块根
土茯苓	百合科菝葜属植物土茯苓（*Smilax glabra* Roxb.）的干燥根茎
菟丝子	旋花科菟丝子属植物南方菟丝子（*Cuscuta australis* R. Br.）或菟丝子（*Cuscuta chinensis* Lam.）的干燥成熟种子
五加皮	五加科五加属植物五加（*Acanthopanax gracilistylus* W. W. Smith）的干燥根皮
乌梅	蔷薇科杏属植物梅（*Armeniaca mume* Sieb.）的干燥近成熟果实
五味子	木兰科五味子属植物五味子［*Schisandra chinensis*（Turcz.）Baill.］的干燥成熟果实
鲜白茅根	禾本科白茅属植物白茅［*Imperata cylindrica*（L.）Beauv.］的新鲜根茎
香附	莎草科莎草属植物香附子（*Cyperus rotundus* L.）的干燥根茎
香薷	唇形科石荠苎属植物石香薷（*Mosla chinensis* Maxim.）或江香薷（*Mosla chinensis* ‘Jiangxiangru’）的干燥地上部分
小蓟	菊科蓟属植物刺儿菜［*Cirsium setosum*（willd.）MB.］的干燥地上部分
薤白	百合葱属植物薤白（*Allium macrostemon* Bunge.）或藠头（*Allium chinense* G. Don）的干燥鳞茎
洋槐花	豆科刺槐属植物刺槐（*Robinia pseudoacacia* L.）的花，可经干燥、粉碎
杨树花	杨柳科杨属（Populus L.）植物的花，可经干燥、粉碎
野菊花	菊科菊属植物野菊（Dendranthema indicum L.）的干燥头状花序
益母草	唇形科益母草属植物益母草［*Leonurus artemisia*（Lour.）S. Y. Hu］的新鲜或干燥地上部分
薏苡仁	禾本科薏苡属植物薏苡（*Coix lacryma-jobi* L.）的干燥成熟种仁
益智（益智仁）	姜科山姜属植物益智（*Alpinia oxyphylla* Miq.）的干燥成熟果实
银杏叶	银杏科银杏属植物银杏（Ginkgo biloba L.）的干燥叶
鱼腥草	三白草科蕺菜属植物蕺菜（*Houttuynia cordata* Thunb.）的新鲜全草或干燥地上部分
玉竹	百合科黄精属植物玉竹［*Polygonatum odoratum*（Mill.）Druce］的干燥根茎

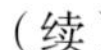
（续）

其他可饲用天然植物（仅指所称植物或植物的特定部位经干燥或提纯或干燥、粉碎获得的产品）	
远志	远志科远志属植物远志（*Polygala tenuifolia* Willd.）或西伯利亚远志（*Polygala sibirica* L.）的干燥根
越橘	杜鹃花科越橘属（*Vaccinium* L.）植物的果实或叶
泽兰	唇形科地笋属植物硬毛地笋（*Lycopus lucidus* Turcz. var. *hirtus* Regel）的干燥地上部分
泽泻	泽泻科泽泻属植物东方泽泻［*Alisma orinentale*（Samuel.）Juz.］的干燥块茎
制何首乌	何首乌［*Fallopia multiflora*（Thunb.）Harald.］的炮制加工品
枳壳	芸香科柑橘属植物酸橙（*Citrus aurantium* L.）及其栽培变种的干燥未成熟果实
知母	百合科知母属植物知母（*Anemarrhena asphodeloides* Bge.）的干燥根茎
紫苏叶	唇形科紫苏属植物紫苏［*Perilla frutescens*（L.）Britt.］的干燥叶（或带嫩枝）
绿茶	以茶树的新叶或芽为原料，未经发酵。经杀青、整形、烘干等工序制成的产品
迷迭香	唇形科迷迭香属植物迷迭香（*Rosmarinus officinalis*）的干燥茎叶或花

（七）乳制品及其副产品原料

乳制品及其副产品原料主要包括干酪、酪蛋白、奶油、乳清、乳糖及上述物质的加工制品，乳及乳粉制品（表4-9）。这些产品须由有资质的乳制品生产企业提供。这些原料要求蛋白质含量、脂肪含量和乳糖含量等指标必须符合原料规定标准。

表4-9　可用于宠物保健食品的乳制品及其副产品原料

原料名称	特征描述	强制性标识要求
干酪及干酪制品	奶酪（干酪），可食用的奶酪，根据使用要求可对其进行脱水干燥、碾磨粉碎等加工处理。产品须由有资质的乳制品生产企业提供	蛋白质、脂肪、水分
酪蛋白及其加工制品	酪蛋白（干酪素），以脱脂乳为原料，用酸、盐、凝乳酶等使乳中的酪蛋白凝集，再经脱水、干燥、粉碎获得的产品。该产品蛋白质含量不低于80%。产品须由有资质的乳制品生产企业提供	蛋白质、赖氨酸
	水解酪蛋白，浆酪蛋白经酶水解、干燥获得的产品。该产品蛋白质含量不低于74%。产品须由有资质的乳制品生产企业提供	蛋白质、赖氨酸
奶油及其加工制品	奶油（黄油），以乳和（或）稀奶油（经发酵或不发酵）为原料，添加或不添加其他原料、食品添加剂和营养强化剂，经加工制成的脂肪含量不低于80%的产品。产品须由有资质的乳制品生产企业提供	脂肪、酸价、过氧化值、水分
	稀奶油，从乳中分离出的含脂肪的部分，添加或不添加其他原料、食品添加剂和营养强化剂，经加工制成的脂肪含量为10%～80%的产品	脂肪、酸价、过氧化值、水分

（续）

原料名称	特征描述	强制性标识要求
乳及乳粉	___乳，生牛乳或生羊乳，包括全脂乳、脱脂乳、部分脱脂乳。产品名称应标明具体的动物种类和产品类型，如全脂牛乳、脱脂羊乳。该产品仅限于宠物饲料（食品）使用	蛋白质、脂肪 本产品仅限于宠物饲料（食品）使用
	___初乳（粉），产奶动物（牛或羊）在分娩后前5d内分泌的乳汁或将其加工制成的粉状产品，产品名称应标明具体的动物种类，如牛初乳，羊初乳粉。产品须由有资质的乳制品生产企业提供	蛋白质、脂肪、IgG，本产品仅限于宠物饲料（食品）使用
	___乳粉（奶粉），以生牛乳或羊乳为原料，经加工制成的粉状产品，包括全脂、脱脂、部分脱脂乳粉和调制乳粉。产品名称应标明具体的动物品种来源和产品类型，如全脂牛乳粉，脱脂羊乳粉。产品须由有资质的乳制品生产企业提供	蛋白质、脂肪
	___初乳（粉），产奶动物（牛或羊）在分娩后前5d内分泌的乳汁或将其加工制成的粉状产品，产品名称应标明具体的动物种类，如牛初乳，羊初乳粉。产品须由有资质的乳制品生产企业提供	蛋白质、脂肪、IgG，本产品仅限于宠物饲料（食品）使用
乳清及其加工制品	乳清粉，以乳清为原料经干燥制成的粉末状产品。产品须由有资质的乳制品生产企业提供	蛋白质、粗灰分、乳糖
	分离乳清蛋白，乳清蛋白粉的一种，蛋白质含量不低于90%。产品须由有资质的乳制品生产企业提供	蛋白质、粗灰分
	浓缩乳清蛋白，乳清蛋白粉的一种，蛋白质含量不低于34%。产品须由有资质的乳制品生产企业提供	蛋白质、粗灰分、乳糖
	乳钙（乳矿物盐），从乳清液中分离出的高钙含量的产品。钙含量不低于22%。产品须由有资质的乳制品生产企业提供	钙、磷、粗灰分
	乳清蛋白粉，以乳清为原料，经分离、浓缩、干燥等工艺制成的蛋白质含量不低于25%的粉末状产品。产品须由有资质的乳制品生产企业提供	蛋白质、粗灰分、乳糖
	脱盐乳清粉，以乳清为原料，经脱盐、干燥制成的粉末状产品，乳糖含量不低于61%，粗灰分不高于3%。产品须由有资质的乳制品生产企业提供	蛋白质、粗灰分、乳糖
乳糖及其加工制品	乳糖，将乳清蒸发、结晶、干燥后获得的产品，乳糖含量不低于98%。产品须由有资质的乳制品生产企业提供	乳糖

（八）陆生动物产品及其副产品原料

陆生动物产品及其副产品原料主要包括动物的油脂类、肉和骨、血液、内脏、蹄、角、爪、羽毛及其加工产品，昆虫加工产品，如蝉蛹粉、蜂花粉、蜂胶、蜂蜡、蜂蜜等，禽蛋及其加工产品，蚯蚓及其加工产品（表4-10）。这些原料中都不同程度的含由蛋白质、脂肪、矿物元素及生理活性调节物质等。

表4-10　可用于宠物保健食品的陆生动物产品及其副产品原料

原料名称	特征描述	强制性标识要求
动物油脂类产品	___油，分割可食用动物组织过程中获得的含脂肪部分，经熬油提炼获得的油脂。原料应来自单一动物种类，新鲜无变质或经冷藏、冷冻保鲜处理；不得使用发生疫病和含禁用物质的动物组织。本产品不得加入游离脂肪酸和其他非食用动物脂肪。产品中总脂肪酸不低于90%，不皂化物不高于2.5%，不溶杂质不高于1%。名称应标明具体的动物种类，如猪油	粗脂肪、不皂化物、酸价、丙二醛
	___油渣（饼），屠宰、分割可食用动物组织过程中获得的含脂肪部分，经提炼油脂后获得的固体残渣。原料应来自单一动物种类，新鲜无变质或经冷藏、冷冻保鲜处理；不得使用发生疫病和含禁用物质的动物组织。产品名称应标明具体的动物种类，如：猪油渣	粗蛋白质、粗脂肪
昆虫加工产品	蚕蛹（粉），蚕蛹经干燥获得的产品可将其粉碎	粗蛋白、粗脂肪、酸价
	蚕蛹粕［脱脂蚕蛹（粉）］，蚕蛹（粉）脱脂处理后获得的产品	粗蛋白、粗脂肪、酸价
	蜂花粉，蜜蜂采集被子植物雄蕊花药或裸子植物小孢子囊内的花粉细胞，形成的团粒状物。产品须由有资质的食品生产企业提供	总糖
	蜂胶，蜜蜂科昆虫意大利蜂（*Apis mellifera* L.）等的干燥分泌物，可进行适当加工。产品须由有资质的食品生产企业提供	总糖
	蜂蜡，蜜蜂科昆虫中华蜜蜂（*Apis cerana* Fabricius）或意大利蜂分泌的蜡，可进行适当加工。产品须由有资质的食品生产企业提供	粗脂肪
	蜂蜜，蜜蜂科昆虫中华蜜蜂或意大利蜂所酿的蜜，可进行适当加工。产品须由有资质的食品生产企业提供	总糖
	___虫（粉），昆虫经干燥获得的产品，可对其进行粉碎。此类昆虫在不影响公共健康和动物健康的前提下方可进行上述加工。产品名称应标明具体动物种类，如黄粉虫（粉）	粗蛋白质、粗脂肪、酸价
	脱脂___虫粉，对昆虫（粉）采用超临界萃取等方法进行脱脂后获得的产品。此类昆虫在不影响人类和动物健康的前提下方可进行上述加工。产品名称应标明具体动物种类，如：脱脂黄粉虫粉	粗蛋白质、粗脂肪
内脏、蹄、角、爪、羽毛及其加工产品	肠膜蛋白粉，食用动物的小肠粘膜提取肝素钠后的剩余部分，经除臭、脱盐、水解、干燥、粉碎获得的产品。不得使用发生疫病和含禁用物质的动物组织	粗蛋白质、粗灰分、盐分
	动物内脏，新鲜可食用动物的内脏。可以鲜用或对其进行冷藏、冷冻、蒸煮、干燥和烟熏处理。原料应来源于同一动物种类，不得使用发生疫病和含禁用物质的动物组织。产品名称需标注保鲜（加工）方法、具体动物种类和动物内脏名称，可在产品名称中标注物理形态。如鲜猪肝、冻猪肺、熟猪心、烟熏猪大肠、脱水猪肝粒。该产品仅限于宠物饲料（食品）使用	粗蛋白质、水分，本产品仅限于宠物饲料（食品）使用

（续）

原料名称	特征描述	强制性标识要求
内脏、蹄、角、爪、羽毛及其加工产品	动物内脏粉，新鲜或经冷藏、冷冻保鲜的食用动物内脏经高温蒸煮、干燥、粉碎获得的产品。原料应来源于同一动物种类，除不可避免的混杂外，不得含有蹄、角、牙齿、毛发、羽毛及消化道内容物，不得使用发生疫病和含禁用物质的动物组织。产品名称需标明具体动物种类，若能确定原料来源于何种动物内脏，产品名称可标明动物内脏名称，如猪肝脏粉	粗蛋白质、粗脂肪、胃蛋白酶消化率
	动物器官，新鲜可食用动物的器官，可以鲜用或对其进行冷藏、冷冻、蒸煮、干燥和烟熏处理。原料应来源于同一动物种类，不得使用发生疫病和含禁用物质的动物组织。产品名称需标明具体动物种类，如羊蹄、猪耳。该产品仅限于宠物饲料（食品）使用	本产品仅限于宠物食品使用
	动物水解物，洁净的可食用动物的肉、内脏和器官经研磨粉碎、水解获得的产品，可以是液态、半固态或经加工制成的固态粉末。原料应来源于同一动物种类，新鲜无变质或经冷藏、冷冻保鲜处理，除不可避免的混杂外，不得含有蹄、角、牙齿、毛发、羽毛及消化道内容物。不得使用发生疫病和含禁用物质的动物组织。产品名称需标明具体动物种类和物理形态，如猪水解液、牛水解膏、鸡水解粉	粗蛋白质、pH、水分，本产品仅限于宠物食品使用
	膨化羽毛粉，家禽羽毛经膨化、粉碎后获得的产品。原料不得使用发生疫病和变质家禽羽毛	粗蛋白质、粗灰分、胃蛋白酶消化率
	___皮，新鲜可食用动物的皮，可以鲜用或对其进行冷藏、冷冻、蒸煮、干燥和烟熏处理。原料应来源于同一动物种类，不得使用发生疫病和变质的动物皮，不得使用皮革及鞣革副产品。产品名称需标注具体动物种类，如水牛皮。该产品仅限于宠物饲料（食品）使用	粗蛋白质、水分，本产品仅限于宠物饲料（食品）使用
	禽爪皮粉，加工禽爪过程中脱下的类角质外皮经干燥、粉碎获得的产品。原料应来源于同一动物种类，产品名称应标明具体动物种类，如鸡爪皮粉	粗蛋白质、粗脂肪、粗灰分
	水解蹄角粉，动物的蹄、角经水解、干燥、粉碎获得的产品。若能确定原料来源为某一特定动物种类和部位，则产品名称应标明该动物种类和部位，如水解猪蹄粉	粗蛋白质、胃蛋白酶消化率
	水解畜毛粉，未经提取氨基酸的清洁未变质的家畜毛发经水解、干燥、粉碎获得的产品。本产品胃蛋白酶消化率不低于75%	粗蛋白质、粗灰分、胃蛋白酶消化率
	水解羽毛粉，家禽羽毛经水解后，干燥、粉碎获得的产品。原料不得使用发生疫病和变质的家禽羽毛。本产品胃蛋白酶消化率不低于75%。产品名称应注明水解的方法（酶解、酸解、碱解、高温高压水解），如酶解羽毛粉	粗蛋白质、粗灰分、胃蛋白酶消化率

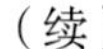

（续）

原料名称	特征描述	强制性标识要求
禽蛋及其加工产品	蛋粉，食用鲜蛋的蛋液，经巴氏消毒、干燥、脱水获得的产品。产品不含蛋壳或其他非蛋原料	粗蛋白质、粗灰分
	蛋黄粉，食用鲜蛋的蛋黄，经巴氏消毒、干燥、脱水获得的产品。产品不含蛋壳或其他非蛋原料	粗蛋白质、粗脂肪
	蛋壳粉，禽蛋壳经灭菌、干燥、粉碎获得的产品	粗灰分、钙
	蛋清粉，食用鲜蛋的蛋清，经巴氏消毒、干燥、脱水获得的产品。产品不含蛋壳或其他非蛋原料	粗蛋白质
	鸡蛋，未经过加工或仅用冷藏、涂膜法等保鲜技术处理过的可食用鲜鸡蛋，有壳或去壳	粗蛋白质、粗脂肪、粗灰分（适用于有壳鸡蛋）
蚯蚓及其加工产品	蚯蚓粉，蚯蚓经干燥、粉碎的产品	粗蛋白质、粗灰分
肉、骨及其加工产品	___骨，新鲜的食用动物的骨骼。可以鲜用或对其进行冷藏、冷冻、蒸煮、干燥处理。原料应来源于同一动物种类，不得使用发生疫病和变质的动物骨骼。产品名称需标明保鲜（加工）方法和具体动物种类。如鲜牛骨、冻猪软骨。该产品仅限于宠物饲料（食品）使用	钙、灰分、水分 本产品仅限于宠物饲料（食品）使用
	___骨粉（粒），未变质的食用动物骨骼经灭菌、干燥、粉碎获得的产品，原料应来源于同一动物种类，不得使用发生疫病和变质的动物骨骼。产品名称需标明具体动物种类，如猪骨粉、牛骨粒	粗蛋白质、粗脂肪、水分
	骨胶，可食用动物骨骼经轧碎、脱油、水解获得的蛋白类产品。原料不得使用发生疫病和变质的动物骨骼	凝胶强度、勃氏粘度、粗灰分
	___骨髓，新鲜可食用动物骨腔内的软组织。可以鲜用或对其进行冷藏、冷冻、蒸煮、干燥处理。原料应来源于同一动物种类，不得使用发生疫病和变质的动物骨骼。产品名称需标明保鲜（加工）方法和动物种类。如鲜牛骨髓。该产品仅限于宠物饲料（食品）使用	粗蛋白质、粗脂肪、水分， 本产品仅限于宠物饲料（食品）使用
	明胶，以来源于食用动物的皮、骨、韧带、肌腱中的胶原为原料，经水解获得的可溶性蛋白类产品。原料不得使用发生疫病和变质的动物组织，不得使用皮革及鞣革副产品	凝胶强度、勃氏粘度、粗灰分
	___肉，食用动物的鲜肉或带骨肉、带皮肉。可以鲜用或对其进行冷藏、冷冻、蒸煮、干燥或烟熏处理。原料应来源于同一动物种类，不得使用发生疫病和含禁用物质的动物组织。产品名称需标明保鲜（加工）方法和动物种类，如鲜羊肉、冻猪肉、熟鸡肉、干牛肉、烟熏鸡肉。该产品仅限于宠物饲料（食品）使用	粗蛋白质、粗脂肪、水分，本产品仅限于宠物饲料（食品）使用

（续）

原料名称	特征描述	强制性标识要求
肉、骨及其加工产品	___肉粉，以分割可食用鲜肉过程中余下的部分为原料，经高温蒸煮、灭菌、脱脂、干燥、粉碎获得的产品。原料应来源于同一动物种类，除不可避免的混杂，不得添加蹄、角、畜毛、羽毛、皮革及消化道内容物；不得额外添加骨；不得使用发生疫病和含禁用物质的动物组织。产品中总磷含量不高于3.5%，钙含量不超过磷含量的2.2倍，胃蛋白酶消化率不低于85%。产品名称应标明具体动物种类，如鸡肉粉	粗蛋白质、粗脂肪、总磷、胃蛋白酶消化率、酸价
	___肉骨粉，以分割可食用鲜肉过程中余下的部分为原料，经高温蒸煮、灭菌、脱脂、干燥、粉碎获得的产品。原料应来源于同一动物种类，除不可避免的混杂，不得添加蹄、角、畜毛、羽毛、皮革及消化道内容物。不得使用发生疫病和含禁用物质的动物组织。产品中总磷含量不低于3.5%，钙含量不超过磷含量的2.2倍，胃蛋白酶消化率不低于85%。产品名称应标明具体动物种类，如鸡肉骨粉	粗蛋白质、粗脂肪、总磷、胃蛋白酶消化率、酸价
	骨质磷酸氢钙，食用动物骨粉碎后，经盐酸浸泡所得溶液，用石灰乳中和，再经干燥、粉碎得到的产品，其中磷含量不低于16.5%，氯含量不高于3%	粗灰分、总磷、钙、氯
	脱胶骨粉，食用动物骨骼经脱胶、干燥、粉碎获得的产品。原料不得使用发生疫病和变质的动物骨骼	粗灰分、总磷、钙
	骨源磷酸氢钙，食用动物骨粉碎后，经盐酸浸泡所得溶液，用石灰乳中和，再经干燥、粉碎得到的产品，其中磷含量不低于16.5%，氯含量不高于3%	粗灰分、总磷、钙、氯
血液制品	喷雾干燥___血浆蛋白粉，以屠宰食用动物得到的新鲜血液分离出的血浆为原料，经灭菌、喷雾干燥获得的产品。原料应来源于同一动物种类，不得使用发生疫病和变质的动物血液。产品名称应标明具体动物来源，如喷雾干燥猪血浆蛋白粉	粗蛋白质、免疫球蛋白（IgG或IgY）
	喷雾干燥___血球蛋白粉，以屠宰食用动物得到的新鲜血液分离出的血细胞为原料，经灭菌、喷雾干燥获得的产品。原料应来源于同一动物种类，不得使用发生疫病和变质的动物血液。产品名称应标明具体动物来源，如喷雾干燥猪血球蛋白粉	粗蛋白质
	水解___血粉，以屠宰食用动物得到的新鲜血液为原料，经水解、干燥获得的产品。原料应来源于同一动物种类，不得使用发生疫病和变质的动物血液。产品名称应标明具体动物来源，如水解猪血球蛋白粉	粗蛋白质、胃蛋白酶消化率
	水解___血球蛋白粉，以屠宰食用动物得到的新鲜血液分离出的血球为原料，经破膜、灭菌、酶解、浓缩、喷雾干燥等一系列工序获得的产品。原料应来源于同一动物种类，不得使用发生疫病和变质的动物血液。产品名称应标明具体动物来源	粗蛋白质、胃蛋白酶消化率

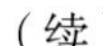
（续）

原料名称	特征描述	强制性标识要求
血液制品	水解珠蛋白粉，以屠宰食用动物获得的新鲜血液分离出的血球为原料，经破膜、灭菌、酶解、分离等工序得到得珠蛋白，再经浓缩、喷雾干燥获得的产品。粗蛋白质含量不低于90%	粗蛋白质、赖氨酸
	___血粉，以屠宰食用动物得到的新鲜血液为原料，经干燥获得的产品。原料应来源于同一动物种类，不得使用发生疫病和变质的动物血液。产品粗蛋白质含量不低于85%。产品名称应标明具体动物来源，如鸡血粉	粗蛋白质
	血红素蛋白粉，以屠宰食用动物得到的新鲜血液分离出的血球为原料，经破膜、灭菌、酶解、分离等工序获得血红素，再浓缩、喷雾干燥获得的产品。卟啉铁含量（以铁计）不低于1.2%	粗蛋白质、卟啉铁（血红素铁）

（九）鱼、其他水生生物及其副产品原料

鱼、其他水生生物及其副产品原料主要包括贝类、甲壳类动物、水生软体动物、鱼类及其加工的副产品（表4-11）。这些原料中都不同程度的含蛋白质、脂肪、组胺、挥发性盐基氮等。按照原料表中的特征描述，对经过加工处理的要说明，并对其强制性标识要求给出数据。

表4-11　可用于宠物保健食品的鱼、其他水生生物及其副产品原料

原料名称	特征描述	强制性标识要求
贝类及其副产品	___贝，新鲜可食用的贝类，可以鲜用或根据使用要求对其进行冷藏、冷冻、蒸煮、干燥处理。产品名称中应标明贝的种类，如扇贝、牡蛎	
	贝壳粉，贝类的壳经过干燥、粉碎获得的产品	粗灰分、钙
	干贝粉，食品企业加工食用干贝（扇贝柱）剩余的边角料（不包括壳），经干燥、粉碎获得的产品	粗蛋白质、粗脂肪、组胺
甲壳类动物及其副产品	虾，新鲜的虾。可以鲜用或根据使用要求对其进行冷藏、冷冻、蒸煮、干燥处理	
	磷虾粉，以磷虾（*Euphausia superba*）为原料，经干燥、粉碎获得的产品	粗蛋白质、粗灰分、盐分、挥发性盐基氮
	虾粉，虾经蒸煮、干燥、粉碎获得的产品	粗蛋白质、粗灰分、盐分、挥发性盐基氮
	虾膏，以虾为原料，经油脂分离、酶解、浓缩获得的膏状物	粗蛋白质、粗灰分、盐分、挥发性盐基氮

（续）

原料名称	特征描述	强制性标识要求
甲壳类动物及其副产品	虾壳粉，以食品企业加工虾仁过程中剥离出的虾头、虾壳为原料，经干燥、粉碎获得的产品	粗灰分
	虾油，以海洋虾类经蒸煮、压榨、分离获得的毛油为原料，再进行精炼获得的产品	脂肪、酸价、碘价
	蟹，新鲜的蟹。可以鲜用或根据使用要求对其进行冷藏、冷冻、蒸煮、干燥处理	
	蟹粉，以蟹或蟹的某一部分为原料，经蒸煮、压榨、干燥、粉碎获得的产品。产品中粗蛋白质含量不低于25%	粗蛋白质、粗灰分、挥发性盐基氮
	蟹壳粉，以蟹壳为原料，经烘干、粉碎获得的产品	粗灰分
水生软体动物及其副产品	乌贼，新鲜的乌贼。可以鲜用或根据使用要求对其进行冷藏、冷冻、蒸煮、干燥处理	
	乌贼粉，乌贼经蒸煮、压榨、干燥、粉碎获得的产品	
	乌贼膏，以乌贼内脏为原料，经油脂分离、酶解、浓缩获得的膏状物	粗蛋白质、粗脂肪、粗灰分、挥发性盐基氮、水分
	乌贼内脏粉，乌贼膏或与载体混合后，经过干燥获得的产品。使用的载体应为饲料法规中许可使用的原料，并在标签中注明载体名称	
	乌贼油，从乌贼内脏中分离出的油脂	粗脂肪、酸价、碘价
	鱿鱼，新鲜的鱿鱼。可以鲜用根据使用要求可对其进行冷藏、冷冻、蒸煮或干燥处理	粗脂肪、酸价
	鱿鱼粉，鱿鱼经蒸煮、压榨、干燥、粉碎获得的产品	粗蛋白质、粗脂肪、挥发性盐基氮
	鱿鱼膏，以鱿鱼内脏为原料，经油脂分离、酶解、浓缩获得的膏状物	粗蛋白质、粗脂肪粗、灰分、挥发性盐基氮、水分
	鱿鱼内脏粉，鱿鱼膏或与载体混合后，经过干燥获得的产品。使用的载体应为饲料法规中许可使用的原料，并在标签中注明载体名称	粗蛋白质、粗灰分、载体名称、挥发性盐基氮
	鱿鱼油，从鱿鱼内脏中分离出的油脂	粗脂肪、酸价、碘价
鱼及其副产品	鱼，鲜鱼的全部或部分鱼体。可以鲜用或根据使用要求对其进行冷藏、冷冻、蒸煮、干燥处理。不得使用发生疫病和受污染的鱼	粗蛋白质、水分
	白鱼粉，鳕鱼、鲽鱼、鹫鱼等白肉鱼种的全鱼或其为原料加工水产品后剩余的鱼体部分（包括鱼骨、鱼内脏、鱼头、鱼尾、鱼皮、鱼眼、鱼鳞和鱼鳍），经蒸煮、压榨、脱脂、干燥、粉碎获得的产品	粗蛋白质、粗脂肪、粗灰分赖氨酸、组胺、挥发性盐基氮
	水解鱼蛋白粉，以全鱼或鱼的某一部分为原料，经浓缩、水解、干燥获得的产品。产品中粗蛋白质含量不低于50%	粗蛋白质、粗脂肪、粗灰分

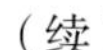
（续）

原料名称	特征描述	强制性标识要求
鱼及其副产品	鱼粉，全鱼或经分割的鱼体经蒸煮、压榨、脱脂、干燥、粉碎获得的产品。在干燥过程中可加入鱼溶浆。不得使用发生疫病和受污染的鱼。该产品原料若来源于淡水鱼，产品名称应标明"淡水鱼粉"	粗蛋白质、粗脂肪、粗灰分、赖氨酸、挥发性盐基氮
	鱼膏，以鲜鱼内脏等下杂物为原料，经油脂分离、酶解、浓缩获得的膏状物	粗蛋白质、粗灰分、挥发性盐基氮、水分
	鱼骨粉，鱼类的骨骼经粉碎、烘干获得的产品	钙、磷、粗灰分、粗蛋白质、粗脂肪、挥发性盐基氮
	鱼排粉，加工鱼类水产品过程中剩余的鱼体部分（包括鱼骨、鱼内脏、鱼头、鱼尾、鱼皮、鱼眼、鱼鳞和鱼鳍）经蒸煮、烘干、粉碎获得的产品	粗蛋白质、粗脂肪、粗灰分、挥发性盐基氮
	鱼溶浆，以鱼粉加工过程中得到的压榨液为原料，经脱脂、浓缩或水解后再浓缩获得的膏状产品。产品中水分含量不高于50%	粗蛋白质、粗脂肪、挥发性盐基氮、水分
	鱼溶浆粉，鱼溶浆或与载体混合后，经过喷雾干燥或低温干燥获得的产品。使用载体应为饲料法规中许可使用的原料，并在产品标签中标明载体名称	粗蛋白质、盐分、挥发性盐基氮、载体名称
	鱼虾粉，以鱼、虾、蟹等水产动物及其加工副产物为原料，经蒸煮、压榨、干燥、粉碎等工序获得的产品。不得使用发生疫病和受污染的鱼	粗蛋白质、粗脂肪、挥发性盐基氮、粗灰分
	鱼油，对全鱼或鱼的某一部分经蒸煮、压榨获得的毛油，再进行精炼获得的产品	粗脂肪、酸价、碘价、丙二醛
	鱼浆，鲜鱼或冰鲜鱼绞碎后，经饲料级或食品级甲酸（添加量不超过鱼鲜重的5%）防腐处理，在一定温度下经液化、过滤得到的液态物，可真空浓缩。挥发性盐基氮含量不高于每100g中50mg，组胺含量不高于300mg/kg	粗蛋白质、粗脂肪、水分、挥发性盐基氮、组胺
	低脂肪鱼粉（低脂鱼粉），以鱼粉为原料，经正己烷浸提脱脂后得到的产品。粗蛋白质含量不低于68%，粗脂肪含量不高于6%，挥发性盐基氮含量不高于每100g中80mg，组胺含量不高于500mg/kg，正己烷残留不高于500mg/kg。原料鱼粉应为有资质的饲用鱼粉生产企业提供的合格产品	粗蛋白质、粗脂肪粗灰分、赖氨酸、水分、挥发性盐基氮、组胺
	鱼皮，加工鱼类产品过程中获得的鱼皮经干燥后的产品	粗蛋白质、水分
其他	卤虫卵，卤虫及其卵	空壳率、孵化率

（十）矿物质原料

矿物质原料主要是指天然的矿物质，包括凹凸棒石（粉）、沸石粉、高岭土、海泡

石、滑石粉、麦饭石、蒙脱石、膨润土等加工的副产品（表4-12）。这些原料中都不同程度地含有特定的矿物元素、水分等。按照原料表中的特征描述，对经过加工处理的要说明，并对其强制性标识要求给出数据。

表4-12　可用于宠物保健食品的矿物质原料

原料名称	特征描述	强制性标识要求
天然矿物质	凹凸棒石（粉），天然水合镁铝硅酸盐矿物，可以是粒状或经粉碎后的粉	镁、水分
	贝壳粉，见表4-11	
	沸石粉，天然斜发沸石或丝光沸石经粉碎获得的产品	钙、吸蓝量、吸氨值、水分
	高岭土，以高岭石簇矿为主的含有矿物元素的天然矿物，水合硅铝酸盐含量不低于65%。在配合饲料中用量不得超过2.5%。不得含有石棉	铅、水分
	海泡石，一种水合富镁硅酸盐黏土矿物	水分
	滑石粉，天然硅酸镁盐类矿物滑石经精选、净化、粉碎、干燥获得的产品	水分
	麦饭石，天然的无机硅铝酸盐	麦饭石
	蒙脱石，由颗粒极细的水合铝硅酸盐构成的矿物，一般为块状或土状。蒙脱石是膨润土的功能成分，需要从膨润土中提纯获得	吸蓝量、吸氨值、水分
	膨润土（斑脱岩、膨土岩），以蒙脱石为主要成分的黏土岩—蒙脱石黏土岩	水分
	石粉，用机械方法直接粉碎天然含碳酸钙的石灰石、方解石、白垩沉淀、白垩岩等而制得。钙含量不低于35%	钙
	蛭石，含有硅酸镁、铝、铁的天然矿物质经加热膨胀形成的产品。不得含有石棉	水分、氟
	腐殖酸钠，泥炭、褐煤或风化煤粉碎后，与氢氧化钠溶液充分反应得到的上清液经浓缩、干燥得到的产品，或通过制粒等工艺对上述产品进一步精制得到的产品，其中可溶性腐殖酸不低于55%，水分不高于12%	可溶性腐殖酸、水分
	硅藻土，以天然硅藻土（硅藻的硅质遗骸）为原料，经过干燥、焙烧、酸洗、分级等工艺制成的硅藻土干燥品、酸洗品、焙烧品及助熔焙烧品。在配合饲料中用量不得超过2%。产品质量标准暂按《食品安全国家标准 食品添加剂 硅藻土》（GB 14936）执行	水分、非硅物质

（十一）微生物发酵产品及副产品原料

微生物发酵产品及副产品原料包括饼粕和糟渣发酵产品、单细胞蛋白、利用特定微生物和特定培养基培养获得的菌体蛋白类产品（如谷氨酸渣、核苷酸渣、赖氨酸渣等）以及糟渣类发酵副产物（如醋糟、酱油糟、柠檬酸糟等），见表4-13。按照原料表中的特征描述，对经过加工处理过程要有说明，并对其强制性标识要求给出数据。

表4-13　可用于宠物保健食品的微生物发酵产品及副产品原料

原料名称	特征描述	强制性标识要求
饼粕、糟渣发酵产品	发酵豆粕，以豆粕为主要原料（≥95%），以麸皮、玉米皮等为辅助原料，使用农业部《饲料添加剂品种目录》中批准使用的饲用微生物菌种进行固态发酵，并经干燥制成的蛋白质饲料原料产品	粗蛋白质、酸溶蛋白、水苏糖、水分
	发酵___果渣，以果渣为原料，使用农业部《饲料添加剂品种目录》中批准使用的饲用微生物进行固体发酵获得的产品。产品名称应标明具体原料来源，如发酵苹果渣	粗纤维、粗灰分、水分
	发酵棉籽蛋白，以脱壳程度高的棉籽粕或棉籽蛋白为主要原料（≥95%），以麸皮、玉米等为辅助原料，使用农业部《饲料添加剂品种目录》中批准使用的酵母菌和芽孢杆菌进行固态发酵，并经干燥制成的粗蛋白质含量在50%以上的产品	粗蛋白质、酸溶蛋白、游离棉酚、水分
	酿酒酵母发酵白酒糟，以鲜白酒糟为基质，经酿酒酵母固体发酵、自溶、干燥、粉碎后得到的产品	粗蛋白、粗纤维、酸溶蛋白、木质素
单细胞蛋白	产朊假丝酵母蛋白，以玉米浸泡液、葡萄糖、葡萄糖母液等为培养基，利用产朊假丝酵母液体发酵，经喷雾干燥制成的粉末状产品	粗蛋白质、粗灰分
	啤酒酵母粉，啤酒发酵过程中产生的废弃酵母，以啤酒酵母细胞为主要组分，经干燥获得的产品	粗蛋白质、粗灰分
	啤酒酵母泥，啤酒发酵中产生的泥浆状废弃酵母，以啤酒酵母细胞为主且含有少量啤酒	粗蛋白质、粗灰分
	食品酵母粉，食品酵母生产过程中产生的废弃酵母经干燥获得的产品，以酿酒酵母细胞为主要组分	粗蛋白质、粗灰分
	酵母水解物，以酿酒酵母（*Saccharomyces cerevisiae*）为菌种，经液体发酵得到的菌体，再经自溶或外源酶催化水解后，浓缩或干燥获得的产品。酵母可溶物未经提取，粗蛋白含量不低于35%	粗蛋白质（以干基计）、粗灰分 水分、甘露聚糖 氨基酸态氮
	酿酒酵母培养物，以酿酒酵母为菌种，经固体发酵后，浓缩、干燥获得的产品	粗蛋白质、粗灰分、水分、甘露聚糖
	酿酒酵母提取物，酿酒酵母经液体发酵后得到的菌体，再经自溶或外源酶催化水解，或机械破碎后，分离获得的可溶性组分浓缩或干燥得到的产品	粗蛋白质、粗灰分
	酿酒酵母细胞壁，经液体发酵后得到的菌体，再经自溶或外源酶催化水解，或机械破碎后，分离获得的细胞壁浓缩、干燥得到的产品	甘露聚糖、水分

（续）

原料名称	特征描述	强制性标识要求
利用特定微生物和特定培养基培养获得的菌体蛋白类产品（微生物细胞经休眠或灭活）	谷氨酸渣（味精渣），利用谷氨酸棒杆菌和由蔗糖、糖蜜、淀粉或其水解液等植物源成分及铵盐（或其他矿物质）组成的培养基发酵生产L-谷氨酸后剩余的固体残渣。菌体应灭活。可进行干燥处理	粗蛋白质、粗灰分、铵盐、水分
	核苷酸渣，利用谷氨酸棒杆菌和由蔗糖、糖蜜、淀粉或其水解液等植物源成分及铵盐（或其他矿物质）组成的培养基发酵生产5′-肌苷酸二钠、5′-鸟苷酸二钠后剩余的固体残渣。菌体应灭活。可进行干燥处理	粗蛋白质、粗灰分、铵盐、水分
	赖氨酸渣，利用谷氨酸棒杆菌和由蔗糖、糖蜜、淀粉或其水解液等植物源成分及铵盐（或其他矿物质）组成的培养基发酵生产L-赖氨酸后剩余的固体副产物。菌体应灭活。可进行干燥处理	粗蛋白质、粗灰分、铵盐、水分
	辅酶Q10渣，利用类球红细菌和由葡萄糖、玉米浆、无机盐等组成的主要原料发酵生产辅酶Q10后的固体副产物。菌体应灭活并经干燥处理。该产品仅限于畜禽和水产饲料使用	粗蛋白质、粗灰分、铵盐、水分
	乙醇梭菌蛋白，以乙醇梭菌（*Clostridium autoethanogenum* CICC 11088s）为发酵菌种，以钢铁工业转炉气中的CO为主要原料，采用液体发酵，生产乙醇后的剩余物，经分离、喷雾干燥等工艺制得终产品不含生产菌株活细胞	粗蛋白质、粗灰分、水分、铵盐
糟渣类发酵副产物	___醋糟：①糯米；②高粱；③麦麸；④米糠；⑤甘薯；⑥水果；⑦谷物。以所列物质为原料，经米曲霉、黑曲霉、啤酒酵母和醋杆菌发酵酿造提取食醋后所得的固体副产物。产品若来源于以单一原料，产品名称应标明其来源，如糯米醋糟	粗蛋白质、粗纤维、粗灰分、水分
	谷物酒糟类产品，见表4-3	
	酱油糟，以大豆、豌豆、蚕豆、豆饼、麦麸及食盐等为原料，经米曲霉、酵母菌及乳酸菌发酵酿制酱油后剩余的残渣经灭菌、干燥后获得的固体副产物	粗蛋白质、粗脂肪、食盐
	柠檬酸糟，以含有淀粉的植物性原料发酵生产柠檬酸的过程中，发酵液经过滤剩余的滤渣经脱水干燥获得的固体产品。产品可经粉碎	粗蛋白质、粗灰分
	葡萄酒糟（泥），工业法生产葡萄汁的副产物，由分离发酵葡萄汁后的液体/糊状物组成	粗蛋白质、粗灰分
	甜菜糖蜜酵母发酵浓缩液，以甜菜糖蜜为原料，经液体发酵生产酵母后的残液再经浓缩得到的产品	钾、盐分、甜菜碱、非蛋白氮
其他	食用乙醇（食用酒精），以谷物、薯类、糖蜜或其他可食用农作物为原料。经发酵、蒸馏精制而成的，供食用的含水酒精。产品须由有资质的食品生产企业提供	乙醇、甲醇、醛

（十二）其他类食品原料

其他类食品原料主要包括淀粉、食品类产品、食用菌和纤维素及其加工产品。此外，还包括糖类，如白糖、果糖、麦芽糖、葡萄糖等（表4-14）。按照原料表中的特征描述，对经过加工处理过程要有说明，并对其强制性标识要求给出数据。

表4-14　可用于宠物保健食品的其他食品原料

原料名称	特征描述	强制性标识要求
淀粉及其加工产品	___淀粉，谷物、豆类、块根、块茎等食用植物性原料经淀粉制取工艺（提取、脱水和干燥）获得的产品。产品名称应标明植物性原料的来源，如玉米淀粉。产品须由有资质的食品生产企业提供	淀粉、水分
	糊精，淀粉在酸或酶的作用下进行低度水解反应所获得的小分子的中间产物。产品须由有资质的食品生产企业提供	还原糖、葡萄糖当量、水分
食品类产品及副产品	果蔬加工产品及副产品，新鲜水果和蔬菜在食品工业加工过程中获得的干燥或冷冻的产品。该类产品在不影响公共健康和动物健康的前提下方可生产和使用。产品名称应标明相应的水果、蔬菜和调味料种类的具体名称，如番茄皮渣	粗纤维、酸不溶灰分、淀粉、粗脂肪
	食品工业产品及副产品，食品工业（方便面和挂面、饼干和糕点、面包、肉制品、巧克力和糖果）生产过程中获得的前食品和副产品（仅指上述食品在生产过程中因边角、不完整、散落、规格混杂原因而不能成为商品的部分）。可进行干燥处理。该类产品在不影响公共健康和动物健康的前提下方可生产和使用。产品名称应标明具体种类和来源，如火腿肠粉	粗蛋白质、粗脂肪、盐分、货架期、水分
食用菌及其加工产品	白灵侧耳（白灵菇），侧耳科侧耳属食用菌白灵侧耳（*Pleurotus eryngii* var. *tuoliensia*）及其干燥产品	
	刺芹侧耳（杏鲍菇），侧耳科侧耳属食用菌刺芹侧耳（*Pleurotus eryngii*）及其干燥产品	
	平菇，侧耳科侧耳属食用菌平菇（*Pleurotus ostreatus*）及其干燥产品	
	香菇，光茸菌科香菇属食用菌香菇［*Lentinus edodes*（Berk.）Sing］及其干燥产品	
	毛柄金钱菌（金针菇），小皮伞科小火焰菌属食用菌毛柄金钱菌（*F.velutipes*）及其干燥产品	
	木耳（黑木耳），木耳科木耳属食用菌木耳［*Auricularia auricula*（L. ex Hook.）Underwood］及其干燥产品	
	银耳，银耳科银耳属食用菌银耳（*Tremella*）及其干燥产品	
	双孢蘑菇（白蘑菇）蘑菇属食用菌双孢蘑菇（*Agaricus bisporus*）及其干燥产品	

（续）

原料名称	特征描述	强制性标识要求
食用菌及其加工产品	灵芝，多孔菌科真菌赤芝［*Ganoderma lucidum*（Leyss. ex Fr.）Karst.］或紫芝（*Ganoderma sinense* Zhao，Xu et Zhang）的籽实体及其干燥产品	水分
	姬松茸，蘑菇科蘑菇属姬松茸（*Agaricus subrufescens*）及其干燥产品	水分
糖类	白糖（蔗糖），以甘蔗或甜菜为原料经制糖工艺制取的精糖，主要成分为蔗糖。产品须由有资质的食品生产企业提供	总糖
	果糖，己酮糖，单糖的一种，是葡萄糖的同分异构体。产品须由有资质的食品生产企业提供	果糖比、旋光度
	红糖（蔗糖），以甘蔗为原料，经榨汁、浓缩获得的带糖蜜的赤色晶体，主要成分为蔗糖。产品须由有资质的食品生产企业提供	总糖
	麦芽糖，两个葡萄糖分子以 α-1,4-糖苷键连接构成的二糖。为淀粉经 β-淀粉酶作用下不完全水解获得的产物。产品须由有资质的食品生产企业提供	
	木糖，戊糖，单糖的一种，以玉米芯为原料，在硫酸催化剂存在的条件下经水解、脱色、净化、蒸发、结晶、干燥等工艺加工生产。产品须由有资质的食品生产企业提供	木糖、比旋光度
	葡萄糖，己醛糖，单糖的一种，是果糖的同分异构体，可含有一个结晶水。产品须由有资质的食品生产企业提供	葡萄糖、比旋光度
	葡萄糖胺盐酸盐，壳聚糖和壳质结构的一部分，由甲壳类动物和其他节肢动物的外骨骼经水解制备或由粮食（如玉米或小麦）发酵生产	葡萄糖胺盐酸盐
	葡萄糖浆，淀粉经水解获得的高纯度、浓缩的营养性糖类的水溶液。产品须由有资质食品生产企业提供	总糖、水分
纤维素及其加工产品	纤维素，天然木材通过机械加工而获得的产品，其主要成分为纤维素	粗纤维、粗灰分、水分

二 功能因子的制备技术

宠物保健食品因添加了富含调节生理功能的原料或功能因子，能预防疾病促进宠物健康而备受推崇。从植物、动物、微生物中获得的天然功能因子可作为膳食补充剂，也可直接添加到宠物食品中进行强化，常见的功能因子主要包括蛋白/肽和氨基酸、寡糖和多糖、脂质、黄酮类物质、萜烯类物质、活性色素、膳食纤维、矿物质络合物、低分子量透明质酸、硫酸软骨素和硫酸氨基葡萄糖以及益生菌和酶制剂等。这些功能性保健食品中具有抗氧化、延缓衰老、预防糖尿病和肥胖、调节骨健康、改善或调节犬和猫的胃肠消化和肠道菌群结构、抗菌等生物活性。因此，这些功能因子的制备技术是宠物保健食品开发的首要关键问题。现有研究表明，各类功能因子的制备一般经过物理加工、热加工、萃取、水解、酶解或发酵、分离、干燥等不同的单元操作步骤。最终获得一定含量的功能因子固形物，用于宠物保健食品开发与利用。

（一）蛋白、肽、氨基酸类

蛋白质是由氨基酸组成的一类数量庞大的物质总称。通常所讲的食物蛋白质包括真蛋白质和非蛋白质类含氮化合物，统称为粗蛋白质。蛋白质、肽和氨基酸对维持宠物健康生长、发育、肌肉质量、免疫反应、细胞信号和受损细胞的修复等非常重要。在宠物食品中添加蛋白、肽和氨基酸等能强化营养，预防蛋白摄入不足引起的各种不良症状。蛋白质、肽和氨基酸类食品原料主要来源于动物、植物、昆虫、微生物和单细胞蛋白及其加工副产品等。从上述原料中获得含量高的粗蛋白质或其酶解物肽和氨基酸，其营养价值高、碳水化合物含量极少，一般不含粗纤维，消化吸收率高。因此，如何从原料中获得含量高于40%的粗蛋白，是制备高蛋白、肽或氨基酸含量宠物保健食品的关键环节。

由于蛋白质种类很多，性质上差异很大，即使是同类蛋白质，因选用材料不同，提取方法亦可能不同。因此，没有一个固定的程序方法适用于各类蛋白质的提取。已知大部分蛋白质均可溶于水、稀盐、稀酸或碱溶液中，少数与脂类结合的蛋白质溶于乙醇、丙酮及丁醇等有机溶剂中。因此可采用不同溶剂提取、分离及纯化蛋白质。蛋白质在不同溶剂中溶解度的差异，主要取决于蛋白分子中非极性疏水基团与极性亲水基团的比例，其次取决于这些基团的排列和偶极矩。因此，蛋白质分子结构性质是不同蛋白质溶解差异的内因。温度、pH、离子强度等是影响蛋白质溶解度的外界条件。提取蛋白质时常根据这些内外因素综合加以利用，将细胞内蛋白质提取出来。动物材料中的蛋白质有些以可溶性的形式存在于体液（如血液、消化液）中，可以不必经过提取直接分离。蛋白质中角蛋白、胶原及丝蛋白等不溶性蛋白质，只需要适当的溶剂洗去可溶性的伴随物，如脂类、糖类以及其他可溶性蛋白质，最后剩下不溶性蛋白质。

迄今，蛋白质的提取方法仍以传统酸、碱水法为主，实现蛋白质的固液转移，然后再经酶解获得蛋白质的酶解物——肽或者氨基酸。随着新技术的开发，超声波、微波、超高压、脉冲电场和磁场等物理加工技术逐渐应用到蛋白质及其酶解物——肽和氨基酸的制备过程（杨文盛等，2020）。业已证实，这些物理加工新技术因绿色、安全、低成本、环境友好、可持续强等优点已经在蛋白质、肽及氨基酸加工制备中展示出独特的优势和良好的应用前景，且部分技术已经实现中试生产。

1. 溶剂提取法　化学方法根据不同的萃取溶剂进行分类，如水、碱、酸、有机溶剂。化学方法也与其他方法结合使用，以提高蛋白质回收率，因此，在最大回收率和最小损失的基础上，对蛋白质分离的不同化学方法进行了标准化。蛋白质分离方法的效率主要取决于蛋白质样品的性质。用于提取蛋白质的植物样品的处理通常分为三个步骤，即样品脱脂、蛋白质提取和沉淀。在脱脂过程中，使用石油醚、正己烷和正戊烷等溶剂去除干扰蛋白质提取的化合物。其次，在基于热水或冷水的水萃取中，使用盐（NaCl）、离子洗涤剂（SDS）和非离子洗涤剂（NP-40和Triton X100）萃取蛋白质。醇（乙醇、甲醇）、缓冲剂/强变性剂（例如尿素或Tris-HCl、苯酚）用于有机溶剂萃取。许多现代技术，如微波、超声波和酶，可以进一步帮助提高蛋白质提取效率。最后，使用化学或溶剂（如硫酸铵、乙醇、甲醇、丙酮、柠檬酸、三氯乙酸、盐酸和等电点沉淀）富集/浓缩/沉淀分离的蛋白质。沉淀中含有可通过离心回收的蛋白质。除了蛋白质，蛋白质沉淀中还存在大量非蛋白质化合物/杂质，混合溶剂（丙酮+三氯乙酸）可用于高效蛋白质沉淀（Liu等，2020）。

在各种植物蛋白质提取方法中，需要这些步骤来提高蛋白质产量和去除污染物。蛋白质通常是用水和有机溶剂从植物细胞中提取的。例如，使用碱和水萃取法从豌豆、大豆、蚕豆、扁豆和鹰嘴豆中分离蛋白质。在7.5% NaCl和pH 2的条件下，从豆粕中酸性提取蛋白质的回收率为37%；而在pH 10条件下，碱性提取蛋白质的回收率为40%。化学萃取可分为有机溶剂萃取和碱萃取。

2. 酶辅助提取（EAE） 是商业化回收高质量植物蛋白质的可靠方法。刚性细胞壁是提取细胞蛋白质的障碍（图4-12）。EAE主要通过酶降解细胞壁成分（半纤维素、纤维素和果胶）来破坏细胞壁的完整性。果胶酶和碳水化合物酶在细胞壁解体中的特定活性有助于从豆类、油籽和谷物种子中有组织地释放细胞蛋白质（杨文盛等，2020；Liu等，2020）。这项技术涉及使用单一或多种酶的混合物提取蛋白质。蛋白酶通过解除蛋白质与多糖基质的结合来提高蛋白质产量。细胞壁降解有助于细胞蛋白质的释放。在释放这些蛋白质后，蛋白酶将高分子量蛋白质分离成更小、更可溶性的部分，从而提供有利的提取条件。酶需要在一定酸性和碱性环境才能发挥最佳催化效率。一般来说，碳水化合物的酶类在温和的酸性环境下发挥作用，而几种蛋白酶在温和的碱性条件下发挥作用。

大麦蛋白质是精氨酸、苏氨酸、苯丙氨酸和缬氨酸等必需和非必需氨基酸的良好来源。脱脂大麦粉经过不同酶处理，如双酶法，使用α-淀粉酶和淀粉糖苷酶；三酶法主要有α-淀粉酶、淀粉糖苷酶和β-1,3,4-葡聚糖酶。双酶法处理获得的浓缩蛋白，其蛋白含量达49%，而等电点沉淀前的三酶处理可获得含量为78%的蛋白质。通常使用单一酶或多种酶使细胞壁降解酶（纤维素酶和碱性蛋白酶），有助于提取优质蛋白质。这些蛋白质具有较高的热稳定性和较低的黏度，可获得改性的蛋白质产品（如起泡性、溶解性、乳化活性和稳定性）并提高其生物活性。EAE也有存在一些不足之处，如速度慢、操作成本高、难以扩大提取规模等。

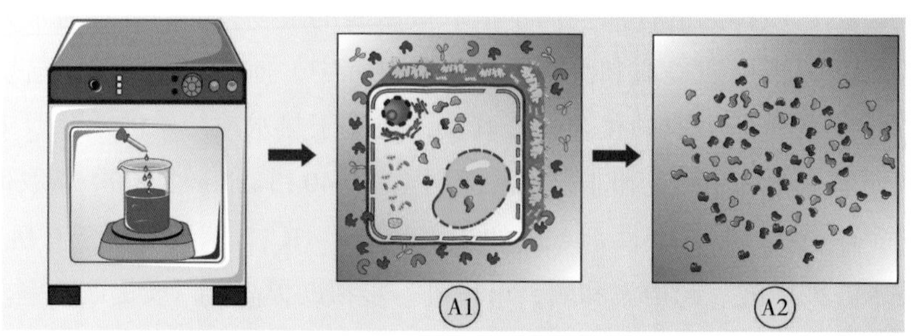

图4-12　蛋白质酶提取的生化方法（Kumar等，2021）
酶水解细胞壁屏障（A1），并帮助将蛋白质成分释放到周围的培养基（A2）

3. 蛋白质提取的物理加工技术

（1）超声辅助提取技术　是一种新型、绿色和节能的非热加工技术，其产生的热效应、空化效应和机械效应能够增加底物蛋白与酶的接触频率、改变蛋白的构型、提高活性肽的产量和活性。宠物食品常用的植物源性蛋白质的分类见图4-13（Wen等，2018）。超声前处理提高酶解物产物抗氧化活性的机制主要包括4个方面：①超声前处理使蛋白暴露出更多疏水基团，有利于增强酶解物清除自由基的能力；②超声能够打开并松散蛋白质结构，有利于蛋白与酶的接触；③超声的空化和机械效应能够减少蛋白的粒径，加速酶渗透到蛋白基质中，从而提高酶解效率；④超声加速蛋白分子的运动，增加蛋白分子之间碰撞的机会，有利于加快酶与蛋白的反应（Wen等，2018），见图4-14。

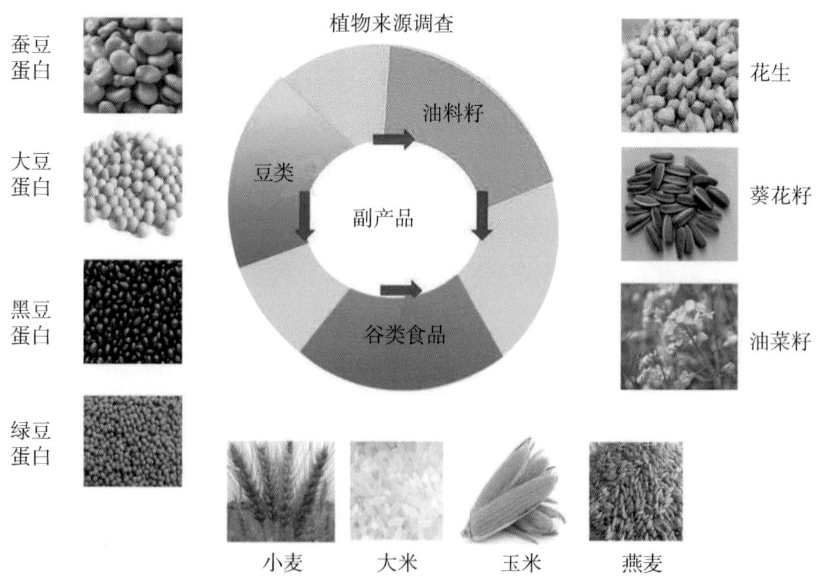

图4-13　宠物食品常用的植物源性蛋白质的分类（Wen等，2018）

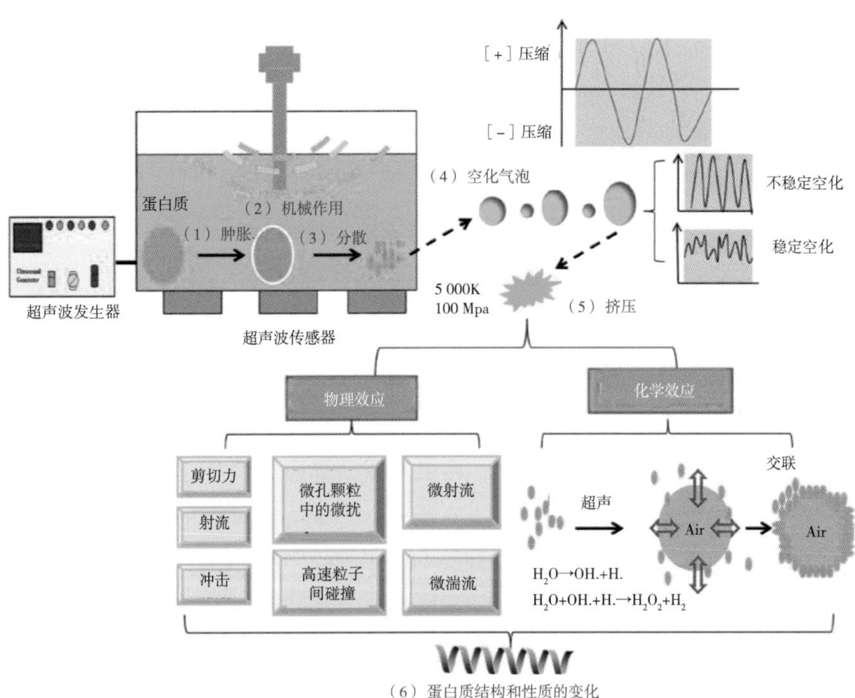

图4-14 超声处理蛋白质的机理示意图（Wen等，2018）

肽的制备方法主要包括化学提取、发酵、合成和酶水解法。从植物原料中获得活性肽的生产过程见图4-15。首先，蛋白酶（动物蛋白酶、植物蛋白酶和微生物蛋白酶）

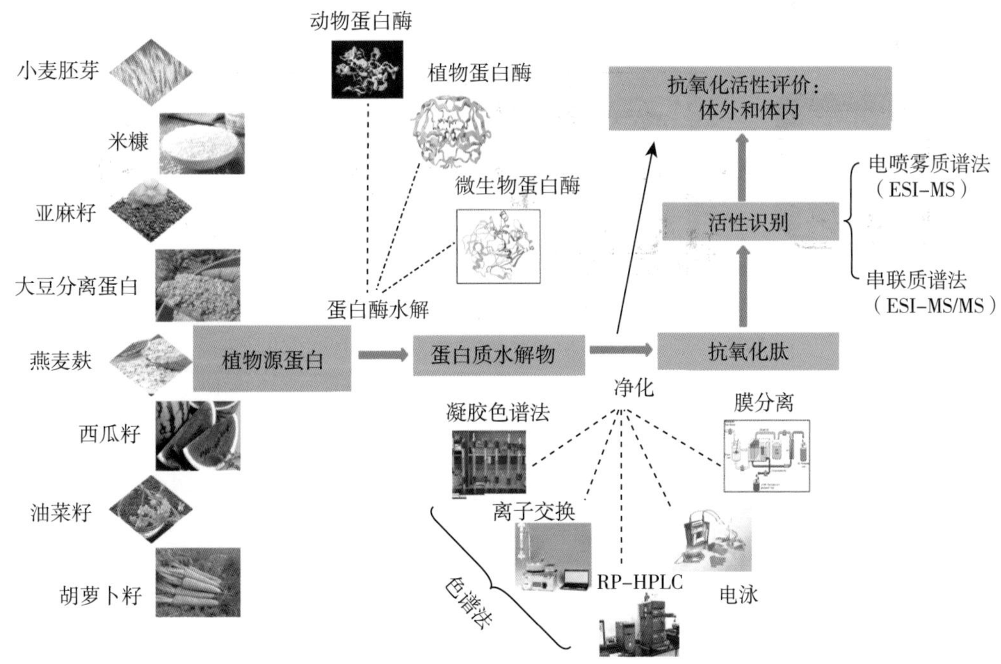

图4-15 植物蛋白活性肽的生产示意图（Wen等，2020）

水解蛋白获得水解物；然后通过膜分离和色谱法（凝胶渗透色谱法、离子交换色谱法和反相高效液相色谱）分离纯化蛋白水解物获得活性肽；最后，通过LC-MS或LC-MS/MS鉴定活性肽的氨基酸序列，并通过体外、体内及宠物实验评价其活性。不同制备方法各有其优缺点，其中化学提取法应用较早、技术相对成熟，但具有化学试剂用量大、污染环境和设备费用高等缺点。发酵法制备的多肽口感好、成本低、产量高，但存在发酵时间较长、易感染等安全问题。合成法制备的多肽纯度高，技术成熟，但该方法成本高，产量极少，而且用于宠物食品存在安全性问题。酶水解蛋白生产活性肽是该研究领域的热点，相比其他方法，酶解法具有易控、重复性高、成本低、能耗低等优势（Wen等，2020）。

（2）脉冲电场（pulsed electric field，PEF）辅助提取技术　是将植物材料置于10～80kV/cm范围内的高电场强度脉冲下持续几微秒到毫秒的短时间，实现固液转移的过程（图4-16）。在此过程中，样品被固定在两个电极之间，跨膜电压在细胞膜上感应，这取决于电场的振幅、细胞半径和膜相对于电场方向向量的位置（Liu等，2020）。当向细胞暴露大量电场时，细胞膜对DNA和蛋白质等离子和分子的渗透性增加。如果这种渗透性本质上是短暂的，膜恢复其选择性渗透性，细胞存活，电穿孔则为可逆的；而如果细胞死亡，电穿孔是不可逆的（Zhang等，2023）。电场在细胞膜内产生一系列疏水孔。这些疏水孔后来转化为亲水孔，有可能在细胞内运输生物分子。电穿孔促进了细胞内成分向周围基质的大量运输，因此有助于提高生物活性化合物的提取率，如多酚、多糖、蛋白、黄酮类等活性物质。

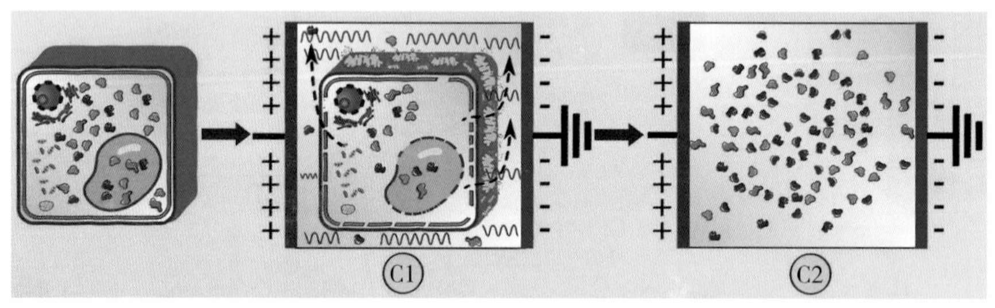

图4-16　脉冲电场辅助提取蛋白质（Kumar等，2021）

植物样品在短时间内受到高电场强度的影响，持续时间为微秒到毫秒（C1）。这些电场在细胞膜上形成孔隙，并帮助细胞内蛋白质释放到提取溶剂中，从而提高提取率（C2）

PEF加工是一种新型的非热加工技术，用于食品保鲜、微生物和酶失活、增强化学反应和从细胞中提取蛋白质。与其他非常规方法相比，这种方法在获得更高的蛋白质产量方面效率相对较低。在低温、更长的脉冲持续时间和更高的电场强度下使用PEF提取，可以使蛋白质得到更多的回收，适用于微生物（微藻、细菌和酵母）蛋白质提取。PEF提取也可以作为一种有前途的方法，从微生物中分离出具有高活性的天然结构和功

能构象的重组酶，从新鲜生物质中提取纯蛋白（无需纯化）可以使该技术具有独特性。

（3）微波辅助提取（microwave-assisted extraction，MAE）技术　已知微波是一种非电离的电磁辐射，频率从300MHz至300GHz不等。微波通过偶极子旋转和离子传导的联合作用加热样品，从而破坏植物基质细胞壁中的氢键。该反应增加了细胞壁的孔隙率，有助于溶剂更好地渗透到细胞中，并在溶剂系统中有效释放细胞内化合物（Liu等，2020）。图4-17显示了微波提取蛋白质的原理。由于微波在基质中转化为热能，产生的热量会导致水分蒸发，从而在细胞壁上产生高压。MAE在开放或封闭容器系统中进行，具体取决于温度和压力条件。开放式系统适用于环境条件下的处理，而封闭式系统适用于高温和高压条件。微波功率600 ～ 800W，时间100s适合从米糠中提取蛋白质。微波引起的偶极旋转破坏了氢键，并增强了离子迁移引起的溶剂对样品的渗透。这有助于通过破坏细胞壁成分将细胞内物质（蛋白质）释放到溶剂介质中。MAE产生的蛋白质是使用碱性溶剂的化学方法的1.5倍。与传统的热萃取相比，MAE有均匀加热、提高萃取率、减少溶剂消耗和缩短萃取时间等优点，适用于固液萃取。

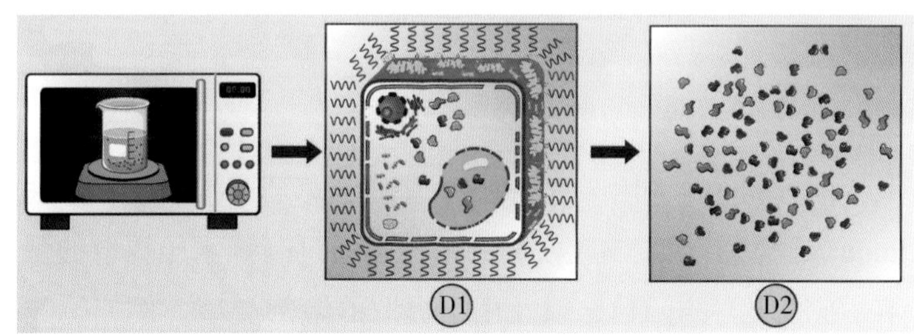

图4-17　微波辅助提取蛋白质（Kumar等，2021）

微波系统中产生的电磁辐射增强了溶剂对植物基质的渗透（D1），促进可溶性蛋白质进入溶剂，提高蛋白质的回收率（D2）

短脉冲微波或优化微波输入参数可以有效提取植物蛋白质。最短的提取时间和较少的溶剂需求是这项技术的关键优势。微波与其他物理或生化技术的辅助应用可以提高蛋白质提取的效率。微波一般适用于结构坚硬的生物样品中蛋白质提取，这些样品很难被酶和/或超声波消化或者破坏，而高能微波可以有效地刺穿这些坚硬材料的细胞壁，提高蛋白质的回收率。

（4）高压辅助萃取（high pressure-assisted extraction，HPAE）技术　分三个阶段实现。首先将样品与萃取介质混合并放置在压力容器内；压力在短时间内从环境压力增加到所需水平，流体压力通常为100 ～ 1 000MPa；随着压力的增加，植物细胞内部和周围的压差增加，导致细胞变形和细胞壁损伤（Liu等，2020），见图4-18。溶剂穿透受损的细胞壁和细胞膜进入细胞，增加可溶性化合物的传质。如果压缩力不超过电池的变形极限，溶剂就会在压力下渗透通过电池壁，并迅速填充电池。生物活性成分会直接溶解在溶剂中。如果产品的压缩超过细胞的变形极限，细胞壁破裂，活性化合物流出细胞并溶解在溶剂中。在保压阶段，预设压力保持一段时间，以平衡电池内外的压力。溶剂继续穿透细胞壁并溶解成分。延长这一阶段可以提高提取率；在最后阶段，当压力释放时，电池中积累的压力降低到大气压力，导致电池膨胀变形。随着压力释放时间的缩短，细胞中会形成更多的孔隙，增加了原材料的表面积，促进了活性化合物的扩散，从而提高了萃取效率。HPAE取决于萃取压力、操作时间、萃取溶剂的性质和浓度以及固液比等因素。

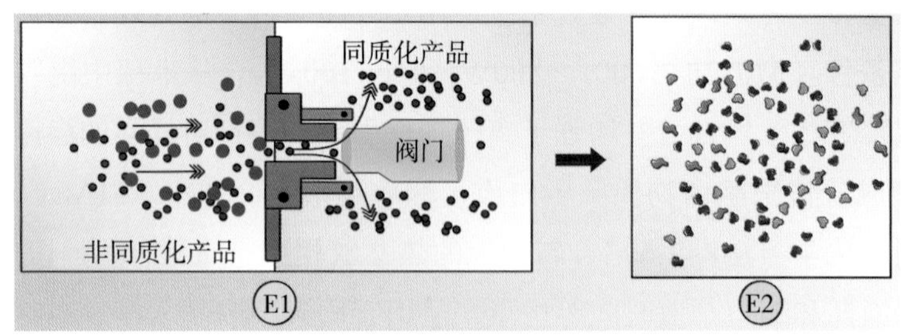

图4-18　蛋白质的高压辅助提取原理示意图（Kumar等，2021）

压力通过破坏细胞壁（E1）分解植物组织和细胞，从而增强了周围溶剂进入植物细胞壁的传质，并提高了蛋白质（E2）的提取效率

近年来，大量研究报道了利用高静水压从食品和草药中提取生物活性化合物，原理如图4-18。Altune等开发了一个响应模型，以预测通过高静水压提取的蛋白质浓度，作为100～300MPa施加压力的函数，以及用于提取的溶剂类型，例如磷酸盐缓冲盐、三氯乙酸和Tris-HCl，从米糠中提取蛋白质的压力为600～800MPa，较200MPa下获得蛋白质的量更高。虽然单独高压不能提取更高百分比的蛋白质，但当与EAE等其他合适技术结合使用时，可以成功实现高达66.3%的蛋白质回收率。

HPAE是一种新兴的非热处理技术，能最大限度保持产品营养价值，以满足日益增长的消费者需求。高压可以使微生物和酶失活，在不改变食品感官质量的情况下改变细胞结构。该技术还可以成功地用于从植物和草本植物中提取生物活性化合物和生物分子。提取速度更快，产率高，最终产品中杂质最少。由于提取是在环境温度下进行的，因此可以避免热敏成分和营养物质的热降解。由于HPAE是一种生态友好的萃取方法，它作为传统溶剂萃取方法的替代方法越来越受欢迎。

从不同植物中提取蛋白质需采用不同的方法。提取技术的不同取决于植物材料，蛋白质提取物富含必需氨基酸，可以通过毒性最小的新型蛋白质提取技术实现增强的理化和功能特性。从上述文献结果可以看出，传统的蛋白质提取方法可以应用于更多的植物基质，包括油籽、豆类、谷物和农业残留物，但也有一些缺点（耗时、不环保）。从油籽粕/生物质（包括大豆、菜籽和微藻粕）中提取蛋白质；UAE用于油籽（向日葵、大

豆、花生）的蛋白质提取，而MAE用于碾磨工业的副产品，即麸皮（小麦、大米、芝麻）。此外，PEF提取方法是从微生物中分离具有高比活性的天然结构和功能构象的重组酶的有效方法。与传统方法相比，这些先进的蛋白质提取方法具有产量高、时间短、环境友好、溶剂消耗少等优点。

（二）功能性低聚糖和多糖

1. 功能性低聚糖 低聚糖是由2～10个单糖分子经糖苷键连接而成的低度聚合糖，可分为普通低聚糖和功能性低聚糖。普通低聚糖能直接被人体消化、吸收。功能性低聚糖是指不被人体中的消化酶水解、在小肠中不被吸收的低聚糖，又称为不消化性低聚糖，在肠道中发挥其独特的生理功能来维持宿主健康。一般认为功能性低聚糖能特异性地诱导肠道中双歧杆菌生长，促进双歧杆菌发酵产生大量短链脂肪酸（short chain fatty acids，SCFAs），并抑制有害菌生长繁殖，降低有害菌和毒素在肠膜的附着力。此外，功能性低聚糖还具有免疫调节、抗炎、促进营养物质吸收、降低胆固醇和调节肠道渗透压等生理功能。功能性低聚糖主要包括低聚果糖、低聚乳果糖、低聚异麦芽糖、低聚木糖、水苏糖、低聚壳多糖、低聚龙胆糖、大豆低聚糖、海藻糖等。

日本是世界上生产低聚糖最主要的国家，而低聚糖使用则遍布世界各地，目前全世界约有低聚糖产品十余种。除大豆低聚糖和水苏糖等少数低聚糖外，大多低聚糖都采用酶法生产，一般是由乳糖、蔗糖等双糖为底物，由转移酶催化合成，或多糖限制性水解制得，如淀粉、菊粉、木聚糖，其生成产物是单糖和不同链长低聚糖，可用膜分离、色谱分离方法除去低分子糖达到纯化目的。功能性低聚糖的生产主要有天然原料中提取、利用转移酶/水解酶的糖基转移反应、天然高聚糖的控制性水解法（酸法和酶法）以及化学合成法4种方式。

随着社会的发展，将低聚糖添加到宠物的蛋白饮料中，既可保持饮料原有的风味，又具有一定保健功能。低聚异麦芽糖适用于饮料、罐头等宠物食品的加工，可防止食品中的淀粉老化和结晶糖的析出，可添加到以淀粉为主的宠物食品中延长食品的保藏期。低聚异麦芽糖可添加于宠物口腔护理等食品中，形成具有抗龋齿、低热值、整肠功能的保健食品。低聚异麦芽糖也可独立上市，作为宠物食品甜味剂和保健食品。大豆低聚糖可应用于宠物食品的加工生产中以抑制淀粉老化，又可保鲜及保湿；低聚木糖应用于酸性宠物饮料的生产中，保持其稳定性；低聚果糖主要用于饮料、火腿等休闲宠物食品的生产过程中以抑制淀粉老化，保持水分。异麦芽酮糖是在目前开发出的功能性低聚糖中抗龋齿功能最强的，但能量很高，不适合肥胖宠物。功能性低聚糖中的葡萄糖基蔗糖具有防止结晶和褐变反应发生及极强保水性能等重要特性，常作为保护剂用于宠物食品工业中。

2. 硫酸软骨素（chondroitin sulfate，ChS） 是在哺乳动物中发现的生物材料，特别是在动物腿骨、软骨、皮肤、神经组织和血管中较为丰富。ChS的功能主要通过所组成的蛋白聚糖来体现，大致分为结构功能和调节功能，例如保湿性和炎症抑制作用，常作为保健食品的配方对关节炎、冠心病、心绞痛、眼科疾病有一定防御作用；可作为食品添加剂，用于食品的乳化、保湿和祛除异味；可制成保健食品，ChS作为关节软骨的重要组成部分，具有软骨保护功能，在作为关节炎的治疗药物和保健食品领域有广泛的应用。中国药典2010版中ChS主要有三个来源，即猪的喉骨、鼻中骨、气管等软骨组织；此外还有海洋动物的软骨，牛、鸟类及人类食用家禽类的软骨等。比起常规的酶提取法，利用鸡的腿骨熬汤来提取ChS更为方便，而且基于中国食品工业的传统的烹饪骨汤，也为联合生产骨汤和ChS提供了新的思路。

（1）ChS的传统动物软骨提取工艺 从工业生产的角度来看，以动物软骨为原料提取ChS仍是目前最经济有效的方法，常用的原料有猪、牛、禽类及鲨鱼的透明软骨。原料不同，生产工艺略有差别，但本质是相同的，即将ChS从软骨中提取出来并进行纯化。ChS的提取分离方法主要有碱提取法、碱盐法、酶处理法等，一般均需要经酶解和活性炭、硅藻土或白陶土等处理，以提高提取的效果。传统方法提取一般需采用大量碱液和有机溶剂，提取ChS的含量也普遍较低。随着对工业生产能耗和环境影响的要求日益严格，以及国内外市场对于ChS品质的要求日益提升，酶解-超滤法和酶解-树脂法生产ChS已成为一种趋势。酶解法是目前生产中普遍使用的方法，在特定的温度和pH下，用蛋白酶催化蛋白质的特定肽键水解，使ChS从糖蛋白中游离出来，得到软骨提取液后再采用一定的方法进行去除蛋白，然后回收、纯化ChS。

（2）ChS的微生物发酵生产工艺 从动物软骨中提取ChS，后续纯化工艺复杂，同时为了避免动物来源ChS可能产生的健康安全问题及其生产中的环境污染问题，用微生物发酵法生产ChS逐渐成为研究热点。ChS不仅存在于动物软骨组织，还以荚膜多糖的形式存在于某些微生物细胞壁上，自然界中许多真菌和细菌等均能合成低聚合度的ChS或类ChS聚合物。目前，ChS的发酵生产仍以*E.coli* K4研究居多。*E.coli* K4发酵液经离心、过滤除菌体后，经蛋白酶处理，透析和酸解即可获得无果糖分支的软骨素（Ch），Ch通过硫酸化修饰才能得到ChS。微生物发酵法生产ChS具有产品质量稳定、成本低、污染少等优点。随着研究的深入及生产菌株的不断开发，ChS产量也越来越高，实现ChS发酵的产业化生产将成为可能。

3. 活性多糖 是由10个以上单糖通过糖苷键连接的具有一定生物活性的高分子碳水化合物。作为保健食品功效成分使用的活性多糖主要是从植物、动物和食用菌中提取，以植物和食用菌中提取的多糖种类最为丰富。常见的多糖分为植物多糖、真菌多糖、动物多糖3大类。植物多糖有茶多糖、枸杞多糖、魔芋甘露聚糖、银杏叶多糖、海

藻多糖、香菇多糖、银耳多糖、灵芝多糖、黑木耳多糖、茯苓多糖等，此类活性多糖具有机体免疫调节、延缓衰老、抗疲劳、降血糖等多种生物活性，因而日益受到人们的重视。动物多糖是从动物体内提取分离的，主要有海参多糖、壳聚糖和透明质酸等，具有降血脂、增强免疫、降低毒素等多种生物活性。多糖提取是高活性多糖用于宠物保健食品加工制备的重要前提。多糖的提取首先要根据多糖的存在形式及提取部位确定是否做预处理。动物多糖和微生物多糖多有脂质包围，一般需要先加入丙酮、乙醚、乙醇或乙醇乙醚的混合液进行回流脱脂，释放多糖。植物多糖提取时需注意一些含脂较高的根、茎、叶、花、果及种子类，在提取前，应先用低极性的有机溶剂对原料进行脱脂预处理，目前多糖的提取方法主要有传统溶剂提取法、酶提取法、物理场强化提取法等。

（1）传统溶剂提取法

①水提醇沉法：是提取多糖最常用的方法。多糖是极性大分子化合物，提取时应选择水、醇等极性强的溶剂。用水作溶剂来提取多糖时，可以用热水/冷水浸提渗滤，然后将提取液浓缩后，在浓缩液中加乙醇，使其最终体积分数达到70%左右，利用多糖不溶于乙醇的性质，使多糖从提取液中沉淀出来，室温静置5h，多糖的质量分数和得率均较高。影响多糖提取率的因素有水的用量、提取温度、固液比、提取时间以及提取次数等。水提醇沉法提取多糖不需特殊设备，生产工艺成本低、安全，适合工业化大生产，但由于水的极性大，容易把蛋白质、苷类等水溶性的成分浸提出来，从而使提取液存放时腐败变质，为后续的分离带来困难，且该法提取比较耗时，提取率也不高。

②酸提法：为了提高多糖的提取率，在水提醇沉法的基础上发展了酸提取法。如某些含葡萄糖醛酸等酸性基团的多糖在较低pH下难以溶解，可用乙酸或盐酸使提取液成酸性，再加乙醇使多糖沉淀析出，也可加入铜盐等生成不溶性络合物或盐类沉淀而析出。由于H^+的存在抑制了酸性杂质的溶出，稀酸提取法得到的多糖产品纯度相对较高，但在酸性条件下可能引起多糖中糖苷键的断裂，且酸会对容器造成腐蚀，除弱酸外，一般不宜采用。因此酸提法也存在一定的不足之处。

③碱提法：多糖在碱性溶液中稳定，碱有利于酸性多糖的浸出，可提高多糖的收率，缩短提取时间，但提取液中含有其他杂质，使黏度过大，过滤困难，且浸提液有较浓的碱味，溶液颜色呈黄色，这样会影响成品的风味和色泽。

（2）酶解提取法

①单一酶解法：是指使用一种酶来提取多糖，从而提高提取率的生物技术。其中经常使用的酶有蛋白酶、纤维素酶等。蛋白酶对植物细胞中游离的蛋白质具有分解作用，使其结构变得松散；蛋白酶还会使糖蛋白和蛋白聚糖中游离的蛋白质水解，降低它们对原料的结合力，有利于多糖的浸出。

②复合酶解法：采用一定比例的果胶酶、纤维素酶及中性蛋白酶，主要利用纤维素

酶和果胶酶水解纤维素和果胶，使植物组织细胞的细胞壁破裂，释放细胞壁内的活性多糖，多糖释放的量和复合酶的加入量、酶解温度、时间、酶解pH有直接的关系。此法具有条件温和、杂质易除和得率高等优点。

（3）物理强化提取法

①超声波辅助提取法：是利用超声波的机械效应、空化效应及热效应。机械效应可增大介质的运动速度及穿透力，能有效地破碎生物细胞和组织，从而使提取的有效成分溶解于溶剂之中；空化效应使整个生物体破裂，整个破裂过程在瞬间完成，有利于有效成分的溶出；热效应增大了有效成分的溶解速度，这种热效应是瞬间的，可使被提取成分的生物活性尽量保持不变；此外，许多次级效应也能促进提取材料中有效成分的溶解，提高了提取率。超声波提取与水提醇沉法相比，萃取充分，提取时间短；与浸泡法相比，提取率高。

②微波辅助提取法：是高频电磁波穿透萃取媒质，到达被萃取物料的内部，能迅速转化为热能使细胞内部温度快速上升，细胞内部压力超过细胞壁承受力，细胞破裂，细胞内有效成分流出，在较低的温度下溶解于萃取媒质，通过进一步过滤和分离，获得萃取物料。微波辅助提取多糖和其他的萃取方法比较，萃取效率高，操作简单，且不会引入杂质，多糖纯度高，能耗小，操作费用低，符合环境保护要求，是很好的多糖提取方法。

③高压脉冲电场法：是对两电极间的流态物料反复施加高电压的短脉冲（典型为20～80kV/cm）进行处理，作用机理有多种假说，如细胞膜穿孔效应、电磁机制模型、黏弹极性形成模型、电解产物效应、臭氧效应等，研究最多的是细胞膜穿孔效应。动物、植物、微生物的细胞，在外加电场作用下，产生横跨膜电位，绝缘的生物膜由于电场形成了微孔，通透性发生变化，当整个膜电位达到极限值（约为1V）时，膜破裂，膜结构变成无序状态，形成细孔，渗透能力增强。电位差达到临界点，细胞破裂。

④亚临界水萃取法：又称高压热水或高温热水，是指在一定压力（1～22.1MPa）下，将水温度升高到100～374℃时，仍然保持液体状态的水，利用该亚临界水萃取活性物质的过程，即亚临界水萃取技术，其萃取装备见图4-19。亚临界水的萃取机制涉及4个连续过程：高温高压条件下，解析样品基质中活性部位的可溶解物；提取物扩散到基质中；被提取物从样品基质扩散到提取流体中；利用色谱法洗脱并收集样品溶液。亚临界水的萃取机制也符合热力学模型。亚临界水萃取可分为静态模式和动态模式（图4-20）。

超临界流体萃取法，是近年来发展起来的一种新的提取分离技术。超临界流体是指物质处于临界温度和临界压力以上时的状态，这种流体兼有液体和气体的特点，密

度大，黏稠度小，有极高的溶解能力，渗透到提取材料的基质中，发挥非常有效的萃取功能。而且这种溶解能力随着压力的升高而增大，提取结束后，再通过减压将其释放出来，具有保持有效成分的活性和无溶剂残留等优点。由于CO_2的超临界条件（TC 304.6℃、Tp 7.38MPa）容易达到，常用于超临界萃取的溶剂，在压力为8～40MPa时的超临界条件下，CO_2足以溶解任何非极性、中极性化合物，在加入改性剂后则可溶解极性化物。该法的缺点是设备复杂，运行成本高，提取范围有限。

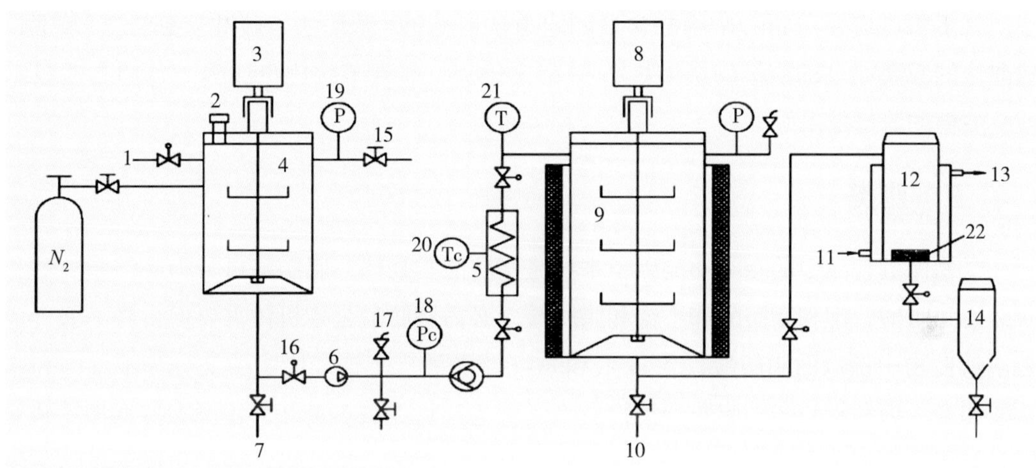

图4-19 亚临界水萃取装备示意图（Zhang等，2020）

1. 进水口 2. 固体料口 3. 磁耦合搅拌系统 4. 固体样品提取腔 5. 热交换器 6. 压力泵 7. 蓄水池 8. 磁耦合搅拌系统 9. 固体样品提取腔 10. 蓄水池 11. 冷却水入口 12. 冷却池 13. 冷却水出口 14. 收集器 15. 截止阀 16. 球阀 17. 安全阀 18. 压力控制器 19. 压力测量 20. 温度控制器 21. 温度测量 22. 过滤板

图4-20 简易静态亚临界水萃取装置（A）和动态工业化亚临界水萃取设备（B、C）

（4）多糖的分离纯化

①多糖除杂：除蛋白质的方法，主要有Sevage法、三氟三氯乙烷法、三氯乙酸发（TCA法）、半透膜法、超滤膜法、冻融-Sevage联合法。

②多糖的分离：主要有分级沉淀、季铵盐沉淀法、金属盐沉淀法、色谱分离、膜分离、透析、电渗析等，目前大多采用离子交换-凝胶或其他各种不同类型的凝胶柱层析以及离子交换色谱法。

③多糖的含量分析：常用的含量测定方法有硫酸-苯酚法、硫酸-蒽酮法、蒽酮-硫酸法（总糖）、DNS法（还原法）、磷钼比色法、邻钾苯胺比色法等。每种方法只对某些多糖的测量效果好。

（三）脂类

宠物保健食品中的脂类功能因子主要是脂肪酸类物质，脂肪酸可分为必需脂肪酸和非必需脂肪酸，饱和脂肪酸和不饱和脂肪酸。必需脂肪酸是指机体需要但自身不能合成必须从食物中摄取的脂肪酸，含ω-3和ω-6脂肪酸。不饱和脂肪酸又分为单不饱和脂肪酸和多不饱和脂肪酸。脂肪酸类物质除了可为宠物提供热量外，还可维持宠物皮肤健康。如果宠物犬体内必需脂肪酸缺乏，皮肤会受到损害，从而出现被毛干燥无光泽、掉毛、皮屑多、免疫力下降等问题。临床效果证明，脂肪酸在修复皮肤损伤、促进皮毛生长、减少复发上起着重要作用。

一般来说，宠物必需脂肪酸大致可分为ω-3和ω-6两种。其中，ω-3脂肪酸主要包括二十碳五烯酸（EPA）、二十二碳五烯酸（DPA）、二十二碳六烯酸（DHA）、α-亚麻酸（ALA）。含活性ω-3的食材主要有鱼油、玉米油、浮游植物藻类，以及动物大脑、骨髓中。ω-6主要包括AA、亚油酸（LA）、GLA-γ-亚麻酸。含活性ω-6的食材有主要有玉米、大豆、亚麻籽、月见草油、琉璃苣油和黑加仑油、猪肉、鸡肉、牛羊肉、蛋类等。

宠物必需脂肪酸的摄入量与其饮食结构有关。犬作为杂食动物且体内的酶可以自行转化一部分，其ω-3：ω-6约为1：2。猫由于自身缺少消化酶其ω-3：ω-6约为1：（1～2）。目前大部分宠物的ω-6摄入基本来源于宠粮中，因此宠物是不容易缺乏ω-6的。如果宠物缺乏ω-6，说明宠粮中的脂肪来源质量较差。长期缺乏ω-6会导致宠物出现皮肤问题、生殖和生长等问题。宠物如果过量摄入ω-3会削弱宠物的免疫系统功能，使宠物抵抗力降低，从而引起炎症、皮肤等一系列疾病的出现。生长期的宠物如果缺乏ω-3，会影响神经系统的发育、视力、听力等，对脑部的发育影响是最大的，这种问题会影响宠物的一生。以鱼油多不饱和脂肪酸为例，介绍提取分离方法。

1. 多不饱和脂肪酸的提取　以鱼油为例，取原料，绞碎，加1/2量水，调pH至

8.5～9.0，在搅拌下加热至85～90℃，保持45min后，加5%的粗食盐，搅拌使其充分溶解，继续保持15min，用双层纱布或尼龙布过滤，压榨滤渣，合并滤液与压榨液，趁热离心即得粗油。

鱼油的制取原料可以是整鱼，也可以是鱼加工中的下脚料。这些原料必须是新鲜或冷藏。本工艺采用加工鱼罐头剔除的下脚料，用其他原料的制取工艺与本工艺类似。在鱼油的提取过程中，将提取液调至碱性并在加热保温后期加入食盐，可使提取液黏性变小、渣子凝聚、过滤压榨容易进行。但加碱不可过量，否则鱼油将被皂化。另外，食盐还有破乳化作用，有利于油水分离。压榨对鱼油收率影响很大，约有1/3～1/2的鱼油存在于压榨液中。大规模生产应使用连续进料出料和排渣的工业离心分离机。

2. 多不饱和脂肪酸的分离纯化

（1）低温钠盐结晶法　将鱼油加至5倍体积4%（*W/V*）氢氧化钠乙醇（95%）溶液中，在氮气流下回流10～20min进行皂化。用硅胶G薄层色谱法检查皂化程度，以甘油三酯斑点消失判定皂化完全。脂肪酸甘油三酯被皂化成脂肪酸钠盐后，溶于热乙醇中，冷却至室温，大量饱和脂肪酸钠盐析出，挤压过滤得滤液；滤液冷却到−20℃，压滤；滤液加等体积水，用稀盐酸调pH至3～4，于2 000r/min离心10min，得上层多不饱和脂肪酸；将所得PUFA溶于4倍体积氢氧化钠乙醇溶液中−20℃放置过夜，压滤；滤液加少量水，−10℃冷冻抽滤除去胆固醇结晶；滤液再加少量水，−20℃冷冻，2 000r/min离心5min，倾出上层液得下层多不饱和脂肪酸钠盐胶状物；将多不饱和脂肪酸钠盐胶状物用稀盐酸调pH 2～3，于2 000r/min离心10min得上层液，即得纯化的多不饱和脂肪酸。

（2）尿素包合法　将氢氧化钾25kg溶于95%乙醇800L，加入鱼油100kg，在氮气流下加热回流20～60min使完全皂化；皂化液加适量的水，用1/3体积的石油醚萃取非皂化物，分离去石油醚层，蒸馏回收石油醚。下层皂化液加2倍体积水，用稀盐酸调至pH 2～3，搅拌静置分层；收集上层油样液以无水硫酸钠干燥得混合脂肪酸。取尿素200kg加甲醇1 000L，加热溶解后在搅拌下加入混合脂肪酸100kg，加热搅拌使澄清，置室温继续搅拌3h，静置24h后抽滤，弃去沉淀（尿素饱和脂肪酸包合物，去除饱和脂肪酸），得滤液；向滤液中再加入尿素甲醇饱和溶液300L（含尿素50kg）搅拌室温静置过夜，于−20℃再静置24h，抽滤弃去沉淀（尿素、饱和脂肪酸和低度不饱和脂肪酸包合物），得滤液；用稀盐酸将滤液调pH至2～3，搅匀后静置，收集上层液，水洗、无水硫酸钠干燥，得多不饱和脂肪酸。多不饱和脂肪酸的制备：将多不饱和脂肪酸加至4倍体积1.5%（*W/V*）硫酸乙醇液中，回流90min硫酸作为酯化反应催化剂。放至室温加等量水搅拌2min、3 000r/min离心10min，洗除片状结晶；重复水洗数次，至洗液呈淡黄色为止，得多不饱和脂肪酸乙酯。

（3）酯交换反应制备多不饱和脂肪酸乙酯　鱼油80kg和乙醇50kg加入密闭的反应罐中，加入硫酸2.5kg作为催化剂，在氮气保护下，82℃加热回流约6h。用薄层色谱确定酯交换反应终点。反应完毕，冷至室温，加水200kg和环己烷150kg搅拌静置弃去水相；水洗环己烷层数次至中性，用无水硫酸钠脱水，最后真空蒸发脱去环己烷制得鱼油多不饱和脂肪酸乙酯。该方法鱼油可与乙醇直接进行酯交换反应，省去了皂化反应步骤。

（4）分子蒸馏法　是目前工业化生产高纯度EPA和DHA最常用的方法之一。多不饱和脂肪酸（混合物）进行分子蒸馏之前，要先进行甲酯或乙酯化，以降低其极性，提高挥发性。EPA乙酯的沸点低于DHA乙酯分子蒸馏时可先被蒸馏出来，而DHA乙酯留在未蒸发的残留物中，因此可实现EPA 和DHA 的有效分离，使其含量分别达到80%以上。分子蒸馏还有除臭作用，可去除鱼腥味。美国专利报道了用酯交换反应制得脂肪酸乙酯，再用尿素包合法和分子蒸馏法等进行纯化，制得DHA 含量达96%的产品。由此可知，将酯交换、分子蒸馏、尿素包合等方法灵活运用，以生产不同规格的EPA、DHA产品并降低生产成本是很重要的。

（5）涂银色谱法　取含硝酸银20%的硅胶150g，用石油醚浸泡1h左右不断搅拌排除气泡，然后将其转移至色谱柱中，静置2～3h达到平衡后再使用，柱外包黑纸遮光。取多不饱和脂肪酸乙酯（本实例含EPA乙酯68.6%，DHA乙酯8.3%）15g加到色谱柱上部的石油醚中溶解后从柱下放出适量液体，使上部液体进入柱床再进行洗脱。洗脱液为石油醚-醋酸乙酯-乙醇［1∶1∶0.025（V/V）］，流速0.8～1.8mL/min，每隔1h分瓶收集洗脱液，分别用气相色谱法检测EPA 乙酯和DHA乙酯的含量。洗脱液经检测不含PUFA乙酯时停止洗脱。将显示EPA乙酯和DHA乙酯单峰的流分分别合并，用真空蒸馏除去溶剂，加入饱和氯化钠水溶液50mL，振摇1min，静置分层，除去下层氯化银沉淀与废液，再加15%氯化钠水溶液洗涤2遍，每次50mL，最后用蒸馏水50mL洗一次，经无水硫酸钠过滤脱水，称重。结果制得EPA乙酯3.9g，含量97.7%；DHA乙酯0.5g，含量97.7%。

（四）活性色素

色素与日常生活息息相关，影响人们的尝试和接受，从而左右人们对食物和饮料的喜爱。颜色与食品的安全性、感知觉和接受度相关联，颜色和食物的相关性又与人们认知的发展密切相关，认知的发展依赖于经验和记忆。例如，蓝色和绿色联想霉变的奶酪，灰色（黑色）联想到腐烂的水果，这种先前感觉，在很大程度上可造成反感。虽然这些都是心理特征的反应，但影响人们对食品和饮料的选择，更不用谈是否适合口味。但是，一旦这种因果关系不能忽视和淡化，在食品工业上研发新的食品和饮料就成为问

题。色素会影响宠物食品的适口性，这些都是心理特征的反应。特定的颜色使宠物主人们自然联想到特定的风味，进而联想到不同色泽食品所具有的特定功能，这也是食品的颜色可影响品尝的原因。在工业化产品研发过程中，由于原料的变化、生产过程的调整、贮存条件的变化等均会影响颜色的改变，所以这种现象十分常见。因此，运用可食用活性色素既可着色食品使其保持诱人色泽，又能发挥其生物学功能，对于宠物保健食品开发是有利且必要的，可保证产品的颜色，同时又具有保健功能，乃是消费者所期望的。

随着经济的高速发展，人们对健康的诉求越来越高，对伴侣动物的健康意识也逐渐提高。宠物主人在选择宠物保健食品时更倾向于天然活性色素着色的食品。自然定位更能引起大多数购物者的共鸣，根据Sensient 2018年H&W调查，高达74%的宠物主人更倾向于购买添加天然活性色素的宠物食品。天然色素是从植物或动物性原料中直接提取获得的色素。一般宠物（犬猫）保健食品中常用的活性色素主要有多烯类色素（β-胡萝卜素、番茄红素、天然叶黄素-源自万寿菊、虾青素、栀子黄、栀子蓝）、花青苷类色素（高粱红、苋菜红、萝卜红）、吡咯类色素（叶绿素铜钠/钾盐）、醌类色素（胭脂红）、酮类色素（红曲红、红曲米）、甜菜红、氧化铁红、新红、焦糖色（亚硫酸铵法）等。

宠物食品的色彩与营养密切相关，随着天然色素由浅变深，其营养成分愈加丰富，营养结构更趋合理。不同的天然色素作为宠物食品的天然着色剂可为宠物食品提供特殊的健康作用，如吡咯类色素具有造血、解毒等作用；多烯类色素具有抗氧化、延缓衰老、调节机体免疫、预防心血管疾病、改善视网膜及视神经功能等；花青苷多酚类色素具有抗氧化、抗衰老、调节机体免疫、抗肿瘤、保护肝脏、抑菌、保护视力、保护神经元、提高记忆力、降血糖和降血脂等活性。所以天然着色剂赋予其不同的营养功能，不仅能为食品提供诱人的色泽，而且能起到保健作用，改善机体健康状况，预防疾病发生。所以，天然活性色素的制备对于宠物保健食品的开发具有重要的意义。

1. 多烯类色素的提取 多烯类色素是以异戊二烯残基为单位的多个共轭链为基础的一类色素，又称为类胡萝卜素，属于脂溶性色素。根据其结构中是否含有由非C、H元素组成的官能团而将类胡萝卜素分为两大类：一类为纯碳氢化物，被称为胡萝卜素类（carotene），是由中间的类异戊烯及两端的环状和非环状结构组成（图4-21）；另一类的结构中含有含氧基团，称为叶黄素类（xanthophyll），是一类氧化了的胡萝卜素，分子中含有一个或多个氧原子，形成羟基、羰基、甲氧基、环氧化物。多烯类色素是自然界最丰富的天然色素，大量存在于植物体、动物体和微生物体中，如红色、黄色和橙色的水果及绿色的蔬菜中，卵黄、虾壳等动物材料中也富含类胡萝卜素。类胡萝卜素具有较强的加工稳定性，在宠物食品加工领域被广泛应用。

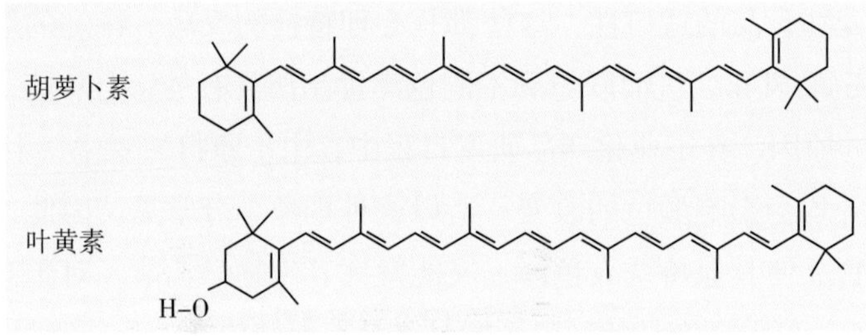

图4-21　胡萝卜素和叶黄素的结构式

（1）β-胡萝卜素　β-胡萝卜素分子具有长的共轭双键生色团，具有光吸收的性质，使其显黄色，是橘黄色脂溶性化合物。约有20余种异构体，不溶于水，微溶于植物油，在脂肪族和芳香族的烃中有中等的溶解性，最易溶于氯化烃、氯仿、石油醚等。β-胡萝卜素的化学性质不稳定，易在光照和加热时发生氧化分解，因而应避免直接光照、加热和空气接触。胡萝卜素是维生素A原，其中起主要作用的是β-胡萝卜素。胡萝卜素能够治疗因维生素A缺乏所引起的各种疾病。此外，胡萝卜素还能够有效清除体内的自由基，预防和修复细胞损伤，抑制DNA的氧化，预防癌症的发生，提高人体免疫力等，使癌变细胞恢复正常的作用。胡萝卜素是《饲料添加剂》目录中允许宠物（犬猫）使用的着色剂，目前市场需求量极大。

根据胡萝卜素理化性质，其制备流程为胡萝卜→粉碎→干燥→萃取→过滤→浓缩→胡萝卜素。以胡萝卜为例，提取胡萝卜素的具体步骤为取新鲜胡萝卜，清水清洗，沥干，粉碎，烘干；将胡萝卜粉与石油醚装入蒸馏瓶，沸水浴加热回流萃取30min；将萃取物过滤，除去固体物，得到萃取液，再经减压浓缩，挥干萃取剂，得到胡萝卜素。在萃取制备过程中，烘干胡萝卜时，温度过高、时间过长，均会导致胡萝卜素分解。

表4-15　胡萝卜素的主要提取方法

提取方法	方法步骤	适用范围	优点	局限性
水蒸气蒸馏	水蒸气蒸馏；分离油层；除水过滤	适用于提取玫瑰油、薄荷油等挥发性强的芳香油	简单易行，便于分离	水中蒸馏会导致某些原料焦煳和有效成分水解等问题
压榨法	石灰水浸泡、漂洗；压榨、过滤、静置；再次过滤	适用于柑橘、柠檬等易焦煳原料的提取	生产成本低，易保持原料原来的结构和功能	分离较为困难，出油率相对较低
有机溶剂萃取	粉碎、干燥；萃取、过滤；浓缩	适用范围广，要求原料的颗粒要尽可能细小，能充分浸泡在有机溶液中	出油率高，易分离	使用的有机溶剂处理不当会影响芳香油的质量

（2）叶黄素的提取 叶黄素是从万寿菊花中提取的一种天然色素，是一种无维生素A活性的类胡萝卜素，其用途非常广泛，主要性能在于它的着色性和抗氧化性。它具有色泽鲜艳、抗氧化、稳定性强、无毒害、安全性高等特点。能够延缓老年人因黄斑退化而引起的视力退化和失明症，以及因机体衰老引发的心血管硬化、冠心病和肿瘤疾病。叶黄素作为一种天然抗氧化剂，既起到一般抗氧化剂的作用，又有其独特的生理功能，在防止自由基损害、心血管病以及癌症方面带来不少创新的功能价值，是极具诱惑力的食品营养保健剂。此外，叶黄素还可以应用在化妆品、饲料、医药、水产品等行业中。近年来主要采用常温从万寿菊中提取叶黄素的方法，叶黄素不溶于水，溶于某些有机溶剂，如三氯甲烷、正己烷和四氢呋喃等。目前提取叶黄素主要有有机溶剂提取法、超临界CO_2萃取法、超声和微波辅助提取法等。

（3）番茄红素 是脂溶性色素，可溶于其他脂类和非极性溶剂中，不溶于水，难溶于强极性溶剂如甲醇、乙醇等，可溶于脂肪烃、芳香烃和氯代烃如乙烷、苯、氯仿等有机溶剂。番茄红素具有抗氧化活性、延缓衰老、增强免疫功能、抑制骨质疏松、预防心脑血管疾病等生物活性。番茄红素作为宠物食品添加剂在新型宠物保健食品中具有广阔的应用前景。番茄红素的提取方法有溶剂提取法、微波提取法、超临界CO_2萃取法、超声波提取法、酶反应法、微生物发酵法等（表4-16）。

表4-16 番茄红素提取方法比较

方法	优点	缺点
有机溶剂提取法	设备少，工艺简单，操作方便	受提取pH、温度、时间影响，产品纯度不高，有机溶剂有痕量残留
微波提取法	穿透力强，选择性高，加热效率高，试剂用量少	提取试剂易挥发损失，不适合工业化生产
超临界CO_2法	提取条件温和，环保，效率高	番茄红素在CO_2临界状态下的溶解度等基础数据缺乏，设备投资高，操作成本较高
超声波提取法	适用于对热敏感性物质的提取，不影响有效成分的活性，节约溶剂，提取率高	对容器壁的厚度及容器放置位置要求较高，否则影响浸出效果

（4）虾青素 是一种含酮基类胡萝卜素，广泛存在于雨生红球藻等藻类及虾、蟹及鲑鱼等水生动物中。虾青素具有抗氧化活性、增强免疫力、抗肿瘤等活性。动物体不能自行合成虾青素，但可以由其他类胡萝卜素作为前体转化而成。天然虾青素资源有限，大部分商业虾青素都是人工合成的，而虾青素是类胡萝卜素合成的最高级别产物。因此，在常见的类胡萝卜素中，虾青素的抗氧化活性最强。在自然界中，虾青素是由藻类等植物光合作用产生，虾蟹等食用后贮存于头壳及身体等部位。因此，虾青素具有良好

的着色作用。目前，虾青素作为优良的抗氧化剂和着色剂应用于宠物保健食品。天然虾青素的来源主要有水产品加工废弃物、雨生红球藻和酵母发酵。

从水产加工废弃物中提取虾青素，是生产天然虾青素的主要途径之一。虾青素的提取方法主要有酸碱法、酶解法和超临界CO_2萃取。提取废虾壳中的虾青素，实现了虾蟹类副产品的低碳高效利用。

2. 花青苷多酚类色素

（1）高粱红色素　属于黄酮类化合物，主要成分是芹菜素和槲皮黄苷，在植物体内以糖苷形式存在，易溶于甲醇、低浓度乙醇、乙酸乙酯、稀碱等极性溶剂；不溶于冷水、植物油、石油醚、苯、氯仿、CCl_4；微溶于热水、稀酸、丙酮、环己醇等。色素溶液的色调容易受pH的影响，对特定的pH稳定，耐热性较好。高粱红色素可用于熟肉制品、果子冻、饮料、糕点彩装，以及畜产品、水产品及植物蛋白着色。与其他天然色素比较，高粱红色素在宠物食品方面使用表现出热稳定性好的性能。当前常用提取方法，按提取试剂分，主要有乙醇提取法、酸乙醇提取法、碱溶酸沉法；按提取设备分，主要有索氏提取法、回流提取法、微波辅助提取法和超声波辅助提取法等。

高粱红色素传统制备工艺：高粱壳原料→水洗→晾干→粉碎→提取→抽滤→浓缩→干燥→成品。改进提取工艺：原料→水洗→除杂→晾干→粉碎→提取→抽滤→浓缩→二次除杂→干燥→成品。具体流程：高粱壳预处理（水洗、干燥后粉碎）→20倍量体积分数60%的乙醇（盐酸调pH 1.0）→80 ～ 90℃下浸提2 ～ 3h→过滤→调pH中性（氢氧化钠溶液调节）→减压浓缩→乙酸乙酯萃取→浓缩→干燥，即得棕红色高粱红色素纯品。高粱红色素的纯化，主要采用柱层析，使用最多的为大孔吸附树脂，其纯化工艺：色素粗提液→上柱吸附→洗脱→浓缩→干燥→色素粉末。

（2）苋菜红色素　是从苋菜中提取的天然色素，属花色苷类水溶性色素，易溶于水、甲醇、乙醇等极性较强溶剂，不溶于乙醚等非极性溶剂；在酸性条件下呈稳定红色，碱性条件则呈现暗红色；对葡萄糖、蔗糖、糖精钠、苯甲酸钠、山梨酸钾、Na、K、Ca、Mg比较稳定，对光、热较敏感；天然苋菜红水溶液pH为6.4，在波长540nm处有最大光吸收。苋菜红色素是天然的绿色型色素，其色彩鲜艳安全性高。该色素对大多数食品添加剂稳定，故可用于宠物保健品的着色。苋菜红提取主要有溶剂提取法、超声波辅助提取法、微波辅助提取法，常用的溶剂主要有水、酸水、乙醇水，常用超滤-树脂法分离纯化。

宠物食品颜色与消费者感知到的积极健康益处相关。营养对宠物的整体健康是最重要的。宠物食品的颜色能够激发消费者积极的认知，来自植物源的颜色不仅能够模仿超级食品成分的色调，而且还可以自然地与干净的标签和简单的成分定位保持一致。

（五）萜烯类物质

萜烯类物质典型的代表是迷迭香提取物，该提取物可作为抗氧化剂添加到宠物食品中。迷迭香提取物主要包括鼠尾草酚、迷迭香二醛、表迷迭香酚、表迷迭香酚甲醚、鼠尾草酸、鼠尾草酸甲酯、迷迭香酚、熊果酸、齐墩果酸等萜类物质，芹菜素、橙皮素、高车前苷等黄酮类物质，香草酸、咖啡酸、迷迭香酸、阿魏酸等酚酸类物质以及含有α-蒎烯、三环萜、对伞花烃、柠檬烯、1,8-桉叶油素、龙脑、樟脑、α-松油醇、β-松油醇、松油烯-4-醇等成分的迷迭香精油等。研究比较多的主要包括二萜类化合物鼠尾草酸和鼠尾草酚；五环三萜类化合物熊果酸和齐墩果酸。迭香提取物的主要成分为迷迭香酚、鼠尾草酚和鼠尾草酸。

迷迭香提取物具有高效抗氧化活性，可稳定油脂、抑制酸败，延长产品的货架期。此外，迷迭香提取物还具有预防呼吸系统疾病、心血管疾病、消化不良、预防老年宠物疾病发生等活性，并具有高效、安全等特性。

1. 迷迭香精油的提取 迷迭香精油是透明液体，无色，有极强的挥发性，气味芬芳，主要含有单萜、倍半萜，一般存在于迷迭香的叶和梗中。目前其提取方法以下几种。

（1）有机溶剂提取法 根据迷迭香精油可溶于有机溶剂、难溶于水这一性质进行提取。有机溶剂提取精油具有产率高、稳定性高的优点，但是杂质多且难去除，溶剂极易残留，精油质量低，提取时间比较长，费用较高，不适用于工业化生产应用，所以现在此法的应用较少。

（2）水蒸气蒸馏提取法 迷迭香精油具有挥发性，难溶于水，并且不与水发生反应，能够随水蒸气蒸出，自身成分不被破坏，因此可以根据各组分蒸汽压力的差异将精油分离出来。把迷迭香粉碎，于高纯水中浸渍12h，再蒸汽回流提取6h，最终精油得率为1.76%。从中鉴定出了28 种化合物。用水蒸气蒸馏法提取精油流程简单、投资费用低、挥发油回收率高，在非新鲜原料精油提取中较为实用，但是蒸馏时间相对较长，温度高。

（3）超临界流体萃取法 是提取迷迭香精油成分的有效方法。控制萃取压力10～14.5MPa，40～50℃温度下萃取4h，精油得率为7.1%。用超临界流体萃取法从迷迭香中提取精油操作简便，精油得率高，溶剂不易残留，无环境污染，所得的精油色泽好、品质高，能更好地保护迷迭香中的活性成分和热不稳定成分，但是此法对工艺技术的要求高，仪器昂贵，维护费用高。

（4）其他提取方法 酶解法，采用纤维素酶处理迷迭香干叶，酶解2h，再用水蒸气蒸馏法提取，精油得率为1.89%，比未经酶解预处理直接提取的精油得率提高了68.8%。此外，还可采用超声波辅助提取和亚临界流体萃取等。

2. 迷迭香抗氧化剂成分的提取 在迷迭香中鼠尾草酸是抗氧化活性最高的物质，其次是迷迭香酸、鼠尾草酚、迷迭香酚。提取迷迭香抗氧化成分的主要方法包括有机溶剂提取法、超临界CO_2流体萃取法、微波辅助提取法和超声波辅助提取法。有机溶剂提取法流程：迷迭香原料预处理→迷迭香与90%乙醇比为1：10（g/mL）→80℃提取45min→浓缩→干燥→得到迷迭香抗氧化组分→3种成分（鼠尾草酚、鼠尾草酸和熊果酸）的总得率为7.09%。有机溶剂提取法经济实惠、成本低、无毒害作用、回收方便，但对抗氧化剂的活性部分缺少选择性，提取效率低，溶剂易残留，精油可能损失。超临界CO_2萃取法得到的抗氧化剂成分及其含量为鼠尾草酸15.6%、鼠尾草酚8.4%、迷迭香酚3.5%。此外，还有超声波和微波辅助提取法。

（六）膳食纤维

宠物食品中的纤维主要包括纤维素、半纤维素、木质素、果胶、树胶和植物黏液。膳食纤维一般分为水不溶性膳食纤维和水溶性膳食纤维两大类。水不溶性膳食纤维是指不被消化酶所消化且不溶于热水的膳食纤维，包括来源于植物的纤维素、半纤维素、木质素、原果胶，来源于动物的甲壳素、壳聚糖、胶原，来源于海藻的海藻酸钙以及人工合成的羧甲基纤维素等。水溶性膳食纤维是指不被消化酶所消化，但可溶于温水或热水的膳食纤维，包括来源于植物的果胶、魔芋甘露聚糖、种子胶、半乳甘露聚糖、愈疮胶、阿拉伯胶，来源于海藻的卡拉胶、琼脂、海藻酸钠，来源于微生物的黄原胶以及人工合成的羧甲基纤维素钠和葡聚糖类等。膳食纤维具有吸水、膨胀特性与预防肠道疾病功能及减肥功能；吸附有机物特性与预防心脑血管疾病功能；离子交换特性与解毒功能及降血压功能；调节糖代谢特性与降血糖功能；调节肠内菌群、清除自由基特性与抗癌功能等。膳食纤维的结构、功能与其制备工艺存在较大差异。

制备膳食纤维的原料，制备膳食纤维的原料很多，主要有以下几类：①粮谷类，麦麸、米糠、稻壳、玉米、玉米渣、燕麦麸等。②豆类，大豆、豆渣、红豆、红豆皮、豌豆壳等。③水果类，橘皮、椰子渣、苹果皮、苹果渣、梨子渣等。④蔬菜类，甜菜、山芋渣、马铃薯、藕渣、茭白壳、油菜、芹菜、苜蓿叶、香菇柄、魔芋等。⑤其他，酒糟、竹子、海藻、虾壳、贝壳、酵母、淀粉等。在这些原料中，采用最多的是各种农产品加工的废弃物，如麦麸、米糠、稻壳、玉米渣、豆渣、甘蔗渣等。一方面，这些原料纤维含量高；另一方面，也能提高农产品的综合利用率，变废为宝，满足可持续发展经济和环保的需要。

不溶性膳食纤维制备方法大致可有五类，即粗分离法、化学法、酶法、发酵法和综合制备法。可溶性膳食纤维一般可在不溶性纤维制备基础上进一步加工而成；也有通过挤压法将不溶性纤维中一些成分改性为可溶膳食纤维而制成；还可利用淀粉水解来制

备，即乙醇沉淀法、膜浓缩法、挤压法和淀粉转化法等。

1. 粗分离法制备不溶性膳食纤维 选择膳食纤维含量较高的原料，经过清洗，过40目（0.425mm）筛，以除去泥沙和部分淀粉，再采用悬浮法和气流分级法，去除大部分淀粉而得以粗分离，然后，经过烘干、粉碎等工序，得到膳食纤维成品。这类方法所得的产品不纯净，但不需要复杂的处理手段，也能改变原料中各成分的相对含量，如减少植酸、淀粉含量，破坏酶活力，增加膳食纤维的含量等。本法适合于原料的预处理。

2. 化学法制备不溶性膳食纤维 原料经过碱处理，使其中可溶性蛋白质远离等电点而被除去，不溶性蛋白质降解为可溶性小分子肽和游离氨基酸；同时原料中的少量脂肪在碱性条件下，皂化水解，对脂肪含量高的原料，需用石油醚或丙酮脱脂处理；在原料中加入酸，水解其中的淀粉，然后漂洗至中性，最后烘干、粉碎得到膳食纤维成品。用到的化学试剂包括氢氧化钠或碳酸钙、盐酸或硫酸、过氧化氢、石油醚或丙酮等。基本工艺流程：原料→清洗→热水处理→碱处理→漂洗至中性→离心或过滤→滤渣→干燥→粉碎→过筛→成品。

3. 酶法制备不溶性膳食纤维 在原料中分别加入淀粉酶和蛋白酶，酶解原料中的淀粉和蛋白质，然后加热灭酶，经烘干、粉碎得到膳食纤维成品。主要用的酶包括α-淀粉酶（或α-淀粉酶加糖化酶）、中性（或碱性）蛋白酶。基本工艺流程：原料→清洗→粗粉碎→热水处理→碱处理→漂洗至中性→酸处理→漂洗至中性→离心或过滤→滤渣→干燥→粉碎→过筛→成品。

4. 发酵法制备不溶性膳食纤维 利用微生物发酵，消耗原料中碳源、氮源，以消除原料中的植酸，减少蛋白质、淀粉等成分，制备膳食纤维，从而改善膳食纤维的持水力等物化特性，达到提高膳食纤维生理功能的目的。用到的辅料包括脱脂乳粉、砂糖；菌种主要包括保加利亚乳酸杆菌、嗜热链球菌。基本工艺流程：原料→选剔→清洗→磨浆→调料→装罐→灭菌→冷却→接种（制备生产发酵剂）→培养→脱水→发酵渣→漂洗→干燥→粉碎→过筛→成品。

5. 乙醇沉淀法制备可溶性膳食纤维 将不溶性纤维制备过程中产生的滤液或发酵液收集，加入乙醇使可溶性纤维沉淀，通过离心，弃去上清液，即得到可溶性纤维。主要试剂为三氯醋酸、乙醇等。基本工艺流程：滤液或发酵液→调pH→三氯醋酸处理→搅拌→乙醇处理→储存过夜→离心沉淀→沉淀物→再溶于水→干燥→成品。

6. 膜浓缩法制备可溶性膳食纤维 将不溶性纤维制备过程中产生的滤液或发酵液收集，经超滤浓缩即得到可溶性纤维。涉及的设备包括离心机、超滤器、超滤膜等。基本工艺流程：滤液或发酵液→调pH→离心沉淀→上清液→超滤→成品。

7. 挤压膨化法制备可溶性膳食纤维 使原料在挤压膨化设备中受到高温、高压、高剪切作用，物料内部水分在很短的时间内迅速汽化，纤维物质分子间和分子内空间结构扩展变形，并在挤出膨化机出口的瞬间，由于突然失压造成物料质构的变化，形成疏松多孔的状态，再进行粉碎、溶解、浓缩等工序制得可溶性纤维。涉及的设备主要有双螺杆挤压机、锤片粉碎机、离心机、冷冻干燥机、干燥箱等 。基本工艺流程：原料→粗粉碎→挤压→粉碎→过筛→沉淀物水提取→离心沉淀→上清液→过滤→冷冻干燥→精制→干燥→成品。

8. 淀粉转化法制备可溶性膳食纤维 淀粉经水解反应变成较小分子的糊精，又通过葡萄糖基转移反应，使葡萄糖单位间 α-1.4 键断裂，生成 α-1.6 键的支链分子，不放出水分，然后加入淀粉酶使糊精进一步水解成 α-极限糊精，α-极限糊精又通过复合反应聚合成低聚糖类成为可溶性膳食纤维。原辅料为马铃薯淀粉、α-淀粉酶、HCl、NaOH 等。基本工艺流程：淀粉原料→酸处理→预干燥→焙烤→调乳→酶解→灭酶→脱色→过滤→滤液→离子交换→浓缩→干燥→成品。

（七）矿物元素络合物

宠物猫、犬常用的矿物元素营养补充剂主要以络合物形式添加到食品中。发挥补锌、钙、铬、铁、镁、铜、锰等功效，在猫、犬保健食品中允许添加的矿物元素补充剂主要有丙酸铬、甘氨酸锌、葡萄糖酸锌、葡萄糖酸铜、葡萄糖酸锰、葡萄糖酸亚铁、乳酸锌（α-羟基丙酸锌）、焦磷酸铁、碳酸镁、甘氨酸钙、二氢碘酸乙二胺（EDDI）等。此外，矿物元素也是机体重要酶的活性中心，也具有辅助调节机体生理功能的活性，如铬是葡萄糖耐量因子的必要活性成分，能增加宠物的葡萄糖耐受量和提高胰岛素的活性功能，促进胰岛素与细胞膜受体结合，进而刺激动物机体组织对葡萄糖的吸收。铬还可保护正常胰脏 β 细胞对葡萄糖的敏感度并对胰岛素的制造有所补益。对糖代谢、脂代谢等都有一定关系。铜、锌、锰是超氧化物歧化酶（SOD）的辅基，具有一定的抗氧化活性。

1. 葡萄糖酸-锌、钙、亚铁、锰的制备方法 葡萄糖酸-锌、钙、亚铁、锰为有机矿物元素补剂，对胃黏膜刺激小，易被机体吸收，且吸收率高，溶解性好。这种葡萄糖酸矿物元素能参与核酸和蛋白质的合成，增强人体免疫能力，促使胎、婴、幼儿生长发育，是医药补锌、钙、铁和锰的试剂，在食品工业中作为营养增补剂（锌强化剂、钙强化剂、铁强化剂）广泛应用于保健食品，对宠物身体发育有重要的作用。

以葡萄糖为原料，用曲霉菌发酵，经分离、提纯后与氧化锌或氢氧化锌中和即得。也可由葡萄糖经空气氧化，再与氢氧化钠溶液转化为葡萄糖酸钠，经强酸性阳离子交换树脂转化为高纯度的葡萄糖酸溶液，最后与氧化锌或氢氧化锌反应制得。

由葡萄糖与二价锌离子结合而成。经酸化、纯化、中和、结晶等过程。合成葡萄糖酸锌的方法很多，在这里介绍以葡萄糖酸钙、浓硫酸、氧化锌为主要原料制备葡萄糖酸锌的间接合成法。其工艺简单，条件易控制，产品质量高，总收率为85% ～ 91.2%。工

艺流程：葡萄糖酸→硫酸酸化→葡萄糖酸溶液→离子交换树脂柱纯化→得到葡萄糖酸溶液→氧化锌中和、浓缩→浓缩液→结晶→葡萄糖酸锌→白色结晶粉末。

2. 丙酸铬的制备方法 向反应釜中加入正丙酸、氨基酸、水和有机溶剂，搅拌至混合均匀，得到混合物，再加入氧化铬固体，调整转速，搅拌混合物，加热反应釜，使得混合物反应至无固体残余，得到产物，减压干燥得到丙酸铬。该方法绿色高效、安全环保，利于工业化的丙酸铬制备。

（八）酶制剂

应用于猫、犬食物中的酶制剂主要包括β-半乳糖苷酶（产自黑曲霉）、菠萝蛋白酶（源自菠萝）、木瓜蛋白酶（源自木瓜）、胃蛋白酶（源自猪、小牛、小羊、禽类的胃组织）、胰蛋白酶（源自猪或牛的胰腺）。这些酶制剂可以用于蛋白质原料的酶解，制备适口性更佳的多肽和氨基酸类功能因子，也可直接添加酶制剂开发宠物保健功能食品，提高宠物的消化吸收以及抗敏能力。酶制剂的制备同蛋白质类物质的制备相同，本部分不再做介绍。

三 功能因子的功能学评价技术

保健（功能性）食品因其对健康的益处而备受推崇，包括水果和蔬菜、全谷物、膳食补充剂（包括碧萝芷、胶原蛋白、低分子量透明质酸、硫酸软骨素和硫酸氨基葡萄糖等）、饮料、益生元和益生菌等。这些保健性食品中功能成分大多数可以改善饱腹感、降低餐后葡萄糖和胰岛素浓度，从而减少与糖尿病相关疾病的发生。菊粉和低聚果糖可以改变犬猫的肠道菌群结构。膳食纤维可以通过促进共生细菌的生长来改变肠道菌群，也可以减少胃排空、降低血液胆固醇浓度及胃转运时间，稀释饮食热量密度，以及增加饱腹感、减少葡萄糖摄取率和促进粪便排泄等。天然植物及功能因子的使用已被证实对犬猫等宠物有益，可提高宠物免疫力，改变胃肠道生理，促进生化参数的变化，改善大脑功能，并可能降低或最小化发生特定疾病的风险。但关于犬猫研究的基础数据非常有限，尤其缺少宠物保健食品功能评价的模型、功效成分的量效和构效关系、功能因子稳定性等方面的基础评价数据，未来几十年基础研究仍然是宠物保健食品研究的重点方向之一。

（一）功能学评价模型

2022年宠物营养品十大品牌榜中，涉及犬猫宠物保健食品功能占比较多的产品主要包括强化免疫、胃肠调理、护肤美毛、健骨补钙等。涉及保健功能声称大体分为9

种：有助于增强免疫力、抗氧化、调节胃肠道功能（肠道微生态）、促进骨发育和维持骨健康、利于口腔健康、护肤美毛、与代谢有关的降脂减肥、降糖、利于泌尿系统功能等。但关于宠物保健食品功能的评价模型大多使用人类保健食品功能评价模型。宠物保健食品/功能因子活性评价技术与方法的匮乏是制约其产品发展的瓶颈问题之一。因此，建立和开发适宜宠物保健食品开发的评价模型对于宠物保健食品的开发具有重要的意义。

1. 常用的体外快速评价模型 建立体外快速评价模型能快速评价宠物保健食品及功能因子的保健功效，为动物水平评价提供参考数据，缩短宠物保健食品的开发与应用时间。迄今，体外快速评价模型主要包括化学体系、细胞模型和离体组织模型。

（1）化学体系 是保健食品开发最简单快速的评价模型。利用实验室简单的溶剂体系分析分子间是否发生直接或间接作用，即能反映出保健食品/功能因子的某些特定活性。例如，化学体系评价保健食品/功能因子的抗氧化活性，直接利用各种自由基体系分析加入保健食品/功能因子前后体系中自由基含量，评价其清除自由基能力；以食品中易氧化物质为底物，利用水和油体系中加速氧化反应，检测保健食品/功能因子在水系和油系中的抗氧化活性；虽然化学体系结果可能会与细胞体系和动物体内的结果存在较大差异，但化学体系仍是大量筛选功能因子功能学最简单、快速、经济的手段，所以，开发化学体系的初步评价体系依旧是宠物保健食品领域学者关注的内容。

（2）细胞体系 主要是指采用体外细胞培养技术，将健康细胞或肿瘤细胞系通过物理、化学或生物手段诱导建立各种疾病相关的细胞模型，用于保健食品/功能因子的功能学评价。目前，已开发的用于保健食品/功能因子以及药物开发的细胞评价模型种类较多，但针对不同作用机制和靶点的细胞模型相对稀缺。所以有针对性的靶点细胞模型、不同机制的通路细胞模型仍需要开发，为宠物保健食品的精准调控研究建立安全、稳定的细胞模型。

（3）组织培养体系 是利用人或动物的组织细胞，经体外增殖培养，形成类似人和动物的组织的结构，以该组织结构作为模型，评价保健食品/功能因子的功能学。该模型体系在保健食品/功能因子开发中很少应用，在药学和医学领域应用较多，这里不做介绍。

2. 建立更接近宠物生理生化特性的动物评价模型 在基础生命科学研究领域，不可或缺的研究工具就是模式动物。所谓模式动物是指用各种方法把需要研究的生理或病理活动相对稳定地展示出来的标准化的实验动物。一般用于实验的模式动物有很多，如线虫、斑马鱼、果蝇、大鼠、小鼠等。

（1）有助于增强免疫的常用模型 在增强免疫力功能评价中除利用正常大、小鼠外，也常用免疫功能低下的大、小鼠动物模型。免疫功能低下的大、小鼠动物模型造模可选用环磷酰胺、氢化可的松或其他合适的免疫抑制剂进行药物造模。①环磷酰胺主要通过DNA烷基化破坏DNA的合成而非特异性地杀伤淋巴细胞，并可抑制淋巴细胞转化；环磷酰胺对B细胞的抑制比T细胞强，一般对体液免疫有很强的抑制作用，对NK细胞的抑制作用较弱；环磷酰胺可选择40mg/kg，腹腔注射，连续2d，末次注射给药后第5天测定各项指标。②氢化可的松主要通过与相应受体结合成复合物后进入细胞核，阻碍NF-κB进入细胞核，抑制细胞因子与炎症介质的合成与释放，达到免疫抑制目的。氢化可的松还可损伤浆细胞，抑制巨噬细胞对抗原的吞噬、处理与呈递作用，所以氢化可的松对细胞免疫、体液免疫与巨噬细胞的吞噬、NK作用都有一定的抑制作用。氢化可的松可选择40mg/kg，肌内注射，隔天1次，共5次，末次注射给药后次日测定各项指标。各指标对两种模型敏感性不同，环磷酰胺模型比较适合抗体生成细胞检测、血清溶血素测定、白细胞总数测定；氢化可的松模型比较适合迟发型变态反应、碳廓清实验、腹腔巨噬细胞吞噬荧光微球实验、NK细胞活性测定，建议根据不同的免疫功能指标选择合适的模型。

（2）抗氧化功能评价常用动物模型　在抗氧化功能评价模型中常选用以下3种模型。①直接用老年动物为动物模型：选用10月龄以上大鼠或8月龄以上小鼠，按血中MDA水平分组，随机分组，进行受试实验和指标测定。②D-半乳糖氧化损伤模型：D-半乳糖供给过量，超常产生活性氧，打破了受控于遗传模式的活性氧产生与消除的平衡状态，引起过氧化效应。选健康成年小鼠，用D-半乳糖每千克体重0.04～1.2g颈背部皮下注射或腹腔注射造模，注射量为0.1mL/10g，每日1次，连续造模6周，取血测MDA，按MDA水平分组，给予不同浓度受试样品，实验结束后测定各指标评价。③乙醇氧化损伤模型：乙醇大量摄入，激活氧分子产生自由基，导致组织细胞过氧化效应及体内还原性谷胱甘肽的耗竭。选25～30g健康成年小鼠或者180～220g大鼠，一次性灌胃给予50%乙醇每千克体重12mL，6h后得到乙醇氧化损伤模型。

（3）调节肠道功能的动物模型　调节肠道功能具体包括促进消化、润肠通便、调节肠道菌群等功能。虽然常用的大、小鼠模型与宠物犬猫消化系统存在一定差异，但仍可作为调理胃肠道功能的保健食品开发的前期基础研究。①促进消化功能：一般选用大、小鼠便秘模型，选用统一性别的大、小鼠，采用复方地芬诺酯（0.025%～0.05%）造大、小鼠便秘模型，通过墨汁推进率，考察受试物对小肠运动功能的影响，判定受试物促进消化功能。②润肠通便功能：经口灌胃给予造模药物复方地芬诺酯或洛哌丁胺，建立大、小鼠小肠蠕动抑制模型，计算一定时间内小肠的墨汁推进率，从而判断模型大、小鼠胃肠蠕动功能。③预防或调节肠道菌群模型建立：一般推荐用近交系小鼠，灌服抗生素溶液，建立大、小鼠肠道菌群失调模型，建模之前或者同步给予宠物微生态调节剂。

（4）改善记忆常用动物模型　常用学习记忆障碍动物模型的行为学分析评价保健

食品的改善记忆功能。①直接用老年大小鼠动物：正常24月龄雄性SD大鼠；青年对照组为3月龄大鼠；②记忆获得障碍模型：训练前10min腹腔注射东莨菪碱或樟柳碱每千克体重5mg；③记忆巩固障碍模型：训练前10min腹腔注射环己酰亚胺每千克体重120mg；④记忆再现障碍模型：重测验前30min灌胃30%的乙醇每千克体重10mL。

（5）改善骨密度常用动物模型　骨质疏松症的预防和治疗已成为一个多学科、当前研究最活跃的课题之一。建立理想的骨质疏松症的动物模型是对预防和治疗骨质疏松症保健食品和新药的体内过程、代谢动力学、功效/药效学及影响药物作用因素的基础。随着对骨质疏松症的研究的不断深入，研究人员认为骨质疏松症的发生与遗传、营养、生活习惯、激素、运动、机械负荷和多种细胞因子有关，对骨质疏松症的动物模型提出了严格的要求。理想的动物模型应有三个特点。①方便性：动物购买容易，价格低廉，实验操作易行；②关联性：与宠物条件比较相似，得到的信息能转化为宠物的规律；③适宜性：为研究某一特定问题，最好用特定的动物模型模拟宠物，复制骨质疏松症的方法。骨质疏松动物模型的建立有手术切除卵巢、药物诱导、饮食限制和制动术等几种方法。也有将卵巢切除与其他方法结合应用以加快失骨的报道。①切除卵巢去势法：主要以大鼠为主建模；②药物诱导：常用诱导骨质疏松动物模型有维甲酸和糖皮质激素诱导大鼠造模；③饮食限制：决定和影响骨量的因素可概括为遗传因素和环境因素，骨质疏松的饮食危险因素包括钙摄入减少，蛋白质、维生素D不足，膳食中的钠、有机磷含量过高等，所以这些饮食因素可以诱导建模。

（6）改善缺铁性贫血常用动物模型　建立缺铁性贫血大鼠模型，选用健康断乳大鼠在实验环境下适应3 ～ 5d后饲予低铁饲料及去离子水（或双蒸水），采用不锈钢笼及食罐，同时，采用剪尾取血法放血，5d一次，每次0.3 ～ 0.5mL。实验过程中避免铁污染。自第3周开始每周选取部分大鼠采尾血测血红蛋白（Hb）含量，如多数动物Hb低于100g/L时，测定全部大鼠的体重及Hb。恢复实验，选取Hb＜100g/L的大鼠作为实验动物，根据贫血大鼠Hb水平和体重将其随机分为低铁对照组和3个受试样品组，各组均继续饲予低铁饲料，低铁对照组给予相应溶剂，实验组分别给予不同剂量的受试样品，受试样品给予时间30d，必要时可延长至45d，测定体重及各项血液学指标。

（7）改善代谢功能的常用动物模型　机体代谢紊乱会引起代谢物质在体内不正常的堆积或缺乏，从而导致一系列与代谢相关疾病的发生，严重威胁宠物健康。一系列代谢疾病模型，如肥胖、糖尿病、泌尿系统结石、高脂血症模型等，用于保健食品/功能因子的减肥，辅助降血糖、降血脂、降血压等功能评价、预防或改善机制。

①肥胖小鼠模型：包括饮食诱导的肥胖模型和基因突变导致的自发肥胖模型。a.肥胖受饮食、环境和遗传等多种因素影响的一类代谢异常性疾病，除体重的增加外可能还导致糖尿病、高血压、高血脂、心脏病等一系列并发症。如目前已经建立的小鼠模型，

饮食诱导模型，C57BL/6（B6）小鼠在5周龄时用60%高脂饮食诱导出现中度肥胖和轻度胰岛素抵抗；b.在B6小鼠上敲除*Lep*基因，出现严重的病态肥胖、血糖短暂轻度升高胰岛代偿性增大及重度胰岛素抵抗，伴随轻微并发症；B6小鼠*Alms*1基因8号外显子特定的序列造成11bp的碱基缺失，使小鼠*Alms*1基因提前终止翻译，从而形成肥胖、糖尿病及非酒精性脂肪肝病等综合表型。

②糖尿病模型：主要有胰腺切除法致糖尿病模型、化学性糖尿病模型（四氧嘧啶诱导或链脲佐菌素），先造营养性肥胖动物模型，再用化学试剂造糖尿病模型成功率更高。a.营养性肥胖动物模型，是保健食品/功能因子减肥功能评价常用模型。该模型主要是在基础饲料中加入容易引起肥胖的食物，诱导其产生营养性肥胖。比如用刚断奶的SD大鼠，每天100g基础饲料中给添加乳粉10g、猪肉10g、鸡蛋1个、浓鱼肝油10滴、新鲜黄豆芽250g；用Wistar大鼠，饲喂高热能饲料连续4周即可造成肥猫模型。b.胰岛损伤高血糖模型，利用四氧嘧啶（或链脲佐菌素）造模，血糖值为10～25mmol/L的为高血糖模型动物。c.胰岛素抵抗糖/脂代谢紊乱模型，采用地塞米松诱导胰岛素抵抗糖/脂代谢紊乱模型。该方法糖皮质激素具有拮抗胰岛素生物效应的作用，可抑制靶组织对葡萄糖的摄取和利用，促进蛋白质和脂肪的分解及糖异生作用，导致糖、脂代谢紊乱，胰岛素抵抗，诱发实验性糖尿病，给予地塞米松每千克体重0.8mg腹腔注射（0.008%地塞米松注射量每100g体重1mL），每天1次，连续10～12d。

③泌尿系统结石模型：a.肾结石模型（草酸盐结石），采用乙二醇法是复制泌尿系统结石动物模型的常规方法。乙二醇是草酸的前体物质，进入体内经氧化代谢为乙二酸即草酸，从肾分泌排泄，造成高草酸尿，可致肾小管及间质损害，导致肾结石。氯化铵可以酸化尿液，有利于草酸钙晶体形成，促进肾结石。因该法操作简单，成石率高，已被广泛应用于防治泌尿系结石药物的药理学、药效学研究。动物选择体重200～250g成年大鼠，给动物自由饮用1%乙二醇，并每天灌胃2%氯化铵溶液2mL/只，连续28d；或者1%乙二醇饮水，并0.5μg维生素D_3隔天灌胃，连续28d，动物用常规颗粒饲料喂养，即可成模型。b.膀胱结石模型，一般选用体重55～60g的幼年大鼠，标准大鼠饲料中加入5%的苯二甲酸，用此饲料喂养大鼠，连续14d，膀胱腔内会有结石产生，其间大鼠自由饮水。c.尿酸诱发大鼠肾结石模型，用1%尿酸的大鼠配合饲料（99g基础饲料加1g尿酸）饲喂4～5周龄SD大鼠，6～10个月后，肾盂、膀胱等处出现尿酸结石，甚至有肾脏萎缩等显现；在膀胱内植入含变形菌的锌片，2周后就可出现尿酸按与磷酸酶混合的结石（鸟粪石）。

（二）功能学评价程序和方法

迄今，针对宠物保健食品的功能学评价目前尚未见统一标准，大多数国家仍然依据人类的《保健食品功能检验与评价方法》，最终通过宠物食用证实其保健功能的有效性。我国保健食品功能检验与评价方法在2003版的基础上进行了修订，目前已经发布2022年版的征求意见稿。功能因子/保健食品的安全性第一，其次是保健功能。保健功能检验与评价应符合《保健食品功能检验与评价技术指导原则（2022年版）》，对功能因子/保健食品的功效性施行国标化评价。目前功能因子/保健食品的功能评价包括动物体外和体内评价技术。功能因子的筛选和研发阶段多采用体外（化学模型和细胞模型）评价和小动物（模型）评价技术来研究，而宠物保健食品的功能评价主要采用小动物模型和宠物试食试验为主。参照人体保健食品评价试验项目、试验原则及结果判定介绍宠物保健食品的评价试验项目、试验原则及结果判定。

1. 有助于增强免疫力 增强免疫力的功能因子或宠物保健食品的功能学评价试验项目，一般推荐用近交系小鼠，18～22g，单一性别，每组10～15只。受试样品实验设3个剂量组和1个阴性对照组，必要时设阳性对照组。受试样品给予时间30d，必要时可延长至45d。免疫模型动物实验时间可适当延长。

【试验项目】主要包括体重、脏器/体重值（胸腺/体重值，脾脏/体重值）、细胞免疫功能测定（小鼠脾淋巴细胞转化实验、迟发型变态反应实验）、体液免疫功能测定（抗体生成细胞检测、血清溶血素测定）、单核-巨噬细胞功能（小鼠碳廓清实验、小鼠腹腔巨噬细胞吞噬鸡红细胞实验）、NK细胞活性测定。所列指标均为必做项目，采用正常或免疫功能低下的模型动物进行实验。

【结果判定】有助于增强免疫力判定：在细胞免疫功能、体液免疫功能、单核-巨噬细胞功能、NK细胞活性四个方面任两个方面结果阳性，可判定该受试样品具有有助于增强免疫力作用。其中，细胞免疫功能测定项目中的两个实验结果均为阳性，或任一个实验的两个剂量组结果阳性，可判定细胞免疫功能测定结果阳性。体液免疫功能测定项目中的两个实验结果均为阳性，或任一个实验的两个剂量组结果阳性，可判定体液免疫功能测定结果阳性。单核-巨噬细胞功能测定项目中的两个实验结果均为阳性，或任一个实验的两个剂量组结果阳性，可判定单核-巨噬细胞功能结果阳性。NK细胞活性测定实验的一个以上剂量组结果阳性，可判定NK细胞活性结果阳性。

2. 有助于消化 胃肠道是营养物质的摄取、消化与吸收的器官，对食物的消化作用主要是依靠其运动、消化酶的分泌来完成的。如果某一保健食品能对这一环节或几环节有调节作用，就可能具有有助于消化的作用。促进消化功能动物实验包括大鼠体重、体重增重、摄食量和食物利用率实验，小肠运动实验，消化酶的测定等三部分。实验动物，根据实验项目可选用单一性别成年小鼠或大鼠。小鼠18～22g，每组10～15只，大鼠120～150g，每组8～12只。实验设3个剂量组和1个阴性对照组（或空白对照组），另设2个剂量组，必要时设阳性对照组和模型对照组。受试样品给予时间30d（小

肠运动实验受试样品给予时间15～30d），必要时可延长至45d。

【试验项目】包括小动物实验（大、小鼠）和宠物试食试验。指标主要包括体重、体重增重、摄食量和食物利用率，小肠运动实验，消化酶测定。小动物实验（大、小鼠）和宠物试食试验所列指标均为必做项目。结果判定，动物体重、体重增重、摄食量、食物利用率，小肠运动实验和消化酶测定三方面中任两方面实验结果阳性，可判定该受试样品有助于消化动物实验结果阳性。

3. 有助于润肠通便

【试验项目】包括小动物实验（大、小鼠）和宠物试食实验。指标主要包括体重、小肠运动实验、排便时间、粪便重量、粪便粒数、粪便性状。试验原则，动物实验和宠物试食试验所列指标均为必做项目，除对便秘模型动物各项必测指标进行观察外，还应对正常动物进行观察，不得引起动物明显腹泻。

小肠运动实验，选用成年雄性小鼠，体重18～22g，每组10～15只。实验设3个剂量组、1个阴性对照组和1个模型对照组，另设2个剂量组，必要时设阳性对照组。阴性对照组和模型对照组同样途径给蒸馏水。受试样品给予时间7d，必要时可延长至15d。经口灌胃给予造模药物复方地芬诺酯或洛哌丁胺，建立小鼠小肠蠕动抑制模型，计算一定时间内小肠的墨汁推进率来判断模型小鼠胃肠蠕动功能。

排便时间、粪便粒数和粪便重量的测定，选用成年雄性小鼠，体重18～22g，每组10～15只。实验设3个剂量组，1个阴性对照组和1个模型对照组，另设2个剂量组，必要时设阳性对照组。阴性对照组和模型对照组同样途径给蒸馏水。受试样品给予时间7d，必要时可适当延长至15d。经口灌胃给予造模药物复方地芬诺酯或洛哌丁胺，建立小鼠便秘模型，测定小鼠的首粒排黑便排便时间、5h或6h内排便粒数和排便重量来反映模型小鼠的排便情况。

排粪便重量和粪便粒数一项结果阳性，同时小肠运动实验和排便时间一项结果阳性，可判定该受试样品有助于润肠通便动物实验结果阳性。

4. 有助于调节肠道菌群

【试验项目】包括小动物试验（大、小鼠）和宠物试食试验。指标主要包括体重、双歧杆菌、乳杆菌、肠球菌、肠杆菌、产气荚膜梭菌。试验原则，小动物实验（大、小鼠）和宠物试食试验所列指标均为必做项目；正常动物或肠道菌群紊乱模型动物任选其一；受试样品中含双歧杆菌、乳杆菌以外的其他益生菌时，应在动物试验中加测该益生菌。

【实验动物】推荐用近交系小鼠，18～22g，单一性别，每组10～15只。实验设3个剂量组和1个阴性对照组，另设2个剂量组，必要时设阳性对照组。受试样品给予时间14d，必要时可以延长至30d。

【结果判定】符合以下任一项，可判定该受试样品有助于调节肠道菌群动物实验结果阳性。双歧杆菌和/或乳杆菌（或其他益生菌）明显增加，梭菌减少或无明显变化，肠球菌、肠杆菌无明显变化；双歧杆菌和/或乳杆菌（或其他益生菌）明显增加，梭菌减少或无明显变化，肠球菌和/或肠杆菌明显增加，但增加的幅度低于双歧杆菌、乳杆菌（或其他益生菌）增加的幅度。

5. 有助于改善骨密度　有助于改善骨密度作用检验方法根据受试样品作用原理的不同，分为方案一（补钙为主的受试物）和方案二（不含钙或不以补钙为主的受试物）两种。指标主要包括体重、骨钙含量、骨密度。

【试验原则】根据受试样品作用原理的不同，方案一和方案二任选其一进行动物实验。所列指标均为必做项目。使用未批准用于食品的钙的化合物，除必做项目外，还必须进行钙吸收率的测定；使用属营养强化剂范围内的钙源及来自普通食品的钙源（如可食动物的骨、奶等），可以不进行钙的吸收率实验。

方案一：机体中的钙绝大部分储存于骨骼及牙齿中，大鼠若摄入钙量不足会影响机体和骨骼的生长发育，表现为体重、身长、骨长、骨重、骨钙含量及骨密度低于摄食足量钙的正常大鼠。生长期大鼠在摄食低钙饲料的基础上分别补充碳酸钙（对照组）或受试含钙产品（实验组），比较两者在促进机体及骨骼的生长发育、增加骨矿物质含量和增加骨密度功能上的作用，从而对受试样品有助于改善骨密度的功能进行评价。出生4周左右的断乳大鼠，体重60～75g，同一性别，每组8～12只。基础饲料：用此基础饲料配制低钙对照组以及各剂量组。实验设3个剂量组、2个剂量组、1个低钙对照组（每100g饲料150mg）和与相应剂量受试物钙水平相同的碳酸钙对照组（如仅设1个碳酸钙对照组，推荐设立与高剂量钙水平相同的碳酸钙对照组）。用低钙对照组（每100g饲料150mg）饲料配制受试样品各剂量组和碳酸钙对照组。受试样品给予时间3个月。经口灌胃给予受试物，无法灌胃时将受试物掺入饲料，并记录每只动物的饲料摄入量。

方案二：雌性成年大鼠切除卵巢后，骨代谢增强，并发生骨重吸收（破骨）作用大于骨生成（成骨）作用的变化。这种变化表现为骨量丢失，经过一定时间的积累，可以造成骨密度降低模型。在建立模型的同时或模型建立之后给模型实验组大鼠补充受试样品，通过受试物抑制破骨或促进成骨等骨代谢调节作用，观察其在增加骨密度功能及骨钙含量的效果，从而对受试样品有助于改善骨密度的功能进行评价。Wistar或SD雌性大鼠，300g左右，实验前适应1周。饲料配方，参照AIN93饲料配方配制半成品饲料，用适当的物质替换饲料中来源于大豆的成分，以避免大豆异黄酮等植物雌激素对实验结果的干扰。

6. 有助于控制体内脂肪　检验方法是以高热量食物诱发动物肥胖，再给予受试样品（肥胖模型），或在给予高热量食物同时给予受试样品（预防肥胖模型），观察动物体重、体内脂肪含量的变化。

【试验项目】包括小动物实验（大、小鼠）和宠物试食试验。指标主要包括体重、体重增重、摄食量、摄入总热量、体内脂肪含量（睾丸及肾周围脂肪垫）、脂/体比。

【试验原则】小动物实验（大、小鼠）和宠物试食试验所列指标均为必做项目；动物实验中大鼠肥胖模型法和预防大鼠肥胖模型法任选其一；控制体内多余脂肪，不单纯以减轻体重为目标；引起腹泻或抑制食欲的受试样品不能作为有助于控制体内脂肪食品；每日营养素摄入量应基本保证机体正常生命活动的需要；对机体健康无明显损害；实验前应对同批受试样品进行违禁药物的检测。以各种营养素为主要成分替代主食的有助于控制体内脂肪食品可以不进行小动物实验，仅进行宠物试食试验。

【实验动物】选用雄性大鼠，适应期结束时，体重（200±20）g，每组8～12只。实验设3个剂量组和1个模型对照组，另设2个剂量组，必要时设阳性对照组和空白对照组。受试样品给予时间至少给予6周，不超过10周。

【结果判定】动物实验：实验组的体重或体重增重低于模型对照组，体内脂肪含量或脂/体比低于模型对照组，差异有显著性，摄食量不显著低于模型对照组，可判定该受试样品有助于控制体内脂肪动物实验结果阳性。

7. 有助于抗氧化

【试验项目】包括小动物实验（大、小鼠）和宠物试食试验。指标主要包括体重、脂质氧化产物（丙二醛或血清8-表氢氧-异前列腺素）、蛋白质氧化产物（蛋白质羰基）、抗氧化酶（超氧化物歧化酶或谷胱甘肽过氧化物酶）、抗氧化物质（还原型谷胱甘肽）。

【试验原则】小动物实验（大、小鼠）和宠物试食试验所列的指标均为必测项目；脂质氧化产物指标中丙二醛（MDA）和血清8-表氢氧-异前列腺素任选其一进行指标测定，动物实验抗氧化酶指标中超氧化物歧化酶和谷胱甘肽过氧化物酶任选其一进行指标测定；氧化损伤模型动物和老年动物任选其一进行生化指标测定。

【实验动物】可选用10月龄以上老年大鼠或8月龄以上老年小鼠、D-半乳糖氧化损伤模型鼠、乙醇氧化损伤模型鼠。

【结果判定】脂质氧化产物、蛋白质氧化产物、抗氧化酶、抗氧化物质四项指标中三项阳性，可判定该受试样品有助于抗氧化动物实验结果阳性。

8. 辅助改善记忆

【试验项目】包括小动物实验（大、小鼠）和宠物试食试验。指标主要包括体重、跳台实验、避暗实验、穿梭箱实验、水迷宫实验。

【试验原则】小动物实验（大、小鼠）和宠物试食试验为必做项目；跳台实验、避暗实验、穿梭箱实验、水迷宫实验四项动物实验中至少应选三项，以保证实验结果的可靠性；正常动物与记忆障碍模型动物任选其一；动物实验应重复一次（重新饲养动物，重复所做实验）。

辅助改善记忆检验方法，其中跳台实验、避暗实验和水迷宫实验，实验动物推荐使用近交系小鼠。穿梭箱实验（双向回避实验）实验动物采用Wistar或SD大鼠，断乳鼠或成年鼠，雄、雌均可。断乳鼠或成年鼠（18～22g）。用于改善老年人记忆的产品必须采用成年鼠。雌雄均可，单一性别，每组10～15只。实验设3个剂量组和1个阴性对照组，以人体推荐量的10倍为其中的1个剂量组，另设2个剂量组，必要时设阳性对照组。受试样品给予时间30d，必要时可延长至45d。

【结果判定】跳台实验、避暗实验、穿梭箱实验、水迷宫实验四项实验中任二项实验结果阳性，且重复实验结果一致（所重复的同一项实验两次结果均为阳性），可以判定该受试样品辅助改善记忆动物实验结果阳性。

9. 有助于维持血糖健康水平

【试验项目】包括小动物实验（大、小鼠）和宠物试食试验，分为方案一（胰岛损伤高血糖模型）和方案二（胰岛素抵抗糖/脂代谢紊乱模型）两种。方案一（胰岛损伤高血糖模型）指标主要包括体重、空腹血糖、糖耐量；方案二（胰岛素抵抗糖/脂代谢紊乱模型）指标主要包括体重、空腹血糖、糖耐量、胰岛素、总胆固醇、甘油三酯。

【试验原则】小动物实验（大、小鼠）和宠物试食试验所列指标均为必做项目；根据受试样品作用原理不同，方案一和方案二动物模型任选其一进行动物实验；除对高血糖模型动物进行所列指标的检测外，应进行受试样品对正常动物空腹血糖影响的观察。

①有助于维持血糖健康水平检验：实验动物选用成年动物，选用小鼠（26g ± 2g）或大鼠（180g ± 20g），单一性别，每组10～15只。实验设3个剂量组和1个模型对照组，另设2个剂量组，高剂量一般不超过30倍，必要时设空白对照组。同时设给予受试样品高剂量的正常动物组。受试样品给予时间30d，必要时可延长至45d。

②正常动物降糖实验：选健康成年动物按禁食3～5h的血糖水平分组，随机选1个对照组和1个剂量组。对照组给予溶剂，剂量组给予高剂量浓度受试样品，连续30d，测空腹血糖值（禁食同实验前），比较两组动物血糖值。

③高血糖模型降糖实验：方案一，选用利用四氧嘧啶（或链脲佐菌素）造模，血糖值为10～25mmol/L的为高血糖模型动物。选高血糖模型动物按禁食3～5h的血糖水平随机分组，设1个模型对照组和3个剂量组（组间差不大于1.1mmol/L）。剂量组给予不同浓度受试样品，模型对照组给予溶剂，连续30d，测空腹血糖值（禁食同实验前），比较各组动物血糖值及血糖下降百分率。方案二，选用胰岛素抵抗糖/脂代谢紊乱模型

（任选其一），检测各指标。

【结果判定】方案一：空腹血糖和糖耐量二项指标中一项指标阳性，且对正常动物空腹血糖无影响，即可判定该受试样品有助于维持血糖健康水平动物实验结果阳性。方案二：空腹血糖和糖耐量二项指标中一项指标阳性，血脂（总胆固醇、甘油三酯）无明显升高，且对正常动物空腹血糖无影响，即可判定该受试样品有助于维持血糖健康水平动物实验结果阳性。

10. 有助于预防泌尿系统结石 试验项目包括小动物实验（大、小鼠）和宠物试食试验，按照结石类型分为鸟粪石模型、草酸盐结石模型、膀胱结石模型、尿酸结石模型和四种。①鸟粪石模型指标主要包括尿量和尿液尿酸；血清中血清尿素氮（BUN）、P、Ca^{2+}含量；肾组织中Ca^{2+}、Mg^{2+}含量和尿液中总Ca^{2+}和总Mg^{2+}含量。②草酸盐结石模型指标与①基本相同，只是在血清中增加了Cr^{3+}的含量测定。③膀胱结石模型和尿酸结石模型指标与②相同。

在预防泌尿系统结石评价中，尤其鸟粪石，因为没有标准的评价方法供参考，所以此处未详细列出。造模型之前或期间同步给予宠物保健食品，考察前后尿液量，尿液中草酸、尿酸、胱氨酸等的含量，尿液中N、P、Ca^{2+}、Mg^{2+}等含量，肾脏组织中Ca^{2+}、Mg^{2+}等的含量。此外，有条件可以检测肾脏中结石大小、小结晶大小、数量等。通过数据统计分析，比较有无显著性差异，判定保健食品的有效性。

四 功能因子的结构修饰及稳定化技术

功能因子的活性直接或间接地受到其结构的制约。功能因子结构修饰的主要目的在于改善其物化特性，提高其生物活性、选择性、稳定性、降低或减少毒副作用，更加充分而有效地利用功能因子。此外，还包括提高功能因子的生物利用度、改善功能因子在体内的转运与代谢过程、改善功能因子的不良臭味以及适应功能食品加工要求、方便使用等。因此，对功能因子或其先导化合物进行适当的结构修饰，为解决功能因子活性不稳定、活性差或具有毒副作用的弊端和开发新颖功能特性的功能因子提供了有效途径。功能因子的结构修饰一般可以通过化学、物理和生物方法实现。

（一）化学修饰

化学修饰是最普遍的分子结构修饰方法，目前主要有衍生化反应（酯化、烷基化、酰基化、氧化等）和化学合成。日本学者首次将硫酸基团引入到一些均多糖结构中，制成硫酸酯化多糖，并发现硫酸酯化糖能抑制T-淋巴细胞病毒，至此，硫酸化成为多糖结构修饰中的一个重要方向。此外，还有应用物理场强化化学修饰技术，如微波、超声波技术、反应挤出改性技术等。

比利时、美国和以色列等国研究人员发现，丙烯酸接枝蜡玉米淀粉及淀粉和聚丙烯酸共混物均表现出较高的抑制胰蛋白酶活性能力和对钙、锌离子有较强的吸附能力。也有研究以淀粉为原料通过化学交联的方法制备可降解微囊或小丸，具有很好的靶向性。我国在此方面也做了大量工作，如针对维生素、多酚、不饱和脂肪酸、多肽等易氧化易变性的功能因子，建立了功能食品包埋保护技术以及功能食品稳定化储存技术等。在功能性油脂的活性保护研究方面，已经完成了以糊精、酪蛋白、酶解大米蛋白与变性淀粉为壁材进行不饱和脂肪酸的微胶囊化；完成了功能性海藻油稳态化生产配方、工艺以及稳态化性能检测技术，解决了微胶囊化脂肪酸在低pH及高离子强度条件下容易破乳的技术难题，该技术已实现产业化。对多酚、黄酮类化合物，β-胡萝卜素、功能性蛋白饮料和功能肽等的稳定化技术、增效技术以及功能因子稳定化过程的监测技术等均进行了研究，成果显著，并开始工业化生产。

（二）物理修饰

物理场强化技术是实现功能因子的绿色修饰的重要手段。目前物理场修饰技术主要有微波、超声波、超高压和超微粉碎技术等。

超声波修饰：广泛应用于多种生物大分子进行结构修饰。低频、高强度的超声波主要是通过增加质点震动能量来切断生物大分子中的某些化学键，从而降低分子量，增加水溶性，提高生物学活性。Stahmann 等将一种具有 β-1,3-D-葡聚糖结构的真菌多糖经过长时间的超声处理后，相对分子量从25万降至5万左右，经小角度X光衍射分析，这些超声降解产物的空间结构与具有免疫调节活性的裂褶多糖相似。马海乐等利用超声波修饰酶，使其活性位点暴露从而提高蛋白质酶解制备多肽的效率。

超微粉碎修饰：使颗粒向微细化发展，导致物料比表面积和孔隙率大幅度地增加，进而使硬度较大的功能因子如膳食纤维、功能性多糖、低聚糖及阿胶分子中的亲水基团暴露概率增大，从而增加了活性物质的溶解性、分散性、吸附性以及化学活性等。灵芝多糖孢子和黄氏提取物通过超微粉碎破碎表面覆盖层后，水溶性、分散性和持水性提高，从而利用率和生理活性也有所提高。

（三）生物转化修饰

生物转化是利用生物体系或其产生的酶制剂对外源性化合物进行结构修饰的生物化学过程。目前生物转化修饰结构主要涉及羟基化、环氧化、甲基化、异构化、酯化、水解、重排、醇和酮之间的氧化还原、脱氢反应等多种反应类型。其中，羟基化反应最常见。生物转化修饰法主要包括酶法结构修饰和微生物转化法。

1. 酶法结构修饰　对食品功能因子进行酶修饰，目前的技术主要从两个方面考虑。①酶的来源及种类：包括从生物体中寻找新的酶，对功能因子进行修饰提高原来的生物性能或增加新的性能；利用现有酶，通过改变酶的作用条件对功能因子进行多种结构修饰。②酶的作用机理：包括酶切技术、基团修饰技术、酶异构化技术。柚皮素是一种生物类黄酮，具有降血糖、抗癌、预防肝病等多种功能，但是其水溶性较差和生物利用度较低限制了柚皮素的广泛应用。利用糖苷转移酶改性柚皮素，糖基化后的柚皮素的防紫外线辐射和抗粥样动脉硬化活性增强；通过转甲基酶改性后的烷基化柚皮素则具有更强的抑菌效果。多不饱和脂肪酸如EPA和DHA等对人体具有特殊的生理作用，有利于脑发育和抗心血管疾病，但其稳定性差极易氧化变质。国内外学者利用脂肪酶类和磷脂酶类进行改性修饰，用不同的脂肪酶将中碳链脂或Ω-3系列多不饱和脂肪酸引入磷脂分子，获得不同功能的磷脂。

2. 微生物转化　微生物易于培养、生长迅速、代谢旺盛，可产生大量具有生物活性的次生代谢产物。此外，利用分子生物学、遗传学和DNA重组技术对微生物进行干预和优化，可提高功能因子的微生物转化能力。

第四节　宠物保健食品的配方设计与生产工艺

保健性宠物食品配方区别于传统宠物食品配方，但是同时也要满足相关法规的要求；又或者是使用了非行业界传统的有某方面特殊功效、安全的原料成分，但又能保证全面均衡营养。这一系列的产品都可以称作是保健/功能性宠物食品。无论是配方的整体创新，还是部分新功能成分的加入，都是同一个目的，即为了改善或提升宠物某方面的机能性，以达到宠物健康、免受疾病侵害的目的。经过市场调研，在设计保健型/功能性宠物食品配方时，首先要明确拟开发产品的使用对象，如使用对象是宠物犬、猫，或犬猫均可，宠物不同生命阶段及不同品种等；其次应明确产品类型，如全价宠物保健食品还是非全价类型；产品形态，如干颗粒、半干粒、液体、粉剂等。我国宠物食品研究人员通常是具备畜禽营养研究经历的人员，因此在制作配方时会习惯性地用到畜禽配方设计的方法，而传统畜禽饲料设计软件通常是根据达到动物营养需求下选用原料成本最低的原则进行优化，但是这对于犬猫食品设计上并不完全适用。进行配方设计时需特别注意的是在原料选用上一定要符合现行法规要求，这也是现在许多企业最为困惑的问题。宠物保健食品是作为宠物饲料管理的，因此在原料选用上应遵循的是《饲料原料目录》和《饲料添加剂目录》要求。如使用不在目录清单里边的某一种、某一类原料或者某一种添加剂，应当向当地饲料主管部门咨询。

二、针对宠物需求特征的保健食品配方设计

宠物保健食品的配方不是各种原料的简单组合，宠物保健食品的需求与宠物年龄、用途息息相关。宠物保健食品是基于医学功能循证关键技术和理论，依宠物的不同种类、不同生理（年龄）阶段、性别以及健康状况等特征要求而设计的一种有科学比例的复杂营养和功能配合。因此，设计配方时必须要有专业的宠物营养保健专家和医师指导，不能仅考虑各种物质的含量、营养特性，还需考虑各种成分的功效和量效关系，必须严格把握配料的比例。宠物食品（保健品）的适口性是宠物保健食品配方设计时必须考虑的重要问题，尤其开发全价保健食品产品时，适口性更是首要问题，掌握“适口性修复”原则的基础上，适当调整宠物保健食品配方使其保持良好的适口性，只有这样才可以给宠物带来健康精准的保健营养。

（一）根据不同生命阶段设计配方

宠物一生根据成长阶段的不同，分为幼年期（幼犬猫）、成长期、成年期（成犬猫）、老年期。成长因个体而异，但通常情况下，0～6月龄为幼年期；6～12月龄为成长期；1～7岁为成年期（维持期）；7～8岁及以上为老年期。每个时期所需的营养均不相同，绝对不能终其一生都食用同一种配方食品，但是它对良好营养的需求却从未改变。犬和猫的营养结构大相径庭，不同宠物不同生理阶段的营养需求均不同，在不同生理阶段为宠物提供精准的营养，才能促进宠物的健康发育，增强免疫力，使其健康快乐地成长。

1. 幼年期保健食品配方　幼犬猫保健食品中应增加蛋白质和钙。幼犬猫的成长发育非常快，所以它们与成犬猫相比较，营养需求会比较高。一个固定的营养配方适合所有幼犬猫的宠物营养观念是不正确的，不同幼犬猫的品种、年龄、生理阶段、生活环境、运动以及遗传因素应该有专门的营养配方，不正确的喂养习惯和营养标准会给幼犬猫带来危害健康的风险，比如肥胖风险、生长过快风险、骨骼发育风险、骨骼与肌肉的发育不同步风险，以及免疫力低下风险等。蛋白质是肌肉和骨骼生长中不可或缺的重要成分。幼犬食品中的蛋白质含量通常要比成犬的高25%～35%，可为其提供骨骼生长和发育所需的适当数量的钙、磷等矿物质。因此，幼年期营养补充剂/保健食品配方设计要增加蛋白质、钙、磷等矿物质。

（1）幼犬　幼犬与成犬所需要的水分、蛋白质、脂肪、碳水化合物、矿物质和维生素六大基本养分是相同的。但是由于幼犬的生长速度很快，比成犬需要更多的钙和磷来合成骨骼和牙齿，每日所需钙是成犬的5.8倍以上，磷是成犬的6.4倍以上（每千克

体重)。幼犬如果钙不足，会发生牙齿脱落、骨骼畸形和跛足。同时，钙磷的正确比例是非常重要的，特别是对于6个月以下的幼犬。然而，不同品种犬的成熟速度不同。例如，幼犬的细胞组织生长快速，使它们对蛋白质的需求更多，幼犬需要的蛋白质量是婴儿的6倍，是成犬的4.4倍（每千克单位体重），所以优质蛋白源是必要的。高质量的蛋白质来源是其他营养物质生物吸收的重要保证。

（2）幼猫　通常5～6月龄幼猫开始进入性成熟期。与成猫一样，幼猫也需要水分、蛋白质、脂肪、碳水化合物、矿物质和维生素六大基础营养元素。该阶段对蛋白质的需求是成猫的2.1倍，钙的需求是成猫的5倍，因为它们身体的成长，包括皮毛、肌肉、骨骼等都需要更多的营养物质作支持。

新生幼犬猫羊乳粉是使用最多的营养保健补充剂，如其配方原料组成以羊乳粉为主（占70%），也可加入乳清蛋白粉，其添加剂组成为果寡糖，作为益生元有助于胃肠健康；添加氨基酸，如牛磺酸、DL-蛋氨酸、L-赖氨酸等；维生素类，如维生素A、维生素D、维生素B_1、维生素B_2、维生素B_6、D-泛酸钙、烟酸、叶酸、维生素B_{12}、维生素C、维生素E、D-生物素等；益生菌，如添加尿肠球菌进入肠道可直接发挥作用，给肠道增添活力。羊乳含有200多种营养物质和生物活性因子，不易引起幼犬猫肠胃及皮肤过敏，而且羊乳含有4种亲肠因子，乳清蛋白、益生元、益生菌、小脂肪颗粒，易消化吸收。

2. 成年期保健食品配方　成年宠物犬猫所需要的营养标准更关注营养与能量的最佳平衡、矿物质与维生素的合理配比、脂肪的适当提供，并要保证每天有一定的运动量。在成年阶段的宠物犬猫，应保持牙齿、皮肤、毛发、胃肠和体重等方面的营养健康。对于体型较大的犬，还要采取一些恰当的方法，适量地给犬补充钙质，特别是对于钙的吸收转化低的成年期犬猫更应该及时补钙。选择最直接的补钙方法是喂食钙补充品。对于成年期宠物，平时也要进行营养护理，从而减少中老年以后出现的健康问题，只有这样，才能给予我们更长久的陪伴。

（1）成犬　喂食量取决于多种因素，比如活动水平、食物质量、妊娠状态和体型大小。尽量避免犬的生活条件过度优越，避免肥胖，因为肥胖是常见的与营养相关的健康问题，可导致多种疾病发生或恶化，如糖尿病、肝病和胰腺炎等，并且肥胖会加剧关节问题，如髋关节发育不良或髌骨脱位，肥胖还会让心脏负荷过重从而产生呼吸困难。

（2）成猫　对蛋白质的需求量较大。蛋白质对于成猫维持健康和保证繁殖都十分重要，是其他物质不能替代的；脂肪是猫所需能量的重要来源，同时还能提升食物的适口性，增加猫的食欲，但是过多的脂肪也会引起猫过度肥胖或营养代谢紊乱；碳水化合物并不是猫的必需营养物质，但其中的纤维成分可以维持猫胃肠道的健康，促进营养物质的消化吸收；维生素对于猫也非常重要，一旦长期缺乏会损害健康，甚至引起死亡，如维生素A是猫须从食物中获取的必需营养素，适量的维生素A可以维持猫眼睛的健康；矿物质在猫体内的含量都是恒定不变的，猫在自然采食时一般不会发生矿物质的缺乏。与犬相比，猫无法像其他动物一样合成足量的牛磺酸来满足自身的需求，所以在猫的食物中需要含有一定量的牛磺酸，牛磺酸对于猫咪的视网膜、免疫系统、心脏功能都起着重要的作用。

（3）妊娠与哺乳期　对宠物来说应该是一个非常特殊的阶段。在这个阶段宠物往往会有一些一反常态的表现，比如食欲下降、呕吐、精神低迷、懒散等。宠物妊娠期间的营养是特殊且重要的，它对母犬猫的健康、保证胎儿的正常发育、防止流产，以及母犬猫乳汁的分泌等起着决定性作用。

妊娠期、哺乳期母犬猫，乳犬猫及高龄犬猫的营养补充剂，一般会包括中链脂肪酸甘油三酯（MCT）、牛乳蛋白、脱脂乳粉、粉状水面、消化乳蛋白、蔗糖、椰子油、矿物酵母、氨基酸（L-色氨酸、L-苏氨酸、DL-蛋氨酸、L-精氨酸）、维生素（维生素A、维生素D_3、维生素K、维生素B_1、维生素B_2、维生素B_2、维生素B_6、维生素B_{12}、维生素C、泛酸、叶酸、生物素、胆碱）、矿物质（Ca、K、Na、Mg、Fe、Cu、Mn、Zn、I）、二氧化硅。直接与食物混合喂服，或者溶解适量温水喂服。高蛋白、高热量、高营养，适用于妊娠期间的营养、母乳喂养和食欲不振。犬猫产后贫血生血的营养补充剂，如乳酸亚铁、盐酸、叶酸、维生素B_{12}，主要用于犬猫贫血、食欲不佳、免疫力低、术后及产后恢复、肝脏受损等的营养补充。

3. 老年期保健食品配方　老年期宠物（大型犬6岁以后、中小型犬7～8岁以后、猫7～8岁后）的营养需求受年龄相关的器官功能和慢性健康问题的影响。营养全面且均衡的食物是保证老年期宠物健康长寿的必要条件。老年宠物生理机能下降、易疲劳、眼睛浑浊、行动迟缓、挑食厌食、精神状态差等。因此，老年犬猫的保健食品应适当提供低脂肪配方。

（1）老年犬　活动量逐渐下降，基础代谢率开始降低，所以老年犬每天摄取的能量也在逐渐减少，如果没有减少老年犬的能量摄取，将会导致其肥胖，同时会增加犬身体各个器官的负担，引发关节炎、心脏病、呼吸系统疾病等，进而影响寿命。当犬步入老年阶段，身体也会发生相应的变化，例如下颌处毛发及胡须变灰白，活动量减少，嗅觉、听觉等能力下降，体重减轻等。体重的减轻在外观上可以通过日益减少的肌肉组织体现出来，因此要特别注意蛋白质的摄入足够，蛋白质是肌肉的主要组成部分。其次，一定量的脂肪可以帮助犬更好地吸收维生素，同时提供机体所必需的脂肪酸，例如帮助它维持毛发的亮泽，但摄入过量的脂肪将会增加肥胖的概率，所以某些植物性油脂更适合老年犬，如葵花籽油。由于老年犬对食物的消化吸收功能与成犬比相对较弱，所以提升食物的消化率、改善胃肠道健康均有助于犬对营养物质的充分吸收。在食物中添加一些膳食纤维（如甜菜粕），可以有效改善犬的胃肠道健康，促进肠道蠕动和粪便成型。除此之外，维生素和矿物质也是老年犬食谱中不可缺少的营养元素，不同的维生素和矿物质对老年犬有着不同的作用，矿物质硒、维生素C、维生素E可作为组合提升老年犬的免疫力，降低患病概率。老年犬尤其是长期喂饲自制食物的老年犬，特别容易出现牙石、牙龈炎、牙齿脱落等口腔问题。

（2）老年猫　猫咪7～8岁后，活动量逐步减少，脂肪沉积开始增多，体重也随之不断增加，这些现象将会使猫咪的患病概率提高。与老年犬一样，避免肥胖同样是老年猫保健的关键，因为肥胖容易引起猫咪的许多相关疾病，比如糖尿病、关节炎、心脏与呼吸系统疾病。为了防止这种情况的出现，应当定时、定量饲喂猫咪适口性较好的食物，尽量少让老年猫自由采食。

随着年龄的增长，老年猫的味道感知能力在不断减弱，进食量减少；另一方面，虽然身体发胖，但实际上主要由蛋白质构成的肌肉组织反而减少。为了克服这一矛盾，一方面在加强适口性的同时，还要特别注意蛋白质的可消化性，消化性高的蛋白质意味着即使总体进食量减少，但可被身体吸收利用的蛋白质相对较高，这样就克服了进食量减少这一障碍，比如鸡肉、鱼肉等高质量的蛋白质来源。与此同时，老年猫的消化吸收能力也在不断下降，食物中的膳食纤维可以帮助猫咪提升胃肠道健康水平，促进粪便成型，使得猫咪更加高效地吸收食物中的营养物质。从生理需求上讲，猫咪需要大量的蛋白质，而排除蛋白质代谢产物的主要场所是肾脏，同时也会涉及膀胱等其他泌尿器官。尤其是在老年阶段，泌尿系统的发病概率大大提高，猫咪会出现尿频、尿少、尿痛、尿血等症状。一旦出现以上情况，除了要及时到动物医院检查治疗外，营养因素更是不容忽视的。对于食物中镁和钾等矿物质，一定要进行总量控制，因为这两种矿物质是构成尿结石的主要成分；同时要特别注意水分的补充，水分可以稀释尿液中矿物质的浓度，减少结石的发生概率。

因此，科学设计老年期宠物的保健食品配方，对于防止老年期宠物的慢性健康问题具有重要的意义。

（二）根据宠物健康状况设计配方

针对特定宠物个性化需求进行保健食品配方设计，可分为营养补充型和预防保健型。具体类别如下：

1. 复合维生素类　维生素是宠物生命阶段各时期均需要的营养素，不同种类、生命阶段的宠物因生活环境、营养健康状况不同，均可能出现维生素缺乏，引起机体诸多健康问题。维生素类营养补充剂在宠物保健食品市场的占有量和销售量均位于保健食品前列。目前维生素类营养补充剂配方种类较多，在2022年宠物保健品十大品牌排行榜的复合维生素类中，IN麦德氏的复合维生素双层片占据榜首，其配方主要原料有鸡肉粉、磷酸氢钙、烟酰胺、DL-α-生育酚乙酸酯、叶酸、维生素A乙酸酯、维生素B_1、蛋白酶、D-生物素、淀粉酶、维生素B_2、脂肪酶、维生素B_{12}、维生素B_6、维生素D_3、茶多酚等。配方中的9种维生素，具有维护眼口皮肤健康，为神经系统提供营养，调节胆固醇，维护心血管、造血和神经系统功能等作用；此外，配方中含有茶多酚，已知茶多酚中含有儿茶素及其酯，具有清除自由基和抗氧化、预防口臭、调节胃肠功能、预防心血管疾病、延缓衰老、降脂减肥等诸多功效，在预防疾病维持宠物健康方面起着重要作用。

2. 调理胃肠类　该类营养保健食品期望达到维护和提升胃肠道功能，提高宠粮消化吸收率，改善肠道菌群结构，预防腹泻、排臭便等目的。一般调理肠胃类保健食品配方中都会选择性地添加益生菌、益生元、膳食纤维、蒙脱石、丝兰提取物、脂肪酶等功能因子。

（1）益生菌类　如双歧杆菌、乳酸杆菌、拟杆菌、地衣芽胞杆菌活菌制剂、枯草芽孢杆菌活菌制剂、粪肠球菌、酵母菌（布拉迪酵母菌、红酒酵母菌、啤酒酵母菌等）。

（2）益生元　包括菊粉、低聚半乳糖、乳果糖、低聚果糖（FOS）和甘露寡糖（MOS）。尽管FOS和MOS都可以发挥益生元作用，但它们对肠道微生物的影响机制并不相同。FOS会被胃肠道中的某些有益菌选择性地代谢利用，如大多数双歧杆菌、乳酸杆菌和拟杆菌都可以像利用葡萄糖那样利用FOS来产能。而真细菌、沙门氏菌和梭菌等有害菌不能利用FOS，或者并不能像利用葡萄糖那样高效地利用FOS。在宠物食品中添加FOS可以促进有益微生物生长，尤其是双歧杆菌和乳酸杆菌，并可以限制有害微生物生长。与FOS不同，MOS主要是通过抑制有害菌在肠道黏膜上定植和生长来起到益生元作用。一些致病菌会与肠道细胞表面的甘露糖残基结合，有助于细菌定植并抑制分泌。MOS可竞争性抑制有害菌附着，并促进有害菌随粪便排出体外。

（3）膳食纤维　宠物日粮中的纤维主要包括纤维素、半纤维素、木质素、果胶、树胶和植物黏液。关于胃肠道健康，需要考虑的重要因素是纤维的发酵程度以及发酵产物的种类和数量。在犬猫的结肠中，细菌的活性较高，并且有发酵日粮中纤维的能力。

（4）蒙脱石　对犬猫消化道内的毒素、病毒、病菌及其产生的毒素、气体等有极强的固定、抑制作用，使其失去致病作用；此外，对消化道黏膜还具有很强的覆盖保护能力，修复、提高黏膜屏障对攻击因子的防御功能，具有平衡正常菌群和局部止痛的作用。

（5）丝兰粉及其提取物　对特殊气体有吸附能力（氨气、二氧化硫等），可以改善肠道环境，降低粪便气味，改善饲养环境。据美国研究报告，在宠物食品中添加1kg/t丝兰提取物，可使环境内氨的浓度降低40%以上。丝兰提取物具有增厚犬猫肠道黏膜的作用，可防止某些病毒入侵，并抑制病毒、有害细菌在消化道内增殖；可以减低犬猫血液中的氨浓度，避免发生神经系统障碍疾病；还可以减低刺激性气体浓度，减少呼吸道疾病发生；能够增加宠物食品的香味，刺激宠物食欲，改善宠物食品的适口性和耐口性。

（6）脂肪酶　是饲用酶制剂的一种。幼年动物分泌的内源酶较少，成年动物处于病理、应激状态时内源酶也会发生分泌障碍或减少。日粮中添加该酶能释放出脂肪酸，提高油脂类食材原料的能量利用率，增加和改进宠粮的香味和风味，改进犬猫的食欲，并对局部炎症有一定的治疗功效。

（7）化猫毛球类　采用植物配方颗粒的一般产品配方中配有车前子、菊苣根、大麦苗、果寡糖、维生素B_1、维生素B_2、维生素B_{12}等。配方中车前子富含膳食纤维，可有效促进肠道蠕动，帮助毛球排除体外；菊苣根粉能促进肠道有益菌增殖；大麦苗能缓解肠道不适，化毛，帮助消化；果寡糖帮助肠蠕动，也可为胃肠道提供能量；多种B族维生素可以滋养皮肤，为毛发提供营养。

3. 补钙强骨类保健食品　钙是宠物生长发育及维持机体健康的重要矿物元素，其缺乏会严重影响宠物生长发育。钙不但是构成动物骨骼和牙齿的主要营养成分，还能维持正常的肌细胞功能，保证肌肉正常的收缩与舒张功能，对免疫系统和神经肌肉系统功能的维持都起着至关重要的作用。宠物缺钙的主要原因是日常摄入不足，孕后、产后、泌乳，以及胃肠功能差导致钙质吸收不足等（图4-22），小型犬（贵宾、吉娃娃、博美等）因腿骨压力大，易在运动过程中骨折，需要补钙维护骨健康。

图4-22　需要补钙的各种症状和阶段

目前市场上的宠物钙营养补充剂，按剂型分为钙粉、钙片、液体钙、钙胶；按钙的存在形式分为无机钙（碳酸钙、磷酸钙）、有机钙（乳钙、螯合钙、葡萄糖酸钙、肽）。无机钙含钙量高，但容易引起便秘，适合大型犬，不适合老年犬、胃肠不好的犬和容易便秘的犬；有机钙适合小型犬、老年犬和肠胃不好的犬；液体钙较钙粉吸收最快。不同剂型在配方中的使用情况和适宜对象均不同，钙粉可以拌在粮食里，饲喂量大，适合大中型犬；液体钙饲喂方便，直接喂食，适合幼犬、小型犬；钙片容易控制剂量，直接喂食，适合幼犬、小型犬；钙胶方便饲喂，适合幼犬、小型犬。因此，针对不同种类的宠物，为不同品种、不同生命阶段和营养健康状况的宠物设计合适的补钙配方十分重要。肽钙是近年来开发的第五代补钙产品，由蛋白酶解物与钙螯合或者酶解物直接与钙混合使用。如卫仕狗狗钙片补钙产品，属于小分子肽钙产品，利用酪蛋白酶解物的小分子肽能促进钙吸收利用的特性，补钙温和，容易吸收，同时又补充营养，发挥小分子肽的生物学功效，因此，备受消费者推崇。

4. 关节养护类 关节问题主要包括关节老化、髋关节发育不良，膝关节滑脱、拉行扭伤、关节疼痛等，大型犬有关节肿大、运动不良、瘸腿、腿发抖、趴蹄等。养护关节类保健食品一般都配有蛋白多聚糖或葡萄葡萄糖胺化合物等，以改善关节软骨和黏膜功能。

（1）蛋白多聚糖 是蛋白聚糖的一部分，与软骨和其他结缔组织中的胶原形成交联。与结缔组织和关节相关的糖胺聚糖包括软骨素4-硫酸盐、软骨素6-硫酸盐、角蛋白硫酸盐、皮肤硫酸盐和非硫酸盐透明质酸。透明质酸可增加健康关节关节液的黏度和对滑膜的润滑程度。透明质酸与其他物质一起为关节软骨和肌腱提供弹性、柔韧性和抗拉强度。糖胺聚糖对结缔组织有抗炎作用，直接作用关节组织的结构修复。此外，糖胺聚糖还可为软骨细胞提供更多的硫酸软骨素和透明质酸前体。

（2）葡萄糖胺化合物 是由葡萄糖和氨基酸谷氨酰胺合成产生的氨基糖，是关节细胞外基质中糖胺聚糖和蛋白聚糖的主要成分。使用葡萄糖胺保健品时，这些化合物可以保护受骨性关节炎影响的结缔组织和软骨，让结缔组织和软骨再生。硫酸软骨素和葡萄糖胺有助于减轻炎症和疼痛，使关节液黏度变正常，可促进修复有骨关节炎的关节软骨。长期使用可起保护和恢复作用，有助于减少不适和炎症，增强活动能力。兽医师们常推荐使用含有葡萄糖胺和硫酸软骨素的保健品。

以卫仕宠物犬关节舒为例介绍其配方设计，预防关节老化，改善“跑步膝”，帮助复健拉伤扭伤，缓解关节疼痛等（图4-23）。原料组成为肉类及其制品、紫薯粉、葡萄糖胺盐酸盐（10%）、微生物发酵类制品，添加剂组成为硫酸软骨素（牛软骨素、鲨鱼软骨素）、低聚壳聚糖、维生素A、维生素D_3、维生素C、DL-α-生育酚乙酸酯（维生素E）、维生素B_2。

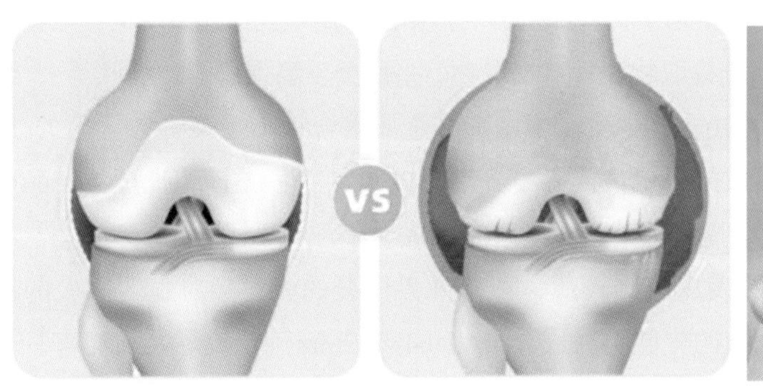

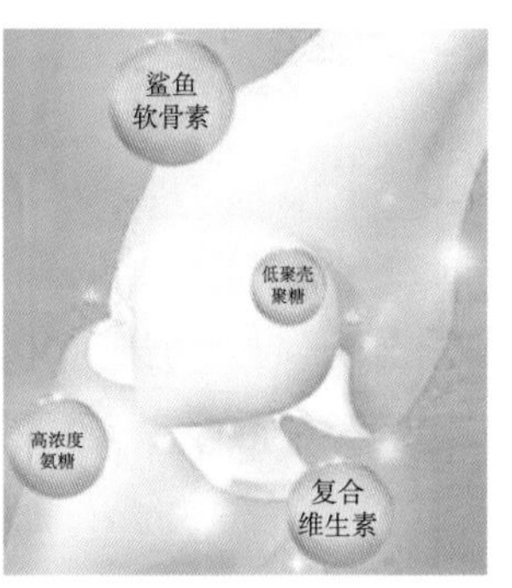

图4-23 硫酸软骨素的关节改善作用

5. 提高免疫力类 提高免疫力能预防宠物各种疾病的发生。目前市场销售的提高宠物免疫力的保健食品较多。以美格提高免疫力的IGY犬营养膏的产品为例介绍其配方设计，其原料组成有橄榄油、鸡肉粉、酿酒酵母提取物、蛋黄粉（5%，含卵黄抗体IgY）、牛初乳粉（含IgG）、乳钙（3.2%）、麦芽糖，添加剂组成有硫酸软骨素、牛磺酸、L-赖氨酸盐酸盐、β-1,3-D葡聚糖、维生素A、维生素B_1、维生素B_2、维生素B_6、维生素B_{12}、维生素D_3、DL-α-生育酚乙酯酸、烟酸、叶酸、D-泛酸钙、D-生物素、磷酸氢钙、乳酸亚铁、硫酸锌、硫酸锰、酵母硒。配方中IGY是卵黄免疫球蛋白，是从具有免疫性的母鸡所生产的蛋黄中提取，进入肠道后迅速在肠壁细胞建立保护层，有利于提高机体被动的免疫能力，同时有助于提高宠物抗病能力和存活力，产后、术后及治疗期间营养补充，呵护肠道，抗应激，提高宠物抵抗力。牛乳贴近母乳，较易吸收，可补充机体微量元素。

6. 口腔护理类 犬猫的口腔保健除了需日常定期刷牙和检测之外，在营养层面上对口腔的保健也具有重要意义。口腔护理类的保健食品配方中一般会配有矿物元素、纤维类物质、木糖醇、山梨糖醇等多元醇糖，以及植物提取物中具有保护牙齿的功效成分。

（1）矿物元素 钙、磷、镁、氟等矿物元素是构成牙齿的重要物质，对于牙齿的钙化和形成具有重要作用，因此，适量的矿物元素补充剂是保护牙齿的关键。

（2）多元醇糖质 宠物食品中碳水化合物（蔗糖、葡萄糖等）是导致龋齿和口腔疾病的根源，这些糖类有利于口腔内微生物的滋生而侵蚀牙齿。木糖醇、山梨糖醇等多元醇糖不能提供口腔内微生物利用的碳水化合物来源，从而可以保护口腔健康。木糖醇等功能性糖具有取代葡萄糖、蔗糖，促进宠物牙齿健康，降低血糖和保护肝脏的作用。

（3）纤维类物质 该类物质是宠物天然的“牙刷”，宠物咀嚼高纤维物质，包括牧草、蔬菜、水果等可以有效清除附着在牙齿表面的微生物，因此适量的纤维类食品可以作为宠物口腔的护理素。

（4）植物提取物 植物中很多有效成分具有保护牙齿的作用，如应用比较多的绿茶提取物（茶多酚类），具有抑制微生物生长、保持口气清新的作用；其他还有薄荷提取物（薄荷黄酮类）、丝兰提取物、蘑菇提取物、甘草提取物、多肽类（酪蛋白磷酸酯肽等）、维生素C、天然沸石、锌、辅酶Q10、蔓越莓、牛磺酸、金属螯合剂（多聚磷酸盐等）、口腔益生菌类等物质。这些功效成分以单一或者复配等形式添加到各类口腔护理类产品中联合发挥作用，起到清洁牙齿、抗菌杀菌、清洗口气、减少牙石、缓解炎症的功效。

7. 美毛护肤类　犬猫的表皮层比较薄，抵御外界侵袭的能力相对脆弱。犬的皮肤厚度一般为0.5～5mm；猫咪的皮肤更薄，厚度为0.4～2mm。毛发对犬猫而言，不光起到美观作用，同时也是肌肤的保护伞，而皮肤是毛发生长的载体，健康的皮肤是亮泽毛发的支撑。宠物犬猫的毛发健康状况与饮食息息相关，作为与蛋白质、维生素并列的“第三营养素”卵磷脂，它所含的肌醇是皮肤的主要营养物，适当摄取可以促进皮肤再生，促进毛发生长，防止掉毛，让毛发色泽亮丽。所以，护肤美毛类的保健食品配方中一般会含有蛋白质、氨基酸（含硫氨基酸和精氨酸、色氨酸等非含硫氨基酸物质）、脂肪（鱼油、卵磷脂、花生油酸等）、矿物质（锌）、维生素等，这些成分或富含这些成分的食品原料对于宠物皮毛生长有着直接影响。如日粮中添加含硫氨基酸能够有效提高产毛动物的毛产量。同时，精氨酸、色氨酸等非含硫氨基酸物质对于宠物皮毛与新陈代谢也有着一定促进作用，因此，在宠物日粮中添加此类物质能够有效促进其毛纤维生长，增加强度和被毛密度，起到护肤美毛作用。

8. 辅助降血糖类　目前国内关于辅助降血糖或调节血糖类的宠物保健食品种类非常稀缺。归纳国内外已有宠物保健食品起到辅助调节血糖作用的产品配方中一般都含有α-硫辛酸、维生素B_6、维生素C、维生素E、Ω-3脂肪酸、精氨酸、甘氨酸等营养素；植物提取物，如食用菌多糖、β-葡聚糖、壳聚糖、虾青素、果蔬提取物、花青素等，这些营养成分都具有修复胰岛β细胞、增强胰岛素的敏感性、调节血糖代谢、减少并发症等功效。

9. 预防泌尿系统的保健食品　按照饲料原料和饲料添加剂目录，可用于预防泌尿系统结石的保健食品配方功能成分或原料包括维生素C、维生素E、柠檬酸钾、甘露糖醇、N-乙酰葡萄糖胺盐酸盐、富马酸，以及车前子、茯苓、青口贝等。此外，也包括一些植物提取物，蔓越橘（酸果蔓）汁或提取物、绿茶提取物（L-茶氨酸）、木槿花（芙蓉花）提取物等。所以在设计该类保健食品时，一般会配有上述1～2种或数种成分，起到维持泌尿系统功能健康的作用。

二 以宠物食品为载体的保健食品配方设计

宠物食品主要有主粮、零食、饮料等，以宠物食品为载体的保健食品将受到消费者青睐；主食的功能化可能是未来宠物保健食品市场的新增长点。以城乡居民日常化消费

为重点的产品、宠物特色保健食品、保健型休闲零食的研发等，将是未来宠物食品研发人员重点关注的内容。

（一）主粮为载体的保健食品配方设计

1. 主粮加工过程直接添加的保健食品配方 该类配方是将具有保健功效的成分在主粮加工过程中直接以添加剂的形式添加到主粮生产中，配方中加入饲料中允许使用的功能明确的保健食品原料或者从原料中提取的有效成分，制备成保健型主粮。如配方中加入迷迭香或其提取物、茶多酚（包括茶氨酸）、维生素C和维生素E等具有抗氧化活性的活性成分，可以起到抗氧化和抗氧化应激的作用，同时具有调节肠道功能等；如配方中加入蓝莓及其提取物、蔓越莓及其提取物、叶黄素+玉米黄质等，可使主粮具有护眼的保健作用，适合于视力发育期犬猫或者老年期犬猫食用。专用离乳幼犬设计的主粮保健配方，适宜加入鸡蛋、甜菜粕颗粒，已知鸡蛋含有丰富的蛋白质、脂肪、卵磷脂、DHA、卵黄素以及多种维生素，与DHA共同补充幼犬大脑生长发育所需的营养成分，帮助脑神经发育；甜菜粕除了能提高宠物食品的适口性，为宠物提供较高的能量外，也由于纤维素含量丰富而被添加到宠物食品中充当纤维粪便硬化剂。

2. 与主粮伴服的保健食品配方 该类保健食品主要以粉体形式，通过与主粮伴服的形式食用而发挥其功能。比如天然海藻粉及其提取物，加入犬粮质量的2%～3%，拌入犬粮中喂养。不仅对宠物犬有较好的促生长作用，还能改善宠物犬的体质，降低体中脂肪的含量等。冻干三莓果粉（蓝莓、红树莓、蔓越莓），除了补充宠物维生素和矿物元素外，蓝莓中富含花青素维护宠物眼睛健康；红树莓富含鞣花单宁，帮助宠物健康成长；蔓越莓可帮助宠物维持牙齿健康。此外，还有果蔬粉、富含矿物元素粉、植物提取物粉等。

迷迭香及其提取物粉：已知迷迭香含有黄酮类、类萜、有机酸等多种抗氧化成分，能切断油脂的自动氧化链、螯合金属离子，并起到与有机酸的协同增效作用。迷迭香抗氧化剂在动植物油脂、富油食品和肉类制品中，具有阻止和延迟酸败或延长保存期的作用，并且彻底避免了合成抗氧化剂的毒副作用和高温加热分解的缺点。迷迭香抗氧化剂具有安全、高效、耐热、抗氧化效果好、广谱等特点。目前国际食品界采用的天然抗氧化剂有茶多酚、迷迭香抗氧化剂、异维生素C钠盐、维生素C、维生素E等以及它们的混合物。其中，异维生素C钠盐、维生素C、茶多酚等属水溶性物质，对油脂的抗氧化效果不强。实验结果表明，在动植物油脂上，迷迭香抗氧化剂效果是BHA和BHT的2～4倍，比异维生素C钠盐高1～2个数量级。因此，迷迭香及其提取物被世界公认为第三代绿色食品抗氧化剂，在宠物保健食品中添加可以发挥其抗氧化作用。

3. 湿粮形式的保健食品配方设计 该类产品配方设计中，将功效成分以添加剂的形式添加到湿粮中，起到保健作用。以添加水果系列——香蕉、草莓、苹果、洋梨、蓝莓的保健食品为例，介绍湿粮形式的保健食品配方设计。

（1）香蕉口味调理胃肠保健食品配方设计　该配方中添加了香蕉、果寡糖、山楂和酵素。香蕉富含胡萝卜素、钾和膳食纤维等多种营养成分；果寡糖入肠道之后能作为有益菌繁殖的动力抑制有害菌的繁殖，达到改善肠胃环境的目标；山楂可帮助消化，软化血管，降低血脂，改善宠物食肉较多而造成的高胆固醇；酵素能增强肠道蠕动，建立良好的肠道环境，促进毒素排出，改善便秘。

（2）草莓口味预防肥胖配方设计　该配方中添加了草莓、金银花、首乌、荷叶，可预防肥胖，帮助维持爱宠理想体重。草莓可补充维生素C，富含膳食纤维可促进胃肠蠕动；金银花可去火排毒，清除体内毒素，在控制体重的同时具有抗感染功效；首乌可润肠、解毒，促进肠道蠕动及废物排出，减少犬猫对胆固醇的吸收与肝脏沉积；荷叶含有多种化脂生物碱，可加速分解、排出体内的脂肪，并能在肠道壁形成脂肪隔离膜，阻止脂肪吸收、堆积。

（3）洋梨口味调节宠物犬骨关节健康配方设计　该配方添加了洋梨、赖氨酸螯合钙、鲨鱼软骨素、胶原蛋白肽。洋梨果肉营养高，含有丰富的蛋白质和维生素；赖氨酸螯合钙，能补充钙质，是犬猫成长发育必需营养，可增强体质，防止骨质流失，有助于养成爱宠健壮体格；鲨鱼软骨素，能够预防骨质疏松症，活化机体结缔组织及细胞，保养和修复软骨组织，预防关节软骨退化；胶原蛋白肽是骨骼的主要组成部分，可修复关节、软组织损伤，维护肌肤、强化内脏器官功能。

（4）苹果口味提高免疫力配方设计　该配方中添加了苹果、牛初乳、人参，帮助提高爱犬免疫力。苹果中富含矿物元素和维生素；牛初乳含丰富免疫球蛋白与生长因子，能提升病毒抵抗力，中和体内毒素，将肠胃调整到最适状态；人参富含人参皂苷和人参多糖，能提高抗应激作用，抵御有害刺激，改善爱宠易感体质。

（5）蓝莓口味维护眼睛健康的配方　该配方中添加了蓝莓、花青素、微生物E、维生素D_3和牛磺酸。已知蓝莓有保护眼睛，增强免疫力的功效；花青素具有强抗氧化力，能够保护机体免受自由基的损伤，抑制炎症和过敏，增加皮肤的光滑度，减少宠物泪痕产生；维生素E能够抑制眼睛晶状体内过氧化脂反应，扩张末梢血管，改善血液循环，预防近视眼发生和发展。维生素D_3可降低眼睛敏感反应，减少眼睛炎症损伤概率，预防眼内病变；牛磺酸是身体必需氨基酸，具有改善视力与听力损伤的作用。

（二）零食为载体的保健食品配方设计

以宠物零食为载体的保健食品配方产品种类颇多，如饼干系列、罐头系列、洁齿咬胶系列等，具体涉及乳制品系列、肉制品系列、果蔬系列等，本部分仅以饼干系列和罐

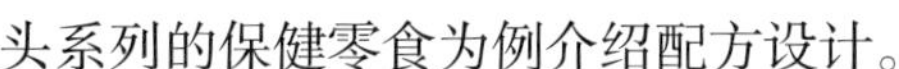

头系列的保健零食为例介绍配方设计。

1. 饼干系列保健零食配方设计 以NUPET纽澌系列保健作用的饼干食品为例，介绍配方设计。①清新罐子：配方主要成分为牛肉粉、鸡肉粉 全脂膨化大豆、大米粉、小麦粉、膨化玉米粉、苹果发酵粉、山楂粉、大豆油、酵母细胞壁多糖、丝兰提取物、多种维生素。适用于有口腔问题、肠胃功能过差、未代谢物质在肠道滞留时间过长。该配方适用全犬种。②舒缓罐子：配方主要成分为牛肉粉、鸡肉粉、全脂膨化大豆、大米粉、小麦粉、膨化玉米粉、大豆浓缩蛋白、果蔬粉、苹果发酵粉、牛油、酵母硒、天冬氨酸镁、碳酸氢钠、多种维生素；配方中提供丰富的L-色氨酸，具有舒压的作用，紧张的情况下助于稳定情绪，帮助爱犬平静，平缓焦虑，起到舒压平缓；提供多种抗应激的物质帮助爱犬抵御应激反应。该配方适用全犬种。③消化罐子：牛肉粉、鸡肉粉 全脂膨化大豆、大米粉、小麦粉、膨化玉米粉、苹果发酵粉、山楂粉、大豆油、酵母细胞壁多糖、丝兰提取物、多种维生素等30多种成分均衡配比，营养易吸收；全方面调理肠胃环境，多种天然果蔬提供丰富的膳食纤维，强健肠胃动力，帮助消化食物；丰富的生物酶利于吸收过程，帮助能量营养物质的转换；丝兰提取物具有独特的固氮能力，可降低畜禽粪便中的氨气、硫化氢、粪臭素等有害物浓度。该配方适合全犬种。④智力罐子，配方主要成分为牛肉粉、鸡肉粉 全脂膨化大豆、大米粉、膨化玉米粉、大豆浓缩蛋白、果蔬粉、苹果发酵粉、大豆油、牛油、酵母细胞壁多糖、银杏提取物、单胺酸锌、酵母锌、多种维生素；除了作为奖励食物外，还可促进大脑发育、维持老年期动物脑健康。该配方适用全犬种。

2. 罐头宠物犬保健零食配方设计 以爱丽思（IRIS）系列保健作用的罐头食品为例，介绍配方设计。原味美毛膳食罐头，主料为鸡胸肉、氨基酸粉、鸡肝，添加多种均衡氨基酸，营养更充分均衡，适用全犬种美毛；绿茶清洁牙齿膳食罐头，主料为鸡胸肉、绿茶、鸡肝，添加绿茶成分，茶多酚有助于清除口腔异味，适用全犬种；清肝明目膳食罐头，主料为鸡胸肉、菊花、枸杞，添加枸杞和菊花，清肝明目不上火，适用全犬种；调理肠胃膳食罐头，主料配方为鸡胸肉、菠菜、魔芋、南瓜，添加的南瓜富含胡罗卜素、维生素，健脾养胃，适用全犬种；幼犬奶糕罐头，主料为鸡胸肉、奶酪、南瓜，添加乳酪，易消化易吸收，补充钙质剂所需营养元素。

3. 饮料为载体的保健食品配方设计 近年，饮料形式的宠物保健食品逐渐走进消费者市场，目前市场上出售的主要有奶饮品、电解水和茶饮。

（1）乳饮品 新西兰zeal宠物犬猫鲜牛乳，其原料组成包括全脂牛乳99.9%、向日葵籽油，添加剂组成为牛磺酸、乳糖酶、维生素E、维生素B_1、维生素B_2。采用低温乳糖水解技术，并添加“乳糖酶”，将牛乳中宠物犬猫无法吸收的乳糖全部分解，且不破坏其他营养成分，做到真正零乳糖，减少肠胃不适，呵护爱宠健康。

适合宠物犬猫的羊乳乳酸菌饮料，能调理成年宠物肠胃，原料配方包括饮用水、全脂羊乳粉、蔗糖、羧甲基纤维素钠、三氯蔗糖、山梨酸钾、嗜热链球菌、保加利亚乳杆菌等。该饮品新鲜、高营养、易吸收、易消化。羊乳更适合犬猫，性温、不易引起过敏，而牛乳会导致宠物犬猫体内精氨酸缺乏，引起皮肤过敏，牛乳脂肪球与蛋白质颗粒大，营养，不容易吸收。

（2）电解水　电解质指体液中钠、钾、钙、镁等离子，是体液的重要组成部分，会随着出汗、腹泻等流失，补充电解质和水分可以调节宠物机体水分，维持体内酸碱平衡，让补水更持久。配方主要成分有透明质酸、维生素A、维生素D_3、维生素E、维生素B_1、维生素B_2、维生素B_{12}、维生素C、NaCl、KCl、氨基酸、黄芪多糖等。该配方中添加了黄芪多糖，可增强宠物免疫活性。补充多元复合维生素，满足AAFCO、欧洲宠物食品工业联合会（European Pet Food Industry Federation，FEDIAF）标准对成长期和成年期犬猫维生素摄入的最低需求，而且维生素A本身具有抗氧化活性；维生素B_1、维生素B_2、维生素B_{12}、维生素D_3可促进生长；维生素C、维生素E有抗氧化和提高免疫能力。

（3）茶饮　去火清口气配方，该配方可去尿臭、去火、清口气，其原料组成包括甜菜根、柠檬草、洋甘菊、车前草、黑枸杞；此外，还能促进皮肤毛发健康，改善贫血，增强免疫力。

美毛、排毒配方组成：甜菜根、蒲公英、海苔片、亚麻籽、黑枸杞。该配方还具有健胃、滋润皮肤、利尿和促进皮肤毛发健康功效。

三 适合电子商务物流包装的保健食品配方和剂型的创新设计

宠物保健品的销售渠道可分为线上渠道和线下渠道，其中线上渠道已成为中国宠物保健品最主要的销售渠道，宠物保健品线上渠道销售额占宠物保健品行业整体销售的比例接近65%～70%。中国宠物保健品的线上渠道主要集中在淘宝、天猫、京东等大型电商平台。电商平台能够为消费者提供更多的产品选择，提升消费者的购物便利性，受到了消费者的青睐。各电商平台中，天猫、淘宝、京东作为中国电商行业中的头部平台，凭借其规模优势，成为宠物保健品最主要的线上销售渠道，这三大电商平台的宠物保健品销售额占线上渠道总销售额的89%左右。

线上电子商务仍是未来宠物保健食品销售的主流方式，也是宠物保健食品价格调整的一种有效手段，因此必须开发适合电子商务物流的产品包装和剂型。如根据包装材料、包装方式、产品层次等不同采用不同的包装；重点开发便于运输、贮藏、方便食用的产品剂型。目前市场销售的宠物保健食品配方设计的产品形式和包装均比较适合物流运输，所以该部分关注度不高。

四 宠物保健食品产品研发流程与生产工艺

应根据公司规划、市场调研、宠物营养健康需求以及设备工艺要求，策划开发宠物保健食品新产品。宠物保健食品产品研发大体分为7个步骤，依次分别为立项调研、实施程序、产品试制、产品检测、现场考察、资料书写与整理、申报与审批（图4-24）。

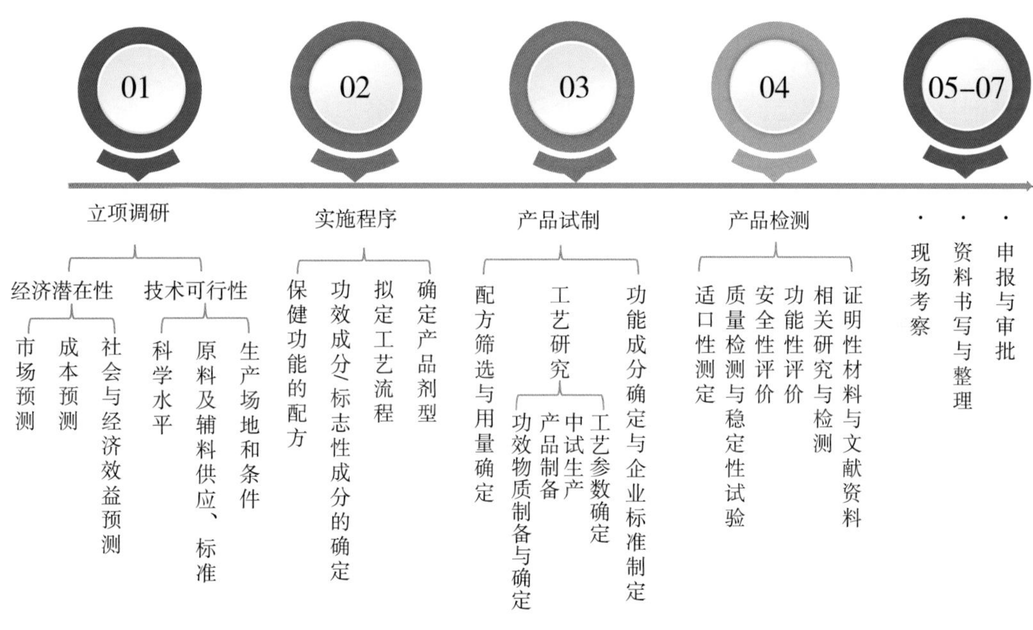

图4-24 宠物保健食品产品研发步骤

（一）立项调研

宠物保健食品开发之前，第一步是立项调研，调研内容包括经济潜在性和技术可行性调研分析。

1. 经济潜在性 市场预测，对拟开发产品的消费群体定位，如宠物主人消费群或宠物品种、类型、生命阶段（年龄）、健康状况等；现有产品市场情况，如同类产品或类似产品在国内外基本情况，包括同类产品种类、数量、优缺点、销售现状与趋势等；成本预测，对拟开发产品原料、配料、添加剂、加工、人员等方面进行成本预测；社会与经济效益预测，主要包括产品所针对的宠物群体维持健康和预防健康危害的评估、解决就业人数、成本核算、预测销售额及上缴利税额、外销情况。

2. 技术可行性 包括对新产品预期达到的保健功能和科技水平，如明确的功能和依据；拟开发产品的特点或优势及趋势，如功能特性、配方与机制、原料、工艺、剂型和质控等的特点及趋势；原料及辅料供应、标准；生产场地和条件等。

（二）实施程序

实施程序主要包括拟定具有某种保健功能的配方、功效成分/标志性成分的确定、拟定工艺流程、确定产品剂型。

1. 配方的筛选 说明配方中各原、辅料在产品中的作用、相互关系及用量的科学依据。注意配方中配伍禁忌和对宠物安全性的影响，配伍预试时应有试验记录及原始计算数据。

2. 对配方中原料的说明 包括原料（品种）选择应符合《饲料原料目录》、《饲料添加剂目录》有关规定；说明原料的功效和作用；说明各原料用量理由；说明各原料配伍关系；说明对宠物安全性的影响。

3. 产品形态与剂型选择 应根据产品本身的特质，既利于宠物食用、便于宠物吸收，又易于保存的原则选择产品的形态与剂型。一般选择能充分发挥产品保健功能的形态及剂型。

4. 功效成分的确定 主要包括功效成分，是产品中具有特殊生理作用的活性物质，是宠物保健食品研究的关键，也是产品质量的主要指标；保健食品原料；确定功效成分检测方法；用标志性成分代替功效成分。

（三）产品试制

产品试制主要包括配方筛选与用量确定、工艺研究、功效成分确定与企业标准制订。其中：①配方筛选与用量确定，主要包括文献资料论证、药理学实验（动物实验）与宠物试食实验、体外实验。②工艺研究，主要包括功效物质制备与确定、产品制备、中试生产、工艺参数确定。③功效成分确定与企业标准制订。

（四）产品检测

产品试制成功后，对产品的质量检测包括适口性检测、质量检测与稳定性试验、安全性评价、功能性评价、相关研究与检测、证明性材料与文献资料；再根据产品的要求，进行配方、原料、添加剂、工艺、外观、保质期、卫生指标、适口性的研究，不断改进各项指标，最终确定如上各种参数。

1. 适口性评价 根据宠物食品适口性检测方法，对试制的产品进行宠物适口性评价，如是以什么样的形式饮食，单独食用还是与主粮一起食用。如是保健主粮，适口性不理想，必须重新调整工艺，增调产品的适口性；如是以添加形式与主粮拌食，则适口性影响不大。

2. 稳定性研制 根据《产品稳定性验证程序》，在产品成型后上生产大试，将试制的产品进行加速试验，考察产品在温度、湿度、光照等条件的影响下随时间变化的规律，为产品的生产、包装、储存、运输条件和有效期的确定提供科学依据，以确保上市产品安全有效。

3. 安全性研制 采用普通级、清洁级或SPF级各品种系列的实验小鼠、大鼠进行动物试验。实验动物购自经国家认可的、具有实验动物生产许可证与使用许可证的组织机构。购买的实验动物品系、数量、性别和体重根据实际试验设计要求进行选购。新购进的实验动物分笼饲养，进行检疫、适应性观察3～5d，合格者才能用于试验，不符合健康标准者按规定淘汰处理，试验用过的动物按规定无公害化淘汰处理，应做好记录。

4. 功效性研制 根据产品的功能特性进行功能特性的研究。设计科学可行的试验，进行功能性验证。

5. 严谨性评审 公司对开发的新品组织内部、外部测试评审，收集汇总意见。根据意见对下步研发进行改进。

6. 数据的处理 试验结束后，研发技术部将所有试验记录整理入档，统计并分析各指标数据，撰写试验书面总结报告，以便确定产品的全价性、安全性及适口性。

（五）不同剂型产品开发的大体工艺流程

1. 片剂（湿法制粒压片）工艺流程 领料→小料预混合→配料→混合→湿法制粒→干燥→整粒→总混→压片→内包装（铝塑、装瓶等）→打码→装箱→入库。

2. 片剂（粉末直接压片）工艺流程 领料→小料预混合→配料→混合→压片→内包装（铝塑、装瓶等）→打码→装箱→入库。

3. 粉剂工艺流程 领料→小料预混合→配料→混合→包装（袋、瓶、罐等）→打码→装箱→入库。

4. 膏剂工艺流程 领料→小料预混合→配料→混合→乳化、均质→高温灭菌→灌装→包装→打码→装箱→入库。

5. 颗粒剂工艺流程 领料→小料预混合→配料→混合→制粒→干燥→整粒→总混→内包装（装袋、装瓶、装罐等）→打码→装箱→入库。

宠物保健食品的功能及安全评价

安全性和功能性是宠物保健食品的两大特性，也是预防和维持宠物生命健康的重要基础，绿色、高效、安全的保健食品一直是宠物食品开发者及消费者追求的目标。优质高效的宠物保健食品是生产企业依照《饲料质量安全管理规范》要求生产出来的，生产企业应担负起主要责任。我国许多宠物食品生产企业规模较小，安全规范生产的能力水平有限，导致生产出来的产品质量参差不齐，因此需要监管部门充分发挥监管的职能，促进企业规范生产行为，生产合格的保健食品。

宠物保健食品是传统宠物食品的功能拓展，通过精选原料、优化配方、改进加工工艺，以及使用益生菌、功效成分、矿物质、维生素、非淀粉多糖、单一或复合酶制剂、微生态制剂、谷氨酰胺、果寡糖等对宠物进行营养调控、免疫刺激及抗应激等多种途径，有效提升宠物的非特异性免疫力，增强机体的抗病力，提高宠物对食品的消化吸收率，从而预防或减少宠物疾病的发生或发病后的死亡率，减少药物的使用，保障宠物的健康安全。因此，功能明确、质量安全的保健食品对于维护和预防宠物疾病的发生和发展具有重要的意义。宠物保健食品安全具有隐蔽性、累积性及复杂性的特性，食品本身会携带天然有毒有害物质、生物污染、化学污染、金属元素的超量使用及违禁药品的添加等都会影响宠物保健食品的安全性。

一 建立和完善宠物保健食品的功能学评价体系

（一）宠物保健食品的功能学评价体系

宠物保健食品的功能学评价应提供受试样品的原料组成或/和尽可能提供受试样品的物理、化学性质（包括化学结构、纯度、稳定性等）有关资料。受试样品必须是规格化的定型产品，即符合既定的配方、生产工艺及质量规范。提供受试样品安全性毒理学评价的资料以及卫生学检验报告，受试样品必须是已经过食品安全性毒理学评价确认为安全的食品。功能学评价的样品与毒理学评价、卫生学检验的样品必须为同一批次（安全性毒理学评价和功能学评价实验周期超过受试样品保质期的除外）。应提供功效成分或特征成分、营养成分的名称及含量。如需提供受试样品违禁药物检测报告时，应提交与功能学实验同一批次样品的违禁药物检测报告。

功能声称的生物标记及其有效性研究是宠物保健食品产品研发的关键基础，只有建立和完善宠物保健食品的功能学评价体系，才能为宠物保健食品的开发提供科学依据。目前我国关于宠物保健食品的功能学评价基础研究还相当欠缺，系统的评价体系尚未建立。未来应该重点建立快速、有效的功能评价模型；开展保健食品的健康效应及其作用机理的研究；用新的理论和方法来对功能因子的传统功能和新功能进行深入研究。我国宠物保健食品研究、宠物食品添加剂的基础研究仍处于初级阶段，应该汇集广大科研人员广开思路，并结合本地区实际情况开发出更多、更有效、更益于生产的宠物保健食品。

（二）宠物保健食品适口性评价方法研究

适口性是宠物采食时，某一种食物的理化性状能够刺激宠物的味觉、视觉及触觉，使动物对其产生好恶反应的一种性质。食品影响宠物适口性的因素较多，一般除了食品自身的特点，如成分来源、组成成分、物理性能等，还与宠物自身的独特因素有关。宠物对适口性的感受主要受到化学因素、物理因素及行为因素的影响。

1. 化学感应　体内的代谢反馈信号影响食物消耗的持续时间、比例和数量，而化学感应因素在决定是否接受或者放弃食物这个过程中起主要作用。动物判别一个物体是否是食物、是否接受或放弃的主要依据都是感官性质的。这些依据包括远距离就可以判断出来的一些因素，比如视觉、听觉以及嗅觉的；还有一些通过接触得到的，比如口味、化学刺激和触觉。

美国宾夕法尼亚州费城市Monell化学感觉研究中心的Gary Beauchamp博士早在20世纪70年代就研究发现，口味因物种而异。他们发现猫对于甜味不敏感。在哺乳动物中，咸和酸普遍都能被感觉到，而对于苦和甜感觉则差异很大。引起口味的化合物通常是不挥发的，并且能引起甜、酸、咸、苦以及美味感觉。美味感觉是一个相对的概念，因为对于滋味敏感的功能是由舌头上的味蕾细胞来实现的，所以对于滋味是否符合口味是由品尝食物的物种或个体所决定的。嗅觉比味觉提供的信息复杂得多。除了5种基本形态以外，由于存在相对应的更多的接受细胞来认识这些感觉，所以有可能还存在上百种甚至上千种嗅觉的信息。气味在宠物选择食物的过程中是非常重要的，通过改变采食食品的气味很可能改变宠物的采食行为。

2. 触觉刺激　我们通常认为，影响同类动物食物喜好的主要因素是食物的味道和气味，而忽视了触觉刺激对于他们的重要性，比如食物研磨的形状、质地以及黏性。触觉刺激是动物在其口中对于食物物理特性认知的反应。“口感”通常被用来描述这种感觉。这种食物的特性在宠物感受的食品的美味中起到了非常重要的作用。对于猫和犬而言，他们更喜好的食物很大程度上取决于牙齿和口腔里软组织的敏感性以及分泌唾液的相互影响。食物消耗的难易程度和食物的形状对于触觉刺激和食物喜好都被认为是有重要的意义。就猫而言，牙齿在动物是否接受食物上的作用更明显。猫与犬的牙齿不同。猫有专门食肉的齿系，代替了一般动物撕碎肉食的前臼齿。由于缺乏臼齿，猫不能磨碎食物。猫可以消耗硬质的粗制宠物食品，但是它们不能充分磨碎食物。猫的牙齿说明了为什么猫对于罐装和半湿食品的强烈喜好。掌握了牙齿的情况以后，人们在设计开发宠物食品时就知道了从动物整体出发的重要性。

另外，关于触觉刺激的一个方面是食物的形状和结合程度，这点在猫科动物尤为明显。猫喜欢在一次进食时吃掉一小块食物，因而猫可以采食类似于星形这样的不规则块状食物。猫对于食物形状的特别喜好更多的是由于牙齿和咀嚼的原因，而不是其他原因。

食物的结合程度是猫粮适口性的另外一个重要属性。任何过分刺激猫敏感的口腔组织的东西都会对食物的适口性产生负面影响。总之，食物的接触属性在其美味性上起重要的作用。

3. 行为因素　宠物行为影响宠物选择食物的决定因素包括生物学/遗传学因素、区域因素、个体之间的差异。生物学/遗传学方面的因素包含宠物的生理状态及认知食物的能力。食物的喜好可能是由于先天遗传体质差，而后又由于生存经验而改变的结果。地区和文化的差异也可以影响宠物主人饲喂的食物类别。

宠物喜爱的美味食物，也可能因为他们的主人完全不会接受而不会成为其食物的组成部分。虽然不是直接由于动物本身的反应，但是地区差异会直接影响动物所接受的食物，因此我们必须考虑这个因素。宠物个体选择食物的关键因素包括恐惧感、条件性的厌恶和好奇。

（三）宠物保健食品的适口性评价

适口性是宠物进食时产生的一种感觉，所以必须通过一些客观性的试验方法来衡量宠物食品的适口性。适口性测试是将宠物食品推进宠物市场的重要一环，而且测试方法和测试数据的处理方法对测试结果有重要影响；同样在选择适口性测试时要尽可能避免外界因素干扰，保证测试客观、公正。影响动物适口性的因素有很多，比如食物总量、进食时间、进食环境等。适口性测试方法多种多样，总结起来可以分为非摄食测试和摄食测试两类。非摄食测试主要是通过一些特定仪器来判断研究宠物食品的适口性，虽然非摄食测试可以取得一些研究成果，但是在实际测试中实行起来比较难。摄食测试是目前常用的一种方法，常见的摄食测试方法主要有单盆法和双盆法。

1. 单盆法　大多采用犬猫实验。实验场所主要是家中或犬猫舍中。宠物食品厂家根据客户提出的要求采取交叉单盆实验。采用单盆法可以适用于任何品种的宠物，测试者随机选取两组相同的实验动物，第一组动物喂A保健食品粮，另外一组喂B粮，每天喂食一餐连续喂上一段时间，之后两组动物交换口粮采用同样的方法喂养相同的时间。通过饲养宠物定量食物，计算初始量和剩余量差值的一种方法。通常采用这种方法需要进行多次喂养并重复实验几天（不少于5d），另外，单盆实验提供的食物不能超过宠物每日所需的摄入量（即不超过10%），如果过度喂养也会导致宠物大量进食，影响测试结果。单盆法是在不同的时间段给宠物不同的食品，如第一组动物在前5d每天饲喂1次食物A，在接下来的5d每天饲喂1次食物B；第二组动物的饲喂顺序正好相反——

前5d饲喂食物B，后5d饲喂食物A。将两种食物的平均消费量进行比较，如果有明显的差距，就可以认为两种食物的适口性或可接受程度不同，也可以通过计算采食量低于一定量的动物的比例来做出推论。

2. 双盆法　是目前比较流行的适口性测试方法，在两个相同的盘子里放入不同的宠物食品，放在宠物面前让宠物自由选择，这两种宠物食品的适口性差别就能很明显体现出来。但在进行双盆法实验室，我们要尽可能保证宠物不能受到外界或人为干扰。另外，测试时间尽可能选择在宠物禁食一夜后的早上进行，试验阶段也需要交换左右盆，减少动物对方向的偏好误差。宠物食品的适口性不是食物固有的特性，而是动物选择一种食物而不选择另一种食物的趋向性。双盆法是目前使用最普遍的方法。每个食盆中装了不同的食物，同时放在动物面前一定时间。犬通常有20 ～ 60min接触碗，而猫却有2 ～ 24h。在双盆法中，动物处于自由选择环境中，宠物可以同时吃到两种食物，可以根据自己的喜好自由地选择吃何种食物，两种食物在相对采食量上的不同被看作是证明宠物对消耗量较多的那种食物有潜在偏爱的证据。同时应该确保相对消耗量的不同，是由于动物对食物的偏爱而不是其他原因。

在完成试验之后，需要记录的、计算的指标有摄食率（IR）、消耗率（CR）和先接近。摄食率是指一种试喂粮的摄食量除以两种对比样的摄食量之和，计算公式为：IR（A）$=A/A+B$；消耗率是指一种食物的摄食量除以对比样的摄食量，计算公式为：CR（A）$=A/B$；以上两个指标与总摄食量有关，总的摄食量会受到一些外部因素的影响，例如天气、动物情绪等，好在这些外部因素是同时对两个样品的摄食量产生影响。该方法是最符合逻辑、最实用的一种评价方法。

3. 杠杆试验　此试验主要是用来评估不同食物对犬的吸引偏好，采用此法需要通过额外的仪器及测试系统。另外一个版本就是要求动物通过按下杠杆来获取食物。此方法要对犬进行长时间的强化训练，得出和双碗试验相似的结果，但不能完全保证得到双碗试验的准确真实效果。

4. 认知能力评估协议试验　进行此试验需要同时给宠物提供3种测试食物选择：食物A、食物B及对照食物，宠物自主选择一种食物，此方法不需要模拟出真实环境。另外，此方法仅限于差异明显的食物，并要求宠物犬具有较高的认知能力。采用此法时需要犬的数量品种少于双碗试验，犬的进食偏好不受饱腹感和消化反馈的影响，采用此法可以为动物的适口性评估提供重要的参考依据。

在适口性测试时还必须考虑以下因素：测试时宠物的饱食程度，不同盆中提供的食物数量，整个测试持续的时间。如果在测验开始的时候，宠物处于极度饥饿状态，两种食物的相对采食量将会趋于一致。因为在高度饥饿的情况下，控制动物行为的意识是“填饱肚子”而不是“吃更好吃的那种食物”。同样地，如果在测验开始的时候，宠物处于高度饱食状态，测试时动物对两种食物的适口性都不关心。宠物这种不充分采食的行为，就将食物偏爱这一可靠的推论预先排除掉了。实际上得不到稳定数据的原因就是测验中动物没有充分采食。

在宠物食品日益增多的今天，经过市场和宠物爱好者的长期筛选，只有适口性好的食品才能占有市场，因此目前市场上宠物食品都是适口性好、受宠物欢迎的，宠物主人则应该考虑其他影响食品品质的因素，使自己的宠物获得全面而均衡的营养。适口性不能取代食品的营养指标。

二 建立宠物保健食品的质量控制体系

宠物保健食品生产企业应建立产品良好生产规范（GMP），在保健食品的生产、销售、包装、贮存及运输等过程中对有关人员的配置，建筑与设施、设备等的设置，以及卫生和最终产品质量等管理均能符合良好生产规范，防止保健食品在不卫生或可能受到污染而导致保健食品质量受到影响的环境条件下生产，以减少保健食品污染及中毒事故的发生，确保保健食品安全卫生和质量稳定。

（一）控制源头产品质量

宠物保健食品的原料十分广泛，既有来源于陆生动植物的，也有来源于海洋生物以及矿物质的，不仅原料来源复杂，而且原料的品质也缺乏严格的质量标准。因此，原料来源的不可控制性给宠物保健食品的安全增添了诸多危险因素。保健食品的安全性主要是依赖于原料组成的安全性，从某种意义上说，原料的安全性得到了切实保障，是生产出安全性保健食品的前提条件。各宠物保健食品生产企业应建立研发机构或与高校科研院所等研究机构建立合作研究平台，筛选无污染、无毒副作用的食品原料应依据《宠物保健食品原料成分的安全性评价快速筛选方法》，通过动物急性毒性试验和成组体外试验证实无毒副作用。从源头确保保健食品原料的安全性。

宠物保健食品生产企业应当建立可靠的产品质量可追溯体系，出厂产品的卫生指标应达到宠物食品饲料国家卫生标准。为此，宠物保健食品生产企业可借鉴危害分析与关键控制点（hazard analysis and critical control point，HACCP）质量预防管理。从原料采购开始，设定品质和卫生要求，建立合格供方产品档案。保证进厂的每个批次原料和生产流程的各个环节都有监控记录，及时发现和排除可能存在的质量隐患，不断规范和优化生产工艺，从而降低微生物负载水平，实现从源头控制产品质量，将不合格的原材料拒之门外，根除不卫生的操作习惯。

（二）建立宠物保健食品生产过程的质量控制体系

宠物保健食品生产过程质量控制同食品生产，首先落实食品良好生产规范（GMP），即在食品生产安全过程中，保证食品具有高度安全性的良好生产管理体系。HACCP体系是对可能发生在食品加工过程中的食品安全危害进行识别、评估，进而采取控制的一种预防性食品安全控制方法，通过对加工过程监视和控制，从而降低危害发生的概率。HACCP体系是迄今为止最有效、最科学、最现代化的食品安全生产管理系统，在国内、国际范围内被广泛接受，帮助企业有效控制食品安全危害，提高食品安全的整体水平。我国由国家市场监督管理总局主导开展，从法规层面推行和鼓励食品企业进行HACCP体系认证。

（三）改进产品包装，优化运输流程

生产企业应综合考虑产品最小包装和集装箱尺寸，设计产品箱规格，既要便于装载运输，又能提高保质效率。内包装材料选择不但要满足拉伸强度，而且达到密封性能要求。合理安排出运计划，高效利用时间和空间。实践证明，采用电子监控，实时查询各周转环节存货状况，是减少货物积压、及时装柜出运、补充缺货产品、缩短交货周期的有效办法。

（四）健全宠物食品进出口标准，完善质量标准体系

三聚氰胺问题出现后，美国对中国宠物食品实行召回制，欧盟委员会发布委员会法规（EC399/2008）增加关于特定加工宠物食品的要求，日本政府发布《宠物食品安全法执行条例草案》。我国应根据国际宠物食品发展需求的新变化，尽快制定宠物食品生产、销售、出口标准和法规，以规范企业的行为。

（五）改善仓储条件，规范产品管理

宠物保健食品本身就是动物爱吃的食物，容易受到其他小动物的侵害。宠物保健食品仓储应满足以下基本条件：足够的产品存储和周转空间，未处理产品、已处理产品和不合格产品隔离分区，通风良好，光线柔和明亮，防潮防湿。宠物食品仓储要采取有效的防鼠、防虫、防鸟雀等措施，如电子防鼠器、挡鼠板等，杜绝这些动物进入仓库。

三 建立健全宠物保健食品的监管体系

宠物保健食品仍然是宠物食品的一个种类，具有一般宠物食品的共性，含有一定量的功效成分，能调节宠物的机能，适于特定宠物食用，但不能治疗疾病。对于生理机

能正常的宠物，可以维护健康或预防某种疾病的发生，此时的保健食品是一种营养补充剂。对于生理机能异常的宠物，保健食品可以调节某种生理机能，强化免疫系统，预防生理机能异常的发展。宠物保健食品具有两大特性，即安全性和功能性，对宠物不产生任何急性、亚急性或慢性危害；对特定人群具有一定的调节作用，不能治疗疾病，不能取代药物对宠物的治疗作用。

建立健全宠物保健食品安全长效监管机制，完善宠物食品安全政策法规和监管体系、标准体系、检验检测体系和信用体系，使宠物保健食品生产及经营企业的安全主体责任真正落实。当前，许多监测机构都是以检测结果为主来判定产品合格与否，忽略了前述其他问题。如宠物保健食品生产企业是否规范、体系是否健全等，这些问题是导致食品安全问题的重要因素，是生产安全产品的基础，没有了基础与保障，只从检测中发现问题远不足以实现宠物保健食品安全，毕竟检测项目和覆盖范围是非常有限的。目前国内宠物保健食品监管过程中发现市场存在五大问题，亟需加以重视。宠物保健食品监管法规体系尚不完善；宠物保健品经营主体“多、小、杂、散”；从业者水平参差不齐，普遍缺乏宠物保健食品相关知识，夸大功效宣传的现象普遍存在；保健食品经营方式向私人化、隐蔽化发展，销售模式日益多样化，除传统型模式（产品经过多级批发商到达零售终端）外，新涌现了网络销售、电话销售、会议销售、健康咨询等多种方式；网络销售门槛低，监管部门难以对相关产品进行必要的检查，消费者也无法在购买之前对其质量进行验证。所以相关监管部门应该明确监管职责和分工，做好宠物保健食品的法律、法规及规章的制定，注册监管，生产监管，经营企业监督管理，广告监管，进口宠物保健食品监管等。

（一）规范宠物保健食品的命名

现如今市场上的宠物保健食品逐渐受到宠物主人的青睐。各种保健作用的宠物保健食品种类繁多，“花式”命名让人眼花缭乱，不少带着“减肥”“补血”等字样，似乎“神奇”功效堪比药物。国家相关监管部分应对宠物保健食品实施严格监管，避免因保健食品名称中含有表述产品功能相关文字而误导消费者，保护宠物健康。此外，对含有表述产品功能相关文字命名的宠物保健食品应该限制；已注册的名称中含有表述产品功能相关文字的保健食品，申请人应当申请变更；不得生产名称中含有表述产品功能相关文字的保健食品。宠物保健食品的命名应该参照国家食品药品监督管理总局修订印发的《宠物保健食品命名指南》。宠物保健食监管部门应加大宠物保健食品的监管力度，从“起名字”这一关就开始严加规范。“食”“药”不能混为一谈。

（二）加强宠物保健食品的认知教育

随着人们生活水平的提高，人们对待宠物的食品也开始注重营养化、品质化，越来越多的宠物食品生厂商瞄准商机，开始制作能够为宠物提供健康化的宠物保健食品。伴随而来的是大量宠物保健食品进入寻常百姓家。由于对保健食品这一新生事物存在种种认识误区，宠物保健食品不保健甚至危害身体的现象时有发生。因此，正确认知宠物保健食品至关重要。对保健食品的认识误区：①将宠物保健食品当作宠物食品。把宠物保健食品当主粮给宠物吃，以为吃保健食品就能够完全补充宠物所需的营养。实际上，这对身体十分不利。因为某些宠物保健食品只有强化或改善某一种功能的效果，却不能成为提供身体物质营养和能量的根本来源。宠物需要摄入足够的营养和能量，主要来自于平常的主粮，以上做法从长远看对健康是不利的。②将宠物保健食品当成灵丹妙药。有些宠物主人对宠物的保健意识非常强，宠物偶有不适甚至在没病的情况下也希望通过服用保健食品加强营养、提高防病能力，认为宠物保健食品包治百病，就以保健食品代替药品。实际上，保健食品只能预防和调节机体的亚健康状态，是以预防为主而不以治疗为目的的产品。

（三）制定宠物保健食品的相关法律、法规及章程

欧盟的宠物营养补充剂（保健食品）法规符合美国饲料管制协会（AAFCO）的宠物营养标准。欧盟地区的法规非常完善，从宠物食品、特定用途的补充剂以及药品都有详细的规定，欧盟的宠物食品生产被分为三类产品进行监管：动物来源的材料、非动物来源的材料和添加剂。其制造商必须经过其产品所在国家的特定主管部门的注册或批准。《食品法》以及《饲料卫生要求》这两项相关法律规定了宠物饲料、食品的基本原则。欧盟各成员国执行得也比较严格。美国食品药品监督管理局（Food and Drug Administration，FDA）负责管理宠物食品的生产以及监管食品包装的一般标签要求。一些州还使用AAFCO提出的标准，在州一级对宠物食品的标签进行规范。这里需要注意的是，AAFCO并没有监督生产的实际权力，通常是与FDA和美国农业部（USDA）合作，制定宠物食品配方必须遵守的营养要求。AAFCO规定除处方食品和零食外的宠物食品标签还必须有营养充分性声明，且同时必须指出一个方法来加以证实。日本农林水产省2009年正式实施《宠物食品安全法》，宠物饲料法规均是通过制定宠物食品生产、标签、污染物限量等标准，用以规范宠物饲料的加工、生产、销售以及进出口管理，从而达到保障宠物食品安全和保障宠物健康、动物福利的目的。

中国宠物保健品行业的相关政策法规较少，宠物保健品作为宠物食品种类之一，现有法律法规均是对宠物食品行业整体进行规范。国家质量监督检验检疫总局、国家标准化管理委员会于2015年3月制定发布了《中华人民共和国国家标准：全价宠物食品犬粮（GB/T 31216—2014）》《中华人民共和国国家标准：全价宠物食品犬粮（GB/T 31217—2014）》。农业农村部2018年5月制定发布《宠物饲料管理办法》《宠物饲料生产企业许

可条件》《宠物饲料标签规定》《宠物饲料卫生规定》《宠物配合饲料生产许可申报材料要求》《宠物添加剂预混合饲料生产许可申报材料要求》等系列文件对宠物饲料进一步加强管理，规范宠物饲料市场。《宠物饲料管理办法》中明确宠物饲料又称宠物食品，包括宠物配合饲料、宠物添加剂预混合饲料和其他宠物饲料。《宠物饲料管理办法》将宠物主粮归类为“宠物配合饲料”，宠物保健品归类为“宠物添加剂预混合饲料”，宠物零食归类为“其他宠物饲料”。同时，《宠物饲料管理办法》强调网络宠物饲料产品交易第三方平台提供者，应当对入网的宠物饲料经营者进行实名登记，以保障平台上销售的宠物饲料产品符合规范。

我国《宠物饲料管理办法》及配套规范性文件在制定过程中已经充分借鉴了欧盟先进的法规成果，但部分职能的发挥仍不能提供具体的依据，可操作性有待提高。另外，相关标准与法规配套衔接不足，生产管理中部分标准缺失；现有的法规体系和标准更新速度慢，不能完全适应新形势下宠物饲料全方位快速发展的需要。建议加快宠物饲料相关法规和标准体系的全面更新。迄今，宠物保健食品的功能评价、安全性评价和适口性评价尚无相关的统一的国家标准程序或方法参考，其中宠物保健食品的功能评价和安全性评价常依据人类保健食品评价程序和方法，尤其宠物保健食品的适口性也无统一标准，适口性是宠物保健食品产品研发非常重视的问题。中国农业科学研究院饲料研究所出版了《宠物食品法律和标准》，可以为我国宠物保健食品相关法律和标准制定提供参考。

（四）加强责任监管

中国宠物保健品行业中监管力度弱，进入门槛低，导致市场参与者多，且多为小型企业。未来行业内小型企业的数量将会越来越少，跨界进入的大型企业将会增多。随着监管加强，资本的涌入以及跨界企业的进入，中国宠物保健品行业的进入门槛将得以提高，头部企业的实力会增强，竞争力弱、规模偏小的企业逐渐被淘汰，大型企业逐渐增多将成为行业趋势。为确保宠物保健食品产业健康发展，必须加强注册监管、生产监管、经营企业监督管理、广告监管、进口宠物保健食品监管等，从法规要求、原料把控、生产把控、质检把控等多方位强化宠物保健食品安全的重要性。

加强监管体系建设，提高监管效率，建立健全中央、省、地、县监管体系及队伍，明确机构、职责、人员编制等。逐步建立涵盖宠物保健食品研发、生产、销售、使用等各个环节的监管信息数据库。根据企业类型和产品生产工艺对企业和产品实施分级分类管理。建立产品召回制度等，发现问题产品时企业应主动将问题产品从市场上召回，并上报宠物食品监管部门。宠物食品（保健食品）管理应包含保健食品的研发、生产、经营和合理使用等环节。转变管理方式。改变过去单一监管模式，向行政监督、法律监督和社会监督相统一的管理模式转变，要具备相应的执法能力。

1. 准入门槛　宠物食品是介于人类食品与传统畜禽饲料之间的高档动物食品，其作用主要是为各种宠物提供最基础的生命保证、生长发育和健康所需的营养物质。整体而言，宠物食品（保健食品）行业的准入门槛与人类食品大致相同，监管逻辑也基本一致，但具体要求及审核条件则简单得多。宠物食品（保健食品）生产的注册监管应包括以下几个方面。①生产资质。申请从事宠物配合饲料、宠物添加剂预混合饲料生产的企业，应当符合《宠物饲料生产企业许可条件》的要求，向生产地省级人民政府饲料管理部门提出申请，并依法取得饲料生产许可证。②生产条件。设立饲料、饲料添加剂生产企业，应当符合饲料工业发展规划和产业政策，并具备下列条件：有与生产饲料、饲料添加剂相适应的厂房、设备和仓储设施；有与生产饲料、饲料添加剂相适应的专职技术人员；有必要的产品质量检验机构、人员、设施和质量管理制度；有符合国家规定的安全、卫生要求的生产环境；有符合国家环境保护要求的污染防治措施；国务院农业行政主管部门制定的饲料、饲料添加剂质量安全管理规范规定的其他条件。③产品投产。研制的新饲料、新饲料添加剂投入生产前，研制者或者生产企业应当向国务院农业行政主管部门提出审定申请，并提供该新饲料、新饲料添加剂的样品和相关资料。获得审批后方能投产。

以上三点为宠物食品生产的基本门槛，实际还需遵守宠物饲料标签规定、宠物饲料卫生规定等行业法规。生产场地方面，生产区应当与生活、办公等区域分开，通风和采光良好，生产区整洁卫生。生产车间要求按照生产工序合理布局，生产区总使用面积应当与生产规模相匹配，特定功能间要求相对独立且与生产规模相匹配。整体要求与净化车间／GMP车间类似，但严格程度较低。

2019年，中华人民共和国农业农村部第226号和第227号公告公布了《饲料原料目录》中天然植物为原料的新饲料添加剂注册简化规则，对天然植物为原料的提取物申报新饲料添加剂，适当放宽了分析检测和评价材料要求。鉴于天然植物提取物成分复杂、组分分离难度大，有效组分不能以单一化学式描述或不能被完全鉴定，在新饲料添加剂申报材料要求中，明确植物提取物只需要给出特征主成分或类组分及其含量即可，对于有效组分外的其他成分，只需明确组分类别，可不提供具体组分含量。同时，对于安全性和有效性评价材料，明确国内外权威机构出具的评价报告、权威刊物公开发表的文献等资料，均可作为评价产品有效性和安全性的依据，通过数据资源共享减少申请人的研发投入，缩短产品开发周期。下一步，将按照新产品审批制度规定，对天然植物提取物类新饲料添加剂的申报予以重点关注，加快相关新产品的审批进度。

2. 生产环境监管　为加强宠物饲料生产许可管理，保障宠物饲料质量安全，根据《饲料和饲料添加剂管理条例》《饲料和饲料添加剂生产许可管理办法》《宠物饲料管理办法》，申请从事宠物食品生产的企业，应当符合生产企业许可条件。①设置机构与人员：企业应当设立技术、生产、质量、销售、采购等管理机构。技术、生产、质量机构应当配备专职负责人，并不得互相兼任。②厂区、布局与设施：企业应当独立设置厂区，厂区周围没有影响产品质量安全的污染源；生产区应当按照生产工序合理布局，生产区总使用面积应当与生产规模相匹配；生产区建筑物通风和采光良好，自然采光设施应当有防雨功能；厂区内应当配备必要的消防设施或者设备；厂区内应当有完善的排水系统，排水系统入口处有防堵塞装置，出口处有防止动物侵入装置；存在安全风险的设备和设施，应当设置警示标识和防护设施；企业仓储设施应当符合条件。③工艺与设备：生产固态、半固态、液态的宠物食品（保健食品）或宠物食品添加剂生产企业，应该具有生产该类产品所需配套加工工艺、相关机组和设备。④质量检验和质量管理制度：企业应当在厂区内独立设置检验化验室，并与生产车间和仓储区域分离。满足以上条件才能许可生产宠物食品（保健食品）。

3. 经营企业监督管理

（1）初具标准，监管需发力　宠物保健食品属于宠物食品中特殊的一类食品。尽管国家出台了一系列宠物食品（保健食品）生产和经营标准，但宠物食品安全事故仍时有发生。应该对经营宠物食品（保健）企业加大监管的力度。目前宠物食品市场经营过程中仍旧存在诸多问题，主要集中在营养成分不足、菌落总数超标、有害物质超标等方面。而针对宠物食品的监管主要由畜牧兽医局饲料处与市场监督管理局来负责，饲料处主要负责复合饲料的监管，即犬猫的主粮，而市场监督管理局则负责监管罐头、饼干、玩具等宠物用品。目前针对宠物保健食品监管不如主粮规范和严苛，尤其针对网购宠物（保健）食品出现问题的情况，监管难度更大。我国宠物（保健）食品行业为朝阳产业，发展速度快、问题多，但其发展必然是逐步走向成熟的。政府应当给予积极的政策引导与支持，宠物（保健）食品监管工作必须适应行业发展的整体要求，进一步创新工作机制，以立足当前、解决存在问题为突破口，以着眼长远、构建长效监管机制为出发点，继续加大监管工作力度，积极探索，全面推进宠物（保健）食品执法监管工作再上新台阶。

（2）加大日常执法监管力度　有针对性地进行摸底、核查，以宣传为重点，以经营环节为切入点，针对宠物饲料生产经营环节暴露出的违法违规和不规范问题，下达通知，限期排查整改；对违法违规的生产和经营企业，发现一个、查处一个。结合宠物食品执法专项检查，对再次发现的违法违规企业，加大处罚力度，建立“黑名单”通报制度，警示和激发其他企业依法经营。同时，要加强整改结果的反馈和回访调查，切实提高执法监管效果。对于典型的保健食品违法广告应当及时公告曝光。最大程度净化和维护宠物（保健）食品市场。

（3）探索网络销售监管新模式　针对网络销售的日益普及及监管难度大的特点，政府部门可探索利用淘宝、京东数据魔方等工具进行交易监控，对网络市场上畅销单品和交易量大的店铺进行产品抽检，对于不合格产品的产地进行调查，对销售不合格产品的店家进行源头追查，并做相应处罚。加强电子商务方面发展的立法推动，由各品牌厂商和消费者进行监督并举报，电商平台提供投诉、下架、处罚平台内卖家等服务途径，完善政府进行处罚和线下执法追查的网上监察系统，确定并明晰各交易主体的责任，促进行业健康发展。

（4）进口宠物保健食品监管　目前，我国有关宠物食品进口宠物食品（保健食品）监管主要依据海关总署《进出口饲料和饲料添加剂检验检疫监督管理办法》（国家质检总局令第118号）及其配套文件《进境动植物检疫审批管理办法》（国家质检总局令第25号）；《进口饲料和饲料添加剂登记管理办法》（中华人民共和国农业部令2014年第2号）和农业部、国家质检总局第144号公告。国家质检总局令第118号中指出饲料是指经种植、养殖、加工、制作的供动物食用的产品及其原料，包括饵料用活动物、饲料用（含饵料用）冰鲜冷冻动物产品及水产品、加工动物蛋白及油脂、宠物食品及咬胶、饲草类、青贮料、饲料粮谷类、糠麸饼粕渣类、加工植物蛋白及植物粉类、配合饲料、添加剂预混合饲料等。

（5）海关输华宠物食品准入流程及要求　根据《进出口饲料和饲料添加剂检验检疫监督管理办法》规定，海关总署对允许进口宠物食品（保健食品）的国家/地区、产品实施检疫准入制度，对宠物食品（保健食品）的生产企业实施注册登记制度，进口宠物食品应当来自注册登记的境外生产企业。准入流程及要求如下：第一步，接受申请。拟对华出口宠物食品国家/地区官方向海关总署提出申请，并提供相应资料。第二步，组织评估。海关总署组织专家组对拟出口国家/地区提供的答卷及相关技术资料进行风险评估，形成评估报告。第三步，磋商检验检疫要求。根据评估结果，双方就输华宠物食品的检疫和卫生要求进行磋商，达成一致后确定检验检疫要求，确认相关证书内容和格式。第四步，企业注册。在完成上述流程后，拟输华企业须按照要求经输出国（地区）主管部门审查合格后向海关总署推荐注册。对审查不符合要求的企业，不予注册登记，并将原因向输出国家或者地区主管部门通报；对抽查符合要求及未被抽查的其他推荐企业，予以注册登记。第五步，申请检疫许可证。中国进口商应按照海关要求进行备案，并在签订贸易合同前，向所在地海关申请从已准入国家/地区的注册企业进口宠物食品的《中华人民共和国进境动植物检疫许可证》。

（6）农业农村部对输华宠物食品的准入要求　输华宠物食品属农业农村部进口产品登记范围的，在获得海关总署检疫准入的同时，还需向农业农村部申领《饲料、饲料添加剂进口登记证》。个别类型的宠物食品，如宠物零食和宠物咬胶，不需要办理进口登记证。根据农业农村部公布的《饲料和饲料添加剂管理条例》《进口饲料和饲料添加剂登记管理办法》《宠物饲料管理办法》规定，境外企业首次向中国出口宠物饲料、宠物饲料添加剂，应当委托境外企业驻中国境内的办事机构或者中国境内代理机构向国务院农业行政主管部门申请登记，并依法取得进口登记证；未取得进口登记证的，不得在中国境内销售、使用。同时，向中国境内出口的宠物饲料应当包装并附具符合《宠物饲料标签规定》要求的中文标签；产品卫生指标应当符合《宠物饲料卫生规定》的要求；宠物配合饲料、宠物添加剂预混合饲料还应当符合进口登记产品的备案标准要求；生产向中国境内出口的宠物饲料所使用的饲料原料和饲料添加剂应当符合《饲料原料目录》《饲料添加剂品种目录》的要求，并遵守《饲料添加剂品种目录》《饲料添加剂安全使用规范》的规定。

参考文献

贝君，孙利，杨洋，等，2019. 2018年欧盟食品饲料快速预警系统通报［J］.食品安全质量检测学报，10（14）：4781-4787.

伯伊德，2007. 犬猫临床解剖彩色图谱［M］. 北京：中国农业大学出版社.

蔡锦源，张鹏，张英，等，2014. 功能性低聚糖提取纯化技术的研究进展［J］. 粮食科技与经济，39（6）：59-61.

曹峻岭，2012. 蛋白聚糖与软骨结构、功能及骨关节病的关系［J］. 西安交通大学学报（医学版），33（2）：131-136.

陈江楠，许佳，夏兆飞，2020. 犬猫营养学［M］. 济南：山东科学技术出版社.

陈沛林，张立国，孟斌，2014. 尿路结石与尿路感染的相关性研究［J］.中华流行病学杂志，35（5）：3.

陈世奥，2019. 新经济增长：宠物经济的崛起及未来的发展趋势浅析［J］. 现代商业（2）：35-36.

陈思含，2019. 浅谈新时代背景下的宠物经济发展［J］. 知识经济（1）：79，81.

陈彦婕，唐嘉诚，宫萱，等，2021. 鱼油提取、多不饱和脂肪酸富集及EPA和DHA的应用研究进展［J］. 食品与机械，37（11）：205-210，220.

丁卫军，楚占营，2016. 天然产物活性多糖提取纯化技术进展［J］. 生命科学仪器，14（12）：20-24.

董琛琳，刘娜，王园，等，2021. 植物多糖的抗氧化损伤作用及其在动物生产中应用的研究进展［J］. 饲料研究（14）：145-148.

董忠泉，2021. 宠物食品和营养素补充剂未来发展趋势前瞻［J］. 中外食品工业（15）：185-186.

董忠泉，2021. 中国宠物保健品的现状及发展前景［J］. 品牌研究（22）：27-29，33.

董忠泉，2022. 益生菌在宠物饲养中的应用［J］. 中国畜禽种业（1）：62-63.

杜鹏，2018. 宠物犬皮肤病病因分析与防治［J］. 中兽医学杂志（7）：60.

符华林，2006. 关于对动物中药保健品开发的思考［J］. 牧业论坛（4）：16-18.

符慧君，2020. 宠物饲料标准及其法律规范-评《宠物食品法规和标准》[J]. 中国饲料（18）：154-155.

高宗颖，苏丽，袁丽，等，2011. 多不饱和脂肪酸的应用[J]. 农业工程技术：农产品加工业（2）：39-41.

管言，2016. 我国宠物饲养现状及其保健品的发展机遇[J]. 中国动物保健，18（11）：78-79.

国家市场监督管理总局，2022. 保健食品功能检验与评价技术规范（2022年版）[M]. 北京：中国标准出版社.

国家市场监督管理总局，2022. 保健食品功能检验与评价技术指导原则（2022年版）[M]. 北京：中国标准出版社.

黄磊，陈君石，2017. 益生菌和益生元对肠道健康的双效作用[J]. 食品工业科技，38（4）：40-41.

黄荣春，罗佩先，刘玲伶，等，2021. 中国宠物保健品的现状及发展前景[J]. 兽医导刊（7）：82-83.

李宏，王文祥，2019. 保健食品安全与功能性评价[M]. 北京：中国医药科技出版社.

李娅，赵子轶，2008. 浅析中国宠物食品行业发展机遇与挑战[J]. 广西畜牧兽医，24（2）：127-128.

廖品凤，杨康，张黎梦，等，2020. 宠物营养研究进展[J]. 广东畜牧兽医科技，45（3）：11-14.

刘公言，刘策，白莉雅，等，2021. 饲料添加剂对宠物被毛健康影响的研究进展[J]. 饲料研究（10）：146-149.

刘吉忠，2016. 宠物疾病防控中药效营养物质的应用研究[J]. 中国动物保健（7）：64-65.

刘艳容，高瑞峰，杨佳玮，等，2019. 2018年欧盟RASFF通报中国输欧食品安全问题分析[J]. 食品安全质量检测学报，10（24））：8562-8569.

刘茵，颜耀东，张娟，等，2013. 氨基葡萄糖、硫酸软骨素与胶原蛋白治疗骨关节炎的研究进展[J]. 慢性病学杂志，14（12）：919-921.

陆江，朱道仙，卢鹏飞，等，2019. 补喂复合益生菌制剂对幼犬生长性能、肠道动力及肠道屏障功能的影响[J]. 动物营养学报，31（9）：4242-4250.

马峰，周启升，刘守梅，等，2022. 功能性宠物食品发展概述[J]. 中国畜牧业（10）：123-124.

马海乐，2020. 食品色彩化学[M]. 北京：中国轻工业出版社.

马嫄，王德纯，李庆，等，2011. 益生菌在宠物食品中的应用研究[J]. 西华大学学报（自然科学版），30（1）：103-106.

毛爱鹏，孙皓然，张海华，等，2022. 益生菌、益生元、合生元与犬猫肠道健康的研究进展[J]. 动物营养学报，34（4）：2140-2147.

聂姗姗，强鹏涛，于文，2019. 宠物行业市场概况和宠物清洁用品现状[J]. 中国洗涤用品工业（8）：23-27.

秦超，布艾杰尔·吾布力卡斯木，吕秀娟，等，2021. 2012—2020年欧盟食品和饲料快速预警系统中饲料通报分析[J]. 食品安全质量检测学报，（16）：6628-6635.

孙姝，于闯，刘丽琼，等，2014. 宠物犬猫的口腔疾病及洗牙[J]. 吉林畜牧兽医，35（3）：60-61.

田维鹏，陈金发，刘耀庆，等，2021. 犬常见洁齿类产品的分类[J]. 中国动物保健（10）：100-104.

王金全，吕宗浩，刘杰，等，2017. 宠物食品适口性验证方法的改进[C]. 太原：第17次全国犬业科技学术研讨会.

王君岩，黄健，2018. 功能性低聚糖在犬饲料中应用研究进展[J]. 家畜生态学报，39（6）：74-78，96.

王振宇，孔子浩，孔令华，等，2017. 天然多酚提取、分离及鉴定方法的研究进展［J］. 保鲜与加工，174（4）：113-120.

吴洪号，张慧，贾佳，等，2021. 功能性多不饱和脂肪酸的生理功能及应用研究进展［J］. 中国食品添加剂（8）：134-140.

徐林楚，冯富强. 2020. 犬猫尿石症病因分析及防治［J］. 浙江畜牧兽医，45（5）：34-36.

徐燕，谭熙蕾，周才琼，2021. 膳食纤维的组成、改性及其功能特性研究［J］. 食品研究与开发，42（23）：211-218.

严毅梅，2017. 宠物犬和猫的功能性食品的营养［J］. 中国饲料添加剂（10）：35-41.

杨美兰，吕琼芬，沈元春，等，2021. 加强饲料质量安全监测工作的措施探讨［J］.畜禽业，32（10）：68-69.

杨文盛，张军东，刘璐，等，2020. 不同来源蛋白质提取分离技术的研究进展［J］. 中国药学杂志，55（11）：861-866.

张德华，邓辉，乔德亮，2015. 植物多糖抗氧化体外实验方法研究进展［J］. 天然产物研究与开发，27（4）：747-751.

张丽，2016. 两种低聚果糖理化特性及对益生菌作用的研究［D］. 天津：天津科技大学.

张宁宁，戚融冰，郭艳青，等，2013. 北京市宠物饲料生产经营现状与监管对策研究［J］. 饲料广角（20）：26-28.

张沙，邓圣庭，方成堃，等，2022. 植物甾醇的性质、生理功能及其在动物生产中的应用研究［J］. 湖南饲料（1）：43-48.

张怡，逯茂洋，2018. 口腔菌群与口腔疾病的关系的研究进展［J］. 世界最新医学信息文摘，18（80）：99-100.

赵丽，李倩朱，丹实，等，2014. 膳食纤维的研究现状与展望［J］. 食品与发酵科技，50（5）：76-86.

中华人民共和国农业农村部公报，2018. 中华人民共和国农业农村部公告（第20号）［R］. 北京：中华人民共和国农业农村部.

周佳，2018. 中国宠物保健品的现状及发展前景［J］. 广东畜牧兽医科技，43（5）：16-18.

周其琛，2018. 预防宠物犬、猫肥胖症和糖尿病的新方法［J］. 今日畜牧兽医，34（2）：28-29.

Abdallah MM，Fernándeza N，Matiasa AA. 2020. Hyaluronic acid and Chondroitin sulfate from marine and terrestrial sources：Extraction and purification methods[J]. Carbohydrate Polymers（243）：116441. https://doi.org/10.1016/j. carbpol.2020.116441.

Adolphe JL，Dew MD，Silver TI，et al. 2015. Effect of anextruded pea or rice diet on postprandial insulin andcardiovascular responses in dogs［J］. Journal of Animal Physiology and Animal Nutrition，99（4）：767-776.

Alexander P，Berri A，Moran D，et al. 2021. The global environmental paw print of pet food，Global Environmental Change：Human and Policy Dimensions［J］. Butterworth Heinemann，65：DOI：0959-3780（2020）65 <TGEPPO>2.0. TX；2-I.

Bartges J，Kushner RF，Michel KE，et.al.2017. One Health Solutions to Obesity in People and Their Pets[J]. Journal of Comparative Pathology（154）：326-333.

Bastos T，Lima DCD，Souza CMM，et al. 2020. Bacillus subtilis and Bacillus licheniformis reduce faecal protein catabolites concentration and odour in dogs［J］. BMC Veterinary Resesearch，16（1）：

116-124.

Buffington CA, Blaisdell JL, Komatsu Y. 1990. Effect of diet on struvite activity product in feline urine [J]. American Journal of Veterinary Research, 55 (7): 972-975.

Case LP, 陈江楠, 许佳, 等主编. 2020. 犬猫营养学 [M]. 济南: 山东科学技术出版社.

Cerboa AD, Morales-Medina JC, Palmieric B, et al. 2017. Tommaso Iannitti. Functional foods in pet nutrition: Focus on dogs and cats [J]. Research in Veterinary Science (112): 161-166.

Chan CH, Yusoff, R, Ngoh GC, et al. 2011. Microwave-assisted extractions of active ingredients from plants [J]. Journal of Chromatography (1218): 6213-6225.

Chen XX, Yang J, Shen MY, et al. 2022. tructure, function and advance application of microwave-treated polysaccharide: A review [J]. Trends in Food Science & Technology (123): 198-209.

Churchill JA., Eirmann L. 2021. Senior Pet Nutrition and Management [J]. Veterinary Clinics of North Amcrica: Small Animal Practice (51): 635-651.

Farber DL, Netea MG, Radbruch A, et al. 2016. Immunological memory: lessons from the past and a look to the future [J]. nature reviews immunology (16): 124-128.

Ferenbach DA. Bonventre JV. 2016. Kidney tubules: intertubular, vascular, and glomerular cross-talk [J]. Current Opinion in Nephrology & Hypertension, 25 (3): 194-202.

German AJ. 2006. The Growing Problem of Obesity in Dogs and Cats [J]. The Journal of Nutrition, 136(7): 1940-1946.

Gill I, Valivety R. 1997. Polyunsaturated fatty acids, part 1: Occurrence, biological activities and applications [J]. Trends in Biotechnology, 15 (10): 401-409.

Harris S, Croft J, O' Flynn C, et al. 2016. A Pyrosequencing Investigation of Differences in the Feline Subgingival Microbiota in Health, Gingivitis and Mild Periodontitis [J]. Advances in Small Animal Medicine and Surgery (29): 4-5.

Leri M, Sxuto M, Ontario ML, et al. 2020. Healthy Effects of Plant Polyphenols: Molecular Mechanisms [J]. International Journal of Molecular Sciences, 21 (4): 1250; DOI: https://doi.org/10.3390/ijms21041250.

Liu SX, Li ZH, Yu B, et al. 2020. Recent advances on protein separation and purification methods [J]. Advances in Colloid and Interface Science8September (284): 1-20.

Maity P, Sen IK, Chakraborty I, et al. 2021. Biologically active polysaccharide from edible mushrooms: A review [J]. International Journal of Biological Macromolecules (172): 408-417.

Masuoka H, Shimada K, Kiyosue-yasudat, et al. 2017. Transition of the intestinal microbiota of dogs with age [J]. Bioscience of Microbiota, Food and Health, 36 (1): 27-31.

Mcknight LL, Eyre R, Gooding MA, et al. 2015. Dietarymannoheptulose increases fasting serum glucagon like peptide-1and post-prandial serum ghrelin concentrations in adult beagledogs [J]. Animals (Base), 5 (02): 442-454.

Mishra S, Ganguli M. 2021. Functions of, and replenishment strategies for, chondroitin sulfate in the human body [J]. Drug Discovery Today4February (26): 1185-1199.

Picariello G, Mamone G, Nitride C, et al. 2013. Protein digestomics: Integrated platforms to study food-protein digestion and derived functional and active peptides[J]. Trends in Analytical Chemistry (52):

120-134.

Praveen MA, Karthika Parvathy KR. Jayabalan R. 2019. An overview of extraction and purification techniques of seaweed dietary fibers for immunomodulation on gut microbiota [J]. Trends in Food Science & Technology(92): 46-64.

Qin DY, Xi J. 2021. Flash extraction: An ultra-rapid technique for acquiring bioactive compounds from plant materials [J]. Trends in Food Science & Technology(112): 581-591.

Sánchez-Camargo AP, Herrero M. 2017. Rosemary (Rosmarinus officinalis) as a functional ingredient: recent scientific evidence [J]. Current Opinion in Food Science(14): 13-19.

Sun JC, Dong SJ, Li JY, et al. 2022. comprehensive review on the effects of green tea and its components on the immune function [J]. Food Science and Human Wellness(11): 143-1155.

Thompson A. 2008. Ingredients: Where Pet Food Starts[J]. Topics in Companion Animal Medicine, 3(3): 127-132.

Vinatoru M. MasonI TJ, Calinescu I. 2017. Ultrasonically assisted extraction (UAE) and microwave assisted extraction (MAE) of functional compounds from plant materials [J]. TrAC Trends in Analytical Chemistry(97): 159-178.

Wang G, Huang S, Wang Y, et al. 2019. Bridging intestinal immunity and gut microbiota by metabolites [J]. Cellular and Molecular Life Sciences, 76 (20): 3917-3937.

Wang H, Wang CP, Cheng Y, et al. 2020. Natural polyphenols in drug delivery systems: Current status and future challenges [J]. Giant(3): 100022. https://doi.org/10.1016/j.giant.2020.100022.

Wen CT, Zhang JX, Zhang HH, et al. 2018. Advances in ultrasound assisted extraction of bioactive compounds from cash crops-A review[J]. Ultrasonics Sonochemistry(48): 538-549.

Wen CT, Zhang JX, Zhang HH, et al. 2020. Plant protein-derived antioxidant peptides: Isolation, identification, mechanism of action and application in food systems: A review [J]. Trends in Food Science & Technology(105): 308-322.

Xu H, Huang W, Hou Q, et al. 2019. Oral administration of compound probiotics improved canine feed intake, weight gain, immunity and intestinal microbiota [J]. Frontiers in Immunology(10): 666-673.

Zhang C, Lyu XM, Arshad RN, et al. 2023. Pulsed electric field as a promising technology for solid foods processing: A review [J]. Food Chemistry(403): 134367. https://doi.org/10.1016/j.foodchem.2022.

Zhang JX, Wen CT, Zhang HH, et al. 2020. Recent advances in the extraction of bioactive compounds with subcritical water: A review [J]. Trends in Food Science & Technology(95): 183-195.

第五章

宠物处方食品

宠物处方食品，顾名思义，这种宠物食品既具有辅助治疗疾病的处方功能，又具有一般食品的营养功能，也就是以控制营养的方式来管理疾病。宠物处方食品在国外临床上的应用已经很多年了，国内起步较晚，但北京、上海、广州等地已经开始应用，并取得一定成效。目前，国内及中小城市的宠物市场上应用处方食品较少，且不是很规范，这可能与市场的认知度较小、宠物医生对处方食品的认识不够及价格偏高有关。宠物处方食品是重要的辅助和补充治疗手段，以满足宠物在疾病治疗过程中所需的营养物质为基础，维持和调理宠物康复所需的营养和需求，能有效地配合宠物医生医治宠物疾病。

第一节 宠物处方食品概述

一 宠物处方食品的起源与意义

1943年，Mark Morris为了治疗一只患肾衰竭的导盲犬Buddy，研究了一种特殊的食物，解决了Buddy的医疗问题。这是首次有人以控制营养的方式来管理疾病，从此逐渐发展形成了目前宠物临床应用的处方食品。

在某些特殊情况下，一些宠物例如有心脏病、肾脏病、肝病、肥胖、糖尿病等疾病或术后复原等，需要特别的处方食品才能帮助它们尽早康复并延长寿命（邵洪侠等，2012）。动物生过重病或受了重伤后，身体免疫机能均大受影响，进而影响宠物康复的能力。最容易观察到的就是宠物在生病或受伤后没有食欲，肌肉组织变得松垮，器官功能减退。在患病宠物的恢复期内，除了药物与伤口的照顾外，适当的饮食也会影响宠物的康复速度。因此，宠物处方食品在临床上具有协调、辅助、补充治疗和恢复健康的特殊意义。

最新发布的《中国宠物处方粮行业市场深度评估及2020—2024年投资可行性咨询报告》显示，近年来，我国宠物市场一直处于高速发展态势。2019年，我国宠物市场规模超过2 020亿元（陈滨，2019），国内养宠物的家庭接近1.5亿户。随着国内饲养宠物的家庭不断增加，预计2023年，我国宠物市场规模将超过3 000亿元。同时，随着居民消费观念的改变，宠物健康逐渐得到重视，在此背景下，宠物处方食品需求增加，行业规模持续扩大。

宠物处方食品是宠物药剂之外的辅助食物，欧美等发达国家的宠物处方食品市场认可度较高。自1940年美国成立最早的宠物营养组织国家研究委员会（Nutritional Research Committee，NRC）以来，欧美对于宠物处方食品的研究和使用迅速发展，目前，已拥有如NRC、AAFCO和FEDIAF等专门的组织机构，并且NRC于1974年制订了全球第一部关于宠物营养的指导性文件。相比之下，我国宠物处方食品行业起步较晚，其市场渗透率较低（陈莹，2014）。宠物处方食品是一类特殊配方食品，近年来，随着宠物食品不断向多元化、功能化、健康化等方向发展，以及行业生产标准化力度加强，宠物处方食品在宠物食品市场所占的比例不断提升，宠物处方食品将成为宠物食品市场升级的主要趋势（宋琳等，2021）。目前，受市场前景吸引，越来越多的企业参与布局宠物处方食品市场，例如皇家、希尔思、比瑞吉、发育宝、汉优宠物以及冠能宠物等企业。整体来看，宠物处方食品市场由外资企业占据主导地位，产品国产替代空间较大。

二 宠物处方食品的定义

宠物处方食品，也称为特殊配方饲料、处方饲料、处方粮、保健饲料等，是指在宠物的各种疾病治疗过程中，控制营养，通过营养进行调控疾病的宠物食品。我国国家标准《全价宠物食品　犬粮》（GB/T 31216—2014）中明确，宠物处方食品是针对宠物健康问题而进行特殊营养设计的宠物食品，需要在执业兽医师指导下使用，包括全价处方宠物食品和补充性处方宠物食品。该标准明确宠物处方食品不能单独作为药物用来治疗宠物的疾病，只是在疾病的医治过程中起到配合宠物康复的作用，需配合专业的兽医师指导，专方专用。目前，宠物处方食品仅在一些特定的宠物店和多数宠物医院销售，不能由宠物主人自行购买用来在家治疗或预防，防止危险发生。比如猫同时患了肾病和心脏病，这时就需要选用多功能宠物处方食品或由宠物临床营养师根据科学配比研制的自制宠物处方食品。

三 宠物处方食品的功能

宠物处方食品是宠物医生或动物营养师，根据宠物的具体病情、营养状况，所搭配的具有一定辅助治疗作用的膳食（钟健敏，2018）。宠物处方食品并不是简单地将药物与食品混合，而是把治疗与食物联系在一起，针对不同的病情，设计不同的食品。按照专门科学的配方，以满足宠物特定的健康需要。宠物处方食品的主要功能包括以下几个方面。

（一）减少疾病导致的机体负担

饲喂处方食品时，要诱导宠物进食，一次量不宜过多，仅够两口吃完的就好，必要时可将处方食品加热至体温。此时使用一些宠物处方食品可以减少疾病导致的机体负担，帮助它们尽早康复并延长寿命。如患肝病的犬，服用肝病处方食品之后，需要肝脏进行代谢的物质减少，从而降低了肝脏的负担，帮助肝脏休养生息。

（二）减少药物的副作用

患有心脏病、肝病、糖尿病等疾病的宠物，需要服用大量的药物才能控制疾病的进程，而药物往往会带来一些副作用，此时使用处方食品进行食物调节，可以减少用药量。即使许多宠物处方食品需要长期喂食，也不用担心“是药三分毒”的副作用。比如为了防止泌尿道结石的复发、防止食物过敏引起的长期软便和皮肤瘙痒，就需要分别遵照医嘱使用泌尿道系列和低致敏系列的处方食品。如患糖尿病的犬，使用含中量或高量纤维素的处方食品，有助于维持犬的血糖水平。

（三）缩短治愈时间

临床上对患病宠物进行药物或手术治疗的同时，配合使用处方食品加快康复的病例很多。因为宠物处方食品可以帮助控制疾病，医生才有机会对宠物的身体状况进行综合调整，缩短治愈时间。

（四）控制或延缓复发情况

某些疾病在治愈后，若饮食调理不当，复发的概率非常高，宠物处方食品能有效地降低复发率，延长复发时间（Kato等，2012）。例如，患有尿结石的犬，手术后都可能快速复发，而根据尿结石形成原理配制的泌尿道处方食品，在满足营养需求的前提下，调整了特定结石形成所需必要条件的营养成分，降低了结石形成的风险。

（五）延缓病情发展

对于某些不可逆的慢性疾病，如慢性肾衰等，使用处方食品可以延缓肾衰竭的进程，从而延长宠物的寿命。此外，并不是所有的处方食品都适合长期使用，需要定期让宠物接受兽医师的检查和评估，在兽医师的指导下科学使用处方食品。

第二节 宠物处方食品的分类

宠物处方食品的种类很多，本章节分别从适应证、处方食品特点和饲喂注意事项三个方面介绍14种处方食品，分别包括低致敏处方食品、疾病恢复期处方食品、肠道疾病处方食品、减肥处方食品、糖尿病处方食品、心脏病处方食品、肾脏病处方食品、肝病处方食品、甲状腺病处方食品、泌尿系统病处方食品、骨关节病处方食品、易消化处方食品、皮肤瘙痒处方食品和绝育小型成犬处方食品。

一 低致敏处方食品

在为宠物提供有营养的饮食时，这些食物中的某些物质可能引发过敏反应，导致难以诊断的胃肠或皮肤问题。食物过敏是要通过食物排除来确诊，即通过血液检查和皮肤试验找到可疑抗原，再通过食物排除试验查明过敏原。食物排除试验通常包括3个步骤。①排除期：将所有可能导致过敏症状的食物从饮食中清除，以观察过敏症状是否好转；②重新引入期：如果经排除期后过敏症状确实消失，则每隔一段时间重新加入一种被清除的食物，观察其是否引发过敏症状；③双盲法激发期：设计双盲实验，用可疑食物激发，这是为了获得研究的可信度，以证实前两期得到的结果是否可信。

食物过敏的临床症状主要体现在皮肤或消化道的相关症状。一般情况下，免疫系统会保护宠物抵抗外来病原体，如病毒和细菌，大多数宠物食品含完整蛋白质，如牛肉、鱼肉和羊肉中的蛋白质，蛋白质分子有大有小。出现食物过敏时，免疫系统将大分子膳食蛋白误认为外来有害物质（如病毒和细菌），此时免疫防御系统响应，触发过敏反应。最终，过敏反应导致宠物身体不适，如皮肤瘙痒、发红，也可出现腹泻或呕吐（Itoh等，2014）。因此，饲喂低致敏处方食品可以有效降低食物的致敏性，支持皮肤和消化道的健康。

（一）适应证

食物排除试验；伴有皮肤病症状和/或胃肠道症状的食物过敏；食物不耐受；炎性

肠道疾病（inflammatory bowel disease，IBD）；胰外分泌功能不全（exocrine pancreatic insufficiency，EPI）；慢性腹泻；肠道细菌过度繁殖；过敏引起的慢性瘙痒性皮肤病，包括遗传性过敏性皮炎，主要症状表现为瘙痒、掉毛并伴随频繁的抓耳挠腮继发细菌或真菌性皮肤病，建议饲喂低致敏处方食品。

（二）处方食品特点

有些宠物对牛肉、乳制品过敏，确定过敏源后禁食致敏的食品；食品中添加毛鳞鱼和木薯粉可减少过敏反应的发生（Itoh等，2018）；二十碳五烯酸和二十二碳六烯酸都是Ω-3长链脂肪酸，可以减轻皮肤的炎症反应，并修复动物受损的肠道黏膜；低聚果糖（fructooligosaccharide，FOS）与沸石结合有助于平衡胃肠道微生物菌群，同时保护肠黏膜，这种处方食品不含麸质和乳糖；水解后的大豆蛋白是由低分子多肽组成的，易消化，从而减少过敏反应的发生（Olivry和Bizikova，2010）。

（三）注意事项

一旦怀疑食物过敏或食物不耐受，应不经任何食物过渡，立即更换宠物粮；食物过敏可能终生困扰患病宠物并需终生饲喂控制过敏的处方食品。成犬和幼犬都适于饲喂低致敏处方食品；患有胰腺炎或有胰腺炎病史以及高脂血症的禁用；在禁食结束以后，饲喂处方食品期间，只能饲喂处方食品，不能让犬接触到所有可能的食物来源，包括玩具、牛皮骨、剩饭剩菜及各种添加剂等。

二 疾病恢复期处方食品

疾病恢复期处方食品，配方专业安全，营养全面均衡，能够满足宠物不同疾病恢复期的身体需求（李占占等，2014），是患病宠物恢复期的优质健康搭档。

（一）适应证

各种疾病引起的厌食、营养不良、饮食困难，手术之后，妊娠期，哺乳期和生长期。这些时期宠物的身体会经历各种变化，这些变化将影响宠物身体的恢复能力，并且宠物的食欲下降或废绝。

（二）处方食品特点

疾病恢复期处方食品不仅具有较高的营养成分（优质蛋白质、脂肪和维生素等），有助于机体增强免疫力和抗病力，以及病后宠物的恢复；而且消化率高，适口性强，多为膏状，包装成牙膏状、罐状或在大注射器中。

（三）注意事项

饲喂持续时间应根据个体差异确定。一般机体恢复正常后，可停止使用，不适用患严重胃肠道疾病的宠物。

三 肠道病处方食品

肠道健康是决定宠物良好消化功能的前提条件，而宠物肠道健康不仅体现为其结构与功能的完整，还表现为肠道微生态环境的稳定（Herstad等，2010；Minamoto等，2012；陈宝江等，2020）。与人类食品相似，可在宠物食品中使用的功能性原料，包括各种微量和常量营养素、营养素组合和新原料，以达到改善胃肠道结构和微生物平衡的作用，进而直接或间接改善宠物的消化功能（Hawrelak等，2004；Brambillasca等，2013）。其中，通过提高蛋白质的消化率，减轻消化道负担，改善大便的状态，是常见消化道疾病的基础营养方案之一。

（一）适应证

腹泻，炎性肠病（IBD），消化不良、吸收不良，结肠炎，康复期，小肠细菌过度生长（small intestinal bacterial overgrowth，SIBO），胰腺外分泌不足（EPI）。主要症状表现为腹泻、呕吐、排便多且呈水样、营养不良、脱水、体重减轻等。

（二）处方食品特点

含有高度易消化蛋白质、益生元（李红，2012；Abecia等，2010）、甜菜粕、稻米和鱼油，最大限度保证消化安全性；低脂肪含量能改善高脂血症或急性胰腺炎宠物的消化功能；可溶性纤维含量较低，可限制结肠菌群发酵；不可溶性纤维含量较低，可避免能量稀释并限制因低脂造成的食品适口性下降；具有协同效应的抗氧化复合物能减少氧化应激并抵抗自由基的侵害。

（三）注意事项

妊娠期、哺乳期禁食。饲喂持续时间应根据胃肠道症状的严重程度不同而变化。

四 减肥处方食品

宠物肥胖会引发许多疾病和并发症，例如糖尿病、肝病、心脏病、过敏、皮肤病等，

使机体代谢发生紊乱，从而影响宠物的身体健康。宠物肥胖症正逐渐成为一个全球性日益严重的问题（German等，2006；Sandøe等，2014）。随着宠物生活质量提高，宠物肥胖比例也不断增加，轻度到中度肥胖的宠物可能不需要用到减肥处方食品，只要做到少吃多动，一般都能达到减肥的效果。但如果宠物体重超标，不爱动还超级贪吃，那就需要饲喂减肥处方食品了（刘凤华，2020）。低热量、高纤维的减肥处方粮，能让宠物更有饱腹感。

（一）适应证

肥胖及胰脏外分泌功能不全的宠物。

（二）处方食品特点

高蛋白含量有助于减少肌肉损失；高纤维能控制能量的摄入量，同时增加宠物的饱腹感（单达聪，2008）；肥胖宠物的关节经常受到较大的压力，硫酸软骨素和葡萄糖胺有助于维持关节的正常机能；减肥处方食品含有高浓度的矿物质和维生素，可以补偿由于能量限制带来的影响，确保合理的营养供应（Brandsch等，2002）；必需脂肪酸（Ω-3和Ω-6）以及微量元素（Cu、Zn）可以促进皮肤健康和被毛光亮。

（三）注意事项

一旦达到目标体重，就应该改喂控制体重的减肥处方食品（肥胖症第2阶段），以保持最佳体重；妊娠期、哺乳期、成长期宠物禁食；当犬猫的体重下降以后，还应定期检查并配合减肥营养，防止体重反弹，使宠物维持最佳体重。

五 糖尿病处方食品

糖尿病分两种，一种是胰腺不能分泌足够的胰岛素（Ⅰ型糖尿病），另一种是有胰岛素抵抗（Ⅱ型糖尿病）。胰岛素是一种天然激素，可以将糖（即血糖）导入细胞，由于细胞缺乏葡萄糖，而身体产生了越来越多的葡萄糖，最终导致高血糖（即高血糖）。当宠物体内的胰岛细胞停止分泌胰岛素，胰岛素的大量流失使血糖无法进入细胞，从而导致宠物体内的血糖含量上升，血糖也在血液里面聚集，这时候肾脏开始接收到信号，于是将多余的糖分通过尿液排出体外，这样宠物就患上了糖尿病（Kramer等，1988；Jacquie等，2004）。

（一）适应证

糖尿病及伴随体重下降，多饮多尿，呕吐，食欲不振或食欲大增，活动性下降，虚弱，精神抑郁等症状的宠物。

（二）处方食品特点

高蛋白含量、左旋肉毒碱以及益生菌对糖尿病具有一定的改善作用（Kumar等，2017）；硫酸软骨素和葡萄糖胺有助于维持关节的灵活性；车前子黏胶的作用，高纤维素可增加动物饱腹感；低糖谷物（大麦、玉米）与车前料黏胶相结合可降低餐后血糖值；协同抗氧化复合物可减少细胞DNA的降解并加强免疫系统，预防衰老带来的影响；含有中量或高量纤维素的处方食品，可以配合胰岛素的治疗，降低血糖的波动幅度。同时这类处方食品含有适度的优质蛋白质和较低的脂肪含量，可维持患病宠物的最佳体重，并提供最适宜的营养调配。

（三）注意事项

妊娠期、哺乳期、成长期的宠物禁食；患对能量摄入要求较高的慢性疾病者禁食；对于患有糖尿病的犬和易于肥胖的犬（去势、品种因素等），应该终生饲喂控制体重的处方食品。

六 心脏病处方食品

心脏担负着将血液送至全身各处的泵血功能，如果泵血功能不能正常运转，就不能把血液输送到肺和全身各处，也不能回收从肺和全身各处返回的血液，从而引起血流量降低和瘀血等。特别是在夏季闷热天气，犬类由于缺乏体表汗腺而对热的调节能力较差，随着温度和湿度的升高，空气中氧气含量明显下降，容易造成犬的呼吸不畅、心率加快和心脏回流血量增加，此时患有心脏病的犬对高温环境的耐受性就更差，更容易发生心脏缺血缺氧反应，加重病情。因此，宠物主人应在炎热夏季做好爱犬的心脏“保卫战”，及早地采取措施预防并在兽医师的建议下饲喂心脏病处方食品，避免犬的心脏病复发。

（一）适应证

患有心脏病的幼犬、有心脏病症状的成犬。

（二）处方食品特点

多酚、牛磺酸等抗氧化复合物协调作用，帮助血管扩张以及中和自由基（Torres等，2003）；低钠可减少心脏工作负担，同时钾镁含量调整为最适的临床水平；考虑

到慢性肾衰竭的可能性，心脏处方粮中磷的含量适当调低，以保持肾脏的健康及功能正常；肉毒碱和牛磺酸是维持心肌细胞功能的必需物质，可增强心脏的收缩功能（Freeman，2016；Ontiveros等，2020）。

（三）注意事项

妊娠期、哺乳期、生长期的宠物禁食；患有胰腺炎或有胰腺炎病史的宠物禁食；低钠血症、高脂血症宠物禁食；一旦出现心脏病症状，应立即开始饲喂心脏处方食品，并严格遵循兽医师建议；若宠物需要终生食用心脏病处方食品，建议主人将摄入量分两顿饲喂。

七 肾脏病处方食品

肾脏最大的作用就是清除身体代谢出来的产物、废物和毒素，最终生成尿液；除此之外，它还具有维持体内电解质和酸碱平衡、调节血压、促进红细胞生成等功能。一般来讲，宠物的肾脏疾病分为慢性和急性，慢性肾脏病是肾脏退行性改变的结果，影响其正常功能，一般在老年犬中较常见；急性肾脏损伤是因误食有毒物体而中毒以及尿路问题引起的肾脏受损，其中宠物肾脏处方食品主要适用的是慢性肾病而不是急性肾脏损伤。

（一）适应证

适用于慢性肾衰竭（chronic renal failure，CRF）；预防尿石症；尿酸盐结石和胱氨酸结石；预防伴有肾功能受损的草酸钙尿结石的复发。

（二）处方食品特点

为了减缓使肾衰竭恶化的继发性甲状旁腺机能亢进的发生，必须限制磷的摄入量；添加长链Ω-3脂肪酸，有助降低肾小球压，延缓肾小球滤过率（glomerular filtration rate，GFR）的进一步恶化；添加黄烷醇，黄烷醇（一种特殊的多酚）具有两个主要作用：减缓氧化过程和促进肾灌注；随着尿毒症病程发展可引起胃肠道黏膜溃疡，沸石和低聚果糖相结合可将该病的影响降到最小。

（三）注意事项

妊娠期，哺乳期，生长期，高脂血症、胰腺炎和胰腺炎病史禁食；若宠物需要终生身食用肾脏病处方食品，建议主人将摄入量分两顿饲喂。

八 肝病处方食品

肝脏起着过滤血液，分泌胆汁，排毒废物并储存膳食碳水化合物中糖分的作用。没有单一的原因导致肝病，肝病可能是遗传性的、传染性的、中毒性的、癌变的或未知的起源。肝病处方食品可以帮助宠物纠正营养不良，支持肝细胞再生，满足患病宠物的能量需求，且不加重胃的负担。

（一）适应证

肝功能不全或患有肝脏疾病的宠物。

（二）处方食品特点

预防铜蓄积病，肝病处方食品中铜含量低，有助于减少宠物肝脏中铜的蓄积；预防和纠正营养不良，高品质的植物蛋白质、标准含量的蛋白质、高含量的必需脂肪酸和高含量的易消化碳水化合物，有利于维护消化系统健康，预防和纠正宠物营养不良；降低肝脏的负担，处方食品中添加的植物蛋白可帮助肝功能不全的宠物更好地消化吸收，减少肝脏需要代谢的物质，降低肝脏的负担和实质的损伤，帮助肝脏休养生息。

（三）注意事项

根据病理学检查结果和肝组织再生能力的不同而改变，对于慢性肝病，建议终生饲喂；少食多餐，最终达到推荐的日摄入量。

九 甲状腺病处方食品

宠物甲状腺机能亢进（简称甲亢）是因甲状腺素分泌过多而影响全身健康的高龄宠物的常见问题。患有甲亢的宠物往往表现为食欲增强却消瘦，好动狂躁，有攻击行为且毛发暗淡，此时的宠物需服用低碘的甲状腺处方食品。甲状腺功能不全通常是机体由于甲状腺激素分泌不足或摄入过量引起的全身性疾病。

（一）适应证

患有甲状腺机能亢进或甲状腺功能不全的宠物。

（二）处方食品特点

降低机体亢进反应；过量的甲状腺素会造成健康问题，低碘食品可以帮助宠物降低甲状腺素水平，减少甲状腺素的产生；维持肾脏健康，通过控制磷及钠含量来控制矿物质含量，有助于维持膀胱健康，帮助血流通畅；维持皮肤健康，甲状腺处方食品中含有高含量的牛磺酸、左旋肉碱及Ω-3脂肪酸，有益心脏健康与帮助润泽皮肤和亮丽毛发，满足能量需求（Ko等，2007）。此外，甲状腺处方食品中的抗氧化配方可帮助维持理想的尿液pH，维护泌尿系统健康，减少自由基的氧化、老化与伤害，从而维持宠物健康。

（三）注意事项

按照建议喂食量喂食，并且不能与功能粮混合使用，否则会失去原有效果；按照宠物维持最佳体重所需来调整喂食量。

十 泌尿系统病处方食品

泌尿系统问题主要包括鸟粪石、草酸钙结石和尿结晶。其中，鸟粪石是由铵离子、镁离子和磷酸盐形成的尿结石，常在中性至碱性尿液中形成；草酸钙结石是在酸性至中性尿液中容易形成的尿结石；尿结晶是膀胱结石形成的一个重要因素，而食物中所含矿物质过剩容易导致尿结晶（刘占江，2017）。宠物中猫的泌尿道最容易出现问题，归根结底是猫咪的肾脏对水的利用能力更强，导致尿液较浓，尤其公猫的尿道结构更加狭窄弯曲，如果饮水不足、排尿不顺畅的话，很容易积聚细菌、结晶，诱发泌尿疾病。因此，需要饲喂泌尿道处方食品，通过合理调整镁含量，辅助酸化尿液和溶解鸟粪石，降低形成结晶的离子浓度，从而减少鸟粪石和草酸钙结石的形成。

（一）适应证

细菌性膀胱炎，溶解鸟粪石（磷酸铵镁）和尿结石，预防鸟粪石和尿结石的复发，预防草酸钙尿结石的复发，建议老年犬在饲喂犬泌尿道处方食品前应进行肾功能检查。

（二）处方食品特点

含有蛋白质、镁、钠的量较少，酸性环境能有效溶解鸟粪石和尿结石，抑制细菌；低饱和度尿液可防止结晶沉淀，从而减少鸟粪石和草酸钙形成（Tryfonidou等，2002）；另外一种泌尿系统病处方食品蛋白质、镁含量少，钠含量多，宠物多饮多尿，增加尿量并同时降低尿液中草酸钙和鸟粪石的饱和度。因此，犬的泌尿系统病处方食品可预防这两种主要的尿石症。

（三）注意事项

妊娠期、哺乳期、生长期禁食；慢性肾衰、心力衰竭、高脂血症、代谢性酸中毒的宠物禁食；胰腺炎或有胰腺炎病史禁食；溶解鸟粪石、尿结石和治疗泌尿道感染，需要饲喂犬泌尿道处方食品5～12周；对于尿道感染者，在尿液细菌学分析得到阴性结果后，还应至少饲喂犬泌尿道处方食品1个月。

十一 骨关节病处方食品

造成宠物关节病的主要原因为关节的不稳定性或老年化，而缺钙也会使宠物的骨骼密度降低，无法支撑自身日益增重的体重，极易在运动时发生损伤。当然遗传因素也是导致关节病发生的重要因素。因此，饲喂骨关节病处方食品可以呵护修复关节，维持成年犬关节的灵活性，促进未成年宠物骨骼生长。

（一）适应证

关节不灵活及有关节问题的犬猫，尤其适用于肥胖症、运动量大、负重的犬猫。

（二）处方食品特点

新西兰绿唇贻贝提取物，富含软骨前体，有助维持关节健康；高含量二十碳五烯酸（eicosapentaenoic acid，EPA）和二十二碳六烯酸（docosahexaenoic acid，DHA），为维持关节健康提供额外的帮助；适量的能量密度帮助维持理想体态，缓解体重过重引起的关节压力；抗氧化剂复合物专利配方，减少自由基对关节的损伤。

（三）注意事项

6月龄以下的幼犬禁食；饲喂6～8周后可见到明显改善。宠物若需要终生饲喂骨关节处方食品，建议主人将摄入量分两顿饲喂。

十二 易消化处方食品

宠物易消化处方食品通常包括低脂易消化处方食品和高纤维易消化处方食品，前者通过限制食物脂肪含量来辅助治疗胰腺炎、消化酶分泌不足等胰腺疾病；后者通过调整食物中纤维的比例来治疗大肠疾病，如犬的腹泻和猫咪的便秘就适合喂食此类处方食品。

（一）适应证

胰腺外分泌不足、急性胰腺炎、高脂血症、细菌过度繁殖等症状。低脂易消化处方食品是唯一且安全适用于耐受脂肪较差或脂类代谢紊乱的宠物食品。

（二）低脂易消化处方食品特点

低脂肪，最大限度控制脂肪的含量，可以改善患高脂血症和急性胰腺炎犬的消化功能，从而减少心脏病、高血压和习惯性腹泻的发生；低纤维含量，较低的纤维含量可以确保食物容易消化且有利于营养的吸收。腹泻数日的幼犬肠道自然脆弱许多，低纤维更有利于其营养的吸收和体能的恢复；容易消化的碳水化合物，肠道刷状缘酶活性的降低会使碳水化合物的消化产生困难，低脂易消化处方食品中添加的容易消化的碳水化合物可以使酶活性的影响降到最低；处方食品中加入甜菜浆、甘露寡糖（mannose-oligosaccharides，MOS）和低聚果糖（FOS），有助于恢复结肠生态系统和增加消化安全，其中FOS可预防肠道有害菌增殖引起的传染性腹泻（Guard等，2015），MOS可预防腹泻、增强免疫系统机能。

（三）注意事项

若宠物患有胃肠道问题，切勿随意饲喂处方食品以外的食品；可适当添加维生素和矿物质，更换配方原料，增加适口性和新鲜感，以免引起厌食。

十三 皮肤瘙痒处方食品

皮肤是身体的重要器官，皮肤健康状况反映了宠物的健康和饮食质量。特定的营养不仅能维护被毛健康，还有助于促进皮肤疾病康复。

（一）适应证

遗传过敏性皮肤炎、鱼鳞癣、掉毛、脓皮症、跳蚤叮咬引起的过敏性皮肤炎、外耳炎。

（二）处方食品特点

皮肤屏障，大量的生物素、烟酸、泛酸和锌结合以及益生菌的使用（Fusi等，2019），可减少皮肤的跨膜失水率，增强皮肤的屏障效应，保持皮肤健康（刘欣等，2010；林德贵，2017；Bourguignon等，2013）；抗氧化复合物，添加对皮肤有益的抗氧化复合物（维生素C、维生素E、牛磺酸和叶黄素等），可以有效缓解病情又适合终生食用（Hahn，2010）；营养皮肤被毛，添加不饱和脂肪酸EPA和DHA，这些关键营养素可以帮助皮肤敏感的宠物维持皮肤和被毛健康。

（三）注意事项

妊娠期、哺乳期母犬，切勿随意饲喂该类处方食品；高脂血症、胰腺炎或曾有胰腺炎病史的犬，禁止饲喂该类处方食品。

十四 绝育小型成犬处方食品

绝育是一项成熟的常规手术，对于宠物来说，绝育会改善宠物的发情行为，减少生殖系统疾病，延长寿命。宠物绝育后，因机体生理状况的改变，新陈代谢也随之变化，需要改变饮食结构来满足新的营养需求。保持绝育宠物的健康，饲喂的食物应考虑到它们在不同生理阶段的特定需求。因此，应为绝育宠物选择合理的营养方案，避免宠物因为绝育后肥胖而带来的疾病，从而影响宠物健康。

（一）适应证

小型绝育犬。

（二）处方食品特点

有助于维持理想体重，宠物绝育后，新陈代谢和活动力都会有所下降，摄入过量食物很容易肥胖，绝育处方食品一般选用“鸡肉+鱼肉+鸭肉”低脂肉类作为主要动物蛋白来源；“糙米+燕麦”作为碳水化合物的主要来源，既能满足犬日常所需，保证犬粮的适口性，还能延长宠物的饱腹感，控制体重；帮助呵护牙齿健康，绝育处方食品因选用鸡胸肉等低脂肉类零食进行饲喂，可以有效防止宠物的牙结石、口臭，一定程度上帮助清洁口腔，达到呵护牙齿健康的目的；帮助维护消化系统健康，宠物绝育后消化系统功能会有所减弱，容易导致术后食欲不振、摄入食量不足或者是摄入食量降低，绝育处方食品中添加的容易消化的碳水化合物能够很好地进行调理；抗氧化复合物，处方食品中添加的抗氧化复合物（维生素C、维生素E、牛磺酸和叶黄素等）一定程度上可以减缓器官细胞的氧化损伤，增强免疫系统机能，防止绝育对宠物健康状况的冲击，从而使它们的寿命更长，更健康。

（三）注意事项

绝育影响激素分泌，改变猫的行为习惯，应合理饲喂处方粮；一般干喂，并保证清洁饮水。

第三节 犬猫处方食品的制备工艺

宠物处方食品是为配合兽医治疗疾病的需要而推出的宠物食品，但实际上，处方食品并不是药物与饲料原料的简单混合，它更注重的是成品的适口性、酸碱性以及营养代谢的需求。所以宠物处方食品不仅仅是为了满足治疗疾病的需要，更多的是关注宠物的健康。根据不同的加工工艺，宠物处方食品可以分为干性宠物处方食品、半湿性宠物处方食品和湿性宠物处方食品。人们区分干性、湿性、半湿性一般根据外观形态，但事实上在国家标准《全价宠物食品 犬粮》(GB/T 31216—2014)、《全价宠物食品 猫粮》(GB/T 31217—2014)中已对这三种形态的食品进行了量化区分，即水分含量（质量分数）小于14%的宠物食品为干粮，水分含量为14%～60%的宠物食品为半干粮，水分含量60%以上的宠物食品为湿粮。

宠物处方食品本身是不含药物成分的，不论西药还是中药，都是不允许添加的，国际主流的宠物处方食品都是通过调节各营养成分的水平来设计。这个技术门槛很高，比如心脏病处方粮，一般钠离子含量要控制在0.2%左右，因为原料里所有成分都含有钠离子，所以要通过工艺来脱钠，对加工工艺的要求很高。

一 干性宠物处方食品

（一）加工原料与工艺

干性宠物食品中最常见的原料组成是植物和动物来源的蛋白粉，如玉米蛋白粉、豆粕、鸡肉、肉粉及其副产品，还有新鲜的动物蛋白饲料等。其中，碳水化合物来源是未经加工的玉米、小麦和水稻等谷物或谷物副产品；脂肪来源是动物脂肪或植物油。为了保证食物在混合过程中能够更加均匀和完整，可在搅拌时再加入维生素和矿物质（杨九仙等，2007）。在市场上常见的饲料类型有粉料、颗粒料、碎粒料和膨化产品等几种类型，其中最受欢迎的宠物料是膨化（挤压）食品。干的猫粮通常是经挤压膨化加工而成的产品。

现今，大部分宠物干性食品是通过挤压膨化加工生产的（宋立霞等，2009）。挤压是一个瞬时高温过程，可以将谷物煮熟、成形并进行膨化，同时糊化淀粉。高温、高压、成形后使淀粉的膨胀和糊化的效果达到最佳。此外，高温处理还可以作为消灭致病微生物的一种灭菌技术。然后将膨化后的饲粮进行干燥、冷却和包装。另外，可以选择使用脂肪及其他的调味原料，以增强食物的适口性。

（二）喂养指导

此类宠物食品可以干喂，即将它放在食盘中让犬猫自由采食，也可以加水调湿再喂。另外，饲喂干膨化宠物食品时，必须经常供给新鲜饮水，长期保存时要防止霉变和虫害。干性宠物食品都经过防腐处理，不需要冷藏，可较长时间保存，而且营养全面、十分卫生、使用方便，可供应不同体重、生长阶段及各年龄层宠物的需要，大多数干性宠物食品的可消化性可达65%～75%。

（三）平均营养和热量含量

干性宠物食品通常水分含量为8%～12%、碳水化合物含量为65%；以干物质为基础，干性犬粮与猫粮的粗蛋白质含量一般分别可达18%～30%与30%～36%、粗脂肪含量分别为5%～12.5%与8%～12%，添加较多的脂肪可改善产品的适口性。在评估不同的干性食品时，必须考虑原料组成、营养物质含量和能量浓度等参数，正是由于这些参数的差异，一般干性宠物食品（90～100g）中提供的代谢能范围为0.84～2.09MJ（Laflamme，2001）。

二 半湿性宠物处方食品

（一）加工原料与工艺

半湿性宠物食品的主要原料是新鲜或冷冻的动物组织、谷物、脂肪和单糖，质地比干性食品的更为柔软，这使其更容易被动物接受，适口性也较好。同干性食品一样，大多数半湿性食品在其加工过程中也要经过挤压处理。根据原料组成不同，可以在挤压前先将食物进行蒸煮处理（Lankhorst等，2007）。

生产半湿性食品还有一些特殊要求，由于半湿性食品的含水量较高，所以必须添加其他成分以防止产品变质。为了固定产品中的水分，防止有害细菌滋生，需要在半湿性食品中添加糖和盐。许多半湿性宠物食品中含有大量的单糖，这有助于提高其适口性和消化率。1992年时，丙二醇也作为保湿剂被应用于半湿性宠物食品。然而，美国食品药品监督管理局（FDA）判定这种化合物对猫存在潜在的危险，已经禁止将其用于猫粮的生产。山梨酸钾等防腐剂可以防止酵母菌和霉菌的生长，因此可以为产品提供进一步的保护。少量的有机酸可以降低产品的pH，也可用于防止细菌生长。由于一般情况下半湿性食品的气味比罐装食品小，独立包装也更加方便，因此，受到一些宠物主人的青睐。半湿性宠物食品在开封前不需要冷藏，保质期也相对较长。以干物质重量为基础进行比较时，半湿性食品的价格通常介于干性食品和湿性食品之间。

（二）喂养指导

半湿性宠物食品是营养全价、平衡，并经挤压熟化的产品。多以密封袋口、真空包装，不需冷藏，能在常温下保存一段时间而不变质，但保存期不宜过长。每包的量是以一只猫一餐的食量为标准。打开后应及时饲喂，最好尽快喂完，不能放置，以免腐败变质，尤其是在炎热的夏季，更应打开后及时饲喂。一般半湿性犬粮的消化率为80% ～ 85%。

半湿性猫粮有时还会被当作“点心”或是奖赏来喂给猫；而半湿性犬粮由于通常含有高比例的碳水化合物或糖分，不适宜饲喂患糖尿病的犬。

（三）平均营养和热量含量

此类食品一般水分含量为30% ～ 35%，碳水化合物含量为54%，常制成饼状、条状或粗颗粒状。以干物质为基础，半湿性宠物食品粗蛋白质含量为34% ～ 40%，粗脂肪含量为10% ～ 15%。

三 湿性宠物处方食品

（一）加工原料与工艺

湿性宠物食品可分为两类：一类是营养全价的罐装食品，这类食品常常包含各种原料，如谷类及其加工副产品、精肉、禽类或鱼的副产品、豆制品、脂肪或油类、矿物质及维生素等；也有的只含1 ～ 2种精肉或动物副产品，并加入足量的维生素和矿物质添加剂的罐装食品。另一类不是为了提供宠物所需全面营养而配制的，而是作为饲粮的补充，或以罐装肉、肉类副产品的形式用于医疗方面的食品（Roudebush和Schick，1995），不含维生素或矿物质添加剂。这种罐装食品通常是指以某一类饲料为主的单一型罐头食品，多以肉类组成的罐装肉产品较为常见，如肉罐头、鱼罐头、肝罐头等，即全肉型。

罐装食品的罐装过程是一个高温蒸煮的过程。将各种原料进行混合、蒸煮并装入封盖的热金属罐中，并根据罐的类型和容器，在110 ～ 132℃下蒸煮15 ～ 25min。罐装食品可以保留84%的水分。高含水量使得罐装产品的适口性很好，这对于对喂养要求较高的宠物主人很有吸引力，但由于其加工成本较高，因而价格也更高。

（二）喂养指导

一般可根据饲养犬（或猫）的口味及营养需要，选择和搭配罐装食品的种类。罐装食品使用方便，罐头打开后应及时饲喂，开罐后不宜保存。夏天开启后的罐头，必须放入冰箱保存，如果变质则不能饲喂。

罐装食品通常不必特别防腐保存，因为在烹调过程已经杀灭了所有细菌，而且，罐装密封可以防止污染。因为，此类食品并不含有任何防腐剂，所以开封后如未马上用完，则需要在冷藏条件下保存，以保持其新鲜。

需要注意的是吃湿粮的猫科动物容易患口腔炎症。一直吃湿粮的猫相当于人类每日吃三餐但不刷牙漱口，所以患口腔炎症较常见，因此需要饲养主人经常检查猫的牙齿，做好刷牙工作，以保证口腔的清洁卫生。

（三）平均营养和热量含量

这类食品的含水量大约与新鲜肉类相当，一般水分含量为75%～80%。以干物质为基础，罐装宠物食品粗蛋白质含量为35%～41%，粗脂肪含量为9%～18%。由于湿性宠物食品的含水量较多，如犬的罐头食品中代谢能含量仅为4.18MJ/kg。湿性宠物食品营养全面，适口性好，如罐装犬粮的消化率为75%～85%。

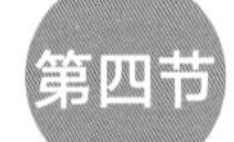

第四节 宠物处方食品的安全性评价

一 宠物处方食品的安全性

为了确保宠物处方食品安全和保障宠物健康，需要对宠物处方食品进行安全性评价，通过安全性评价阐明处方食品是否可以食用，或阐明宠物处方食品中有关危害成分以及毒性和风险大小，利用毒理学资料和毒理学试验结果确认宠物处方食品的安全剂量，进行企业质量风险控制。

人们由于习惯或者传统观念，一般对药品的安全性比较重视，而对宠物食品的安全性有所忽视，总认为可比药品的要求低一些。其实不然，现行的危害分析的关键控制点（HACCP）系统就源于宇航食品的制造，实施良好生产规范（good manufacturing practice，GMP）就是要把宠物食品和食品、药品一样的严格管理起来，因为宠物食品的摄入量比药品大得多，而且食用者不受限制。

处方食品安全评价的准备工作、安全性毒理学评价试验参见本书第七章第八节。

二 安全性毒理学评价试验

安全性毒理学评价试验主要包括以下4个阶段。

（一）急性毒性试验

急性毒理试验用半衰期（LD_{50}）表示，它是指受试动物经口一次或在24h内多次感染受试物后，能使模型动物半数（50%）死亡的剂量，单位为mg/kg（体重）。通过测定的LD_{50}了解受试物的毒性强度、性质和可能的靶器官，可为进一步进行毒性试验的剂量和毒性判定指标的选择提供依据。

本试验有局限性，很多有长期慢性危害的受试物，急性毒性试验反映不出来，尤其是急性毒性很小的致癌物质，但长期少量摄入能诱发癌症，所以应进行第2阶段的试验。

（二）遗传毒性试验、传统致畸试验、短期喂养试验

遗传毒性试验的组合必须考虑原核细胞和真核细胞、生殖细胞与体细胞、体内和体外试验相结合的原则，对受试物的遗传毒性以及是否具有潜在致癌作用进行筛选。例如细胞致突变试验、小鼠骨髓微核率试验或骨髓染色体畸变试验、其他备选遗传毒性试验等。

传统致畸试验：所有受试物必须进行本试验，了解受试物对模型动物的胎仔是否具有致畸作用。

短期喂养试验：30d喂养试验。如受试物需进行第3、4阶段毒性试验的，可不进行本试验。对只需进行第1、2阶段毒性试验的受试物，在急性毒性试验的基础上，通过30d喂养试验，进一步了解其毒性作用，并可初步估计最大无作用剂量。

（三）亚慢性毒性试验

90d喂养试验、繁殖试验、代谢试验。其中，90d喂养试验与繁殖试验观察受试物以不同剂量水平经过较长期喂养后的毒性作用性质和靶器官，并初步确定最大无作用剂量，了解受试物对模型动物繁殖及对后代的致畸作用，为慢性毒性和致癌试验的剂量选择提供依据。通过代谢试验可以了解受试物在宠物体内的吸收、分布和排泄速度以及蓄积性，寻找可能的靶器官；为选择慢性毒性试验的合适动物种系提供依据，了解有无毒性代谢产物的形成。

（四）慢性毒性试验

凡属我国创新的物质，一般要求进行4个阶段试验，特别是对其中化学结构提示有慢性毒性、遗传毒性或致癌性可能者，或产量大、使用范围广、摄入机会多者，必须进行全部4个阶段的毒性试验。凡属与已知物质（指经过安全性评价并允许使用者）的化

学结构基本相同的衍生物或类似物，则根据第1、2、3阶段毒性试验结果判断是否需进行第4阶段的毒性试验。通过了解经长期接触受试物后出现的毒性作用，尤其是进行性和不可逆的毒性作用以及致癌作用；最终确定最大无作用剂量，为受试物是否能用于宠物处方食品的最终评价提供依据。

宠物食品新资源和新资源宠物食品，原则上应进行第1、2、3阶段毒性试验，以及必要的流行病学调查。必要时应进行第4阶段试验。若根据有关文献资料及成分分析，未发现有或虽有但量甚少，不致构成对健康有害的物质，以及较大数量宠物有长期食用历史而未发现有害作用的天然动、植物（包括作为调料的天然动、植物的粗提物）可以先进行第1、2阶段毒性试验，经初步评价后，决定是否需要进一步的毒性试验。

参考文献

陈莹，2014．我国宠物商品经济的市场营销策略分析［J］．商场现代化（11）：81-82.

陈滨，2019．犬、猫的商品化饲粮［J］．饲料博览（11）：91.

陈宝江，刘树栋，韩帅娟，2020．宠物肠道健康与营养调控研究进展［J］．饲料工业，41（13）：9-13.

李红，2012．不同浓度果寡糖添加剂在罗威纳幼犬中使用效果对比试验［J］．畜牧与兽医，44（3）：111-112.

李占占，李勇，丁雪，等，2014．中药处方犬粮的安全性评价及其对犬创伤恢复能力的影响［J］．安徽农业科学，42（21）：7095-7098.

刘欣，林德贵，2010．益生菌对犬异位性皮炎免疫调节机制的研究［J］．中国兽医杂志，46（4）：17-19.

刘占江，2017．52例犬尿石症临床调查和分析［D］．赤峰：内蒙古农业大学.

刘凤华，2020．宠物商业减肥处方粮的应用研究进展［J］．中国动物保健（11）：62-63.

林德贵，2017．犬猫过敏性皮肤病的诊疗［J］．犬业科技（3）：10-13.

单达聪，2008．膳食纤维与左旋肉碱对宠物犬体重控制影响的研究［J］．饲料与畜牧（4）：36-38.

邵洪侠，罗守冬，胡喜斌，2012．浅析宠物处方食品［J］．经济动物（11）：104.

宋立霞，刘雄伟，糜长雨，2009．挤压膨化技术在宠物食品中的应用［J］．饲料与畜牧（11）：21-22.

宋琳，兰艺，白书宁，等，2021．以猫犬饲料为主导的宠物饲料市场浅析［J］.养殖与饲料（9）：88-91.

杨九仙，刘建胜，2007．宠物营养与食品［M］．北京：中国农业出版社.

钟健敏，2018．广州市宠物犬饮食与疾病关系调查及处方粮的应用［D］．广州：华南农业大学.

Abecia L，Hoyles L，Khoo C，et al，2010．Effects of a novel galactooligosaccharide on the faecal microbiota of healthy and inflammatory bowel disease cats during a randomized，double-blind，cross-over feeding study［J］．International Journal of Probiotics and Prebiotics，5（2）：61-68.

Brandsch C，Eder K，2002．Effect of L-carnitine on weight loss and body composition of rats fed a

hypocaloric diet[J]. Annals of Nutrition & Metabolism, 46 (5): 205-210.

Baldwin K, Bartges J, Buffington T, et al, 2010. AAHA nutritional assessment guidelines for dogs and cats[J]. Journal of the American Animal Hospital Association, 46: 285-296.

Brambillasca, S., Britos A., Deluca C., et al, 2013. Addition of citrus pulp and apple pomace in diets for dogs: influence on fermentation kinetics, digestion, faecal characteristics and bacterial populations[J]. Archives of Animal Nutrition, 67 (6): 492-502.

Bourguignon E, Guimarães L D, Ferreira T S, et al, 2013. Dermatology in Dogs and Cats[M]. Rijeka: The InTech Press.

Case, Linda P., Daristotle, Leighann, Hayek, Michael G., et al, 2010. Canine and Feline Nutrition[M]. 3rd ed. Maryland: The Mosby Press.

Che, D., Nyingwa, P.S., Ralinala, K.M., et al, 2021. Amino acids in the nutrition, metabolism, and health of domestic cats[J]. Advances in Experimental Medicine and Biology, 1285: 217-231.

Davies M, 2016. Veterinary clinical nutrition: success stories: an overview[J]. Proceedings of the Nutrition Society, 75 (3): 392-397.

Freeman L M, 2016. Nutritional management of heart disease[J]. August's Consultations in Feline Internal Medicine, 7: 403-411.

Fusi E., Rizzi R., Polli M., et al, 2019. Effects of *Lactobacillus acidophilus* D2/CSL (CECT 4529) supplementation on healthy cat performance[J]. Vet Record, 6 (1): e000368-000343.

German AJ, 2006. The growing problem of obesity in dogs and cats[J]. Journal of Nutrition, 136 (7): 1940S-1946S.

Guard, B. C., Barr J. W., Reddivari L., et al, 2015. Characterization of microbial dysbiosis and metabolomic changes in dogs with acute diarrhea[J]. PLoS One, 10 (5): e0127259-e0127282.

Hawrelak JA, Myers SP, 2004. The causes of intestinal dysbiosis: a review[J]. Alternative Medicine Review, 9 (2): 180-197.

Hahn KA, 2010. Effect of two therapeutic foods in dogs with chronic nonseasonal pruritic dermatitis[J]. Journal of Applied Research in Veterinary Medicine, 8 (3): 146-154.

Herstad HK, Nesheim BB, L'Abée-Lund T, et al, 2010. Effects of a probiotic intervention in acute canine gastroenteritis - a controlled clinical trial[J]. Journal of Small Animal Practice, 51 (1): 34-38.

Itoh, N., Ito Y., Muraoka N., et al, 2014. Food allergens detected by lymphocyte proliferative and serum IgE tests in 139dogs with non-seasonal pruritic dermatitis[J]. The Japanese Journal of Veterinary Dermatology, 20 (1): 17-21.

Itoh N, Tabata D, Yoshida K, et al, 2018. Effects of food allergy prescription diet on intestinal microflora and efficacy of apple fiber addition in healthy dogs[J]. Journal of Pet Animal Nutrition, 21 (3): 126-131.

Jacquie S, Rand, Linda M, et al, 2004. Canine and feline diabetes mellitus: Nature or nurture?[J]. Journal of Nutrition, 134 (8): 2072S-2080S.

Kramer JW, Klaassen K, Baskin DG, et al, 1988. Inheritance of diabetes mellitus in Keeshond dogs[J]. American Journal of Veterinary Research, 49 (3): 428-431.

Ko KS, Backus RC, Berg JR, et al, 2007. Differences in taurine synthesis rate among dogs relate to differences in their maintenance energy requirement[J]. Journal of Nutrition, 137: 1171-1175.

Kato M, Miyaji K, Ohtani N, et al, 2012. Effects of prescription diet on dealing with stressful situations and performance of anxiety-related behaviors in privately owned anxious dogs[J]. Journal of Veterinary Behavior, 7(1): 21-26.

Kumar N, Tomar SK, Thakur K, et al, 2017. The ameliorative effects of probiotic Lactobacillus fermentum strain RS-2on alloxan induced diabetic rats[J]. Journal of Functional Foods, 28: 275-284.

Laflamme DP, 2001. Determining metabolizable energy content in commercial pet foods[J]. Journal of Animal Physiology and Animal Nutrition, 85(7-8): 222-230.

Lankhorst C, Tran QD, Havenaar R, et al, 2007. The effect of extrusion on the nutritional value of canine diets as assessed by *in vitro* indicators[J]. Animal Feed Science and Technology, 138(3-4): 285-297.

Michel KE, 2006. Unconventional diets for dogs and cats[J]. Veterinary Clinics of North America: Small Animal Practice, 36(6): 1269-1281.

Minamoto Y, Hooda S, Swanson KS, et al, 2012. Feline gastrointestinal microbiota[J]. Animal Health Research Reviews, 13(1): 64-77.

Olivry T., Bizikova P, 2010. A sysyteminc review of the evidence of reduced allergenicity and clinical benefit of food hydrolysates in dogs with cutanous adverse food reactions[J]. Veterinary Dermatology, 21(1): 32-41.

Ontiveros ES, Whelchel BD, Yu J, et al, 2020. Development of plasma and whole blood taurine reference ranges and identification of dietary features associated with taurine deficiency and dilated cardiomyopathy in golden retrievers: A prospective, observational study[J]. PLoS One, 5(5): e0233206-e0233230.

Roudebush P, Schick RO, 1995. Evaluation of a commercial canned lamb and rice diet for the management of adverse food reactions in dogs[J]. Veterinary Dermatology, 5(2): 63-67.

Sandøe P, Palmer C, Corr S, et al, 2014. Canine and feline obesity: a one health perspective[J]. Vet Record, 175(24): 610-616.

Tryfonidou MA, Stevenhagen JJ, van den Bernd GJ, et al, 2002. Moderate cholecalciferol supplementation depresses intestinal calcium absorption in growing dogs[J]. Journal of Nutrition, 132: 2644-2650.

Torres CL, Backus RC, Rascetti AJ, et al, 2003. Taurine status in normal dogs fed a commercial diet associated with taurine deficiency and dilated cardiomyopathy[J]. Journal of Animal Physiology & Animal Nutrition, 87(9-10): 359-372.

第六章

宠物食品质量管理

第一节 概述

艾瑞咨询2021年发表的《中国宠物食品行业研究报告》显示，我国宠物食品行业目前处于快速发展阶段（上海艾瑞市场咨询股份有限公司，2021）。预计2025年宠物食品的市场规模与目前相比有望增长约0.8倍。但是，宠物食品快速发展带来的市场细分也给宠物食品行业带来了迫切需要解决的共性问题，即宠物食品及其加工质量体系相关国家和行业标准不足（王金全，2019；江移山，2021；姚婷等，2021；王金全，2022）。

一 宠物食品标准制定的指导性文件

随着宠物食品市场规模的不断扩大，宠物食品企业间的竞争加大，为了促进行业的良性发展，强化行业的规范性显得尤为重要。为此，中华人民共和国农业农村部公告第20号公布了《宠物饲料管理办法》《宠物饲料生产企业许可条件》《宠物饲料标签规定》《宠物饲料卫生规定》《宠物配合饲料生产许可申报材料要求》《宠物添加剂预混合饲料生产许可申报材料要求》等规范性文件，进一步加强宠物饲料管理，规范宠物饲料市场，促进宠物饲料行业的健康发展（中华人民共和国农业农村部，2018）。

二 现有宠物食品相关国家标准

我国现有4项与宠物食品相关的国家推荐标准，包括《全价宠物食品 犬粮》（GB/T 31216—2014）、《全价宠物食品 猫粮》（GB/T 31217—2014）、《宠物食品 狗咬胶》

（GB/T 23185—2008）和《宠物干粮食品辐照杀菌技术规范》（GB/T 22545—2008）。从标准制定的时间来看，这些国家标准的发布时间均早于中华人民共和国农业农村部第20号公告。标准《全价宠物食品 犬粮》（GB/T 31216—2014）和《全价宠物食品猫粮》（GB/T 31217—2014）总体上规范了犬粮和猫粮的工业化加工和制作。从起草标准的单位来看，《全价宠物食品 犬粮》（GB/T 31216—2014）和《全价宠物食品 猫粮》（GB/T 31217—2014）的起草单位为中国饲料工业协会和玛氏食品（中国）有限公司。国产品牌未参与该标准的起草可能是由于中国宠物食品发展的早期，国产品牌以代工为主，自主品牌实力较弱，话语权低。

三 现有宠物食品相关其他标准

其余与宠物食品相关的标准都是由一些行业协会和地方协会制定的团体标准以及企业制定的企业标准。与宠物食品相关的团体标准包括宠物食品狗咬胶（T/ZZB 0810—2018）、宠物配合饲料（全价宠物食品）标准综合体团体规范（T/CGAPA 002—2019）、宠物零食标准综合体团体规范（T/CGAPA 001—2019）、宠物营养补充剂标准综合体团体规范（T/CGAPA 003—2019）、冻干宠物食品规范（T/CIQA 15—2020）、全价宠物食品 兔粮（T/SDPIA 03—2022）、宠物配合饲料（全价宠物食品）主食罐头（T/SDPIA 01—2022）。从标准制定的时间来看，宠物食品相关的团体标准集中出现在2019—2022年，这与我国国产品牌进入快速发展期有关。艾瑞咨询2021年发表的《中国宠物食品行业研究报告》也显示，我国宠物食品行业在2020年左右处于快速发展阶段。为了响应农业农村部公告第20号的要求，相关的行业规范和产品质量要求需要更新。

四 宠物食品质量管理相关内容的基本概念

宠物食品，也称为宠物饲料，是指经工业化加工、制作的供宠物直接食用的产品。农业农村部第20号公告，规范了宠物食品的定义和分类，扩大了进口需要登记的产品范围，明确了宠物食品的定义包括宠物配合饲料、宠物添加剂预混合饲料和其他宠物饲料（中华人民共和国农业农村部，2018）。

宠物配合饲料，是指满足宠物不同生命阶段或者特定生理、病理状态下的营养需求，将多种饲料原料和饲料添加剂按照一定比例配制的饲料，单独使用即可满足宠物全面营养需求。可见，宠物主粮可归类为“宠物配合饲料”。宠物配合饲料根据形态的不同分为固态宠物配合饲料、半固态宠物配合饲料和液态宠物配合饲料。

宠物添加剂预混合饲料，是指为满足宠物对氨基酸、维生素、矿物质微量元素、酶制剂等营养性资料添加剂的需要，由营养性饲料添加剂与载体或者稀释剂按照一定比例配制的饲料。可见，宠物保健品可归类为“宠物添加剂预混合饲料”。宠物添加剂预混合饲料，根据形态同样可分为固态宠物添加剂预混合饲料、半固态宠物添加剂预混合饲料和液态宠物添加剂预混合饲料。

其他宠物饲料，是指为实现奖励宠物、与宠物互动或者刺激宠物咀嚼、撕咬等目的，将几种饲料原料和饲料添加剂按照一定比例配制的饲料。可见，宠物零食可归类为“其他宠物饲料”。

第二节 宠物食品管理规范

一 中国宠物食品管理规范

为进一步加强宠物食品管理，规范宠物食品市场，促进宠物食品行业发展，中华人民共和国农业农村部第20号公告在全面梳理《饲料和饲料添加剂管理条例》（国务院令第609号）（2017年修正本）及其配套规章适用规定、充分考虑宠物饲料特殊性和管理需要的基础上，制定了《宠物饲料管理办法》《宠物饲料生产企业许可条件》《宠物饲料标签规定》《宠物饲料卫生规定》《宠物配合饲料生产许可申报材料要求》《宠物添加剂预混合饲料生产许可申报材料要求》等规范性文件，为宠物饲料企业的生产和监督管理提供法律依据（中华人民共和国农业农村部，2018；边涛等，2021）。

（一）关于原料和添加剂的相关管理规范

宠物食品生产企业生产宠物食品时，应当按照有关规定和标准，对采购的饲料原料、添加剂预混合饲料和饲料添加剂进行查验或者检验。使用的原料和添加剂，应当遵守《饲料添加剂品种目录》《饲料添加剂安全使用规范》等限制性规定。禁止使用《饲料原料目录》《饲料添加剂品种目录》以外的任何物质生产宠物食品。《饲料原料目录》和《饲料添加剂品种目录》需参考农业农村部发布的公告（中华人民共和国农业农村部，2021）。

境外宠物食品生产企业向中国出口宠物配合饲料、宠物添加剂预混合饲料的，应当委托境外企业驻中国境内的办事机构或者中国境内代理机构向国务院农业行政主管部门申请登记，并依法取得进口登记证。宠物配合饲料、宠物添加剂预混合饲料还应当符合进口登记产品的备案标准要求。

生产向中国境内出口的宠物饲料所使用的饲料原料和饲料添加剂应当符合《饲料原

料目录》《饲料添加剂品种目录》的要求，并遵守《饲料添加剂品种目录》《饲料添加剂安全使用规范》的规定。

针对违法生产经营的宠物饲料企业，其处罚依据按照《饲料和饲料添加剂管理条例》的相关规定执行。

（二）关于生产（企业）以及生产企业备案的配方工艺等的管理规范

申请从事宠物配合饲料、宠物添加剂预混合饲料生产的企业，应当符合《宠物饲料生产企业许可条件》的要求，向生产地省级人民政府饲料管理部门提出申请，并依法取得饲料生产许可证。

企业应当设立技术、生产、质量、销售、采购等管理机构。技术机构、生产机构、质量机构、销售和采购机构负责人应当具备相应的技术职称，熟悉专业知识并通过现场考核。企业要独立设置厂区，厂区应当整洁卫生，生产区与生活、办公等区域分开。厂区要按照生产工序合理布局，固态、半固态、液态的宠物配合饲料因为生产工序不同，在厂区布局上有不同的要求。厂区仓储设施也有严格的要求。固态、半固态、液态宠物配合饲料，固态、半固态、液态宠物添加剂混合饲料由于生产工艺不同，其生产企业应当配备相应的设备以满足相应的工艺要求。宠物配合饲料、宠物添加剂混合饲料生产企业的质量检验化验室需配备相应的仪器设备，并遵守相应的质量管理制度。

宠物配合饲料和宠物添加剂预混合饲料的生产需要按照《饲料质量安全管理规范》进行。其他宠物饲料按照产品质量标准进行生产。在进行饲料加工时，对于饲料生产需要进行如实记录，其中包括添加剂名称、数量、进货日期等相关内容，建立起整套产品生产的有效流程，对生产过程实施进行有效控制，并进行相关产品记录，并对产品进行留样观察。在一定程度上对宠物饲料生产企业进行有效的质量干预。

（三）关于宠物食品标签及卫生的管理规范

农业农村部第20号公告对进口宠物饲料的标签及卫生要求也做出了新的规定。根据新的“办法”规定，向中国境内出口的宠物饲料，应当符合新的标签及卫生规定（中华人民共和国农业农村部，2018；边涛等，2021）。主要包括宠物饲料产品名称应当位于标签的主要展示版面并使用通用名称。宠物配合饲料的通用名称应当标示“宠物配合饲料”“宠物全价饲料”“全价宠物食品”或者“全价”字样，并标示适用动物种类和生命阶段。为满足宠物特定生理、病理状况下的营养需要加工的宠物配合饲料，其通用名称应当标示“处方”字样，并标示适用的动物状态。宠物添加剂预混合饲料的通用名称应当标示“宠物添加剂预混合饲料”“补充性宠物预混合饲料”或者“宠物预混合饲料”，并标示适用动物种类和生命阶段。其他宠物饲料的通用名称应当标示“宠物零食”，并标示适用动物种类和生命阶段。

宠物饲料产品标签上应当标示原料组成，原料组成包括饲料原料和饲料添加剂两部分。“饲料原料组成”应该使用与《饲料原料目录》一致的原料品种名称，或者使用“标签规定”中附录2中的类别名称。原料要按照添加比例的顺序从大到小降序排列。“饲料添加剂组成”添加剂名称应与《饲料添加剂品种目录》一致。

宠物饲料产品标签上应当标示出产品成分分析保证值、产品包装单位的净含量、产品的贮存条件及贮存方法、产品使用说明和注意事项，以及完整的年、月、日等生产日期信息和保质期等。

在中华人民共和国境内生产、销售的供宠物犬、宠物猫直接食用的宠物饲料产品的卫生指标，应当符合《宠物饲料卫生规定》的要求。《宠物饲料卫生规定》的附录中规定了宠物饲料卫生指标及试验方法的具体要求，包括无机污染物和含氮化合物、真菌毒素、有机氯污染物、微生物污染物四个类别。

（四）关于宠物食品销售和物流（储运）的管理规范

农业农村部第20号公告加强了对宠物饲料销售环节的监管管理。根据规定，宠物食品经营者进货时应当查验宠物食品的产品标签、产品质量检验合格证、饲料生产许可证、进口登记证等许可证明文件。禁止经营无产品标签、无产品质量标准、无产品质量检验合格证的宠物食品；禁止经营标签不符合《宠物饲料标签规定》要求的宠物饲料；禁止经营用《饲料原料目录》《饲料添加剂品种目录》以外的任何物质生产的宠物饲料；禁止经营未取得进口登记证的进口宠物配合饲料、进口宠物添加剂预混合饲料。网络宠物饲料产品交易第三方平台提供者，应当对入网的宠物饲料经营者进行实名登记。经营未取得进口登记证的进口宠物配合饲料、进口宠物添加剂预混合饲料的，按照规定进行处罚。

宠物饲料经营者不得对宠物饲料产品进行拆包、分装，不得对宠物饲料产品进行再加工或者添加任何物质。

二 国外宠物食品管理规范

由于前期国内宠物饲养的规模较小，宠物食品有很大一部分都出口到国外，因而国内介绍主要贸易国家和地区宠物食品法规标准要求内容的资料相对丰富（黄冠胜，2013；王金全，2019；Dodd等，2020；秦超等，2021）。如《主要贸易国家和地区宠物食品法规标准要求》（黄冠胜，2013）就详细介绍了美国、欧盟、俄罗斯、澳大利亚、新西兰、日本等国家和地区的宠物食品法规标准要求。随后，2019年出版的《宠物食品法规和标准》也对国外宠物食品法规和法律进行了详细介绍（王金全，2019）。例如，美国国家研究委员会猫犬营养需求及欧盟相关宠物饲料营养标准等。

（一）欧盟进口宠物食品技术法规

欧盟宠物食品主管机构包括欧盟委员会下属机构的健康与消费者保护总司（Directorate General for Health and Consumers，DG-SANCO，http://ec.europa.eu/ dgs/health consumer/index_en.htm）和欧洲食品安全局（European Food Safety Authority，EFSA，http://www.efsa.europa.eu/）。健康与消费者保护总司下属的食品兽医办公室（Food and Veterinary Office，FVO）是实施食品饲料安全管理的直接执行机构（黄冠胜，2013）。

欧盟关于宠物食品相关的一般法规包括178/2002条例（包括截至2009年的修订）——食品和饲料法规的一般原则和要求、183/2005条例（包括截至2009年的修订）——饲料卫生要求、767/2009条例——饲料投放市场和使用要求、882/2004条例（包括截至2009年的修订）——对食品法、饲料法及动物卫生和福利要求进行符合性验证的官方控制措施、68/2013条例——饲料原料目录（Council of the European Union，2013）等。

欧盟关于宠物食品相关的专门法规包括饲料添加剂、化学性污染物控制物、微生物污染控制、饲料中允许或禁止使用的物质、转基因饲料、药用饲料、特殊营养目的饲料、饲料名称的标注标签以及官方监控相关内容的指令（EFSA，2016；EFSA等，2019；Bampidis等，2021；Bampidis等，2022）。如特殊营养目的饲料涉及两个指令：①2008/38指令——建立动物饲料的特定营养目的列表。涉及特殊营养目的饲料的法定营养目标及相应营养特点、适用动物种类、需要标注的成分及其他规定。②767/2009条例——涉及特殊营养目的饲料的标签要求。

（二）美国饲料管制协会（AAFCO）宠物食品营养及功能相关法规

美国饲料管制协会（Association of American Feed Control Officials，AAFCO）是一个由地方、州和联邦机构组成的自愿式的会员协会，负责管理动物饲料和动物药品的销售和分销。AAFCO为完整和平衡的宠物食品建立了一个营养标准。AAFCO建立的这一套营养标准经常被用来制定国家法规，美国食品药品监督管理局（FDA）在管理宠物食品时也会参考AAFCO的信息（黄冠胜，2013；Rombach和Dean，2021）。

从宠物食品的安全性和质量而言，全球范围中欧盟的管控是较为严格的，其次当属美国（Dodd，2021）。欧盟99%的国家对宠物食品的生产、销售和进口有法规要求（宠物食品不做专门分类管理，管理标准与动物饲料相同）。主要监管机构为欧盟理事会（The Council），欧洲议会（EP）和欧洲委员会（EC），主要监管内容包括动物原料、非动物原料和添加剂以及生产设备；关于宠物食品的标签和销售还受到欧盟法规和欧洲宠物食品工业联合会（FEDIAF）的监管（Kazimierska等，2021）。

美国宠物食品监管则是两线并行：①AAFCO属于非政府组织，主要通过为食品生产和食品标签提供指南，帮助各州制定了一套模范宠物食品法规，作为监管宠物食品的一部分（Edwards和Conway，2020）；②联邦政府下设食品和药物监督管理局（FDA），FDA下有兽医中心（CVM），负责监管动物药品、药物饲料、食品添加剂和配料以及宠物食品，确保它们符合法案，两者共同对宠物食品行业的生产进行约束，使该行业目前对于原料来源、营养成分、生产标准等方面有较为详细的解释。

（三）其他国家

1. 新西兰　新西兰宠物食品管理机构包括新西兰初级产业部、新西兰农林部、新西兰生物安全局和新西兰食品安全局。新西兰初级产业部（MPI）于2017年8月29日发布了宠物食品加工规范。其中，由初级产业部与新西兰宠物食品制造商协会（NZPFMA）协商制定的《操作规范：宠物食品操作规范》（*Operational Code：OC Petfood Processing*）中的第五章宠物食品的深加工和制造（Barker，2017），讨论了《动物产品法1999》（*Animal Products Act 1999*，APA）及其附属法规对宠物食品二次加工的要求，特别是《动物产品通知：动物消费品规范2017》。本章的制定是为了指导生产商的生产加工符合《动物产品法1999》中MPI监管要求，内容包括法规要求、动物原材料、加工要求、准备步骤、包装和贮存等，并增加了宠物食品生产商经营风险管理计划，使其加工生产能更好地满足《动物产品法1999》的要求。

新西兰宠物食品生产的产品安全和适用性方面主要根据《动物产品法1999》和《农业化合物和兽药法1997》（*Agricultural Compounds and Veterinary Medicines Act 1997*，ACVM）。根据《动物产品法1999》法案，适用于宠物食品制造商的主要法规包括《动物产品条例2000》《动物产品公告—动物消费品规范2017》和《动物产品（风险管理计划规范）公告2008》。根据ACVM法案，涵盖新西兰宠物食品进口、制造和销售要求的主要法规是《农业化合物和兽药（豁免和违禁物质）条例2011》（*Approvals and ACVM Group*，2011）。ACVM法规2 011要求对声明具有治疗作用的人造宠物食品进行注册。单纯为动物提供营养而销售的人造宠物食品不需要注册，但是，它仍然需要满足与产品适用性、制造、标签和记录保存的文件化系统相关的特定法规。APA和ACVM法案规定了宠物食品运营商可能在几种情况下运营，具体取决于其运营性质及其生产的宠物食品类型。有关ACVM要求的更多信息，可参阅新西兰初级产业部网站（https://www.mpi.govt.nz/.）

除了法规，与宠物食品相关的条例和法令还包括《生物安全（反刍动物源性蛋白）条例1999》《生物安全（收费）条例2003》和《生物安全（需申报生物）法令2002》等。同时，进入新西兰的所有物品需要复合进口卫生标准，这些进口卫生标准具有强制性，会随着进境截获情况和相关科学研究的进展而不断进行修订。新西兰的法律法规和标准可通过相关网站（https://www.legislation.govt.nz和https://www.mpi.govt.nz/biosecurity/）查询。

2. 日本　日本宠物食品的管理机构为日本农林水产省。与宠物食品相关的法律法规为《宠物食物安全法》（*Animal Products Safety Division*，2015）。该法律旨在通过提供有关宠物食品制造等方面的法规来确保宠物食品的安全，从而保障宠物的健康，并有助于保护动物。法案重点关注的宠物为犬和猫，并规范了宠物生产商、进口商和销售商的行为。法案规定：禁止制造、进口和销售不符合这些标准或规范的宠物食品和其他产品；禁止制造、进口有害物质和其他物品和/或在必要时下令销毁上述宠物食品，以防止损害宠物健康。法案还对制造商和进口商的通知、记录保存，收集报告、现场检查等提出要求，确保宠物食品工厂生产安全及宠物食品安全，保护宠物健康和维护动物福利。

日本农林水产省对《宠物食物安全法》的描述主要分为7个方面，包括宠物食品安全保障法律概述、宠物食品规格标准清单、确保宠物食品安全的行动、根据《确保宠物食品安全法》颁布的政府条例、《宠物食品安全法》执行部条例、关于宠物食品规格和标准的部级法令和关于执行《确保宠物食品安全法》。具体可查询http://www.famic.go.jp。

第三节　中国宠物食品相关标准

农业农村部第20号公告明确了宠物食品包括宠物配合饲料、宠物添加剂预混合饲料和其他宠物饲料。该公告的发布也推进了新标准的制定。

一　宠物配合饲料（全价宠物食品）相关标准

国家标准化管理委员会和国家质量监督检验检疫总局2014年21号公告发布了国家标准《全价宠物食品 犬粮》（GB/T 31216）。该标准于2015年3月8日实施，规定了全价宠物食品犬粮的术语和定义、要求、试验方法、检验规则、标签以及包装、运输、贮存和保质期。本标准适用于经工业化加工、制作的全价宠物食品犬粮，但处方犬粮除外。

国家标准化管理委员会和国家质量监督检验检疫总局2014年21号公告发布了国家标准《全价宠物食品 猫粮》（GB/T 31217）。该标准于2015年3月8日实施，规定了全价宠物食品猫粮的术语和定义、要求、试验方法、检验规则、标签以及包装、运输、贮存和保质期。本标准适用于经工业化加工、制作的全价宠物食品猫粮，但处方猫粮除外。

中国优质农产品开发服务协会2019年发布了团体标准《宠物配合饲料（全价宠物食品）标准综合体团体规范》（T/CGAPA 002—2019），适用于犬和猫的宠物配合饲料生产企业综合管理、技术研发、质量控制、生产营销以及进出口指导等。

山东省宠物行业协会2022年发布了《宠物配合饲料（全价宠物食品）主食罐头》（T/SDPIA 01—2022）。该标准定义了全价宠物食品主食罐头的术语和定义、感官要求、营养要求、质量标准、标签、检验及包装、运输及保质期。适用于使用以镀锡或镀铬薄钢板、铝合金薄钢板、玻璃为容器包装或者铝箔、锡箔等软包装的液态（水分含量≥60%）宠物配合饲料（全价宠物食品）。适用于满足犬猫全面营养需要的全价宠物配合饲料。其他宠物饲料（包括零食罐头）及满足特殊生理病理状态的全价宠物饲料处方罐头除外。该标准不对宠物犬及宠物猫进行区分要求，同时不对不同生命阶段的宠物犬猫进行区分要求。

除了犬粮和猫粮外，山东省宠物行业协会于2022年发布了团体标准《全价宠物食品 兔粮》（T/SDPIA 03—2022）。该标准规定了全价宠物食品-兔粮的述语和定义、技术要求、检验方法、包装、运输、贮存，适用于宠物兔全价配合饲粮的生产、包装、运输、贮存、销售。

二 宠物添加剂预混合饲料相关标准

目前，我国宠物添加剂预混合饲料的相关标准主要是由行业协会制定的团体标准。中国优质农产品开发服务协会于2019年发布了团体标准《宠物营养补充剂标准综合体团体规范》（T/CGAPA 003 2019）。该标准适用于宠物营养补充剂生产企业综合管理、技术研发、质量控制、生产营销以及进出口指导等。该标准适用于犬和猫。

三 其他宠物食品相关标准

（一）狗咬胶

国家标准化管理委员会和国家质量监督检验检疫总局于2008年发布了国家标准《宠物食品　狗咬胶》（GB/T 23185—2008）。该标准规定了宠物食品狗咬胶的术语和定义、原料要求、技术要求、添加剂、试验方法、检验规则以及标志、包装、运输、贮存和保质期，适用于宠物食品狗咬胶。2018年浙江省浙江制造品牌建设促进会发布了团体标准《宠物食品　狗咬胶》（T/ZZB 0810—2018）。该标准规定了宠物食品狗咬胶的术语和定义、基本要求、技术要求、试验方法、检验规则和标志、标签、包装、运输、贮存及质量承诺，适用于动物源性宠物食品狗咬胶。与国标相比，新发布狗咬胶团体标准内容更丰富更全面，限定内容增加，安全性相关的限量指标更低。将宠物食品狗咬胶定义为以生畜皮、畜禽肉及骨等动物源性原料为主要原料，经前处理、成形、高温杀菌、包装等工艺制造而成的各种形状的供宠物犬咀嚼、玩耍和食用的宠物食品。

此外，国家质量监督检验检疫总局于2017年发布了行业标准《出口宠物食品检验

检疫规程　狗咬胶》(SN/T 1019—2017)，该标准规定了出口狗咬胶类宠物食品的检验项目、技术要求、抽样方式、检验方法、检验方式、合格判定、不合格处置等，适用于出口狗咬胶类宠物食品的检验检疫。

(二)饼干

目前，宠物食品相饼干类产品的标准，只有国家质量监督检验检疫总局于2011年发布的行业标准《出口宠物食品检验检疫监管规程 第1部分：饼干类》(SN/T 2854.1—2011)，该标准规定了出口饼干类宠物食品的检验检疫及监督管理，适用于以谷类粉、油脂等为主要原料，添加适量的辅料，经调粉、成型、烘烤等工艺制成的供宠物食用或具有除臭、磨牙等特殊用途的饼干类宠物食品。饼干类宠物食品定义为以谷类粉、油脂等为主要原料，添加适量的辅料，经调粉、成型、烘烤等工艺制成的供宠物食用或具有除臭、磨牙等特殊用途的宠物食品。

(三)禽肉类食品

与饼干类宠物食品类似，禽肉类宠物食品的标准只有国家质量监督检验检疫总局2012年发布的行业标准《出口宠物食品检验检疫监管规程 第2部分：烘干禽肉类》(SN/T 2854.2—2012)。该标准规定了出境烘干禽肉类宠物食品的术语和定义、技术要求、采样、检验检疫及结果判定规则，适用于出境烘干禽肉类宠物食品的检验检疫。烘干禽肉类宠物食品是指以禽肉为主要原料或含有禽肉原料经前处理、成型、烘干处理而成供宠物咀嚼、玩耍和食用的宠物食品。

除以上标准外，中国优质农产品开发服务协会2019年发布了《宠物零食标准综合体团体规范》(T/CGAPA 001—2019)。该规范适用于宠物零食企业综合管理、技术研发。质量控制、生产营销以及进出口指导等。此标准适用于犬和猫。

中国出入境检验检疫协会2021年批准发布了团体标准《宠物咀嚼食品规范》(T/CIQA 24—2021)。该标准对宠物咀嚼食品的定义、原料及添加剂使用、产品感官、营养指标、无机物、有机物、毒素等指标进行限量规定；对样品采样方法及限量指标测定方法进行规定。

四 宠物食品加工工艺的相关标准

(一)冻干

冻干宠物食品是经真空冷冻干燥技术加工、制作的供宠物食用的产品。中国出入境检验检疫协会批准发布了适用于冻干宠物食品的团体标准《冻干宠物食品规范》

（T/CIQA 15—2020），该标准规定了冻干宠物食品的术语和定义、技术要求、检验方法、检验规则、标签、包装、运输、贮存及保质期。

（二）烘干

烘干宠物食品相关的标准为国家质量监督检验检疫总局于2012年发布的行业标准《出口宠物食品检验检疫监管规程 第2部分：烘干禽肉类》（SN/T 2854.2—2012），该标准适用于出境烘干禽肉类宠物食品的检验检疫。而针对烘干宠物食品技术要求等的标准还未建立。

团体标准《热风干燥宠物食品规范》（P/CIQA—42—2020）由烟台中宠食品股份有限公司和中国农业科学院饲料研究所共同牵头起草。该标准规定了热风干燥宠物食品的相关术语和定义、产品分类、工艺流程、饲料原料和添加剂、质量管控、产品质量标准、检验方法、标志、包装、运输、贮存和保质期等。该标准适用于热风干燥宠物（犬和猫）食品加工企业综合管理、生产加工、质量管控等。2021年11月16日，中国出入境检验检疫协会宠物产业标准化技术委员会在线召开该标准的技术审查会。后续标准起草小组将根据审查意见对标准草案进行修订并报技术委员会主席签署草案后，提交标准工作委员会报批。

（三）辐照杀菌

国家标准化管理委员会和国家质量监督检验检疫总局于2009年发布了国家标准《宠物干粮食品辐照杀菌技术规范》（GB/T 22545—2008）。该标准规定了辐照宠物干粮食品的辐照前要求、辐照、辐照后技术指标、试验方法、标识和运输、贮存的技术规范。适用于宠物干粮食品的辐照杀菌，不适用于湿状宠物食品的辐照杀菌。

（四）无菌检验

国家质量监督检验检疫总局于2010年发布了行业标准《食品及包装品无菌检验》（SN/T 2567—2010）。该标准规定了食品及包装品无菌检验方法，适用于食品、宠物食品、食品包装的无菌检验。

（五）试样

国家质量监督检验检疫总局、国家标准化管理委员会发布了国家标准《动物饲料试样的制备》（GB/T 20195—2006），该标准规定了动物饲料包括宠物食品由实验室样品制备试样的方法。

除以上发布的标准外，已有1项中华人民共和国农业农村部发布的行业标准《挤压膨化固态宠物（犬、猫）饲料生产质量控制技术规范》（NY/T 4294—2023）。该文件规定了挤压膨化固态宠物（犬、猫）配合饲料生产质量通用技术要求，描述了对应的试验方法，适用于挤压膨化固态宠物（犬、猫）配合饲料的生产质量控制。

第四节 宠物食品相关管理体系

一《食品安全管理体系—食品链中各类组织的要求》

国家质量监督检验检疫总局2006年发布了国家标准《食品安全管理体系—食品链中各类组织的要求》（GB/T 22000—2006/ISO 22000：2005），该标准规定了食品安全管理体系的要求，以便食品链中的组织证实其有能力控制食品安全危害，确保其提供给人类消费的食品是安全的。该标准适用于食品链中所有方面和任何规模、希望通过实施食品安全管理体系以稳定提供安全产品的所有组织，组织可以通过利用内部和（或）外部资源来实现本标准的要求。

二《食品安全管理体系GB/T 22000—2006的应用指南》

国家质量监督检验检疫总局2007发布了国家标准《食品安全管理体系GB/T 22000—2006的应用指南》（GB/T 22004—2007）。该标准提供了《食品安全管理体系——食品链中各类组织的要求》（GB/T 22000—2006）的应用指南，包括GB/T 22000—2006中“5管理职责”“6资源管理”“7安全产品的策划和实现”“8食品安全管理体系的确认、验证和改进”的应用指南。

三《食品安全管理体系 饲料加工企业要求》

《食品安全管理体系 饲料加工企业要求》（T/CCAA 0002—2014）是2014年4月1日实施的一项行业标准。该标准代替了《食品安全管理体系 饲料加工企业要求》（CNCA/CTS 0007—2008）。该标准规定了饲料加工企业建立和实施以HACCP原理为基础的食品安全管理体系的技术要求，包括人力资源、前提方案、关键过程控制、检验、产品追溯与撤回。要求配合GB/T 22000适用于单一饲料、添加剂预混合饲料、浓缩饲料、配合饲料和精料补充料的加工企业建立、实施与自我评价其食品安全管理体系，也适用于对此类饲料加工企业食品安全管理体系的外部评价和认证。

四《GB/T 22000—2006在饲料加工企业的应用指南》

《GB/T 22000—2006在饲料加工企业的应用指南》（GB/Z 23738—2009）是我国国家质量监督检验检疫总局发布的一项国家标准。该标准为添加剂预混合饲料、浓缩饲料、配合饲料和精料补充料等饲料加工企业按照GB/T 22000—2006的要求建立和实施食品安全管理体系提供了指南。

五《食品安全管理体系 食品及饲料添加剂生产企业要求》

《食品安全管理体系 食品及饲料添加剂生产企业要求》（T/CCAA 0014—2014）是2014年4月1日实施的一项行业标准。该标准代替了《食品安全管理体系 食品及饲料添加剂生产企业要求》（CNCA/CTS 0020—2008）。该标准规定了食品及饲料添加剂生产企业建立和实施以HACCP原理为基础的食品安全管理体系的技术要求，包括人力资源、前提方案、关键过程控制、检验、产品追溯与撤回。该技标准配合GB/T 22000—2006适用于食品及饲料添加剂生产企业建立、实施与自我评价其食品安全管理体系，也适用于对此类食品生产企业食品安全管理体系的外部评价和认证。

参 考 文 献

边涛，姚婷，樊霞，2021.宠物饲料标签检验常见问题及改进措施分析［J］. 中国饲料，31（19）：60-63，73.

符慧君，2020. 宠物饲料标准及其法律规范——评《宠物食品法规和标准》［J］. 中国饲料，30（18）：2.

葛冰倩，李俊，张文府，等，2022. 基于营养成分分析评价猫粮质量安全现状［J］. 中国饲料，32（5）：107-111.

国家标准化管理委员会，国家质量监督检验检疫总局，2007. GB/T 22004—2007，食品安全管理体系 GB/T 22000—2006的应用指南［S］. 北京：中国标准出版社.

国家标准化管理委员会，国家质量监督检验检疫总局，2008. GB/T 22545—2008，宠物干粮食品辐照杀菌技术规范［S］. 北京：中国标准出版社.

国家标准化管理委员会，国家质量监督检验检疫总局，2008. GB/T 23185—2008 宠物食品 狗咬胶［S］. 北京：中国标准出版社.

国家标准化管理委员会，国家质量监督检验检疫总局，2009. GB/Z 23738—2009，GB/T 22000—2006 在饲料加工企业的应用指南［S］. 北京：中国标准出版社.

国家标准化管理委员会，国家质量监督检验检疫总局，2014. GB/T 31216—2014，全价宠物食品犬粮

［S］. 北京：中国标准出版社.
国家标准化管理委员会，国家质量监督检验检疫总局，2014．GB/T 31217—2014，全价宠物食品猫粮［S］. 北京：中国标准出版社.
国家质量监督检验检疫总局，2011．SN/T 2854.1—2011，出口宠物食品检验检疫监管规程第1部分：饼干类［S］. 北京：中国标准出版社.
国家质量监督检验检疫总局，2012．SN/T 2854.2—2012，出口宠物食品检验检疫监管规程第2部分：烘干禽肉类［S］. 北京：中国标准出版社.
国家质量监督检验检疫总局,2017．SN/T 1019—2017，出口宠物食品检验检疫规程狗咬胶［S］. 北京：中国标准出版社.
黄冠胜，2013．主要贸易国家和地区宠物食品法规标准要求［M］.北京：中国标准出版社.
江移山，2021.宠物食品行业存在的问题和对策探讨［J］.现代食品，6（7）：54-56.
刘文，吴晶，中国标准化研究院，2007．GB/T 22000—2006《食品安全管理体系——食品链中各类组织的要求》理解与实施［M］. 中国标准出版社.
秦超，布艾杰尔·吾布力卡斯木，吕秀娟，等，2021．2012—2020年欧盟食品和饲料快速预警系统中饲料通报分析［J］. 食品安全质量检测学报，12（16）：6628-6635.
山东省宠物行业协会，2022．T/SDPIA 01—2022 宠物配合饲料（全价宠物食品）主食罐头［S］. 北京：中国标准出版社.
山东省宠物行业协会，2022．T/SDPIA 03—2022 全价宠物食品兔粮［S］. 北京：中国标准出版社.
上海艾瑞市场咨询股份有限公司，2021.中国宠物食品行业研究报告［R］.上海：艾瑞咨询系列研究报告.
王金全，2019．宠物食品法规和标准［M］. 北京：中国农业科学技术出版社.
王金全，粟胜兰，丁丽敏，等，2022．中国宠物食品行业发展报告［M］. 北京：中国农业科学技术出版社
姚婷，刘晓露，王继彤，等，2021．我国宠物饲料行业概况及发展趋势［J］. 中国饲料，31（21）：80-84.
赵鹏，王金全，2020．挤压膨化宠物食品生产质量控制关键要素研究进展［J］. 饲料工业，41（21）：61-64.
浙江省品牌建设联合会，2018．T/ZZB 0810—2018 宠物食品狗咬胶［S］. 北京：中国标准出版社.
中国出入境检验检疫协会，2020．TCIQA 15—2020冻干宠物食品规范［S］. 北京：中国标准出版社.
中国出入境检验检疫协会，2021．T/CIQA 24—2021，宠物咀嚼食品规范［S］. 北京：中国标准出版社.
中国认证认可协会，2014．T/CCAA 0002—2014，食品安全管理体系饲料加工企业要求［S］. 北京：中国标准出版社.
中国认证认可协会，2014．T/CCAA 0014—2014食品安全管理体系食品及饲料添加剂生产企业要求［S］. 北京：中国标准出版社.
中国优质农产品开发服务协会，2019．T/CGAPA 002—2019，宠物配合饲料（全价宠物食品）标准综合体团体规范［S］. 北京：中国标准出版社.
中国优质农产品开发服务协会，2019．T/CGAPA 003—2019，宠物营养补充剂标准综合体团体规范［S］. 北京：中国标准出版社.

中华人民共和国农业农村部，2018．中华人民共和国农业农村部公告（第20号）[J]．中华人民共和国农业农村部公报．

中华人民共和国农业农村部，2021．中华人民共和国农业农村部公告（第459号）[J].中华人民共和国农业部公报．

Animal Products Safety Division，Food Safety and Consumer Affairs Bureau．Overview of Pet Food Safety Act [OL]．Tokyo：Japan Ministry of Agriculture，Forestry and Fisheries，2015，http://www.famic.go.jp/ffis/aboutPetfood.html．

Approvals and ACVM Group.Operating Plans Relevant to the agricultural compounds and veterinary medicines act 1997：Guidelines [OL]．Wellington：New Zealand Ministry of Agriculture and Forestry，2011，https://www.mpi.govt.nz/dmsdocument/20243/direct

Bampidis V，Azimonti G，Bastos M，et al，2021．Safety and efficacy of a feed additive consisting of the seed husk of Plantago ovata Forssk．for use in cats and dogs (C.I.A.M.) [J]．EFSA Journal，19（3）：e06445．

Bampidis V，Azimonti G，Bastos MDL et al，2021．Safety and efficacy of an additive consisting of phyllite，natural mixture of minerals of metamorphic origin，as a feed additive for all animal species (Marmorkalkwerk Troesch GmbH & Co．KG) [J]．EFSA Journal，19（6）：e06616．

Bampidis V，Azimonti G，Bastos MDL，et al，2022．Safety and efficacy of a feed additive consisting of sodium alginate for all animal species (ALGAIA) [J]．EFSA Journal，20（3）：e07164．

Barker J．Operational Code：OC Petfood Processing [OL]．Wellington：New Zealand Ministry for Primary Industries，2017，https://www.mpi.govt.nz/dmsdocument/23965-Operational-Code-Petfood-Processing．

Council of the European Union．Regulation of the European parliament and of the council. [OL]．Brussels：European Commission 2013-07-06，https://eur-lex.europa.eu/homepage.html.

Dodd S，Cave N，Abood S，et al，2020．An observational study of pet feeding practices and how these have changed between 2008 and 2018 [J]．The Veterinary Record，186（19）：643-649．

Dodd SAS，Shoveller AK，Fascetti AJ，et al，2021．A comparison of key essential nutrients in commercial plant-based pet foods sold in Canada to American and European canine and feline dietary recommendations [J]．Animals，11（8）：2348．

Edwards D，Conway C，2020．Pet food safety：truth in labeling [J]．Journal of Animal Science，98（S4）：63-64．

EFSA FEEDAP Panel (EFSA Panel on Additives and Products or Substances used in Animal Feed)，2016．Safety and efficacy of inositol as nutritional additive for dogs and cats [J]．EFSA Journal，14（6）：4511．

EFSA Panelon Additives and products or substances used in animal feed FEEDAP，Bampidis V，Azimonti G，et al，2019．Safety and efficacy of *Lactobacillusreuteri* NBF - 1 (DSM 32203) as a feed additive for dogs [J]．EFSA Journal，17（1）：5524．

Kazimierska K，Biel W，Witkowicz R，et al，2021．Evaluation of nutritional value and microbiological safety in commercial dog food [J]．Veterinary Research Communications，45（2/3）：111-128．

Rombach M，Dean DL，2021．It keeps the good boy healthy from nose to tail：understanding pet food attribute preferences of US consumers [J]．Animals，11（11）：3301．

第七章

宠物食品分析与检测

宠物食品分析与检测是宠物食品配方与工艺设计、生产管理、质量控制、仓储、物流、销售过程中的必要环节，是市场和消费者评价产品质量、监管部门监管的重要依据。标准、规范、统一的检测方法是产品质量横向和纵向比较的基础，没有统一的方法检测结果就会失去可比性。本章基于国际标准、国家标准、行业标准等规范性标准文件，介绍了样本的采集、制备和保存流程和方法，并在此基础上介绍了营养成分检测、嫌忌成分检测、卫生学检测、物性学检测、能量值检测、消化率检测、致敏物检测等定量监测方法和适口性检测、辐照食品检测、原料溯源检测等定性检测方法。

第一节 待测样本的采集、制备和保存

在对宠物食品进行分析与检测之前，首先需要对待测样本进行采集、制备和保存，这些前期准备工作对于分析和检测结果的准确性有着举足轻重的影响，因此本节将详细介绍待测样本的采集、制备和保存方法，该方法根据国家标准《饲料　采样》（GB/T.14699.1—2005），有稍许改动。

一 待测样本的采集

采集是检测的第一步，样本包括原始样本和化验样本，前者来自样品的总体，而化验样本来自于原始样本。样本代表总体接受检验，再根据样本的检验结果，评价总体质量。因此，在采样时要求样本必须在性质、外观和特征上具有充分的代表性和足够的典型性。由于贮存地方的不同，采样的方法可分为散装、袋装和生产过程中采样三种。

（一）散装样本的采集

根据待测样品堆所占面积大小进行分区，每个小区面积小于50m^2，然后按“几何法”采样，即将一堆宠物食品看成规则的立体，它由若干个体积相等的部分均匀堆砌在整体中，应对每一部分设点进行采样。每个取样点取出的样品作为支样，各支样数量应一致，将他们混合在一起后即得到原始样本。然后将原始样本按“四分法”缩减至500 ～ 1 000g，即化验样本，该样本一分为二，一份送检，一份复检备份。所谓“四分法”一般是因为原始样本数量较大，不适宜直接作为化验样本，需缩小数量后作为化验样本。具体方法：将原始样本置于一张方形纸或塑料布上，提起纸的一角，使样品混合均匀，将其展开，用分样板或药铲从中划“十”字或对角线连接，将样本分成四等份，除去对角的两份，将剩余的两份如前所述混合均匀后，再分成四等份，重复上述过程，直到剩余样本数量与测定所需要的用量相接近时为止（一般为500 ～ 1 000g）。对大量的原始样本也可在洁净的地板上进行。

（二）袋装样本的采集

袋装样本的采集即在宠物食品装袋后取样，根据包装袋数量确定取样数量，一般原则：小于10袋，每袋全部采样；10 ～ 100袋，随机取10袋；大于100袋，则从10袋开始每增加100袋取3袋，依此类推。取样时，将袋子放平，用取样器斜对角插入袋中取样，得到的即支样，全部支样取完并混合均匀后即原始样本。将原始样本按照“四分法”缩样至适当量。

（三）生产过程中样本的采集

生产过程中样本的采集即在宠物食品充分混合均匀后，定期或定时从混合机的出口处取样，采样的间隔是随机的。

二 待测样本的制备

样本的制备是为了服务后续检测，采集的原始样本一般需要经过粉碎、过筛等处理，以制作成为符合检测要求的化验样本。

（一）风干样本的制备

风干样本是指原料中不含游离水，仅含有少量吸附水（5%以下）的样本。其制备方法：缩减样本，将原始样本按“四分法”取得化验样本；粉碎，将所得的化验样本经剪碎、捣碎后用粉碎机粉碎；过筛，按照检测要求，将粉碎后的化验样本全部过筛。过筛则根据后续检测要求选择不同筛网孔径，常规营养成分检测过40目（0.425mm）筛；氨基酸、微量矿物质元素分析则过60～100目（0.250～0.150mm）筛。样本制备的过程是为了使原始样本具备均质性，便于溶样。

（二）新鲜样本的制备

对于新鲜样本，如果直接用于分析可将其均质化，用匀浆机或超声破碎仪破碎，混匀，再取样，装入塑料袋或瓶内密闭，冷冻保存后测定。若需要干燥处理的新鲜样本，则应先测定样本的初水分制成半干样品，再粉碎装瓶保存。

三 待测样本的保存

制备好的样本保存在干燥、清洁的广口瓶中，作为化验样本，并在样品瓶标签上标记样本名称、制样时间、采样人姓名等信息。

第二节 宠物食品营养成分检测

如前文所述，宠物食品富含各种营养成分，按其含量分为宏量营养成分、常量营养成分和微量营养成分。这些营养成分不仅是宠物维持生命不可缺少的物质，而且是宠物获得能量的来源，同时营养物质中的某些成分，如维生素、矿物质以及某些氨基酸（猫粮中的牛磺酸），还是宠物维持正常机能活动不可缺少的调节物质。营养物质缺乏会影响宠物的正常机体活动，因此开展宠物食品中各种营养物质含量的检测至关重要。

一 宏量营养成分检测

宠物的能量来源于三大营养成分：碳水化合物、脂肪和蛋白质，其中碳水化合物是最主要的供能物质。水分虽然不能供能，但却是维持机体正常生命活动不可或缺的物质，各类宠物食品中均含有水分，其含量不仅影响宠物食品的营养价值，而且影响宠物食品的贮存性能。通常来说水分含量越高，干物质含量越低，营养价值越低。市售宠物干粮水分一般低于14%，以易于保存和运输。粗纤维是维持宠物肠道健康不可缺少的部分，但是含量过高会影响蛋白质等营养物质的消化吸收，所以一般情况下其含量不高于5%。粗灰分也是衡量宠物食品质量的一个重要指标，其含量越高，说明宠物食品原料中杂质越多，质量越低劣，可能添加了诱食剂，国家标准要求灰分含量通常不高于10%。因此，本部分宏量营养成分检测将包括水分、粗蛋白、粗脂肪、粗纤维和粗灰分五种成分。

（一）水分的测定

1. 原理　在一定温度（101 ～ 105℃）和一个标准大气压下，将待测样品放在烘箱中干燥直至恒重，干燥前后样品的质量差即水分含量，该检测方法根据国家标准《饲料中水分的测定》（GB/T 6435—2014），有稍许改动。

2. 主要仪器和材料　电子天平（精确度到1mg）、电热恒温干燥箱、玻璃干燥器（常用变色硅胶做干燥剂），砂：经酸洗或市售（试剂）海砂。

检测固体样品用玻璃称量瓶：直径50mm，高30mm，或能使样品铺开约0.3g/cm^{2}规格的其他耐腐蚀金属称量瓶；检测其他形态样品用玻璃称量瓶：直径70mm，高35mm，或能使样品铺开约0.3g/cm^{2}规格的其他耐腐蚀金属称量瓶。

3. 操作方法

（1）样品的采集和制备　参照国家标准《饲料　采样》（GB/T 14699.1—2005）。

（2）固体样品的测定　将玻璃称量瓶清洗干净并置于101 ～ 105℃干燥箱中，取下称量瓶盖并放在称量瓶边上，干燥30min后盖上盖子，取出并放入干燥器中冷却至室温后称重（质量记为m_1），精确至1mg。

称取5g试样（质量记为m_2）于称量瓶内，精确至1mg，并摊平。将称量瓶放入101 ～ 105℃干燥箱中，取下称量瓶盖并放在称量瓶边上，干燥时间4h左右，建议每立方分米干燥箱中最多放一个称量瓶。干燥结束后盖上盖子，取出并放入干燥器中冷却至室温后称重（质量记为m_3），精确至1mg。再次放入101 ～ 105℃烘箱中干燥30min，取出后再次放入干燥器中冷却至室温后称重，精确至1mg。

如果两次称重值的变化小于等于样品质量的0.1%，以第一次称重的质量（m_3）代入公式进行计算；若两次称重值的变化大于样品质量的0.1%，将称量瓶再次放入干燥箱中干燥2h左右，同样的步骤冷却至室温后称重，精确至1mg。若此次干燥后与第二次称量值的变化小于等于样品质量的0.2%，以第一次称重的质量（m_3）代入公式进行计算。

（3）半固体、液体或含脂肪高的样品的测定　在洁净的称量瓶内放一薄层砂和一根玻璃棒。将称量瓶放入干燥箱中，取下称量瓶盖并放在称量瓶边上，干燥30min后盖上盖子，取出并放入干燥器中冷却至室温后称重（质量记为m_1），精确至1mg。

称取10g试样（质量记为m_2）于称量瓶内，精确至1mg，用玻璃棒将试样和砂混匀并摊平，玻璃棒留在称量瓶内。将称量瓶放入101 ～ 105℃干燥箱中，取下称量瓶盖并放在称量瓶边上，干燥时间4h左右，建议每立方分米干燥箱中最多放一个称量瓶。干燥结束后盖上盖子，取出并放入干燥器中冷却至室温后称重（质量记为m_3），精确至1mg。再次放入101 ～ 105℃烘箱中干燥30min，取出后再次放入干燥器中冷却至室温后称重，精确至1mg。

如果两次称重值的变化小于等于样品质量的0.1%，以第一次称重的质量（m_3）代入公式进行计算；若两次称重值的变化大于样品质量的0.1%，将称量瓶再次放入干燥箱中干燥2h左右，同样的步骤冷却至室温后称重，精确至1mg。若此次干燥后与第二次称量值的变化小于等于样品质量的0.2%，以第一次称重的质量（m_3）代入公式进行计算。

4. 结果计算

（1）计算公式

$$水分含量W(\%)=\frac{m_2-(m_3-m_1)}{m_2}\times 100\%$$

式中：m_1为称量瓶的质量，如果使用砂和玻璃棒，m_1也包括砂和玻璃棒，g；m_2为样品的质量，g；m_3为称量瓶和干燥后样品的质量，如果使用砂和玻璃棒，m_3也包括砂和玻璃棒，g。

（2）重复性　每个试样选取两个平行试样，并以两个试样的算术平均值为最终结果，同时两个平行试样的测定值相差不超过0.2%，否则需要重新测定。

5. 注意事项

（1）如果在样品制备阶段已经进行过预干燥处理，则计算公式如下：

总含水量W(%)= 预干燥减重(%)+(100 − 预干燥着重)× 风干样品水分(%)

（2）对于某些脂肪含量高的样品，由于脂肪发生氧化使样品质量增加，因此应以质量增加前的重量为准。

（二）粗蛋白的测定

1. 原理　一般来说，蛋白质的平均含氮量为16%，即一份氮相当于6.25份蛋白质，6.25也称为蛋白质的换算系数，因此将测得的氮含量乘以6.25即该物质的蛋白质含量，但由于样品中含有核酸、生物碱、含氮色素等非蛋白的含氮化合物，因此测定结果称为粗蛋白含量。

用凯氏定氮法测定宠物食品中的粗蛋白含量，过程分为消化、蒸馏、滴定三步。首先，将样品与浓硫酸和催化剂一同加热，在催化剂的作用下，蛋白质被浓硫酸消化分解，其中碳氢被氧化成二氧化碳和水溢出，而有机氮转变成硫酸铵。然后加入强碱蒸馏，使氨逸出，用硼酸吸收后再用标准盐酸滴定，根据氮含量算出粗蛋白的含量。该检测方法根据国家标准《饲料中粗蛋白测定方法》（GB/T 6432—2018），有稍许改动。参与反应的化学方程式如下：

$$NH_2(CH_2)_2COOH + H_2SO_4 = (NH_4)_2SO_4 + 6CO_2\uparrow + 12SO_2\uparrow + 16H_2O$$

$$2NaOH + (NH_4)_2SO_4 = 2NH_3\uparrow + Na_2SO_4 + 2H_2O$$

消化过程中常用的催化剂为硫酸铜；此外，为了缩短消化时间，加速蛋白分解，通常加入硫酸钾以提高溶液沸点，加快有机物分解。

2. 主要仪器与试剂

（1）主要仪器 凯氏烧瓶、分析天平、凯氏蒸馏吸收装置、电炉、定氮仪（以凯氏原理制造的各类型半自动、全自动定氮仪）。

（2）主要试剂 硫酸、硫酸铵、蔗糖、水。混合催化剂：称取0.4g五水硫酸铜、6.0g硫酸钾或硫酸钠，研磨混匀；或购买商品化凯氏定氮催化剂片。硼酸吸收液Ⅰ：称取20g硼酸，用水溶解稀释至1 000mL。硼酸吸收液Ⅱ：1%硼酸水溶液1 000mL，加入0.1%溴甲酚绿乙醇溶液10mL，0.1%甲基红乙醇溶液7mL，4%氢氧化钠水溶液0.5mL，混匀，室温保存期为1个月（全自动程序用）。氢氧化钠溶液：称取40g氢氧化钠，用水溶解，待冷却至室温后，用水稀释至100mL。盐酸标准溶液：0.1mol/L或0.02mol/L，按《化学试剂 标准滴定溶液的制备》（GB/T 601）配置和标定。甲基红乙醇溶液：称取0.1g甲基红，用乙醇溶解并稀释至100mL。溴甲酚绿乙醇溶液：称取0.5g溴甲酚绿，用乙醇溶解并稀释至100mL。混合指示剂：将甲基红乙醇溶液和溴甲酚绿乙醇溶液等体积混合，该溶液室温避光保存。

3. 操作方法

（1）样品的消化 做两份平行试验，称取粉碎后过40目（0.425mm）筛样品0.5～2.0g（含氮量5～80mg，精确至0.1mg），小心地移入干燥洁净的凯氏烧瓶中，加入6.4g混合催化剂，混匀，加入12mL硫酸和2粒玻璃珠，将凯氏烧瓶置于电炉上，先加热至200℃左右，待试样焦化，再提高温度至约400℃，直至溶液呈透明的蓝绿色，然后继续加热至少2h。取出，冷却至室温。

（2）氨的蒸馏 待试样消煮液冷却，加入20mL水，转入100mL容量瓶中，冷却后用水稀释至刻度，摇匀，作为试样分解液。将半微量蒸馏装置的冷凝管末端浸入装有20mL硼酸吸收液Ⅰ和2滴混合指示剂的锥形瓶中。蒸汽发生器的水中加入甲基红指示剂数滴、硫酸数滴，在蒸馏过程中保持此液为橙红色，否则需补加硫酸。准确移取试样分解液10～20mL注入蒸馏装置的反应室中，用少量水冲洗进样入口，塞好入口玻璃塞，再加10mL氢氧化钠溶液，小心提起玻璃塞使之流入反应室，将玻璃塞塞好，且在入口处加水密封，防止漏气。蒸馏4min降下锥形瓶使冷凝管末端离开吸收液面，再蒸馏1min，至流出液pH为中性。用水冲洗冷凝管末端，洗液均需流入锥形瓶内，然后停止蒸馏。

（3）滴定　将上述蒸馏后的吸收液用0.1mol/L或0.02mol/L盐酸标准溶液滴定直至溶液颜色由蓝绿色变成灰红色即为滴定终点，记录盐酸体积。

（4）蒸馏步骤查验　精确称取0.2g硫酸铵（精确至0.000 1g），代替试样，按上述步骤进行操作，测得硫酸铵含氮量应为21.19%±0.2%，否则应检查加碱、蒸馏和滴定各步骤是否正确。

（5）空白测定　精确称取0.5g蔗糖（精确至0.1mg），代替样品，从消化开始所有步骤完全相同，记录空白实验消耗0.1mol/L盐酸标准溶液的体积不得超过0.2mL，消耗0.02mol/L盐酸标准溶液的体积不得超过0.3mL。

4. 结果计算

（1）计算公式

$$C(\%)=\frac{c\times(V_1-V_2)\times\frac{14}{1\,000}\times 6.25}{m\times\frac{V'}{V}}\times 100\%$$

式中：C为样品中粗蛋白含量，%；c为盐酸标准溶液的浓度，mol/L；V_1为滴定样品吸收液时使用盐酸标准溶液的体积，mL；V_2为滴定空白吸收液时使用盐酸标准溶液的体积，mL；m为样品质量，g；V'为蒸馏用消煮液体积，mL；V为试样消煮液总体积，mL；6.25为蛋白系数。

（2）重复性　每个试样取两个平行样，并以两个试样的算术平均值为最终结果，结果保留小数点后两位。当粗蛋白含量大于25%时，允许相对偏差为1%；当粗蛋白含量为10%～25%时，允许相对偏差为2%；当粗蛋白含量小于10%时，允许相对偏差为3%。

5. 注意事项

（1）刚开始消化时不要用强火，应保持溶液微沸。

（2）样品中若脂肪含量较高，消化过程中会产生大量泡沫，因此在开始消化时除用小火外，还应不时摇动。

（三）粗脂肪的测定

1. 原理　索氏抽提法是测定脂肪含量的经典方法，也是国家标准之一。将前处理过的样品用无水乙醇或石油醚回流提取，使样品中的脂肪溶于有机溶剂中，然后蒸去有机溶剂，剩下的物质即为脂肪。由于溶于有机溶剂的为脂肪类物质的混合物，除了脂肪外，还含有磷脂、固醇、脂溶性维生素等，因此测定结果也称为粗脂肪。该检测方法根据国家标准《饲料中粗脂肪的测定》（GB/T 6433—2006），有稍许改动。

2. 主要仪器和试剂

（1）主要仪器　索氏抽提器、电热恒温水浴锅、恒温烘箱、干燥器、滤纸和脱脂棉（用乙醚泡过）。

（2）主要试剂　无水乙醚。

3. 操作方法

（1）样品的处理　称取粉碎后过40目（0.425mm）筛样品2 ～ 5g，精确至0.000 2g，此处可选取测定过水分含量的样品，否则需按照测定水分含量步骤烘干，冷却至样品恒重。

（2）滤纸筒的制备　取大小为8cm×15cm的滤纸，以直径2cm试管为模型，将滤纸折叠成底部封口的圆筒，圆筒底部放置一小片脱脂棉，在101 ～ 105℃烘箱中烘至恒重，置于干燥器中冷却。然后将制备好的样品无损地移入滤纸筒内。

（3）抽提　将装有样品的滤纸筒放入已烘干、冷却至恒重的索氏抽提器内，连接同样烘干、冷却至恒重的脂肪接收瓶。从上端冷凝管中加入无水乙醚，添加量为接收瓶体积的2/3，于水浴中加热（夏天65℃，冬天80℃左右）使无水乙醚不断回流以提取粗脂肪，时间一般为6 ～ 12h，直至抽提完全。

（4）称重　取下接收瓶，回收无水乙醚，待瓶内乙醚剩下1 ～ 2mL时，在水浴中蒸干，再置于101 ～ 105℃烘箱中烘2h，干燥器中冷却0.5h，称重，至恒重。

4. 结果计算

（1）计算公式

$$C(\%)=\frac{m_2-m_1}{m}\times 100\%$$

式中：C为样品中粗脂肪含量，%；m_1为接收瓶的质量，g；m_2为接收瓶和抽取的脂肪的质量，g；m为样品的质量（如果试样为测定过水分含量后的样品，则以测定前的质量计算），g。

（2）重复性　每个试样取两个平行样，并以两个试样的算术平均值为最终结果。当粗脂肪含量大于10%时，允许相对偏差为3%；当粗脂肪含量小于10%时，允许相对偏差为5%。

5. 注意事项

（1）样品应粉碎、过筛、干燥，否则样品中水分会影响无水乙醚抽提效果，而且溶剂会吸收样品中的水分造成非脂成分溶出，影响检测结果。

（2）装样品的滤纸筒一定要严密，不能使样品外漏，但又不能包得太紧，影响溶剂渗透抽提。

（3）抽提用的乙醚要求无水、无醇、无过氧化物。

（4）抽提时可在冷凝管上端连接一个氯化钙干燥管，也可塞一团干燥的脱脂棉球，以防止空气中水分进入，同时也可以避免乙醚挥发。

（5）在挥发乙醚时，切忌用火直接加热，否则会发生爆炸。同时，放入烘箱前应确保无乙醚残留，否则同样有发生爆炸的危险。

（四）粗纤维的测定

1. 原理　粗纤维不是单一组分，而是包括纤维素、半纤维素、木质素等多种成分的混合物，其既不溶于水也不溶于任何有机溶剂，同时对稀酸、稀碱很稳定。因此，测定时需在热的稀硫酸作用下消煮样品，使样品中的糖、淀粉等物质水解除去，再用热的氢氧化钠处理，使蛋白质溶解，脂肪发生皂化反应除去。然后用乙醇、乙醚除去色素、残留的脂肪等可溶物，所余量即粗纤维。该检测方法根据国家标准《饲料中粗纤维测定方法》（GB/T 6434—2006），有稍许改动。

2. 主要仪器和试剂

（1）主要仪器　高温炉、恒温烘箱、抽滤装置、干燥器、古式坩埚。

（2）主要试剂　乙醇、乙醚、1.25%硫酸溶液/氢氧化钠溶液、石棉。

3. 操作方法

（1）脱脂处理　称取粉碎后过1mm筛样品1～2g，精确至0.000 2g，加入20mL乙醚（沸程30～60℃），搅匀后放置，倒出上清液，重复上述操作2～3次，风干后即可测定（脂肪含量大于10%的必须脱脂处理，小于10%的可不脱脂）。

（2）酸处理　将经过脱脂处理的试样放入锥形瓶中，加入200mL已经沸腾的1.25%硫酸溶液和1滴正辛醇（消除沸腾时的泡沫），立即加热使其沸腾，调节加热器，使溶液保持在微沸状态，连续加热0.5h，每隔5min摇动锥形瓶一次，使瓶内物质充分混合，瓶内样品不沾到瓶壁上。取下锥形瓶，进行抽滤，残渣用热水洗至溶液不呈酸性（以甲基红为指示剂）。

（3）碱处理　用200mL已经沸腾的1.25%氢氧化钠溶液将残留物转移至原锥形瓶中，同样加热使其沸腾并保持0.5h，立即在铺有石棉的古式坩埚上过滤，然后用热水洗至溶液不呈碱性（以酚酞为指示剂）。

（4）干燥　依次用20mL左右乙醇、乙醚各洗涤一次。将坩埚置于130℃左右烘箱中干燥至恒重，再于（550±25）℃左右高温炉中灼烧0.5h，残留物即粗纤维。

4. 结果计算

（1）计算公式

$$C(\%)=\frac{m_1-m_2}{m}\times 100\%$$

式中：C为样品中粗纤维的含量，%；m_1为烘干后坩埚及试样残渣的质量，g；m_2为高温灼烧后坩埚及试样残渣的质量，g；m为样品的质量，g。

（2）重复性　每个试样取两个平行样，并以两个试样的算术平均值为最终结果。当粗纤维含量大于10%时，允许相对偏差为4%；当粗脂肪含量小于10%时，允许绝对值相差0.4。

5. 注意事项

（1）实验证明，样品的粒度、过滤时间、加热时间等都能影响测定结果。样品粒度过大影响消化，结果偏高；过细小则使过滤困难。

（2）酸碱处理时要使溶液保持微沸状态，否则沸腾过于剧烈，会使溶液中的样品附着于瓶壁上，使结果偏低。过滤时间不能过长，一般不超过10min，否则应适当减少称样量。

（五）粗灰分的测定

1. 原理　试样经炭化后在高温炉中灼烧，其中的有机成分挥发逸散，剩下的无机盐、金属氧化物，以及混入其中的砂石、泥土等残渣即粗灰分。该检测方法根据国家标准《饲料粗灰分的测定方法》（GB/T 6438—2007），有稍许改动。

2. 主要仪器　高温炉、坩埚（容器50mL）、干燥器。

3. 操作方法

（1）样品的处理　称取粉碎后过40目（0.425mm）筛样品2～5g，精确至0.000 2g，密封保存在容器中。

（2）瓷坩埚的准备　将干净的坩埚置于500～550℃的高温炉中灼烧0.5h，取出并在空气中冷却1min，然后移入干燥器中冷却30min，确保已冷却至室温，称重。再次将坩埚放入高温炉中灼烧、冷却、称重，直至恒重（两次质量之差小于0.000 5g）。

（3）炭化处理　将称取的样品放入已恒重的坩埚中，在灰化处理前需要先进行炭化处理，以防止后续高温灼烧时，试样中的水分因高温而急剧蒸发使样品飞扬；同时可防止碳水化合物、蛋白质等易发泡膨胀物质在高温下溢出坩埚。此外，不经炭化颗粒易被包住，导致灰化不完全。在电炉上炭化，半盖坩埚盖，小心加热使样品逐渐炭化，直至无烟。

（4）灰化处理　将经过炭化处理的坩埚移入500～550℃的高温炉口，稍停片刻后再移入炉膛内部，坩埚盖斜靠在坩埚上，灼烧3h左右，至灰中无炭粒。将坩埚移至炉口处冷却至200℃左右，然后移入干燥器中冷却至室温，称重。再同样灼烧1h，冷却、称重，直至恒重（两次质量之差不超过0.001g）。

4. 结果计算

（1）计算公式

$$C(\%)=\frac{m_3-m_1}{m_2-m_1}\times 100\%$$

式中：C为样品中粗灰分含量，%；m_1为干燥至恒重的坩埚的质量，g；m_2为样品和已干燥至恒重的坩埚质量，g；m为灰分残渣和已干燥至恒重的坩埚的质量，g。

（2）重复性　每个试样取两个平行样，并以两个试样的算术平均值为最终结果。当粗灰分含量大于5%时，允许相对偏差为1%；当粗灰分含量小于5%时，允许相对偏差为5%。

5. 注意事项

（1）样品炭化时，应注意控制温度不宜过高，防止产生大量泡沫溢出坩埚。

（2）从干燥器中取出冷却的坩埚时，因为坩埚内部呈真空，所以盖子不宜打开，因此应缓慢打开盖子，让空气缓缓进入，以防残渣灰分飞散。

（3）用过的坩埚初步洗刷后，用稀盐酸浸泡10～20min，然后再用清水冲洗干净。

二 常量营养成分检测

矿物质是一大类无机营养素，虽然占比很小，且不能供能，但缺乏时会导致宠物生长缓慢，而过量同样会影响机体健康，因此在机体生命活动中起着十分重要的作用。其中，宠物体内必需且含量大于0.01%的元素，称为常量元素；体内含量小于0.01%的元素，称为微量元素。微量元素在宠物实际饲养中几乎不会出现缺乏，所以本节将重点介绍钙、磷和水溶性氯化物三种常量成分的检测方法。

（一）钙的测定

1. 原理　样品经灰化后有机物被破坏，而钙留在灰分中，在酸性溶液中，钙与草酸生成草酸钙沉淀。沉淀洗涤后用硫酸溶解，草酸被游离出来，然后用高锰酸钾标准溶液滴定草酸，间接测定出钙的含量。该检测方法根据国家标准《饲料中钙的测定》（GB/T 6436—2018），有稍许改动。参与反应的化学方程式如下：

$$CaCl_2+(NH_4)_2C_2O_4 = CaC_2O_4+2NH_4Cl$$

$$CaC_2O_4+H_2SO_4=CaSO_4+H_2C_2O_4$$

$$5H_2C_2O_4+2KMnO_4+3H_2SO_4=K_2SO_4+2MnSO_4+10CO_2\uparrow+8H_2O$$

2. 主要仪器和试剂

（1）主要仪器　玻璃漏斗、容量瓶、滴定管。

（2）主要试剂　盐酸溶液、硫酸溶液、氨水、0.05mol/L高锰酸钾溶液。

3. 操作方法

（1）样品的消化　称取2～5g样品于坩埚中，精确至0.000 2g，在电炉上炭化后，

移入高温炉中灼烧3h（或直接称取粗灰分），在盛有灰分的坩埚中加入10mL盐酸和数滴浓硝酸，煮沸且冷却后将溶液移入100mL容量瓶中，用热的去离子水多次洗涤坩埚，洗涤液加入容量瓶中，冷却至室温后用去离子水定容。

（2）测定　从容量瓶中取10～20mL溶液于烧杯中，添加100mL去离子水，再加入甲基红指示剂1～2滴，然后滴加氨水至溶液呈橙色，再滴加盐酸溶液使溶液颜色恰变成红色，在火炉上小心煮沸，缓慢加入10mL草酸铵溶液，期间不断搅拌，若溶液变成橙色，则补滴盐酸至溶液重新变成红色，煮沸数分钟，放置过夜使沉淀沉积。用滤纸过滤，用氨水多次冲洗沉淀，至无草酸根离子，将沉淀和滤纸转入原烧杯，加入10mL硫酸溶液，50mL去离子水，小心加热至75～80℃，用0.05mol/L高锰酸钾溶液滴定，直至溶液呈粉红色且30s内不变色为止。同时进行空白溶液的测定。

4. 结果计算

（1）计算公式

$$\text{钙含量}C(\%)=\frac{0.05\times(V_1-V_0)\times0.02}{m_2\times V_2/100}\times100=\frac{10\times(V_1-V_0)}{m\times V_2}$$

式中：V_1为滴定样品时0.05mol/L高锰酸钾溶液的体积，mL；V_0为滴定空白时0.05mol/L高锰酸钾溶液的体积，mL；V_2为滴定时移取样品分解溶液的体积，mL；m为样品质量，g。

（2）重复性　每个试样选取两个平行试样，并以两个试样的算术平均值为最终结果。含钙量大于5%时，允许相对偏差3%；含钙量为1%～5%时，允许相对偏差5%；含钙量小于1%时，允许相对偏差10%。

（二）磷的测定

1. 原理　样品经消化分解后，磷游离出来，在酸性条件下用钒钼酸铵处理，生成黄色的钒钼黄络合物，其吸光度与磷的浓度成正比，在400nm下测定溶液的吸光值，根据已知浓度的磷标准曲线进行定量。该检测方法根据国家标准《饲料中总磷的测定　分光光度法》（GB/T 6437—2018），有稍许改动。

2. 主要仪器和试剂

（1）主要仪器　分光光度计、高温炉、瓷坩埚、容量瓶、凯氏烧瓶、可调温电炉。

（2）主要试剂　盐酸（1+1水溶液）、浓硝酸、高氯酸。

钒钼酸铵显色剂的制备：称取1.25g偏钒酸铵，加入250mL硝酸溶液溶解，另外称取25g钼酸铵，加入400mL水溶解，在冷却的条件下，将两种溶液混合，用水定容至1 000mL。注意溶液避光保存，若生成沉淀，则需要重新配置。

磷标准溶液的制备：将磷酸二氢钾在105℃添加下干燥1h，在干燥器中冷却后称量

0.219 5g溶解于水中，充分溶解后转移至1 000mL容量瓶中，然后加入3mL硝酸，用水定容，摇匀，即为50μg/mL磷标准溶液。

3. 操作方法

（1）样品的消化　样品的消化如上测定钙含量的方法。

（2）磷标准曲线的绘制　准确量取0、1.0、2.0、5.0、10.0、15.0mL于50mL容量瓶中，各加钒钼酸铵显色剂10mL，用蒸馏水定容，摇匀，室温下放置10min以上，在波长400nm测吸光度，然后以磷含量为横坐标，吸光值为纵坐标绘制标准曲线。

（3）样品的测定　准确量取样品消化液1～10mL于50mL容量瓶中，加入10mL钒钼酸铵显色剂，用蒸馏水定容，摇匀，室温下放置10min以上，然后在波长400nm测吸光度，根据磷标准曲线算出样品中对应的磷含量。

4. 结果计算

（1）计算公式

$$C(\%)=\frac{a\times10^{-6}}{m}\times\frac{V}{V_1}$$

式中：C为样品中的磷含量；a为由标准曲线算出的样品消化液的含磷量，μg；10^{-6}为将μg转化为g的系数；m为样品的质量，g；V为样品消化液的总体积，mL；V_1为测吸光度时量取的样品消化液的体积，mL。

（2）重复性　每个试样取两个平行样，并以两个试样的算术平均值为最终结果，结果精确到小数点后两位。当含磷量大于5%时，允许相对偏差为3%；当含磷量小于5%时，允许相对偏差为10%。

5. 注意事项　待测消化液加入显色剂后，应在室温下静置10min后再测吸光度，但不能静置过久。

（三）水溶性氯化物的测定

1. 原理　试样中的氯离子溶解于水溶液中，如果试样中含有有机物质，需将溶液澄清，然后用硝酸稍加酸化，并加入硝酸银标准溶液使氯化物生成氯化银沉淀，过量的硝酸银溶液用硫氰酸铵或硫氰酸钾标准溶液滴定。该检测方法根据国家标准《饲料中水溶性氯化物的测定》（GB/T 6439—2007），有稍许改动。

2. 主要仪器和试剂

（1）主要仪器　回旋振荡器（35～40r/min）、容量瓶、滴定管、移液管、中速定量滤纸。

（2）主要试剂　丙酮、硝酸（ρ_{20}=1.38g/mL）、活性炭（不含氯离子也不能吸收氯离子）、硫酸铁铵饱和溶液、硫氰酸钾标准溶液（0.1mol/L）、硫氰酸铵标准溶液

（0.1mol/L）、硝酸银标准溶液（0.1mol/L）。Carrez Ⅰ：称取10.6g亚铁氰化钾，溶解并用水定容至100mL。Carrez Ⅱ：称取21.9g乙酸锌，加3mL冰乙酸，溶解并用水定容至100mL。

3. 操作方法

（1）样品的制备　采样［按照国家标准《饲料　采样》（GB/T 14699.1）］后应保证样品在运输粗存过程中不变质，按照《动物饲料　试样的制备》（GB/T 20195）制备样品。如果样品是固体，则需粉碎（通常500g），使之全部通过1mm筛孔的样品筛。

不含有机物试样试液的制备：称取不超过10g试样，精确至0.001g，试样所含氯化物含量不超过3g，转移至500mL容量瓶中，加入400mL温度约为20℃的水，混匀，在回旋振荡器中振荡30min，用水稀释至刻度（V_i），混匀，过滤，滤液供滴定用。

含有机物试样试液的制备：称取5g试样（质量m），精确至0.001g，试样所含氯化物含量不超过3g，转移至500mL容量瓶中，加入1g活性炭，加入400mL温度约为20℃的水和5mL Carrez Ⅰ溶液，搅拌，然后加入5mL Carrez Ⅱ溶液混合，在振荡器中摇30min，用水稀释至刻度（V_i），混匀，过滤，滤液供滴定用。

（2）滴定　用移液管移取一定体积滤液至三角瓶中，25～100mL（V_a），其中氯化物含量不超过150mg。必要时（移取的滤液少于50mL），用水稀释到50mL以上，加5mL硝酸、2mL硫酸铁铵饱和溶液，并从加满硫氰酸铵或硫氰酸钾标准滴定溶液至0刻度的滴定管中滴加2滴硫氰酸铵或硫氰酸钾溶液。用硝酸银标准溶液滴定至红棕色消失，再加入5mL过量的硝酸银溶液，剧烈摇动使沉淀凝聚，必要时加入5mL正己烷，以助沉淀凝聚。用硫氰酸铵或硫氰酸钾溶液滴定过量硝酸银溶液，直至产生红棕色且保持30s不褪色，滴定体积为V_{t1}。

（3）空白实验　空白实验需与测定平行进行，用同样的方法和试剂，但不加试样。

4. 结果计算

（1）计算公式

$$C(\%)=\frac{M\times[(V_{s1}-V_{s0})\times C_S-(V_{t1}-V_{t0})]\times C_t}{m}\times\frac{V_i}{V_a}\times f\times 100\%$$

式中：C为试样中水溶性氯化物的含量，数值以%表示；M为氯化钠的摩尔质量，M=58.44g/mol；V_{s1}为测试溶液滴加硝酸银溶液体积，mL；V_{s0}为空白溶液滴加硝酸银溶液体积，mL；C_S为硝酸银标准溶液浓度，mol/L；V_{t1}为测试溶液滴加硫氰酸铵或硫氰酸钾溶液体积，mL；V_{t0}为空白溶液滴加硫氰酸铵或硫氰酸钾溶液体积，mL；C_t为硫氰酸铵或硫氰酸钾溶液溶液浓度，mol/L；m为试样的质量，g；V_i为试样的体积，mL；V_a为移出液的体积，mL。f为稀释因子：f=2，用于熟化宠物食品、亚麻饼粉或富含亚麻粉的产品和富含黏液或胶体物质的试样；f=1，用于其他被测样品。

（2）重复性　每个试样取两个平行样，并以两个试样的算术平均值为最终结果。当水溶性氯化物含量小于1.5%时，精确到0.05%；当水溶性氯化物含量大于或等于1.5%时，精确到0.10%。

第三节 宠物食品嫌忌成分检测

宠物食品中常见的有毒有害成分包括重金属污染、农药残留、兽药残留、黄曲霉毒素污染等，宠物长期摄入这些有毒有害成分对机体的伤害很大，有些甚至能危及宠物的生命安全，因此有必要对这些成分进行检测。

一 重金属检测

常见的有毒有害的重金属包括砷、铅、汞等。元素砷本身无毒，但极易被氧化成三氧化二砷，该物质可引起急性中毒；同时砷具有累积性，宠物经口长期摄入少量的砷，可致慢性砷中毒，从而导致神经衰弱等一系列症状。铅在自然界中的分布很广，造成的污染也很普遍，一次或短期摄入高剂量的铅的化合物，会造成急性中毒。铅的毒性同样具有累积性，长期摄入低剂量的铅可致慢性铅中毒，从而引起宠物神经性和血液性中毒。汞的毒性与其化学存在形式有关：无机汞不易吸收，毒性小；而有机汞，尤其是烷基汞，易被吸收，毒性大，且在体内能够累积，达到一定量时，将损害宠物机体健康。因此，本部分将主要讲述砷、铅、汞三种重金属的检测方法。

（一）砷的测定

1. 原理　样品经酸消解或者灰化破坏有机物后，砷呈离子状态，经碘化钾、氯化亚锡将高价态砷还原成三价砷，然后被锌粒和酸产生的新生态氢还原成砷化氢，该物质在密闭容器中被二乙氨基二硫代甲酸银（Ag-DDTC）的三氯甲烷溶液吸收，形成黄色或者棕红色溶液，此时用分光光度计测定吸光值，其数值与砷含量成正比。该检测方法根据国家标准《饲料中总砷的测定》(GB/T 13079—2006)，有稍许改动。参与反应方程式如下：

$$AsH_3+6Ag(DDTC)=6Ag+3H(DDTC)+As(DDTC)_3$$

2. 主要仪器和试剂

（1）主要仪器　砷化氢发生器、分光光度计、可调式电炉、瓷坩埚（30mL）、高温炉。

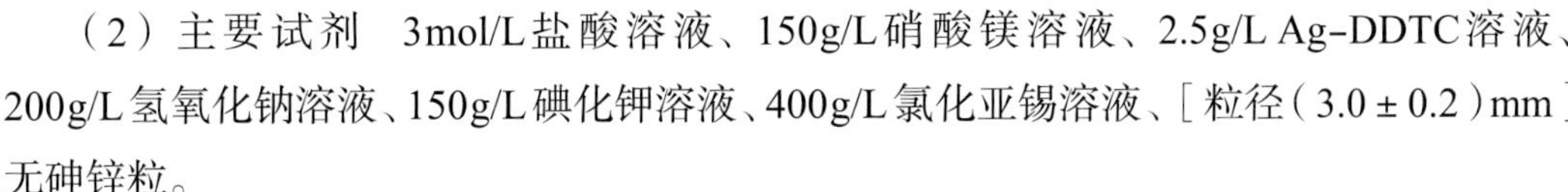

（2）主要试剂　3mol/L盐酸溶液、150g/L硝酸镁溶液、2.5g/L Ag-DDTC溶液、200g/L氢氧化钠溶液、150g/L碘化钾溶液、400g/L氯化亚锡溶液、[粒径（3.0 ± 0.2）mm]无砷锌粒。

1.0mg/mL砷标准溶液的制备：精确称取0.660g三氧化砷（110℃干燥2h），加入5mL氢氧化钠溶液使之溶解，然后加入25mL硫酸溶液中和，定容至500mL，于塑料瓶中冷贮。

3. 操作方法

（1）样品的处理

①盐酸溶样法：称取样品1～3g（精确到0.000 1g）于100mL烧杯中，加少许水润湿样品，慢慢滴加10mL盐酸溶液，待激烈反应后，再缓缓加入8mL盐酸，用水稀释至约30mL煮沸，转移到50mL容量瓶中，洗涤烧杯3～4次，洗液并入容量瓶中，用水定容，摇匀，待测。

②干灰化法：称取样品2～3g（精确到0.000 1g）于30mL瓷坩埚中，加入5mL硝酸镁溶液，混匀，于低温或沸水浴中蒸干、低温碳化至无烟后，转入高温炉于550℃灰化处理3.5～4h，取出冷却，缓慢加入10mL盐酸溶液，反应完全后煮沸并转移到50mL容量瓶中，用水洗涤坩埚3～5次，洗液并入容量瓶中，用水定容，摇匀，待测。

（2）标准砷溶液曲线的绘制　准确吸取0.00、1.0、2.0、4.0、6.0、8.0、10.0mL砷标准工作溶液于发生瓶中，加入10mL盐酸溶液，加水稀释至40mL，加入2mL碘化钾溶液，摇匀，加入1mL氯化亚锡溶液，摇匀，静置15min。

准确吸取5mL Ag-DDTC溶液于吸收瓶中，连接好吸收装置，从发生器测管迅速加入4g无砷锌粒，反应45min，当室温低于15℃时，反应延长至1h，反应中轻摇发生瓶2次，反应结束后，取下吸收瓶，用三氯甲烷定容至5mL，摇匀，用分光光度计测520nm处吸光度，并建立浓度和吸光度间的曲线图。

（3）还原反应与吸光度测定　从处理好的待测液体中准确吸取适量溶液与砷化氢发生器中，补加盐酸至10mL，并用水稀释至40mL，使溶液盐酸浓度为3mol/L，然后向溶液中加入2mL碘化钾溶液，后续操作同上。

4. 结果计算

（1）计算公式

$$C(\%)=\frac{(A_1-A_2)\times V\times 1\,000}{m\times V_2\times 1\,000}\times 100\%$$

式中：C为试样中总砷含量，mg/kg；A_1为测试液中含砷量，μg；A_2为试剂空白液中含砷量，μg；V_1为样品消解液定容总体积，mL；V_2为分取液体积，mL；m为试样质量，g。

（2）重复性　每个试样取两个平行样，并以两个试样的算术平均值为最终结果，结果精确到0.01mg/kg。当含砷量大于1.0mg/kg时，结果取3位有效数字。

（二）铅的测定

1. 原理

（1）干灰化法　将样品在（550 ± 15）℃的马弗炉中灰化后，酸性条件下溶解残渣，经沉淀和过滤后，定容成样品溶液，然后用火焰原子吸收光谱，测定溶液在283.3nm处的吸光度，然后根据标准溶液曲线获得样品中的铅含量。该检测方法根据国家标准《饲料中铅的测定　原子吸收光谱法》（GB/T 13080—2018），有稍许改动。

（2）湿消化法　样品中的铅在酸的作用下变成铅离子，经沉淀和过滤后，定容成样品溶液，用原子吸收光谱法测定样品中的铅含量。该检测方法根据国家标准GB/T 13080—2018，有稍许改动。

2. 主要仪器和试剂

（1）主要仪器　马弗炉、原子吸收分光光度计、可调式电炉、瓷坩埚、无灰滤纸。

（2）主要试剂　6mol/L盐酸溶液、6mol/L硝酸溶液。注意：操作各种强酸时应小心，稀释和取用强酸时均应在通风橱中进行。

1mg/mL铅标准溶液的制备：精确称取1.598g硝酸铅，加入10mL浓度为6mol/L硝酸溶液，全部溶解后，转入1 000mL容量瓶中，加水稀释至刻度，摇匀，贮存在聚乙烯瓶中，4℃保存。

3. 操作方法

（1）样品溶解

①干灰化法：称取5g制备好的样品（精确到0.001g）置于瓷坩埚中，将坩埚置于可调节电炉上，100 ～ 300℃缓慢加热炭化至无烟，注意在此过程中要避免样品燃烧。然后将其放入已在（550 ± 15）℃下预热15min的马弗炉中，灰化2 ～ 4h，冷却后用2mL水将炭化物润湿。

②盐酸溶样法：称取1 ～ 5g制备好的样品（精确到0.001g）置于瓷坩埚中，用2mL水将样品湿润，取5mL浓度为6mol/L盐酸溶液慢慢地一滴一滴的加入坩埚中，边加边转动坩埚，直到不冒泡，再快速加入剩余的盐酸，然后再加入5mL浓度为6mol/L硝酸溶液，边加边转动坩埚，并用水浴加热直到剩余2 ～ 3mL消化液时取出（注意防止溅出），分多次用5mL左右的水转移到50mL容量瓶中，冷却并用水定容，用无灰滤纸过滤后摇匀，待用。同时制备空白样品溶液。

（2）标准铅溶液曲线的绘制　准确吸取0.0、1.0、2.0、4.0、8.0mL铅标准工作溶液于50mL容量瓶中，加入1mL浓度为6mol/L盐酸溶液，加水定容至50mL，摇匀，导入原子吸收分光光度计，用水调零，在283.3nm波长处测定吸光度，绘制铅标准溶液曲线。

（3）吸光度测定 测定样品溶液和空白溶液的吸光度，根据标准溶液曲线，测定样品中的铅含量。

4. 结果计算

（1）计算公式

$$C(\%)=\frac{(A_1-A_2)\times V\times 1\,000}{m\times 1\,000}=\frac{(A_1-A_2)\times V}{m}$$

式中：C为试样中总铅含量，mg/kg；A_1为测试液中含铅量，μg/mL；A_2为试剂空白液中含铅量，μg/mL；V为样品消化液总体积，mL；m为样品的质量，g。

（2）重复性 每个试样取两个平行样，并以两个试样的算术平均值为最终结果，结果精确到0.01mg/kg。铅含量不大于5mg/kg时，允许相对偏差不大于20%。

（三）汞的测定

1. 原理 样品经酸加热消解后，在酸性介质中，样品中的汞被硼氢化钾还原成原子态汞，由载气（氩气）带入原子化器中，在特制汞空心阴极灯照射下，基态汞原子被激发至高能态，在去活化回到基态时，发射出特征波长的荧光，其荧光强度与汞含量成正比，可用标准系列进行定量。该检测方法根据国家标准《饲料中汞的测定》（GB/T 13081—2006），有稍许改动。

2. 主要仪器和试剂

（1）主要仪器 原子荧光光度计、高压消解罐（100mL）、微波消解炉、容量瓶（50mL）、分析天平。

（2）主要试剂 6mol/L盐酸溶液、6mol/L硝酸溶液（注意：操作各种强酸时应小心，稀释和取用强酸时均应在通风橱中进行）。硝酸（优级纯）、硫酸（优级纯）、30%过氧化氢、混合酸液：硝酸+硫酸+水（1+1+8），量取硝酸和硫酸各10mL，缓缓加入到80mL水中，冷却后小心混匀。硝酸溶液：量取50mL硝酸，缓缓倒入450mL水中，混匀。氢氧化钾溶液（5g/L）：称取5.0g氢氧化钾，溶于水中，稀释至1 000mL，混匀。硼氢化钾溶液（5g/L）：称取5.0g硼氢化钾，溶于5g/L氢氧化钾溶液中，稀释至1 000mL，混匀，现用现配。汞标准储备溶液：按《化学试剂 杂质测定用标准溶液的制备》（GB/T 602—2002）中规定进行配制，或选用国家标准物质－汞标准溶液（GBW 08617），此溶液每毫升相当于1 000μg汞。汞标准工作液：吸取汞标准储备液1mL于100mL容量瓶中，用硝酸溶液稀释至刻度，混匀，此溶液浓度为10μg/mL。再分别吸取10μg/mL汞标准储备液1mL和5mL于两个100mL容量瓶中，用硝酸溶液稀释至刻度，混匀，此溶液浓度为100ng/mL和500ng/mL，分别用于测定低浓度试样和高浓度试样，制作标准曲线，现用现配。

3. 操作方法

（1）样品消解　称取0.5～2.00g制备好的样品（精确到0.001g）置于聚四氟乙烯塑料内罐中，加10mL硝酸，混匀后放置过夜，再加15mL过氧化氢，盖上内盖放入不锈钢外套中，旋紧密封。然后将消解罐放入普通干燥箱（烘箱）中加热，升温至120℃后保持恒温2～3h，至消解完全，冷至室温，将消解液用硝酸溶液洗涤消解罐并定容至50mL容量瓶中，摇匀。同时做试剂空白试验，待测。

（2）标准系列溶液配置

① 低浓度标准系列：分别吸取100ng/mL汞标准工作液0.50、1.00、2.00、4.00、5.00mL于50mL容量瓶中，用硝酸溶液稀释至刻度，混匀，此溶液浓度为1.0、2.0、4.0 、8.0、10.0ng/mL。此标准系列适用于一般试样测定。

② 高浓度标准系列：分别吸取500ng/mL汞标准工作液0.50、1.00、2.00、4.00、5.00mL于50mL容量瓶中，用硝酸溶液稀释至刻度，混匀，此溶液浓度为5.0、10.0、20.0、30.0、40.0ng/mL。此标准系列适用于鱼粉及含汞量偏高的样品的测定。

（3）仪器参考条件　光电倍增管负高压：260V；汞空心阴极灯电流：30mA；原子化器：温度300℃，高度8.0mm；氩气流速：载气500mL/min，屏蔽气1 000mL/min；测量方式：标准曲线；读数方式：峰面积；读数延迟时间：1.0s；读数时间：10.0s；硼氢化钾溶液加液时间：8.0s；标准或样液加液体积：2mL。仪器稳定后，测标准系列，至标准曲线的相关系数$r>0.999$后测试样。

（4）测定方式

浓度测定方式：设定好仪器最佳条件，逐步将炉温升至所需温度后，稳定10～20min后开始测量。连续用硝酸溶液进样，待读数稳定后，转入标准系列测量，绘制标准曲线。转入试样测量，先用硝酸溶液进样，使读数基本回零，再分别测定试样空白和试样消化液，每测不同的试样前都应清洗进样器。

仪器自动计算结果方式：设定好仪器最佳条件，在试样参数画面输入试样质量（g）、稀释体积（mL）等参数，并选择结果的浓度单位，逐步将炉温升至所需温度，稳定后测量。连续用硝酸溶液值测量状态，用试样空白消化液进样，让仪器取其均值作为扣底的空白值。随后即可依法测定试样。测定完毕后，选择“打印报告”即可将测定结果打印出来。

4. 结果计算

（1）计算公式

$$C(\%)=\frac{(c-c_0)\times V\times 1000}{m\times 1\,000\times 1000}$$

式中：C为试样中总汞的含量，mg/kg；c为试样消化液中汞的含量，ng/mL；c_0为试剂空白液中汞的铅量，ng/mL；V为样品消化液总体积，mL；m为样品的质量，g。

（2）重复性　每个试样取两个平行样，并以两个试样的算术平均值为最终结果，结果精确到0.001mg/kg。汞含量不大于0.020mg/kg时，不得超过平均值的100%；汞含量大于0.020mg/kg而小于0.100mg/kg时，不得超过平均值的50%；汞含量大于0.100mg/kg时，不得超过平均值的20%

二 农药残留检测

农药广泛应用于农业、林业和公共卫生事业等方面，目前世界上使用的农药有上千种，按其毒性可分为高毒、中毒和低毒三类，按其在植物体内残留的时间可分为高残留、中残留和低残留。宠物长期食用含有农药残留的宠物食品会有“致癌、致畸、致突变”的风险，同时会导致宠物体质下降，引起各种慢性疾病。在各种农药中，有机磷农药因高效、杀虫范围广、价格低廉而广泛使用，是应用最广泛的杀虫剂。因此，本部分内容将讲述宠物食品中有机磷农药残留的检测方法。

（一）有机磷农药残留的测定

1. 原理　以丙酮提取有机磷农药，滤液用水和饱和氯化钠溶液稀释，经二氯甲烷萃取，浓缩后用10%水脱活硅胶层柱净化，然后用磷选择性检测器进行气谱检测。该方法根据国家标准《饲料中有机磷农药残留量的测定　气相色谱法》（GB/T 18969—2003），有稍许改动。

2. 主要仪器和试剂

（1）主要仪器　分液漏斗、布氏漏斗、吸滤瓶、玻璃层析柱、旋转蒸发器、气相色谱仪。

注意：所有玻璃仪器在使用前要用清洗剂彻底清洗，过程为先用水冲洗，再用丙酮，最后干燥。注意不要使用塑料容器，勿用油脂润滑活塞，否则杂质会混入溶剂中。

（2）主要试剂　丙酮、乙酸乙酯、无水硫酸钠、饱和氯化钠溶液、惰性气体（如氮气）、洗脱溶剂：正己烷和二氯甲烷1∶1混合。硅胶的制备：在130℃条件下将活化粒度为63～200μm的硅胶60过夜，在干燥器中冷却至室温后将硅胶倒入密封的玻璃容器中，加入足够蒸馏水使质量百分浓度为10%，用力摇动30s，静止30min（期间不可摇动）后即可使用，制作的硅胶需要6h内使用。农药标准品：谷硫磷、乐果、乙硫磷、马拉硫磷等。内标为三丁基磷酸酯。1mg/mL农药标准溶液贮备液的制备：称取一定量的农药（精确到0.1mg），转移至100mL容量瓶中，溶解于乙酸乙酯并定容至刻度线，使得标准品和内标物浓度为1 000μg/mL。在4℃黑暗处可保存1个月。农药中间溶液浓度为10μg/mL，工作液浓度为0.5μg/mL。空白样：与被测样品相同但不含待测成分的物质。

3. 操作方法

（1）样品的制备　实验室样品为干燥或低湿度的产品，样品混合均匀后进行研磨，使之能完全通过1mm孔径的筛子，彻底混合。

（2）样品的提取　称取50g干燥或低湿度的样品（高湿度的样品则称取100g），精确到0.1g，放入1 000mL容量瓶中，加水使样品含水量约100g，浸泡5min左右，加入200mL丙酮，塞紧瓶塞后在摇床上震荡提取2h或在均质机上匀浆2min。

用真空泵抽滤，在布氏漏斗中用中性滤纸，滤液接入500mL的吸滤瓶中，分两次加入25mL丙酮清洗容器和滤纸上的残渣，滤液收集到同一个滤瓶中。

将滤液转入1 000mL分液漏斗中，滤瓶用100mL二氯甲烷清洗，清洗液也倒入分液漏斗中，加入250mL和50mL饱和氯化钠溶液振摇2min，使相分离，放出下层（二氯甲烷）到500mL分液漏斗中，再用50mL二氯甲烷萃取2次，合并二氯甲烷到同一分液漏斗中。用100mL水清洗二氯甲烷提取物2次，弃去水相。

将20g无水硫酸钠加到滤纸上，真空过滤二氯甲烷提取物，滤液接入500mL烧瓶中，用10mL二氯甲烷分别冲洗分液漏斗和硫酸钠2次。

减压浓缩至2mL左右，温度不超过40℃。用1～2mL的正己烷将浓缩物转移到10mL刻度管中，在氮气下浓缩至1mL。注意不要让溶液干了，否则农药会由于挥发或者溶解度变差而损失。

（3）柱的净化　首先将5g质量分数为10%的水脱活硅胶加入到玻璃层析柱内，在硅胶的顶部加入5g无水硫酸钠，再用20mL正己烷预洗柱子。用1～2mL正己烷将浓缩的提取物转移到层析柱顶部，用50mL洗脱液洗出有机磷农药，收集洗脱液到100mL的真空蒸发器的烧瓶中，按上述步骤浓缩洗脱液，用乙酸乙酯定容到10mL。当使用内标法时，在加入乙酸乙酯定容之前，加0.5mL磷酸三丁酯内标中间液，用空白液做参比标准溶液。

（4）气相色谱仪　在推荐使用条件下，待气相色谱仪稳定后，先注入1～2μL标准工作液，再注射等体积的样品净化液，必要时需稀释。

根据保留时间，确定各种农药的峰。通过标准工作液中各已知浓度农药的峰值进行比较，确定样品中各农药的浓度。

4. 结果计算

（1）计算公式

$$C(\%)=\frac{A\times m_s\times V}{A_s\times m\times V_1}$$

式中：C为试样中各种含磷农药残留量，mg/kg；A为测试样品峰值；m_s为标准品的进样质量，ng；V为稀释后试样总体积，mL；A_s为工作液或参比试液中对应农药的峰值；m为测试样品的质量，g；V为稀释后试样总体积，mL；V_1为试样进样体积，μL。

（2）重复性　在同一实验室，由同一操作者使用相同的设备，按相同的测试方法，并在短时间内，对同一被测对象，相互独立进行测试获得的两次独立测试结果的绝对差值，超过重复性限制r的情况不大于5%。

三 兽药残留检测

兽药是指用于预防、治疗、诊断动物疾病或者有目的地调节动物生理机能的物质。残留的兽药主要包括抗生素类药物，如β-内酰胺类（青霉素类、头孢菌素类）、四环素类、氯霉素等；磺胺类药物，如磺胺嘧啶、磺胺甲噁唑、磺胺脒等；硝基呋喃类药物，如呋喃唑酮、呋喃它酮等；抗寄生虫类，如苯并咪唑、左旋咪唑等；激素类药物，如性激素、皮质激素等。宠物食品中若含有兽药残留会经口进入宠物体内，有的药物会在动物体内蓄积，会引起宠物体内耐药性增加，同时导致胃肠内菌群失调。本节将重点讲述宠物食品中氨苄青霉素和磺胺类药物残留的测定方法。

（一）氨苄青霉素残留的测定

1. 原理　用磷酸盐缓冲溶液待测样品中的氨苄青霉素，高效液相色谱仪反相色谱系统分离，紫外检测器或二级管矩阵检测器在波长220nm处进行定性、定量测定。该检测方法根据国家标准《饲料中氨苄青霉素的测定　高效液相色谱法》（GB/T 23385—2009），有稍许改动。

2. 主要仪器和试剂

（1）主要仪器　高效液相色谱仪、振荡器、离心机、超声波清洗机、微孔滤膜0.45μm。

（2）主要试剂　0.02mol/L磷酸二氢钾溶液、乙腈、提取液：磷酸二氢钾溶液+乙腈（19∶1）。HPLC流动相：取920mL磷酸二氢钾溶液和80mL乙腈，混合均匀，通过0.45μm的溶剂微孔过滤膜过滤，使用前用超声波脱气。氨苄青霉素标准溶液贮备液的制备：准确称取50mg氨苄青霉素标准品（精确至0.01mg）于50mL容量瓶中，用超纯水溶解并定容，摇匀，浓度为1.0mg/mL，保存于4～6℃冰箱中，有效期为2d。氨苄青霉素标准溶液工作液的制备：准确移取适量氨苄青霉素标准溶液贮备液，用水稀释成浓度分别为1.0、5.0、10.0、25.0、50.0和100.0μg/mL工作液，现用现配。

3. 操作方法

（1）样品溶液的制备　称取样品5g，精确至0.1mg，置于100mL三角瓶中，准确加入25mL提取液，于振荡器上震荡提取5min，把溶液转入离心管中以5 000r/min离心10min，取上清液过0.45μm的微孔滤膜，供高效液相色谱仪测定。

（2）HPLC条件　色谱柱：C_{18}柱（柱长250mm，内径4.6mm，粒度5μm）或类似分析柱。柱温：室温。检测器：紫外检测器或二极管矩阵检测器，检测波长为220nm。流动相：磷酸二氢钾溶液+乙腈（19：1）。流速：1.0mL/min。进样量：20μL。

（3）HPLC测定　按HPLC说明书调整仪器参数。向HPLC中注入氨苄青霉素标准工作液及测试样品溶液，得到色谱峰响应值，用标准系列进行单点或多点校准。

4. 结果计算

（1）计算公式

$$C=\frac{A}{A_s}\times C_s\times\frac{V}{m}$$

式中：C为试样中氨苄青霉素残留量，mg/kg；A为试样提取液测得的色谱峰面积；A_s为氨苄青霉素标准工作液测得的色谱峰面积；C_s为标准工作液中氨苄青霉素含量，μg/mL；V为加到试样中的提取液体积，mL；m为测试样品的质量，g。

（2）重复性　在同一实验室，由同一操作者使用相同的设备，按相同的测试方法，并在短时间内，对同一被测对象独立测试获得的两次独立测试结果算术平均值为最终结果，保留3位有效数字，两次结果的相对偏差不大于10%。

（二）磺胺类药物残留的测定

1. 原理　试料中残留的磺胺类药物，用乙酸乙酯提取，0.1mol/L盐酸溶液转换溶剂，正己烷除脂，MCX柱净化，高效液相色谱-紫外检测法测定，外标法定量。该检测方法根据国家标准《食品安全国家标准动物性食品中13种磺胺类药物多残留的测定高效液相色谱法》(GB/T 29694—2013)，有稍许改动。

2. 主要仪器和试剂

（1）主要仪器　高效液相色谱仪、分析天平、涡动仪、离心机、均质机、旋转蒸发仪、氮吹仪、固相萃取装置、鸡心瓶100mL、聚四氟乙烯离心管：50mL、滤膜：0.22μm。

（2）主要试剂　乙腈（色谱纯+分析纯）、甲醇、盐酸、正己烷、甲酸（色谱纯）、MCX色谱柱；0.1%甲酸溶液：取甲酸1mL，用水溶解并稀释至1 000mL。0.1%甲酸乙腈溶液：取0.1%甲酸830mL，用乙腈溶解并稀释至1 000mL。洗脱液：取氨水5mL，用甲醇溶解并稀释至100mL。0.1mol/L盐酸溶液：取盐酸0.83mL，用水溶解并稀释至

100mL。50%甲醇乙腈溶液：取甲醇50mL，用乙腈溶解并稀释至100mL。100 μg/mL磺胺类药物混合标准贮备液：准确称取磺胺类药物标准品各10mg于100mL容量瓶中，用乙腈溶解并稀释定容至刻度，摇匀，配置浓度为100 μg/mL的磺胺类药物混合标准贮备液。保存在−20℃中，有效期6个月。10 μg/mL磺胺类药物混合标准工作液的制备：准确移取5mL 100 μg/mL的磺胺类药物混合标准贮备液于50mL容量瓶中，乙腈溶解并稀释定容至刻度，摇匀，配置浓度为10 μg/mL的磺胺类药物混合标准工作液。保存在−20℃中，有效期6个月。

3. 操作方法

（1）提取　称取样品（5 ± 0.05）g，于50mL聚四氟乙烯离心管中，加乙酸乙酯20mL，涡动2min，4 000r/min离心5min，取上清液于100mL鸡心瓶中，残渣中加入乙酸乙酯20mL，重复提取一次，合并两次提取液。

（2）净化　鸡心瓶中加0.1mol/L盐酸溶液2mL洗鸡心瓶，转至同一离心管中。再用正己烷3mL鸡心瓶，将正己烷转至同一离心管中，涡旋混合30s，3 000r/min离心5min，弃正己烷。再次用正己烷3mL洗鸡心瓶，转至同一离心管中，涡旋混合30s，3 000r/min离心5min，弃正己烷，取下层液备用。MCX柱依次用甲醇2mL和0.1mol/L盐酸溶液2mL活化，取备用液过柱，控制流速1mL/min。依次用1mL，0.1mol/L盐酸溶液和2mL，50%甲醇乙腈溶液淋洗，用洗脱液4mL洗脱，收集洗脱液，于40℃氮气吹干，加0.1%甲酸乙腈溶液1.0mL溶解残余物，滤膜过滤，供高效液相色谱测定。

（3）标准曲线制备　精密量取10 μg/mL磺胺类药物混合标准工作液适量，用0.1%甲酸乙腈溶液稀释，配置成浓度为10、50、100、250、500、2 500和5 000 μg/L的系列混合标准溶液，供高效液相色谱测定。以测得峰面积为纵坐标，对应的标准溶液浓度为横坐标，绘制标准曲线。求回归方程和相关系数。

（4）测定

①液相色谱参考条件：色谱柱为ODS-3C18,或相当者；流动相为0.1%甲酸+乙腈，梯度洗脱见表7-1；流速为1mL/min；柱温为30℃；检测波长为270nm；进样体积：100 μL。

表7-1　流动相梯度洗脱条件

时间（min）	0.1%甲酸（%）	乙腈（%）
0.0	83	17
5.0	83	17
10.0	80	20
22.3	60	40

（续）

时间（min）	0.1%甲酸（%）	乙腈（%）
22.4	10	90
30.0	10	90
31.0	83	17
48.0	83	17

②测定法：取试样溶液和相应的对照溶液，作单点或多点校准，按外标法，以峰面积计算。对照溶液及试样溶液中磺胺类药物响应值应在仪器检测的线性范围之内。

（5）空白试验　除了不加试料外，采用完全相同的步骤进行平行操作。

4. 结果计算

（1）计算公式

$$C = \frac{c \times V}{m}$$

式中：C为试样中相应磺胺类药物的残留量，μg/kg；c为试样溶液中相应的磺胺类药物浓度，μg/mL；V为溶解残余物所用0.1%甲酸乙腈溶液体积，mL；m为样品质量，g。

（2）重复性　在同一实验室，由同一操作者使用相同的设备，按相同的测试方法，并在短时间内，对同一被测对象独立测试获得的两次独立测试结果算术平均值为最终结果，保留3位有效数字，两次结果的相对偏差不大于10%。

四 黄曲霉毒素污染检测

黄曲霉毒素（aflatoxion，AFT）是黄曲霉菌和寄生曲霉菌的代谢产物，是一组化学结构类似的化合物。1993年被世界卫生组织划定为Ⅰ类致癌物，可诱发人类肝癌，在各种黄曲霉毒素中以黄曲霉毒素B_1的毒性和致癌性最强，且最为常见，因此其含量常常作为样品中受黄曲霉毒素污染的主要指标，因此本部分讲述薄层色谱法半定量测定黄曲霉毒素B_1的方法。

1. 原理　待测样品中的黄曲霉毒素B_1经黄曲霉毒素B_1提取液提取后，再经三氯甲烷萃取、三氟乙酸衍生，衍生后的黄曲霉毒素B_1采用高效液相色谱－荧光检测器进行测定，外标法定量。该方法根据国家标准《饲料中黄曲霉毒素B_1的测定　高效液相色谱法》（GB/T 36858—2018），有稍许改动。

2. 主要试剂和仪器

（1）主要试剂　甲醇、乙腈、三氯甲烷、有机滤膜（直径50mm，孔径0.22μm）、针头式过滤器（有机型，孔径0.22μm）。乙腈水溶液（90+10）：量取90mL乙腈，加入到10mL水中，混匀。黄曲霉毒素B_1提取液：量取84mL乙腈，加入到16mL水中，混匀。黄曲霉毒素B_1衍生液：分别量取20mL三氟乙酸，加入到70mL水中，混匀后加入10mL冰乙酸，混匀。临用现配。流动相：分别量取20mL甲醇、10mL乙腈和70mL水，混匀。经0.22μm有机滤膜过滤后备用。黄曲霉毒素B_1标准储备液（1 000μg/mL）：精确称取黄曲霉毒素B_1对照品10.0mg，用10mL乙腈完全溶解，配置成黄曲霉毒素B_1含量为1 000μg/mL的标准储备液，−20℃保存，有效期为6个月。黄曲霉毒素B_1标准工作液（100ng/mL）：取1.0mL黄曲霉毒素B_1标准储备液，用乙腈定容至100mL，浓度为10μg/mL。再取次稀释液1.0mL，用乙腈定容至100mL，浓度为100ng/mL。黄曲霉毒素B_1标准系列溶液：将黄曲霉毒素B_1标准工作液用乙腈分别稀释成1、2、5、10、20、50、100ng/mL的标准系列溶液。临用现配。

（2）主要仪器　高效液相色谱仪（配备荧光检测器）、溶剂过滤器、氮吹仪、恒温振荡器、旋涡混合仪、超声波清洗仪、水浴锅、分析天平。

3. 操作方法

（1）试样的处理　按照国家标准《饲料采样标准》（GB/T 14699.1）规定采集有代表性的试样，按照国家标准《动物饲料　试样的制备》（GB/T 20195）规定将试样粉碎，过0.42mm分析筛，混匀后装入密闭容器中，备用。

做两份平行试验。称取5.00g（精确至0.01g）试样置于带塞锥形瓶中，加入25.0mL黄曲霉毒素B_1提取液，室温下200r/min振荡提取60min，用中速滤纸过滤，取10.0mL滤液于50mL具塞离心管中，加入10.0mL三氯甲烷萃取，漩涡混合1min，静置分层后，取下层萃取液于15mL具塞离心管中，50℃水浴氮气吹干。加入200μL乙腈水溶液复溶，然后加入700μL黄曲霉毒素B_1衍生液，加塞混匀，40℃下恒温水浴衍生反应75min后，经0.22μm微孔滤膜过滤后，待测。

（2）标准系列　分别取0.9mL黄曲霉毒素B_1标准系列溶液于7个10mL具塞离心管中，50℃水浴氮气吹干，用200μL乙腈水溶液复溶，然后加入700μL黄曲霉毒素B_1衍生液，加塞混匀，40℃下恒温水浴衍生反应75min后，经0.22μm微孔滤膜过滤后，待测。

（3）高效液相色谱参数　色谱柱：C_{18}色谱柱，长250mm，内径4.6mm，粒径5μm；或性能相当。

流动相如前所述。流速：1mL/min。激发波长：365nm；发射波长：440nm。柱温：30℃。进样体积：20μL。

（4）测定　在上述液相色谱参考条件下，将衍生后的黄曲霉毒素B_1标准系列溶液、试样溶液注入高效液相色谱仪，测定相应的响应值（峰面积），采用单点或多点校正，外标法定量。

4. 结果计算

（1）计算公式

$$W = \frac{0.9 \times \rho \times V_1}{m \times V_2}$$

式中：W为试样中黄曲霉毒素B_1的含量，μg/kg；ρ为试样衍生液在标准曲线上对应的黄曲霉毒素B_1的含量，ng/mL；V_1为提取液的总体积，mL；V_2为用于萃取的提取液的总体积，mL；m为测试样品的质量，g；0.9为衍生后的试样溶液体积，mL。

（2）重复性　在同一实验室，由同一操作者使用相同的设备，按相同的测试方法，并在短时间内，对同一被测对象独立测试获得的两次独立测试结果算术平均值为最终结果，保留小数点后1位，两次结果的绝对偏差不大于该平均值的20%。

第四节　宠物食品卫生学检测

根据国家标准《全价宠物食品犬粮》（GB/T 31216—2014）和《全价宠物食品猫粮》（GB/T 31217—2014）中规定的宠物产品标准考核指标，常规的微生物安全检测包括商业无菌、细菌总数和沙门氏菌三个指标。本节将介绍这三个指标的检测方法。

一　商业无菌检测

商业无菌检测主要针对包括主粮罐头和零食罐头在内的罐藏食品。

1. 原理　样品经保温实验未出现胀罐、泄露，保温后开启，经pH测定、感官检测、涂片镜检，确证无微生物增殖现象的，即为商业无菌。该检测方法根据国家标准《食品安全国家标准　食品微生物学检验　商业无菌检验》（GB 4789.26—2013），有稍许改动。

2. 主要仪器

（1）主要仪器　恒温水浴箱、恒温培养箱、均质器、无菌均质袋、pH计、显微镜、开罐器、超净工作台。

（2）主要试剂　无菌生理盐水、结晶紫染色液、二甲苯。含4%碘的乙醇溶液的制备：称取4.0g碘溶于100mL体积分数为70%的乙醇溶液中。

3. 操作方法

（1）样品的准备　称重前先去除待测罐装样品表面标签，在包装容器表面用记号笔做好标记，并记录容器、编号、产品形状，以及是否有泄露/膨胀、小孔、锈蚀、压痕等异常情况。称重时注意小于等于1kg的包装物精确到1g，1kg以上的包装物精确到2g，10kg以上的包装物精确到10g。

（2）保温　每个批次取1个样品置于2～5℃冰箱保存作为对照，其他样品则在（36±1）℃条件下保温10d。在此过程中，每天检查，如有膨胀或泄露现象，应立即剔出，开启检查。

保温结束时，再次称重并记录，比较保温前后样品重量有无变化，如果变轻，则表明样品发生了泄露。然后将所有包装物置于室温直至开启检查。

（3）开启　如有膨胀的样品，则先将其置于2～5℃冰箱内冷藏数小时后开启。用冷水或洗涤剂清洗样品的罐头盖子，水冲洗后用无菌毛巾擦干。以含4%碘的乙醇溶液浸泡罐头盖子15min用无菌毛巾擦干，在密闭罩内点燃至表面残余的碘乙醇溶液全部燃烧完。注意，膨胀样品和易燃包装材料包装的样品不能灼烧，以含4%碘的乙醇溶液浸泡罐头盖子30min，之后用无菌毛巾擦干。

带汤汁的样品开启前应适当振摇，然后在超净工作台中用无菌开罐器在消毒后的罐头盖子上开启一个大小适当的口，开罐时不得伤及卷边结构，每个罐头单独使用一个开罐器，不得交叉使用。如样品为软包装，可以使用灭菌剪刀开启，不得破坏接口处。立即在开口上方嗅闻气味，并记录。

（4）留样　开启后，用灭菌吸管或其他适当工具以无菌操作去除内容物至少30mL（g）至灭菌容器内，保存于2～5℃冰箱中，在需要时进一步试验，待该品样品得出检测结论后可弃去。开启后的样品可进行适当保存，以备日后容器检查时使用。

（5）感官检测　在光线充足、空气清洁、无异味的检测室中，将样品内容物倾倒入白色搪瓷盘内，对产品的组织、形态、色泽和气味等进行观察和嗅闻，按压食品检查其性状，鉴别食品有无腐败变质的迹象，同时观察包装容器内部和外部的情况，并记录。

（6）pH测定　测定前需要对样品进行处理，对于液态制品混匀备用，有固相和液相的制品则取混匀后的液相备用。对于稠厚或半稠厚样品以及很难从中分出汁液的样品，则取一部分样品在均质器或研钵中研磨，如果研磨后的样品仍太稠厚，加入等量的无菌水，混匀备用。

先对pH计进行校正，将pH计的电极插入待测试样液中，并将温度调节至被测液体的温度，然后进行测量，精确到0.05。

同一制品至少进行两次测定，两次测定结果之间相差不超过0.1，取两次测定的算术平均值为最终结果，精确到0.05。

与同批中冷藏保存的样品进行对照，pH相差0.5以上者判为显著差异。

（7）涂片染色镜检　取样品内容物进行涂片，带汤汁的样品可用接种环挑取汤汁涂于载玻片上，固态食品可直接涂片或者用灭菌生理盐水稀释后涂片，待干后用火焰固定。油脂性食品涂片自然干燥并用火焰固定后，用二甲苯流洗，自然干燥。

对涂片用结晶紫染液进行单染色，干燥后镜检，至少观察5个视野，记录每个视野中菌体数目及菌体形态特征。与同批冷藏保存的样品进行对照，判断是否有明显的微生物增殖现象。菌落数目有百倍或百倍以上的增长则判为明显增殖。

（8）结果判定　若样品经保温试验未出现泄露：保温开启后，经感官检测、pH测定和涂片染色镜检，确证无微生物增殖现象，则为商业无菌。若样品经保温试验出现泄露：保温开启后，经感官检测、pH测定和涂片染色镜检，确证有微生物增殖现象，则为非商业无菌。

二 细菌总数检测

细菌总数决定着宠物食品微生物安全，宠物是否可以安全食用以及保质期时间等问题。

1. 原理　样品经过处理后，稀释到适当浓度，在一定条件下［用特定的培养基，温度（30±1）℃］培养72h，所得的1g/mL样品中所含细菌总数。该检测方法根据国家标准《饲料中细菌总数的测定》（GB/T 13093—2006），有稍许改动。

2. 主要仪器

（1）主要仪器　恒温培养箱、高压灭菌锅、均质器、无菌均质袋、超净工作台。

（2）主要试剂　营养琼脂培养基、磷酸盐缓冲溶液（PBS）、无菌培养皿。

3. 操作方法

（1）样品的准备　按照《饲料采样标准》（GB/T 14699.1）进行采样，采样应注意样品的代表性以及避免污染。按照《动物饲料　试样的制备》（GB/T 20195—2006）进行样品的制备，磨碎过0.45mm孔径筛，样品应尽快检测。

（2）营养琼脂培养基的制备　从商家购买营养琼脂，按照标签要求称取适量的样品和去离子水溶液，混匀后置于115℃高压灭菌锅灭菌15min，当温度降至60℃以下时从灭菌锅中取出，置于超净工作台中进一步冷却，至温度为45℃左右时倒入无菌培养皿中，每个无菌培养皿中注入的体积为15mL，凝固，待用。

（3）样品的稀释和培养　以无菌操作称取试样25g（或10g），置于含有225mL（或90mL）稀释液或生理盐水的灭菌三角瓶中。放置于振荡器上振荡30min，经充分振摇后，制成1：10的均匀稀释液。

用移液枪吸取上述1：10稀释液1mL，沿管壁慢慢注入含有9mL灭菌生理盐水的试管中（注意吸管尖端不要触及管内稀释液），振摇试管，或放微型混合器上，混合

30s，混合均匀，即制成1：100的均匀稀释液。

按照上述操作做10倍梯度稀释，注意每次稀释时，需要更换新的无菌吸头。

（4）样品的培养　根据样品的污染程度进行估计，选择2～3个适宜的稀释度，每个稀释度对应2个培养基，从相应稀释度的试管中取0.1mL菌液接种到制备好的无菌培养基上，用无菌刮铲涂布均匀，然后放置20～30min，使菌液充分渗透到培养基中，然后倒置于（30±1）℃培养箱中培养72h。

（5）样品总菌计算　拿出培养基后，使用平板计数器进行计数，选择细菌总数在30～300cfu的两个梯度计算样品的总菌数，计算公式如下：

$$N=\frac{\sum C}{(n_1+0.1n_2)\times d_1\times V}$$

式中：N为样品的总菌数；$\sum C$为2个梯度中4个平板菌落总数；n_1为第1个稀释度的平板数目；n_2为第2个稀释度的平板数目；d_1为第1个稀释度（低倍稀释度）的稀释倍数；V为加入平板上的菌液的体积，mL。

［举例说明］第一个稀释度为1：100，第二个稀释度为1：1 000，对应的菌落数为232、244、33、35。代入公式则为：

$$N=\frac{232+244+33+35}{(2+0.1\times 2)\times 0.01\times 0.1}$$

注意：若所有稀释度的平均细菌总数均大于300，则应按稀释度最高的平均细菌总数乘以稀释倍数；若所有稀释度的平均细菌总数均小于30，则应按稀释度最低的平均细菌总数乘以稀释倍数。

三 沙门氏菌检测

由沙门氏菌引起的人类食品中毒事件常常位居榜首。《中华人民共和国传染病防治法》中将其规定为第三类传染病菌，规定不能在食品中检测出该致病菌，因此有必要对宠物食品中是否存在该菌进行检测。

1. 原理　沙门氏菌的检测需要四个连续的阶段，分别为前增菌、选择性增菌、分离培养和生化鉴定。该检测方法根据国家标准《饲料中沙门氏菌的测定》（GB/T 13091—2018），有稍许改动。

（1）用非选择性培养基预增菌　将试样接种到缓冲蛋白胨水，在（36±1）℃下培养16～20h。

（2）在选择性培养基上进行增菌　将上述的培养物分别接种到氯化镁-孔雀绿增菌液和亚硒酸盐胱氨酸增菌液在（36±1）℃下培养24h或延长至48h。

（3）划线及识别　将上述培养物接种到酚红煌绿琼脂培养基（除非国际标准对检样有规定或特殊考虑，如分离乳糖样性沙门氏菌）和胆硫乳琼脂培养基两个选择性培养基，在（36±1）℃下培养24h后检查，必要时培养至48h，根据菌落特性，辨别可疑菌落。

（4）鉴定　挑出上述平板中的可疑沙门氏菌菌落，再次培养，用合适的生化和血清学试验进行鉴定。

2. 主要仪器

（1）主要仪器　高压灭菌锅、接种环、冰箱、恒温培养箱、均质器、振荡器、电子天平、无菌均质袋、无菌培养皿、超净工作台。

（2）主要试剂　缓冲蛋白胨水（BPW）、氯化镁-孔雀绿（RV）增菌液、亚硒酸盐胱氨酸（SC）增菌液、亚硫酸铋琼脂（BS）、胆硫乳（DHL）琼脂、营养琼脂（RV）、三糖铁琼脂（TSI）、氰化钾（KCN）培养基、沙门氏菌属显色培养基、赖氨酸脱羧酶试验培养基、糖发酵管、邻硝基苯β-D半乳糖苷（ONPG）培养基、半固体琼脂、丙二酸钠培养基、沙门氏菌因子O和H多价诊断血清、Vi因子诊断血清。

3. 操作方法

（1）采样原则和方法　样品的采集应遵循随机性、代表性的原则，采样过程应遵循无菌操作程序，防止一切外来污染。采样时应在同一批产品中采集，每件样品的采样量应满足微生物指标检验的要求，一般不少于500g（mL）；独立包装不大于500g的固态产品或不大于500mL的液态产品，取完整包装；独立包装大于500g的固态产品，应用无菌采样器从同一包装的不同部位采集适量样品，放入同一个无菌采样器内作为一件样品；独立包装大于500mL的液态产品，应在采样前摇动或用无菌棒搅拌液体，使其达到均匀后采集适量样品，放入无菌采样器内作为一件样品。

（2）采集样品的贮存和运输　采样完成后应尽快将样品送往实验室，注意在运输过程中保持样品完整，同时注意应在接近原有贮存温度条件下贮存样品，或采取必要措施防止样品中微生物数量的变化。

（3）前增菌　无菌条件下称取25g（mL）样品，加入装有225mL灭菌的BPW的500mL无菌锥形瓶内，置于振荡器中，以8 000～10 000r/min振荡2～3min；若样品为液态，振荡混匀即可。在（36±1）℃下培养不少于（18±2）h。

注：可以用无菌均质袋代替锥形瓶，然后用均质器拍打2～3min，但有坚硬或棱角的样品不能够使用均质袋，只能使用锥形瓶，以防均质袋破裂泄露，造成污染。

（4）选择性增菌　前增菌液摇匀后，取1mL，接种于装有10mL RV的试管中，于（42±1）℃下培养18～24h。另取前增菌液液1mL，接种于装有10mL SC的试管中，（36±1）℃下培养24～48h。

（5）分离培养　用接种环取1环选择性增菌液，划线接种于BS琼脂平板上，于（36±1）℃下培养40～48h。另取1环选择性增菌液，划线接种于DHL琼脂平板或沙门氏菌显色培养基平板上，于（36±1）℃下培养18～24h，观察各个平板上生长的菌落，沙门氏菌在各个平板上的菌落特征见表7-2。

表7-2　沙门氏菌属在不同选择性琼脂平板上的菌落特征

选择性琼脂平板	沙门氏菌菌落特征
亚硫酸铋琼脂（BS）	菌落为黑色有金属光泽、棕褐色或灰色，菌落周围培养基可呈黑色或棕色；有些菌株形成灰绿色的菌落，周围培养基不变
胆硫乳（DHL）琼脂	菌落为无色半透明或粉红色，菌落中心黑色或几乎全黑色
沙门氏菌属显色培养基	按照显色培养基的说明进行判定

（6）生化试验　从选择性琼脂平板上分别挑取2个以上典型或可疑菌落，接种三糖铁琼脂，先在斜面划线，再于底层穿刺，接种针不要灭菌，直接接种赖氨酸脱羧酶试验培养基和营养琼脂平板，于（36±1）℃下培养18～24h，必要时延长至48h。三糖铁琼脂培养基特征变化见表7-3。在三糖铁琼脂和赖氨酸脱羧酶试验培养基内，沙门氏菌属的反应结果见表7-4。

表7-3　三糖铁琼脂培养基特征变化

培养基部位	培养基变化	说明
斜面和底部	黄色	乳糖和蔗糖阳性
	红色或不变色	乳糖和蔗糖阴性
底部	底端黄色	葡萄糖阳性
	红色或不变色	葡萄糖阴性
	穿刺黑色	形成硫化氢
	气泡或裂缝	葡萄糖产气

表7-4　沙门氏菌属在三糖铁琼脂和赖氨酸脱羧酶试验培养基内的反应结果

三糖铁琼脂				赖氨酸脱羧酶试验培养基	初步判断
斜面	底层	产气	硫化氢		
K	A	+(−)	+(−)	+	可疑沙门氏菌
K	A	+(−)	+(−)	−	可疑沙门氏菌

（续）

三糖铁琼脂				赖氨酸脱羧酶试验培养基	初步判断
斜面	底层	产气	硫化氢		
A	A	+(−)	+(−)	+	可疑沙门氏菌
A	A	+/−	+/−	−	非沙门氏菌
K	K	+/−	+/−	+/−	非沙门氏菌

注：K，产碱；A，产酸；+，阳性；−，阴性；+(−)，多数阳性，少数阴性；+/−，阳性或阴性。

接种三糖铁琼脂和赖氨酸脱羧酶试验培养基的同时，可直接接种蛋白胨水（供做靛基质试验）、尿素琼脂（pH 7.2）、氰化钾（KCN）培养基，也可在初步判断结果后从营养琼脂平板上挑取可疑菌落接种。于（36 ± 1）℃下培养18 ～ 24h，必要时延长至48h。将已挑菌落的平板储存于2 ～ 5℃或室温至少保留24h，以备必要时复查。

如选择生化鉴定试剂盒或全自动微生物生化鉴定系统，可根据上述初步判断结果，从营养琼脂平板上挑取可疑菌落，用生理盐水制备成浊度适当的悬浊液，使用生化鉴定试剂盒或全自动微生物生化鉴定系统进行鉴定。

（7）血清学鉴定　首先检查培养物有无自凝性，操作如下：采用1.2% ～ 1.5%琼脂培养物作为拨片凝集试验用的抗原。首先排除自凝集反应，在洁净的玻片上滴加一滴生理盐水，将待试培养物混合于生理盐水内，使成为均一性的混浊悬液，将玻片轻轻摇动30 ～ 60s，在黑色背景下观察反应（必要时用放大镜观察），若出现可见的菌体凝集，即认为有自凝性，反之则无自凝性。对无自凝性的培养物参照下面方法进行血清学鉴定。

O抗原的鉴定方法：在玻片上划出2个约1cm × 2cm的区域，挑取1环待测菌落，各方1/2环于玻片上的每一区域上部，在其中一个区域下部加1滴多价菌体O血清，在另一区域下部加入1滴生理盐水，作为对照。再用无菌的接种环或针分别将两个区域内的菌落研成乳状液。将玻片倾斜摇动混合1min，并对着暗背景进行观察，任何程度的凝集现象皆为阳性反应。O血清不凝集时，将菌株接种在琼脂量较高的（2% ～ 3%）细菌培养基上在检查；如果Vi抗原的存在而阻止了O凝集反应，可挑取菌苔于1mL生理盐水中做成浓菌液，于酒精灯火焰上煮沸后再检查。

H抗原的鉴定方法：操作同上，H抗原发育不良时，将菌株接种在0.55% ～ 0.65%半固体琼脂平板的中央，待菌落蔓延生长时，在其边缘部分取菌检查；或将菌株通过接种装有0.3% ～ 0.4%半固体琼脂的小玻管1 ～ 2次，自远端取菌培养后再检查。

Vi抗原的鉴定方法：操作如上，用Vi因子血清检查。

第五节 宠物食品适口性检测

生产的食物宠物是否喜欢，决定了产品是否有销路。因此，在宠物食品开发过程中研究产品适口性非常重要。根据宠物在测试时是否摄入食物，适口性的测试方法分为摄入性测试和非摄入性测试（Griffin，2003）。

摄入性测试主要是根据犬猫对测试食物的摄入量来评价适口性，主要有单碗测试和双碗测试两种方法。非摄入性测试是有条件的响应测试，通过特定条件与不同食物相对应，包括嗅觉测试、认知适口性评估和偏好排序法。此外，还可以使用仿生仪器（如电子鼻、电子舌）等方法对犬猫饲料的感官特性（如香气、质地和风味）进行分析来判断饲料的适口性。

猫和犬作为常见的宠物都是食肉哺乳动物，但二者味嗅觉系统的结构、饮食习惯都有一定的差异。犬猫的嗅觉都很灵敏，进食前都会嗅闻食物以做出初步判定。犬有1 700个味蕾，可以辨别酸、苦、咸、甜和鲜味，通常不喜欢苦味。犬进食快速的习惯（5～20min）会留下一个短窗口期来触发嗅觉神经元（Ahmet Yavuz Pekel等，2020）。猫也从嗅闻食物开始，但猫的进食习惯是少量多次，进食次数达2～15次，这样就有更多的机会触发嗅觉神经元，但较长的周期内宠物对食品的感知也会发生变化（一部分已经开始消化的食物反馈回来的信息可能会影响猫对食物的感知）。另外，较长的进食周期也给观察带来困难。猫科动物有473个味蕾，可以品尝到酸、苦、咸和鲜味，却无法品尝到甜味（Jennifer Barnett Fox，2020）。食物的质地对猫很重要，酥脆的膨化猫粮更受猫欢迎。

一 摄入性测试

（一）单碗测试法

1. 测试步骤 单碗测试法是将一定量食物提供给动物，让试验动物在规定时间（一般为5d或更长）内自由采食，记录其采食量和采食速度，饲喂一个周期后更换新饲料重复试验（更换饲料时设定一定间隔的适应期）。通过对多个不同饲料进行试验，最终比较犬猫对不同食物采食量和采食速度来评价食物的适口性。

2. 影响因素及注意事项 考虑到宠物采食量的季节性差异（如猫冬季进食量较大而夏季较少）以及其他环境因素对试验的影响，为了保证试验结果的可比性，测试时尽量保证上述环境因素一致。在试验中使用多只动物以消除个体差异。

该测试通常在笼养环境中进行。任何品种和大小的动物都可以使用。但是应注意提供的食物量不超过正常的每日能量摄入量（加10%），否则动物可能会超重，影响试验结果。有研究表明，笼养动物对食物的反应不一定与家养动物相同（Griffin等，1984）。由于先前喂食的差异，在家庭环境中评估的动物对食物的接受程度可能差异更大。这可以通过在试验前的一段时间（4 ～ 5d）内使用适应饮食来克服。单碗测试仅测量测试食物的每日摄入量，这是一个衡量可接受性的较好指标，但如果能把包括心率、瞳孔扩张、呼吸频率、活动水平、身体运动、进食率或其他参数纳入指标，将能更客观全面地反映猫对食物的感受。已有研究把猫咪采食时的面部动作纳入指标。此外，记录和分析喂食情况的视频可以通过宠物的行为、表情等进一步了解测试食物的相对喜好（Van den Bos等，2000）。

3. 优点　单碗测试很大程度模仿了动物居家环境，即一餐只食用一种食物，最真实地反映了犬猫实际生活中的饮食方式；可以有效地识别由于异味、香气或质地而完全不可接受的产品；如果测试时间较长，还可能反映出食物被消化后对宠物接受性的影响。单碗测试成本相对较低，一组测试使用8 ～ 10只动物基本可以满足要求。

4. 缺点　可以对食物“接受度”进行测量或推断，但无法提供关于偏好、喜欢程度或食物的其他特征信息。此外，猫和犬以不同的方式适应新的或不同的食物，单碗法没有考虑到这些特定物种的差异。

5. 适用性　单碗法更适合于对产品进行“最坏情况”评估，比如在出现对某一食品的投诉时，也可以作为客户服务目的的质量检查。因为该方法所能获得的信息有限，测试结果不能用于营销声明、风味指导或产品改进活动。

（二）双碗测试法

双碗法是目前普遍使用的一种方法。

1. 测试步骤　用两个相同的碗同时放测试物给实验动物，每个碗各盛放一种需要检测的食物（每个碗中提供的食物量应满足动物每天所需的食物摄入量），试验动物可在预定时间内自由采食，记录动物第一口采食的饲料（这一般与食物的香味有关），并在预定时间结束或某一碗中的饲料采食完时结束，将两个碗回收称重，记录犬猫对每种食物的采食量，计算每种饲料的采食量占摄食总量的比例（采食率），以此判断动物对这两种食物的偏好。

2. 影响因素及注意事项　双碗法主要用于测试动物对两种食物的偏好。试验时需要通过交换两个碗的位置以排除动物偏左或偏右的习惯对试验的影响，且需要用足够多的重复试验以保证试验的准确性。

3. 优点　双碗法试验方法简单，可以在较短的时间获得试验数据，可以在两种食物间进行偏好性比较。

4. 缺点　双碗法无法排除两种食物之间营养价值和热量的相互影响以及饱腹感等因素导致试验结果出现偏差。由于提供了超过每天所需的食物（总量是两份），所以容易造成动物采食过量导致肥胖，这使得双碗法不适合长期的适口性分析。

二 非消费性测试

1. 嗅觉测试　Hannah Thompson等（2016）使用了一种嗅觉测试的方法来检测犬对不同食物的偏好。首先让犬适应测试房间（犬在自主进入房间的情况下不再有侦查动作），在检测室一侧相互独立的三联碗中放置每种样品各三片，让犬连续采食，三种样品顺序随机。

在检测室另一侧的地板上放置两个金属丝盖，大小足以盖住一个食物碗，相隔75cm。实验者在两个完全相同的碗中各放入一种食物一片，站在两个金属丝盖之间，双手握住两个碗。犬由训导员牵引在距离实验者前方1.5m、与两个导线盖等距的起点处。

实验者蹲下来，训练者把犬带到实验者面前，实验者一次给犬一个碗，每个碗里都有一片食物，同时把另一个碗放在它背后。食物展示的顺序与犬在适应期首先尝试的食物一致。实验者左手和右手中两种食物的位置是平衡的。犬有机会吃每一块食物。一旦犬完成了这个过程，训导员就把犬带回到起点。实验者重新在碗内装入食物，并将每个碗放在地板上最靠近的盖子下（即实验者左手中的碗放在实验者左侧的盖子下），这样犬可以看到和闻到食物，但不能接触到食物（图7-1）。此后，实验者站起来，眼睛盯着地板。然后，引导员松开犬绳，允许犬自由进入房间1min。此时，实验者和训练者都没有给予犬任何形式的注意力。使用摄像机对所有试验进行录像，以进行后续行为分析。

图7-1　犬嗅觉食物偏好测试装置（Hannah Thompson等，2016）

作为一种非消费测试方法，嗅觉测试可以在避免受试宠物超量进食引起的肥胖等实验伦理问题，以及超量进食引起宠物生理状况发生改变而导致后续结果偏差的问题。利用的是宠物自然的生理反应，所以也无需对宠物进行复杂的训练，操作也比较简单。气味是犬猫选择食物的依据之一，因此良好的对宠物有诱惑力的气味是好的宠物食品的特征之一。但是也要注意，好的气味并不等同于适口性，如果气味和食物的质地、口感等不一致，同样宠物也不会选择。因此，嗅觉测试可以作为适口性的一部分，但需要结合其他信息对适口性作进一步的评价。

2. 偏好排序法　Li等提出一种新的检测方法：将5种食物分别装在中空的硬质橡胶玩具中，让每只犬依次嗅闻每种食物约2s后（此时犬只能闻到食物而无法取食，后续试验犬自由接触玩具时可以很容易拆开玩具并采食食物），训导员将犬重新带回起点，另一名试验人员将5只橡胶玩具并排摆放在距起点2m的地上，摆放顺序及编号完全随机。一名实验者把犬带进试验区，在犬取出每种食物后将空玩具移出试验区，另一名试验人员则在试验区外记录犬消费每种食物的时间和顺序。当犬被释放接近并从玩具中提取食物时，启动定时器。犬选择（提取和食用）食物的顺序被视为优先顺序（1～5）（Li等，2020）。例如，犬食用的第一种食物得分为1，被认为是最优选的；而犬最后食用的食物得分为5，被认为最不优选。未被犬取出食用的食物，得分为5分，被视为最不优选。一只犬完成测试并回到他们的测试区外后，另一只犬被带到测试区开始测试。犬进入测试空间的顺序保持不变，以消除外部干扰，如不熟悉的气味。每个阶段连续5d重复该测试，以使犬能够将香味与味道联系起来，并确认排名顺序。

偏好排序法可以同时比较犬对五个样本的偏好且不需要大量的实验动物即可保证试验的准确性。试验发现这些训练成功的犬在重复试验中表现出更高的效率，且试验犬在测试之后12个月仍保留上次试验的记忆，如果能定期使用该适口性检测方法则不需要进行重复培训，因此该方法可以长期使用。在试验中需要注意保证进人测试房间犬的顺序，以消除不熟悉的气味等外部因素对试验结果产生的误差。如有必要，须对测试房间进行清理。该方法的缺点是需要试验犬保持其对试验内容感兴趣并能在较短的时间内从玩具中将食物取出，对试验犬具有一定要求，并需消耗大量的时间对其进行训练。

3. 认知适口性评估　所谓认知适口性，是期望使受试宠物把食品适口性特征与餐具形状等非适口性特性建立关联，从而在不摄食或者少量摄食的情况下对食品的适口性作出评判。简单地说，就是让宠物“说”（选择相应形状的餐具等）出自己喜欢哪种食物而不是用吃的量来告诉测试人员。Araujo等提出了一种认知适口性评估方法，试验主要分为四个阶段（Araujo等，2004）。

第一阶段为偏好与关联阶段：这个阶段首先是让宠物熟悉测试用的物体并进行选择，根据宠物的选择把食物和物体进行关联。具体操作方法如下：首先同时向犬展示A、B、C三个大小，形状存在明显差异的物体供其选择，每个物体中放有一定量的相同食物，当犬每做出一次选择后将三个物体随机打乱顺序进行重复试验，数次重复后犬经常选择的物体记为首选对象（以下以B物体为首选物体进行介绍）。接下进行关联，用2d时间使每只犬熟悉不同物体以及与之相关联的测试食物（在关联阶段，每次测试只给犬呈现一个物体）。第1天，在一个非首选物体中放入一种测试物（将A食物放入A物体），改变物体位置重复试验；第2天，在另一个非首选物体放入另一种测试物（将C食物放入C物体），改变物体位置重复试验。

第二个阶段为辨别训练阶段：三个物体同时展示给犬，但在第一阶段确定的首选对象（B物体）中不放食物，其他两种测试物分别装在关联测试阶段与之关联的物体（A食物—A物品、C食物—C物品），当犬从2个非首选对象中获得食物或选择首选对象没有获得食物后试验结束，打乱物体位置重复试验，当犬不再选择首选对象时该阶段完成。

第三阶段为稳定阶段：这一阶段是确定食物偏好的强度和可靠性。测试流程同第二阶段，测试10d以上，以犬每个对象的选择次数来评判对两种食物的偏好。

第四阶段为反转阶段：这个阶段是确定犬选择食物的确是因为喜欢食物而不是装食物的物体。把装两种食物的物体进行交换（A食物—C物品，C食物—A物品），而首选物体仍不装食物，之后重复第二阶段和第三阶段。

与双碗法相比，本方法可以在不超量摄入食物的情况下表达对食物的偏好，排除了两种食物营养价值、热量和饱腹感对试验的影响。用这方法对食物偏好进行短期或长期测试，不会受到营养或热量的影响。本方法在检验适口性方面有更高的可靠性，只需要很少的试验动物数量就可检测出较强的差异；并且该方法容易修改，以检测其他因素对犬食物偏好的影响。

本方法的缺点是较繁琐，对实验用犬的认知能力要求较高且还要进行大量的训练，尤其是在试验的反转阶段，高龄或学习能力差的犬可能导致测试结果出现偏差。

4. 耐口性测试 适口性是表明宠物喜欢哪种食物，但是喜欢能持续多久也很重要，尤其是对于产品的竞争力而言。犬猫饲料耐口性指犬猫对于所采食饲料的持续采食和反复采食的频率程度。饲料耐口性通常使用单碗测试法进行检测，使用单碗测试法对一种饲料进行10d以上的试验，记录其采食量，通过观察犬猫对饲料采食量下降的趋势来判断饲料的耐口性。在犬猫饲料及诱食剂的研发测试中，适口性和耐口性试验都十分重要。适口性好坏和耐口性优劣，将两者综合起来才能准确判断犬猫饲料质量的好坏。

第六节 宠物食品消化率检测

一 体内消化率

宠物食品中被动物消化吸收的营养物质称为可消化营养物质。消化率是指可消化营养物质占食入营养物质的百分比。进入消化系统的养分只有一部分能被吸收，被吸收的这部分可以通过消化试验进行测定，并作为确定消化率的参数。研究人员同时测定饲料和粪便或者回肠（更准确）中含有的营养物质的量，这两部分的差值就是被动物消化吸收的部分，通常用百分数或对于1的小数表示（1表示完全消化）。对所有养分而言，每种饲料都有特定的消化参数。

宠物食品的消化率（以犬为例），简单地说，反映了犬所摄入的食物输送基本营养物质的能力，这不仅影响着粪便的数量和质量（多少、性状和气味），最重要的是，宠物食品的消化率影响着犬的长期健康。一般来说，犬粮的消化率如果为75%或更少，那么它的品质相对较低；消化率为75% ～ 82%，属于中等品质；消化率高于82%，属于高品质食物。

美国饲料管制协会（AAFCO）给出了消化率测定公式的标准：消化率=（采食的营养物质－粪中营养物质排泄量）/采食量 ×100%。AAFCO推荐犬猫在换粮前5d时用该测定方法测消化率，因为粪便中的残留营养物质会影响结果精确性。

二 体外模拟消化率测定

体内消化率反映了食物在宠物体内的实际消化情况，但受实验动物个体因素影响较大，因此更多地应用在营养学研究过程。产品研发过程中一般采用较多的是体外模拟消化率。《动物蛋白质饲料消化率的测定　胃蛋白酶法》（GBT 17811—2008）收录了一种体外模拟消化率的测定方法。

1. 原理　脱脂试样用温热的胃蛋白酶溶液（酶液浓度和用量与酶解试样质量恒定），恒温下持续不断的振摇或搅拌下消化16h，过滤分离不溶性残渣，洗涤、干燥，测定残渣的粗蛋白质含量。同时测定脱脂未酶解试样的粗蛋白质含量。

2. 试剂和材料　20IU/mL胃蛋白酶溶液（临用前配制）：将6.1mL依盐酸稀释至1 000mL水中（溶液pH1 ～ 2），加热至42 ～ 45℃，加入2g活性为1 ：10 000生化级胃蛋白酶（临用前按《中华人民共和国兽药典》中规定方法测定胃蛋白酶活性），并缓慢搅拌直至溶解。

3. 仪器与设备 恒温式平转摇床：温控范围20～50℃，可调转速水浴式或空气浴式（15～300r/min），实验室用样品粉碎机，索氏抽提器，脱脂设备，定氮仪器。

4. 试样制备 样品粉碎至全部过20目（0.84mm）筛，混匀装于密封容器，保存备用。

5. 测定步骤 称取3g～4g试样用乙醚脱脂（含脂肪小于1%可不脱脂，含脂肪1%～10%建议脱脂，含脂肪大于10%则应脱脂）。脱脂后的样品需在室温风干，挥干乙醚。

称取已脱脂风干后的试样1.000g（精确至±0.010g）于250mL带盖磨口瓶中，加150mL新配制并已预热至42～45℃的胃蛋白酶溶液，应确保样品完全被胃蛋白酶溶液浸湿，盖紧瓶盖，将瓶夹于恒温摇床上，于45℃恒定速度搅动16h进行保温酶解消化。

从搅动器上取下磨口瓶，呈45°角放置，让残渣沉淀15min以上，随后在铺有快速滤纸的布氏漏斗上抽滤，先用少量水将瓶盖上的残渣洗至滤纸，再将磨口瓶保持沉淀时的角度移至布氏漏斗上，慢慢倾出内容物，使之通过滤纸后形成连续的细流，避免任何不必要的搅动。液体通过滤纸的速度应与倾入的速度相同.

当上层液体通过滤纸后，于瓶中加入15mL丙酮，用拇指盖住瓶口剧烈振摇，放开。再用拇指堵住瓶口，在滤纸上方将瓶倒置振摇，放开拇指，丙酮和残渣流到滤纸上。再用15mL的丙酮洗涤，照上法振摇和倒出。检查瓶子，并用丙酮再次洗染。当全部液体通过滤器后，用洗瓶以少量丙酮洗涤漏斗壁上残渣2次，并抽干。从布氏漏斗上小心取下载有残渣的滤纸，无损地移入凯氏烧瓶中，并将凯氏烧瓶置于105℃烘箱内烘干。

烘干的残渣按GB/T 6432中方法测定粗蛋白质的质量分数（w），计算时需扣除酶液蛋白量。同时，称取脱脂风干的样品若干克（精确至0.000 2g），直接按GB/T 6432方法测定脱脂未酶解的样品中粗蛋白质的质量分数（w）。

6. 分析结果 试样胃蛋白酶消化率x，以质量分数计，数值以%表示，按下式计算：

$$X=\frac{\omega_1-\omega_2}{\omega_1}\times 100\%$$

式中：ω_1为脱脂未酶解的样品中粗蛋白质的质量分数，%；ω_2为脱脂酶解后残渣中粗蛋白质的质量分数，%。

每个试样脱脂风干后取两份试料进行酶解，平行测定残渣粗蛋白质的质量分数，以其算术平均值为测定结果（保留3位有效数字），测定结果的相对偏差≤6%。

第七节 宠物食品物性学检测

宠物食品的适口性如何，受很多因素的影响，除宠物的自身因素外，还受到宠物食品自身特点的影响，其中宠物食品的质地就是其中重要的影响因素。例如针对不同的目标宠物，食物的硬度是不同的：对于刚断奶的宠物，食物颗粒硬度应尽量软；对于成年犬，为了鼓励其咀嚼，减缓牙菌斑和预防牙石，应使之食用硬度较大的食物。评价质地的参数包括使颗粒破碎的最大受力值，在颗粒破碎前宠物牙齿的穿透深度、宠物食品的硬度等，这些参数都可以用质构仪（物性仪）来完成测试。

质构仪主要包括主机、专用软件、备用探头及附件。其基本结构一般是由一个能对样品产生变形作用的机械装置，一个用于盛装样品的容器和一个对力、时间和变形率进行记录的记录系统组成。测试围绕距离、时间和作用力三者进行测试和结果分析，质构仪所反映的主要是与力学特性有关的质地特性，其结果具有较高的灵敏性与客观性，并可通过配备的专用软件对结果进行准确的量化处理，以量化的指标来客观全面地评价物品。

质构仪作为一种感官物性分析类仪器，可用于检测食品、生物、制药和化工等领域样品的物性指标，包括硬度、弹性、黏聚性或黏结性、酥脆性、咀嚼度、坚实度、韧性、延展性、回复性、顺服性等。

硬度（hardness）：样品达到一定变形所必需的力。

弹性（springiness）：变形样品在去掉变形力恢复到变形前条件下的体积和高度的比率。

黏聚性或黏结性（cohesiveness）：该值可模拟表示样品内部黏合力，即将样品拉在一起的内聚力，其反义词为可压缩性。当黏聚性远远大于黏着性，探头同样品充分接触，探头仍可保持清洁而样品黏着物。实际测试中，探头先从起始位置压向样品，接触到样品后继续下压一段距离，尔后返回到压缩触发点，停留一段时间后，继续向下压缩到同样的距离，尔后以测试速率返回到起始点。黏聚性或黏结性的度量是第二次穿冲的做功面积除以首次的做功面积的商值。

酥脆性（fracturability）：致使样品破碎的力，当样品同时具备较高硬度和较低黏聚性时可表现脆度。

咀嚼度（chewiness）：该值模拟表示将半固体样品咀嚼成吞咽时的稳定状态所需的能量（硬度黏聚性黏着性）。

坚实度（firmness）/韧性（toughness）/纤维强度（fibrousness）：在特定条件下切断

样品所需的最大力或输出功。

延展性（creep）：即物质的缓慢变形，通常是在恒定压力条件下发生的。

回复性（resilience）：该值度量出变形样品在与导致变形同样的速度、压力条件下回复的程度。

顺服度（compliance）：被定义为张力除以相应压力的商值，是弹性模数（见后文）的倒数。

粘连性（stringiness）：样品在同压力探头分离前减压过程中的延展距离。

黏着性（adhensiveness）：该值表示在探头与样品接触时用以克服两者表面间吸引力所必需的总功。当黏着性>黏聚性，表示在探头上将附有部分样品残留物。

弹性模数（elasticity/youngs modulus）：弹性模数度量出物质的刚性或硬度，在适宜的限制下，是压力对于相应的张力的比例，也是顺服度的倒数。

胶着性（gumminess）：胶着性被定义为硬度 × 凝聚力。半固体食品的一个特点就是具有低硬度，高凝聚力。因此，这项指标应该用于描述半固体食品的口感。

质构仪工作过程：选择合适的工作探头（面积要大于测试样品），设置上下形成开关的位置，确定运动比的形成范围，防止探头触及测试台造成测试中断或部件损坏而出现意外，要重新进行力校准。检查力传感器规格是否符合要求，严禁超载使用。一切就绪后，打开主机电源和工作站电脑，进入工作站，选择测试项目，设定测试参数（测试速率、运动位移、时间等）。将样品放在测试台上，调整探头初始位置。设置文件名、保存路径、探头型号、样品名称、探头的原始参数、数据采集速率等，开始测试。

此时探头从起始位置开始，先以一定速率压向测试样品，接触到样品的表面后再以测试速率对样品压缩一定的距离，而后返回到压缩的触发点，停留一段时间后继续向下压缩同样的距离，而后以测后速率返回到探头测前的位置。在此过程中，探头的受力情况被记录成质构仪图谱，根据质构仪图谱就能分析出样品的物性数据。

在软件上设置图形格式，选择坐标变量，确定坐标范围、单位等。利用软件分析峰值、峰面积、斜率等得到相应测试结果。用质构仪测定样品时，要根据样品特性及测试条件设定质构图谱，比如，如果压缩程度很小，样品没有出现明显的破碎，就得不到脆裂性数据，而且耐咀嚼性和胶黏性数据也不能在一次测试中得到。

宠物食品的安全性评价

为了确保宠物食品安全和保障宠物健康，需要对宠物食品进行安全性评价，通过安全性评价阐明食品是否可以食用，或阐明宠物食品中有关危害成分以及毒性和风险大小，利用毒理学资料和毒理学试验结果确认宠物食品的安全剂量，进行企业质量风险控制。国内外目前尚无系统的宠物食品毒理学评价程序，但是传统的人类食品毒理学评价程序中曾经用到犬作为实验动物，因此有了犬和其他动物毒理学剂量的换算关系，可用来进行犬用宠物食品的毒理学评价，同时应加快宠物食品毒理学基础数据的研究。

一 安全性评价的准备工作

（一）熟悉食品安全性毒理学评价的程序和方法

关于食品安全性毒理学评价我国有具体规定。从1980年开始，我国提出了食品安全性评价的程序问题。1983年我国卫生部颁布《食品安全毒理学评价程序（试行）》，1994年国家颁布了《中华人民共和国食品安全性毒理学评价程序》（GB 15193.1—1994）。

程序包括：准备工作→急性毒理试验→遗传毒理学试验→亚慢性毒理试验（含90d喂养试验、繁殖试验、代谢试验）→慢性毒理试验（包括致癌试验）。

（二）受试物的要求

（1）提供受试物（必要时包括杂质）的物理、化学性质（包括化学结构、纯度、稳定性等）。

（2）受试物必须是符合既定的生产工艺和配方的规格化产品。其纯度应与实际应用相同，在需要检测高纯度受试物及其可能存在的杂质的毒性或进行特殊试验时，可选用纯品及杂质分别进行毒性检测。

（三）常用的试验动物

大鼠是最常用的试验动物之一，寿命2～3年，性成熟2～3月龄；小鼠用途广泛，也最常用，寿命约2年，生育期1年多；豚鼠等。纯系动物，主要是通过近亲交配并按人们的需要长期选择的结果。通常经20代“兄妹”或“亲子”相互交配而培育出来的动物称为纯系动物。应用最广泛的是纯系小鼠。

二 安全性毒理学评价试验的4个阶段

第1阶段：急性毒性试验

急性毒理试验用LD_{50}即半衰期表示，它是指受动物经口一次或在24h内多次感染受试物后，能使试验动物半数（50%）死亡的剂量，单位为mg/kg（体重）。

本试验有局限性，很多有长期慢性危害的受试物，急性毒性试验反映不出来，尤其是急性毒性很小的致癌物质，但长期少量摄入能诱发癌症的发生，所以应进行第2阶段的试验。

第2阶段：遗传毒性试验、传统致畸试验、短期喂养试验

遗传毒性试验的组合必须考虑原核细胞和真核细胞、生殖细胞与体细胞、体内和体外试验相结合的原则。例如细胞致突变试验、小鼠骨髓微核率试验或骨髓染色体畸变试验、其他备选遗传毒性试验等。

传统致畸试验：所有受试物必须进行本试验。

短期喂养试验：30d喂养试验。如受试物需进行第3、4阶段毒性试验者，可不进行本试验。

第3阶段：亚慢性毒性试验

90d喂养试验、繁殖试验、代谢试验。

第4阶段：慢性毒性试验

凡属我国创新的物质，一般要求进行4个阶段试验。特别是对其中化学结构提示有慢性毒性、遗传毒性或致癌性可能者，或产量大、使用范围广、摄入机会多者，必须进行全部4个阶段的毒性试验。凡属与已知物质（指经过安全性评价并允许使用者）的化学结构基本相同的衍生物或类似物，则根据第1、2、3阶段毒性试验结果判断是否需进行第4阶段的毒性试验。

宠物食品新资源和新资源宠物食品，原则上应进行第1、2、3阶段毒性试验，以及必要的人群流行病学调查。必要时应进行第4阶段试验。若根据有关文献资料及成分分析，未发现有或虽有但量甚少，不致构成对健康有害的物质，以及较大数量人群有长期食用历史而未发现有害作用的天然动植物（包括作为调料的天然动植物的粗提品），可以先进行第1、2阶段毒性试验，经初步评价后，决定是否需要进一步的毒性试验。

三 安全性毒理学评价试验的目的

（一）急性毒性试验

通过测定的LD_{50}了解受试物的毒性强度、性质和可能的靶器官，为进一步进行毒性试验的剂量和毒性判定指标的选择提供依据。

（二）遗传毒性试验

对受试物的遗传毒性以及是否具有潜在致癌作用进行筛选。

（三）传统致畸试验

了解受试物对胎儿是否具有致畸作用。

（四）短期喂养试验

对只需进行第1、2阶段毒性试验的受试物，在急性毒性试验的基础上，通过30d喂养试验，进一步了解其毒性作用，并可初步估计最大无作用剂量。

（五）亚慢性毒性试验

90d喂养试验、繁殖试验观察受试物以不同剂量水平经较长期喂养后的毒性作用性质和靶器官，并初步确定最大无作用剂量，了解受试物对动物繁殖及对子代的致畸作用，为慢性毒性和致癌试验的剂量选择提供依据。

（六）代谢试验

了解受试物在体内的吸收、分布和排泄速度以及蓄积性，寻找可能的靶器官；为选择慢性毒性试验的合适动物种系提供依据，了解有无毒性代谢产物的形成。

（七）慢性毒性试验

了解经长期接触受试物后出现的毒性作用，尤其是进行性和不可逆的毒性作用以及致癌作用；最终确定最大无作用剂量，为受试物是否能用于食品的最终评价提供依据。

第九节 宠物食品能量值计算

宠物饲料除了安全问题，还应关注其所含的能量。当宠物能量摄入过少时，可能会导致机体营养不良；摄入过多时，可能会诱发机体疾病问题。随着宠物食品管理规则的完善，像人类食品一样，宠物食品标签上标明能量值也是将来的必然趋势，很多宠物食品厂家已经开始在食品上标注能量值。因此，准确测算能量值对于宠物食品开发非常重要。

宠物饲料产品涉及的能量值主要有总能、消化能和代谢能这三种。下面就以每

100g犬用型和猫用型宠物饲料产品举例，说明宠物食品能量值计算。

一 总能

总能（gross energy，GE）指饲料中有机物质完全氧化燃烧生成二氧化碳、水和其他氧化物时释放的全部能量，主要为碳水化合物、粗蛋白质和粗脂肪能量的总和。

GE（kcal）=5.7×粗蛋白（g）+9.4×粗脂肪（g）+4.1×[无氮浸出物（g）+粗纤维（g）]

无氮浸出物（%）=100－水分（%）－粗脂肪（%）－粗蛋白（%）－粗灰分（%）－粗纤维（%）

上面计算提及到的无氮浸出物（nitrogen-free extract，NFE），它不是单一的化学物质，还包括单糖、双糖、五碳糖、淀粉及部分可溶性木质素、半纤维素、有机酸及可溶性非淀粉多糖类等物质。常规饲料分析不能直接分析饲料中的无氮浸出物的含量，仅根据饲料中其他营养成分的分析结果进行差值计算得到。

二 消化能

消化能（digestible energy，DE）指被消化吸收的饲料所含能量。消化能是衡量宠物食品能量指数表达需求的常用指标。

DE（kcal）= GE × 能量消化率（%）

其中，犬用型和猫用型宠物饲料产品的能量消化率值是不一样的，具体计算如下：

犬用型宠物饲料产品：能量消化率（%）= 91.2 − 1.43 × 干物质中粗纤维占比

猫用型宠物饲料产品：能量消化率（%）= 87.9 − 0.88 × 干物质中粗纤维占比

干物质中的粗纤维占比=每100g产品中的粗纤维（g）/[100−每100g产品中的水分（g）]×100%。

三 代谢能

代谢能（metabolic energy，ME）是消化能减去尿能所得的值。在农业农村部第20号公告中有提到宠物饲料的低能量声称与代谢能的结果相关联。

其中，犬用型和猫用型宠物饲料产品代谢能的计算是不一样的，具体计算如下：

犬用型宠物饲料产品：$ME = DE - 1.04 \times$ 粗蛋白质（g）

猫用型宠物饲料产品：$ME = DE - 0.77 \times$ 粗蛋白质（g）

上述宠物饲料产品这三种常见的能量值的计算结果都是以kcal为单位进行计算的，kcal（千卡）与kJ（千焦）的换算系数为4.186，通过该系数可以进行能量单位间的转换，从而更直观地评估宠物饲料产品对适用宠物的能量满足情况。

第十节 宠物食品致敏物检测

宠物正常的免疫系统可产生抗体抵御有害物质，但过敏体质或免疫失衡的宠物，会对无害物质（过敏原）产生过度反应，出现各种不适症状，这种情况称为过敏。

宠物食品中牛肉、乳制品、鸡肉是犬最常见的过敏原。猫常见的过敏原有牛肉、鸡肉、鱼肉的蛋白质。宠物犬出现过敏的主要症状：强烈搔痒（面部、耳朵、爪子、尾巴的基部、肘部下方和腹股沟区域），皮肤慢性炎症，红疹，脱毛，色素沉积，皮肤有斑点或丘疹，结痂，呕吐腹泻。

猫咪的过敏反应：强烈搔痒（面部，耳朵，爪子，尾巴的基部，肘部下方和腹股沟区域），溃疡性皮肤炎，粟粒性皮肤炎，脱毛，皮肤知觉过敏，皮脂，呕吐腹泻，掉毛，皮屑增多，皮肤有红斑和异味。

以上列举的都是非急性症状。如果出现急性症状，还可能会有喉头水肿、昏厥、抽搐等严重影响到宠物生命的情况。

针对食品中过敏原检测主要是体外检测技术，体外检测常用蛋白质和DNA作为过敏原标记物。常见体外检测主要有两大类：一类是基于过敏蛋白的免疫学检测方法，另一类是基于DNA的检测方法（李玉珍等，2006）。

一 酶联免疫吸附技术

酶联免疫吸附技术（enzyme-linked immunosorbent assay，ELISA）又称酶标法，是在免疫酶学基础上发展起来的一种新型的免疫测定技术。ELISA是利用抗原抗体免疫反应的特异性和酶的高效催化作用来实现对抗原或者抗体的检测（吴序栎等，2009）。用酶标记抗体或进行抗原抗体反应，并以酶作用底物后的呈色在特定波长下的吸收来反映待测样品中抗原或抗体的含量。

酶联免疫法分为直接法、间接法、双抗体夹心法、竞争法等。

检测步骤：以双抗体夹心法为例。

将用0.05M pH9.6的碳酸盐包被缓冲液稀释好的抗体加入96孔板子，每孔100μL，放置4℃过夜，再用洗液洗涤3次，洗掉未结合在板子上的抗体。

加入封闭液（一般为BSA），37℃孵育1h，再用洗液洗涤3次，洗掉未结合在板子上的材料。将待测样本加入96孔板，37℃孵育1h，再洗板3次，洗掉未结合在板子上的待测样本。加入带有辣根过氧化物酶标记的酶标二抗，与结合在一抗上面的抗原结合，37℃孵育1h，再洗板3次，洗掉未结合的二抗标记的辣根过氧化物酶。将显色液A与B混合后，每个96孔板的孔里加入100μL，并放置在阴暗处10min。每孔加入2mol/L的硫酸终止液50μL。用专用的酶标仪读取结果。

ELISA分析法具有特异性高、灵敏度高、稳定性好、操作简单、可大批量检测样品、对仪器要求不高、易于推广等特点，可降低检测的成本，从而实现样品的现场检测，特别适用于食物中少量存在就能引起严重过敏症状的过敏原检测。但是 ELISA 分析法也存在一些局限性：比如制备抗体比较困难；对试剂的选择性高，无法进行多残留检测；分析低分子量或不稳定的化合物有一定的困难；对结构类的化合物存在一定程度的交叉反应（王瑞琦，张宏誉，2007）；另外，由于样本、试剂以及操作等因素造成检测中容易出现假阳性结果。

放射过敏原吸附抑制试验（RAST）或酶标记过敏原吸附抑制试验（EAST）主要应用于食物过敏的临床诊断，同时也应用于食物过敏原的定性检测及多种食物中潜在致敏性的评价。RAST/EAST 的检测原理是抗原在固相载体上与特定群体血清中的 IgE 结合，样品中的抗原与固定相上的抗原竞争结合 IgE，加入一种抗 IgE 的同位素或酶标记抗体，并加入可改变颜色或者能发光的底物用于检测结合 IgE 的抗体。RAST 和 EAST 是目前国际上变态反应临床及科研人员使用最广泛、最灵敏的方法，也是评价过敏原总致敏活性的关键技术。但RAST 和EAST 抑制试验的一个主要不足是对人血清的依赖性，血清是很难保证一致的，因此这两种方法也难以标准化。尽管它们可以很好地检测食品过敏原，但是人 IgE抗体特异性的不确定性大大限制了这些方法在更宽领域的应用。此外，商业化的食品过敏原固相载体与 IgE 的结合能力也不尽相同（孙秀兰等，2012）。

免疫层析法（immunochromatography）是将特异的抗体先固定于硝酸纤维素膜的某一区带，当该干燥的硝酸纤维素一端浸入样品后，由于毛细管作用，样品将沿着该膜向前移动，当移动至固定有抗体的区域时，样品中相应的抗原即与该抗体发生特异性结合，若用免疫胶体金或免疫酶染色可使该区域显示一定的颜色，从而实现特异性的免疫诊断（吉坤美等，2009）。胶体金免疫标记技术（immunogold labelingtechnique）免疫层析法中应用较为广泛一种技术。其是以胶体金作为示踪标记物，应用于抗原抗体反应的一种新型免疫标记技术。

免疫传感器检测技术免疫传感器是将高灵敏的传感技术与特异性免疫反应结合起来。免疫传感器的工作原理和传统的免疫分析技术相似，即把抗原或抗体固定在固相支持物表面，通过抗原抗体特异性结合来检测样品中的抗体或抗原（韩鹏飞等，2011）。具有快速、灵敏、选择性高、操作简便、省时、精度高、便于计算机收集和处理数据等优点，又不会或很少损伤样品和造成污染，易于推广普及。

二 聚合酶链式反应技术

聚合酶链式反应技术（PCR）是一种在体外模拟体内DNA复制的核酸扩增技术，以少量的DNA分子为模板，经过变性—退火—延伸的多次循环，以接近指数扩增的形式产生大量的目标DNA分子（曹雪雁等，2007）。食品中存在的基因组DNA更稳定且不易受食品加工的影响，因此基于基因组DNA开发的PCR技术在食品过敏原检测方面起重要的作用。PCR方法具有所用仪器简单，操作方便，稳定性好，检测速度较快，能够满足一般实验室的要求等优点（Hirao等，2005）。不足之处在于PCR产物一般通过琼脂糖凝胶电泳和溴化乙锭染色紫外光观察结果，需要多种仪器，试验过程繁杂，容易造成污染和出现假阳性的结果。

实时荧光定量PCR是PCR衍生出来的产品。实时荧光定量PCR的基本原理就是在反应体系和条件完全一致的情况下，样本DNA含量与扩增产物的对数成正比，由于反应体系中的荧光染料或荧光标记物（荧光探针）与扩增产物结合发光，其荧光量与扩增产物量成正比，利用荧光信号累积实时监测整个PCR进程（Herrero等，2012）。实时荧光定量PCR方法可快速、准确地检测出食物中过敏原成分基因，从而判断食品中是否存在过敏原。

实时荧光定量PCR技术与常规PCR相比，实现了由定性到定量检测的一次飞跃，实时荧光定量PCR不仅操作简便、快速高效，而且具有敏感性、特异性高、重复性较好，全封闭反应和定量准确等特点，大大拓宽了食品过敏原DNA检测方法的应用范围。

第十一节 辐照宠物食品检测

食品辐照具有杀菌效率高、方法简单、成本低等优点，但是普通消费者对于食品辐照的理解度还不够充分。为了贸易公平，维护消费者的知情权，国家法规要求辐照食品必须在外包装注明。随着宠物食品管理法规的日益完善，宠物食品参照人类食品的辐照技术管理政策也是必然趋势，这就要求国家监管部门能够对食品是否经过辐照进行检测。

辐照食品检测是利用电离辐射与食品相互作用产生的物理、化学和生物的可检测性而建立的鉴定辐照食品的检测方法。国际食品法典委员会（CAC）相继批准了欧盟提出的“辐照食品鉴定方法”的国际标准。这些方法提供了鉴定食品是否已被辐照和测定辐照食品吸收剂量的方法，而且强化了有关辐照食品的国家法规，提高了消费者对辐照食品的信任度，推动了国际贸易和辐照食品商业化。

一 碳氢化合物的气相色谱测定

含脂肪食品在受到辐照时，脂肪酸中甘油三酸酯的α、β位羰基断裂，生成相应有挥发性的C*n*−1（比原脂肪酸少一个碳的烷烃）、C*n*−2（比原脂肪酸少两个碳的烯烃）等碳氢化合物，含量远远高于未辐照同种食品，可认为是辐照特异产物。肉类中的主要脂肪酸有油酸（C18）、棕榈酸（C16）、硬脂酸（C18）。用GC-FID或GCMS可检测到辐照样品中的十六碳二烯、十七碳烯和十四碳烯，而未辐照食品中这些成分含量很少或不存在。可借此与未辐照样品区别。欧盟标准《食品—含脂辐照食品的检测碳氢化合物的气相色谱分析》EN-1784已经把该方法列入。样品提取脂肪后用Florisil小柱净化后上机检测。不同的样品采用相应的分离梯度，以保证目标物分离效果。

二 2-烷基环丁酮含量测定法

含脂食品被辐照时，其脂肪酸和酰基甘油分解形成2-烷基环丁酮（2-Alkylcyclobutanones，2-ACBs），它们与母体脂肪酸有相同的碳原子数，且烃基在碳环的2号位上。在大多数食品中，棕榈酸（C16：0）、硬脂酸（C18：0）、油酸［C18：1（9）］、亚油酸［C18：2（9,12）］是主要的脂肪酸，相应的2-ACBs产物分别为2-十二烷基环丁酮（2-dodecylcyclobutanone，2-DCB）、2-十四烷基环丁酮（2-tetradecylcyclobutanone，2-TCB）、2-（5’-十四烯烃基）环丁酮（2-tetradec-5’-enylcyclobutanone，TECB）和2-（5’，8’-十四二烯烃基）环丁酮（2-tetradeca-5’，8’-dienylcyclotutanone，5’，8’-CB）。一般认为，2-ACBs是由脂肪酸或甘油三酸酯的羰基氧失去1个电子，再经由重排过程生成（徐敦明等，2011）。迄今为止，仅在辐照的含脂食品中发现2-ACBs，任何未辐照食品中从未检测到此类化合物（LeTellier和Nawar，1972）。

GB 21926—2016收录了2-十二烷基环丁酮的检测方法。样品首先索氏抽提得到脂肪，脂肪硅胶层析纯化得到2-DCB，上机检测。色谱柱120℃保持1min，然后以15℃/min升温至160℃；再以0.5℃/min升至175℃；再以30℃/min升至290℃，保持10min，检测器温度250℃。进样口温度：250℃，接口温度：280℃，离子源：EI源，70eV，测定方式：选择离子检测（SIM），监测离子（m/z）：55、98、112，定量离子（m/z）：98，载气：氦气，流速1.0mL/min，进样量：1.0μL，不分流进样。外标法定量。

三 电子自旋共振仪（ESR）分析法

当食品经电离辐射照射后，会产生一定数量自由基。对自由基施加一定外加磁场，激发电子自旋共振。电子自旋共振波谱仪检测电子自旋共振现象，并记录电子自旋共振波谱线。食品辐照后产生的大多数自由基寿命很短，通过自由基相互反应会迅速消失。电子自旋共振法依赖对长寿命自由基的电子自旋共振谱线进行分析。含纤维素和含骨食品中的自由基扩散困难，通常具有较长的寿命，适用于电子自旋共振法检测。当ESR图谱上出现典型的不对称信号（分裂峰），可作为食品接受辐照的判定依据。

GB 31642—2016收录了ESR鉴定辐照食品的方法。样品干燥后装入ESR管，含骨类动物食品微波频率9.5GHz，功率5～12.5mW，中心磁场348mT，扫场宽度5～20mT，调制频率50～100kHz信号通道，振幅0.2～0.4mT，时间常数50～200ms，扫描频率2.5～10mT/min，增益1.0×10^4～1.0×10^6。含纤维素食品微波频率9.78GHz，功率0.4～0.8mW。中心磁场348mT，扫场宽度20mT。信号通道的调制频率50～100kHz，调制振幅0.4～1.0mT，时间常数100～200ms，扫描频率5～10mT/min，增益1.0×10^4至1.0×10^6。

四 热释光（TL）分析法

黏着在食品表面的硅酸盐矿物质在接受电离辐射时，能够通过电荷捕获方式储存辐射能量。这些硅酸盐被分离出来后置于一定的高温环境，就会以光的形式释放储存的能量，这种现象被称为热释光。测量并记录热释光信号形成热释光曲线。热释光强度可用热释光曲线的面积积分值表示。硅酸盐矿物质的种类和数量不同，产生的热释光信号也不同。为了消除硅酸盐种类的差别，需对样品进行两次热释光测定。以G1表示样品硅酸盐的热释光一次发光曲线面积积分值；给予样品确定剂量的辐照后，再次测定样品的热释光，并且用G2表示二次发光曲线的面积积分值，最终用G1/G2值判定样品是否经过辐照。国家标准《食品安全国家标准　含硅酸盐辐照食品的鉴定　热释光法》（GB 31643—2016）收录了热释光法鉴定辐照食品的方法。

五 直接表面荧光过滤（DEFT）和平板计数（APC）筛选

直接表面荧光技术（DEFT）测量出样品中微生物总量（包括非活性细胞），菌落平板计数（APC）给出疑似辐照样品中微生物存活量，可测定各种需氧菌的总数与活的微生物数的比值，该比值不仅能提供进行辐照处理的证据，并且能说明辐照食品处理前的微生物学性质。对于未辐照食品来说，两种计数法的结果应相近，但是辐照食品中APC法所得结果显然少于DEFT法。若样品中微生物太少（APC＜10^3cfu/g）或经过熏剂和加热灭菌处理，以及样品中含微生物抑制成分（如丁香、肉桂、大蒜和芥末），会导致APC降低（假阳性），DEFT/APC计数与辐照样品接近。不过灭菌薰蒸剂可探测出来。该方法已在药草和香料上成功比对欧盟标准《直接荧光过滤技术需氧平板计数检测辐照食品—筛选法》（EN13783：2001）。

六 光致发光（PSL）法

大部分食品中都含有硅酸盐或羟基磷灰石等生物无机材料的矿物残骸，如贝类中有成分为方解石的外骨骼，动物骨骼和牙齿中有羟基磷灰石。这些矿物残骸受电离辐照时，其中的空隙结构或不纯位点俘获的带电载体会存储能量。光刺激矿物将放出带电载体显示励磁激发光谱。用光刺激草药、香料整体以及其他食品可获同样的光谱。PSL是无损检测，可对样品整体（有机、无机材料或者二者的混合物）反复测量。但PSL信号随测量次数增加而减弱。此方法包括初步视频PSL观察样品的状态，再用PSL进一步校准样品的辐照敏感性。初步视频PSL设置了上下限，辐照样品的PSL信号一般超过上限，未辐照样品信号低于下限，信号在上下限之间的样品需进一步研究。用上下限既方便了观察，又可标度辐照吸收程度。为判别PSL信号低的样品是否受过辐照，可将样品在初测PSL后用特定剂量再辐照测PSL，辐照过的样品PSL信号只增加少许，而未辐照样品再辐照后PSL信号会大幅增加［欧盟标准《食品—使用光刺激发光检测辐照食品》（EN13751：2002）］。

七 DNA“彗星”检测法

食品中DNA经过辐照后，可能发生单链或双链的断裂，将这些细胞用琼脂包埋后用裂解试剂溶解细胞膜，在一定电压下电泳，DNA片段会被拉长，移动，并在电场中按电极方向呈尾状分布，已经发生DNA受损的细胞会呈现出彗星状电泳图，未受辐射的细胞呈现圆形电泳图谱。《食品安全国家标准　辐照食品鉴定　筛选法》（GB 23748—2009）收录了DNA“彗星”法鉴定辐照食品的方法。

八 内毒素（LAL）和革兰氏阴性细菌（GNB）计数筛选辐照食品

该方法确定活的革兰氏阴性细菌，并根据革兰氏阴性细菌表面脂多糖确定内毒素浓度，确定样品中所有革兰氏阴性细菌（活的和死的）。GNB菌落数表达为log10cfuGNB/g，内毒素浓度表达为log10EU/g，如果两者差异很大，表明可能经辐照处理。但是，样品辐照后冷冻，减少了活的微生物，可能影响GNB和EU的比例；相反，辐照后不冷藏，细菌增殖也会影响结果［欧盟标准《食品—使用LAL/GNB方法对辐照食品进行微生物筛选》（EN14569：2004）］。

第十二节 宠物食品原料溯源检测

由于宗教、饮食习惯等原因，人们对食品中是否含有某类成分比较敏感，因此对食品原料进行溯源检测显得非常重要。国内外进行肉类溯源鉴定主要以核酸作为靶标，核酸鉴定也是物种鉴别最常用、最核心的方法，以DNA检测为基础建立起来的DNA条形码、多重PCR、荧光定量PCR、荧光探针等技术也得到空前发展和广泛应用。目前，基于PCR发展起来的衍生技术凭借其高灵敏度、强特异性和高通量等优势在动物源性成分检测工作中显示出巨大潜力，也是肉类成分鉴定未来的重要方向。中华人民共和国商检标准《食品、饲料中牛羊源性成分检测方法实时PCR法》（SNT 2051—2008）收录了一种实时荧光定量PCR测定食品中猪牛羊源成分的方法。

TaqMan实时荧光PCR技术，根据线粒体DNA（COX Ⅰ）基因上动物中间多态性的差异而进行动物源性种类鉴定。利用多色荧光检测技术，采用多重PCR法，牛、羊、猪源性成分单体系检测时，对反应中含有的两种不同荧光染料进行双通道同步检测，在同一反应管内对牛或羊或猪的COX Ⅰ基因及内参照反应同时进行扩增，并通过标记两种不同荧光物质（FAM、HEX）的特异性探针进行特异性杂交，两色荧光同步检测，牛、羊源性性成分混合体系检测时，对反应液中含有的三种不同荧光染料进行三通道同步检测，在同一反应管内分别对牛、羊特异的COX Ⅰ基因及内参照反应同时进行扩增，并通过标记三种不同荧光物质（FAM、HEX、ROX）的特异性探针进行特异性杂交，多色荧光同步检测，其中，对内参照反应的检测，可以监控反应是否正常进行，防止出现假阴性结果。

一 取样

剪刀、镊子、扦子等采样工具经（180±2）℃、2h高温灭菌。待检样品装入一次性塑料袋或其他灭菌容器，编号，密封，保存待测。固液态样品分别采用相应的DNA提取试剂盒要求处理样品。为确保检测结果的准确性，样品检测时应设立空白对照、阴性

对照和阳性对照实验。实时荧光PCR反应体系见表7-5，从牛、羊、猪、牛羊源性成分实时荧光PCR检测试剂盒中取出相应的反应试剂，融化后，2 000r/min离心5s，向每个实时荧光PCR反应管中各分装24μL反应混合液（除模版DNA外），转移至上样区。

表7-5 实时荧光PCR反应体系

试剂	体积（μL）
2× 预混液	12.5
引物混合液	1
探针混合液	1
样品DNA（1～100ng/μL）	1
（ddH_2O）	约25

注：①空白实验时，用ddH_2O替代样品DNA；②阴性对照时，用非目标源性成分替代样品DNA；③阳性对照时，用相应牛、羊、猪或牛羊混合DNA替代样品DNA。

二 检测

在各设定的实时荧光PCR反应管中分别加入制备的模版DNA溶液，盖紧管盖，离心5～10s。上机检测，循环条件设置：95℃/10s，1个循环；95℃/5s，60℃/20s（24、30、31、34s），40个循环。在每次循环的退火时收集荧光，检测结束后，根据扩增曲线和Ct值（循环阈值，即每个反应管内的荧光信号到达设定的域值时所经历的循环数）判定结果。

三 判定

牛、羊、猪源性成分单体系检测阴性对照，有HEX荧光信号检出，并出现典型的扩增曲线，Ct值应小于28.0，而无FAM荧光信号检出，见表7-6。

牛、羊源性成分混合体系检测阴性对照，有HEX荧光信号检出，并出现典型的扩增曲线，Ct值应小于28.0，而无FAM和ROX荧光信号检出，见表7-7。

牛、羊、猪源性成分单体系检测阳性对照，有FAM和HEX荧光信号检出，并出现典型的扩增曲线，Ct值应小于28.0。

牛、羊源性成分混合体系检测阳性对照，有FAM、ROX和HEX荧光信号检出，并出现典型的扩增曲线，Ct值应小于28.0。

Ct值小于等于35视为有效值，大于35视为无效值。

表7-6 对牛、羊、猪单体系检测时结果的判定情况

FAM荧光	HEX荧光	结果判定情况
+	－（+）	如果同时进行的阴性对照实验结果正常，检测试剂样品时，不管HEX荧光信号是否检出（如果检测样品浓度高会抑制内参照DNA的扩增）：如果有FAM荧光检出，且Ct值小于等于35，判定为含有牛、羊、猪源性成分；如果Ct值大于35，可视为不含有牛、羊、猪源性成分
－	+	如果同时进行的阴性对照实验结果正常，样品检测时有HEX荧光检出，无FAM荧光检出，判定为不含有牛、羊、猪源性成分
－	－	PCR反应失败，注意以下方面后再进行反应： 如果同时进行的阴性对照实验结果正常，则可能是样品DNA制备有问题，如样品中可能存在PCR反应抑制物等 如果同时进行的阴性对照实验结果不正常，则可能是实验操作失败或试剂失活

表7-7 对牛、羊混合体系同时检测结果的判定

FAM荧光	ROX荧光	HEX荧光	结果判定情况
+	－		如果同时进行的阴性对照实验结果正常，检测实际样品时，不管HEX荧光信号是否检出（如果检测样品浓度高，会抑制内参照DNA的扩增）：如果有FAM荧光检出，且Ct值小于等于35，判定为含有牛源性成分；如果Ct值大于35，可视为不含有牛源性成分。无ROX荧光检出，判定为不含羊源性成分
－	+	－（+）	如果同时进行的阴性对照实验结果正常，检测实际样品时，不管HEX荧光信号是否检出（如果检测样品浓度高会抑制内参照DNA的扩增）：如果有ROX荧光检出，且Ct值小于等于35，判定为含有羊源性成分；如果Ct值大于35，可视为不含有羊源性成分。无FAM荧光检出，判定为不含羊源性成分
+	+		如果同时进行的阴性对照实验结果正常，检测实际样品时，不管HEX荧光信号是否检出（如果检测样品浓度高会抑制内参照DNA的扩增）：如果有FAM和ROX荧光同时检出，且Ct值小于等于35，判定为同时含有牛源性成分和羊源性成分；如果FAM通道Ct值大于35，可视为不含有牛源性成分；如果ROX通道Ct值大于35，可视为不含有羊源性成分
－	－	+	如果同时进行的阴性对照实验结果正常，检测实际样品时有HEX荧光检出，无FAM荧光检出，判定为不含牛源性成分；无ROX荧光检出，判定为不含羊源性成分
－	－	－	PCR反应失败。注意以下方面后再次进行反应：①如果同时进行的阳性对照实验结果正常，则可能是样品DNA制备有问题，如样品中可能存在PCR反应的抑制物等；②如果同时进行的阳性对照实验结果不正常，则可能是实验操作失败或试剂失活

参考文献

曹雪雁，张晓东，樊春海，等，2007. 聚合酶链式反应（PCR）技术研究新进展［J］. 自然科学进展（5）：580-585.

国家食品药品监督管理总局，2016. GB 21926—2016食品安全国家标准含脂类辐照食品鉴定2-十二烷基环丁酮的气相色谱-质谱分析法［S］. 北京：中国国家标准出版社.

国家食品药品监督管理总局，2016. GB 31642—2016食品安全国家标准—辐照食品鉴定电子自旋共振波谱法［S］. 北京：中国国家标准出版社.

国家食品药品监督管理总局，2016. GB 31643—2016食品安全国家标准含硅酸盐辐照食品的鉴定热释光法［S］. 北京：中国国家标准出版社.

国家市场监督管理总局，2018. GB/T 13080—2018饲料中铅的测定原子吸收光谱法［S］. 北京：中国国家标准出版社.

国家市场监督管理总局，2018. GB/T 13091—2018饲料中沙门氏菌的测定［S］. 北京：中国国家标准出版社.

国家市场监督管理总局，2018. GB/T 36858—2018 饲料中黄曲霉毒素B1的测定高效液相色谱法［S］. 北京：中国国家标准出版社.

国家市场监督管理总局，2018. GB/T 6432—2018饲料中粗蛋白的测定凯氏定氮法［S］. 北京：中国国家标准出版社.

国家市场监督管理总局，2018. GB/T 6436—2018饲料中钙的测定［S］. 北京：中国国家标准出版社.

国家市场监督管理总局，2018. GB/T 6437—2018饲料中总磷的测定分光光度法［S］. 北京：中国国家标准出版社.

国家卫生和计划生育委员会，2013. GB 4789.26—2013食品安全国家标准食品微生物学检验商业无菌检验［S］. 北京：中国国家标准出版社.

国家质量监督检验检疫总局，2003. GB/T 18969—2003饲料中有机磷农药残留量的测定气相色谱法［S］. 北京：中国国家标准出版社.

国家质量监督检验检疫总局，2003. GB/T 23385—2009饲料中氨苄青霉素的测定高效液相色谱法［S］. 北京：中国国家标准出版社.

国家质量监督检验检疫总局，2005. GB/T 14699.1—2005饲料采样［S］. 北京：中国国家标准出版社.

国家质量监督检验检疫总局，2006. GB/T 13079—2006饲料中总砷的测定［S］. 北京：中国国家标准出版社.

国家质量监督检验检疫总局，2006. GB/T 13081—2006饲料中汞的测定［S］. 北京：中国国家标准出版社.

国家质量监督检验检疫总局，2006. GB/T 13093—2006饲料中细菌总数的测定［S］. 北京：中国国家标准出版社.

国家质量监督检验检疫总局，2006. GB/T 6433—2006饲料中粗脂肪的测定［S］. 北京：中国国家标准出版社.

国家质量监督检验检疫总局，2006. GB/T 6434—2006饲料中粗纤维的含量测定过滤法［S］. 北京：

中国国家标准出版社.

国家质量监督检验检疫总局，2007. GB/T 6438—2007饲料中粗灰分的测定［S］. 北京：中国国家标准出版社.

国家质量监督检验检疫总局，2007. GB/T 6439—2007饲料中水溶性氯化物的测定［S］. 北京：中国国家标准出版社.

国家质量监督检验检疫总局，2014. GB/T 6435—2014饲料中水分的测定［S］. 北京：中国国家标准出版社.

韩鹏飞，李洪军，邹忠义，2011. 免疫传感器在食品真菌毒素检测中的应用［J］. 食品工业科技（4）：430-433.

吉坤美，陈家杰，詹群珊，等，2009. 胶体金免疫层析法检测食品中花生过敏原蛋白成分［J］. 食品研究与开发（5）：101-105.

李玉珍，林亲录，肖怀秋，2006. 酶联免疫吸附技术及其在食品安全检测中的应用研究进展［J］. 中国食品添加剂（3）：108-112.

农业部，国家卫生和计划生育委员会，2013. GB 29694—2013 食品安全国家标准动物性食品中13种磺胺类药物多残留的测定高效液相色谱法［S］.北京：中国国家标准出版社.

孙秀兰，管露，单晓红，等，2012. 食品过敏原体外检测方法研究进展［J］. 东北农业大学学报（2）：126-132.

王瑞琦，张宏誉，2007. 放射过敏原吸附抑制实验评价过敏原提取液的总效价［J］. 中华临床免疫和变态反应杂志（2）：150-153.

吴序栎，吉坤美，李佳娜，等，2009. 双抗体夹心ELISA法测定食物中虾过敏原成分［J］. 食品科技（8）：240-243.

徐敦明，张志刚，吴敏，等，2011. 气相色谱检测含脂辐照食品中的碳氢化合物［J］. 福建分析测试，20（5）：7-14.

中华人民共和国国家质量监督检验检疫总局，2008. SNT 2051—2008食品、化妆品和饲料中牛羊猪源性成分检测方法实时PCR法［S］. 北京：中国国家标准出版社.

中华人民共和国国家质量监督检验检疫总局，2009. GB 23748—2009辐照食品的鉴定DNA彗星试验法筛选法［S］. 北京：中国国家标准出版社.

中华人民共和国卫生部，1984.《食品安全毒理学评价程序（试行）》［Z］. 北京：中国标准出版社.

中华人民共和国卫生部，2003. GB 15193.1—2003中华人民共和国食品安全性毒理学评价程序［S］. 北京：中国标准出版社.

中华人民共和国质量监督检验检疫总局，2008. GBT 17811—2008 动物性蛋白质饲料胃蛋白酶消化率的测定过滤法［S］. 北京：中国国家标准出版社.

Araujo J A，Milgram，et al. 2004. A novel cognitive palatability assessment protocol for dogs［J］. Journal of Animal Science，82（7）：2200-2206.

Bos RV，Meijer MK，Spruijt BM，2000. Taste reactivity patterns in domestic cats（Felis silvestris catus）［J］. Applied Animal Behaviour Science（69）：149-168.

CENELEC. Detection of irradiated food using Direct Epifluorescent Filter Technique/Aerobic Plate Count（DEFT/APC）- Screening method.EN13783：2001［S］. CEN，2001.

CENELEC. Detection of irradiated food using photostimulated luminescence. EN13751：2002［S］,

CEN, 2002.

CENELEC. Microbiological screening for irradiated food using LAL/GNB procedures EN14569: 2004 [S]. CEN 2004.

EN 1784: 2003. Foodstuffs-Detection of irradiated food containing fat-Gas chromatographic analysis of hydrocarbons [S]. European Standard Norme. CEN.

Griffin RW, Scot GC, et al. 1984. Food preferences of dogs housed in testing-kennels and in consumers' homes: Some comparisons [J]. Neuroscience And Biobehavioral Reviews (8): 253-259.

Griffin RW. 2003. Section IV: Palatability [M]. In Petfood Technology, 1st ed. Kvamme JL, Phillips TD, Eds. Watt Publishing Co. Mt. Morris, IL, USA, 176-193.

Herrero B, Vieites JM, Espineira M. 2012. Fast real-time PCR for the detection of crustacean allergen in foods [J]. Journal of Agriculture and Food Chemistry, 60 (8): 1893-1897.

Hirao T, Imai S, Sawada H, et al. 2005. PCR method for de-tecting trace amounts of buckwheat (Fagopyrum spp.) in food [J]. Biosci Biotechnol Biochem, 69 (4): 724-731.

Jennifer Barnett Fox. 2020. Understanding the science behind pet food palatability [OL]. https://www.petfoodprocessing. net/articles/13789-understanding-the-science-behind-pet-food-palatability. 2020, 04.28.

LeTellier PR, Nawar WW.1972. 2-alkylcyclobutanones from the radiolysis oftriglycerides [J]. Lipids, 7 (1): 75-76.

Li H, Wyant R, Aldrich G, et al. 2020. Preference Ranking Procedure: Method Validation with Dogs [J]. Animals. an Open Access Journal from MDPI, 10 (4) .1-10.

Pekel AY, Mülazımoğlu SB, Acar N, 2020. Taste preferences and diet palatability in cats [J]. Journal of Applied Animal Research, 48 (1): 281-292.

Thompson H, Riemer S, Ellis S, et al. 2016. Behaviour directed towards inaccessible food predicts consumption—A novel way of assessing food preference [J]. Applied Animal Behaviour Science (178): 111-117.

图书在版编目（CIP）数据

宠物食品概论 / 马海乐主编. —北京：中国农业出版社，2023.4（2023.12重印）
（宠物食品科学与技术系列丛书）
ISBN 978-7-109-30611-0

Ⅰ.①宠… Ⅱ.①马… Ⅲ.①宠物—食品营养 Ⅳ.①S815

中国国家版本馆CIP数据核字（2023）第065545号

中国农业出版社出版
地址：北京市朝阳区麦子店街18号楼
邮编：100125
责任编辑：周锦玉
责任设计：小荷博睿　　责任校对：吴丽婷
印刷：北京缤索印刷有限公司
版次：2023年4月第1版
印次：2023年12月北京第2次印刷
发行：新华书店北京发行所
开本：787mm × 1092mm　1/16
印张：24.75
字数：500千字
定价：188.00元